普通高等教育“十二五”规划教材

Visual FoxPro 程序设计基础教程

主　编　王正才　陈虹颐

副主编　白淑红　张　萃　彭　政　杨　锐

中国水利水电出版社
www.waterpub.com.cn

内 容 提 要

本书以 Visual FoxPro 6.0 为基础，系统介绍 Visual FoxPro 数据库程序设计语言的主要内容，包括数据库基础知识、表的操作、数据库和视图的操作、SQL 语言、面向过程和面向对象的程序设计方法、表单设计、报表设计、菜单设计、应用系统的集成技术等，另外还介绍了数据结构、软件工程、操作系统等软件技术基础内容。

本书内容安排科学、合理且自成体系，特别注重学生自学能力的培养。

本书主要面向非计算机专业学生，基本能满足大专院校不同层次教学的要求，也可以作为计算机等级考试教材。

图书在版编目（CIP）数据

Visual FoxPro程序设计基础教程 / 王正才，陈虹颐主编. -- 北京 : 中国水利水电出版社，2013.12（2018.3 重印）
普通高等教育“十二五”规划教材
ISBN 978-7-5170-1395-2

Ⅰ. ①V… Ⅱ. ①王… ②陈… Ⅲ. ①关系数据库系统－程序设计－高等学校－教材 Ⅳ. ①TP311.138

中国版本图书馆CIP数据核字(2013)第271696号

策划编辑：寇文杰　　责任编辑：张玉玲　　封面设计：李　佳

书　　名	普通高等教育“十二五”规划教材 Visual FoxPro 程序设计基础教程
作　　者	主　编　王正才　陈虹颐 副主编　白淑红　张　萃　彭　政　杨　锐
出版发行	中国水利水电出版社 （北京市海淀区玉渊潭南路 1 号 D 座　100038） 网址：www.waterpub.com.cn E-mail：mchannel@263.net（万水） sales@waterpub.com.cn 电话：（010）68367658（发行部）、82562819（万水）
经　　售	北京科水图书销售中心（零售） 电话：（010）88383994、63202643、68545874 全国各地新华书店和相关出版物销售网点
排　　版	北京万水电子信息有限公司
印　　刷	虎彩印艺股份有限公司
规　　格	184mm×260mm　16 开本　21.25 印张　535 千字
版　　次	2013 年 12 月第 1 版　2018 年 3 月第 3 次印刷
印　　数	4001—4500 册
定　　价	39.00 元

前　　言

本书以 Visual FoxPro 6.0 为基础，系统介绍 Visual FoxPro 数据库程序设计语言的主要内容，包括数据库基础知识、表的操作、数据库和视图的操作、SQL 语言、面向过程和面向对象的程序设计方法、表单设计、报表设计、菜单设计、应用系统的集成技术等，另外还介绍了数据结构、软件工程、操作系统等软件技术基础内容。编写时力求做到：

（1）针对各高校安排本课程的课时数和学生层次的差别，为各类非计算机专业学生学习该课程量身订做。内容安排充分体现了教育部非计算机专业数据库程序设计课教改精神，既涵盖各类计算机等级考试大纲，同时又不局限于等级考试；既注重理论的掌握，又注重应用能力的培养。

（2）充分体现从理论到实践再到理论的科学认知过程。书中例子前后连贯、紧扣应用、由浅入深，习题也围绕各知识点，并根据多年教学经验精选典型范例，使学生从具体到抽象，由个别到一般，由零碎到系统，逐步提高实际能力。

（3）内容安排做到科学、合理。整个体系组织分为三个层次：基础（数据库基本理论、Visual FoxPro 基本概念、Visual FoxPro 语法基础）、数据库操作、面向对象编程，能引导学生由基础到高级逐步步入 Visual FoxPro 编程的殿堂。

本书由王正才、陈虹颐任主编，白淑红、张萃、彭政、杨锐任副主编。具体分工：王正才编写第 1、3、5、12、13 章，白淑红编写第 2、9 章，张萃编写第 7、8 章，陈虹颐编写第 4、10 章，杨锐编写第 6、11 章。

本书参阅了许多同类优秀教材，编者在此向这些教材的作者表示感谢。本书得到了学校教务处、数学与计算机科学学院领导和计算机公共教研室一线教师的大力支持；彭政、陈燕平、姜跃勇、李琼、张琴、何红洲、赵永驰、董晓娜、汤鸿鸣审阅本书并提出许多宝贵意见和建议，在此一并表示感谢。

由于编者水平有限，书中不妥和错误之处在所难免，恳请广大读者批评指正。

编　者

2013 年 10 月

前言

目　　录

第1章　数据库系统基础

知识结构图

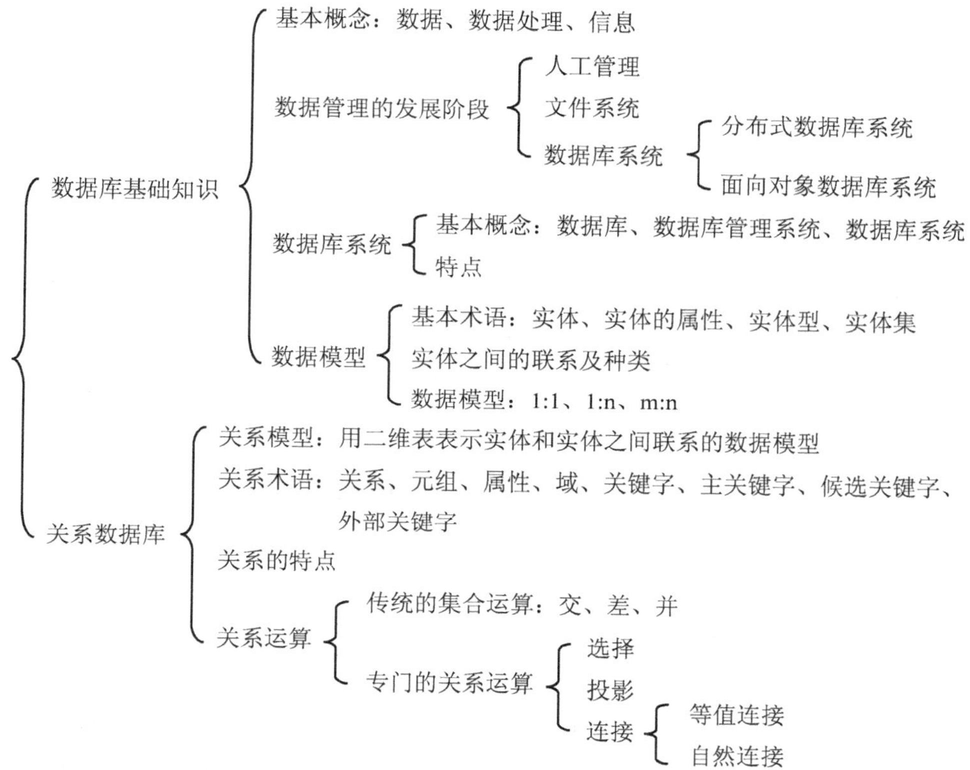

本章主要介绍信息、数据、数据处理、数据模型的基本概念，着重介绍数据库、数据库系统、数据库管理系统的功能、组成及相互关系，以及关系数据库的三种运算和关系表中的记录、字段、关键字段、关系模型等概念。

1.1　数据、信息和数据处理

1.1.1　数据与信息

1．数据

数据是反映客观事物属性的记录，是描述或表达信息的具体表现形式，是信息的载体。在计算机领域，数据泛指一切可被计算机接受和处理的符号，例如字符、数字、图形、图像、声音等。数据可分为数值型数据（如产量、价格、成绩等）和非数值型数据（如人名、日期、文章、声音、图形、图像等）。数据可以被收集、存储、处理（加工、分类、计算等）、传播和使用。

2. 信息

信息是经过加工处理并对人类客观行为产生影响的数据表现形式。信息是客观事物属性的反映。信息是有用的数据，是通过数据符号来传播的。

信息与数据既有联系又有区别。数据反映了信息的内容，而信息又依靠数据来表达；用不同的数据形式可以表示同样的信息，但信息并不随它的数据形式的不同而改变。例如，电视台通过声音和图像这种数据形式播出一个新闻，也同时通过网络以文字这种数据形式传播这一新闻。人们就从声音、图像和文字这几种不同的数据形式中得到这个新闻信息。尽管声音、图像和文字这几种数据形式不一样，但这一新闻信息内容是一样的。由此可见，信息是数据的内涵，是对客观现实世界的反映，而数据是信息的具体表现形式。

1.1.2 数据处理

在许多情况下，信息和数据并不是截然分开的，因为有些信息本身就是数据化的，数据本身又是一种信息。计算机进行数据交换也可以说是信息交换，进行数据处理也指信息处理。

所谓数据处理，是指利用计算机将各种类型的数据转换成信息的过程。它包括对数据的采集、整理、存储、分类、排序、加工、检索、维护、统计和传输等一系列处理过程。数据处理的目的是从大量的、原始的数据中获得人们所需要的资料并提取有用的数据成分，从而为人们的工作和决策提供必要的数据基础和决策依据。

1.2 数据库的概念

1.2.1 数据库

数据库（Data Base，DB）就是按一定的组织形式存储在一起的相互关联的数据的集合。实际上，数据库就是一个存放大量业务数据的场所，其中的数据具有特定的组织结构。所谓"组织结构"，是指数据库中的数据不是分散的、孤立的，而是按照某种数据模型组织起来的，不仅数据记录内的数据之间彼此相关，而且数据记录之间在结构上也是有机地联系在一起。数据库具有数据的结构化、独立性、共享性、冗余量小、安全性、完整性和并发控制等基本特点。在数据库系统中，数据库已成为各类管理系统的核心基础，为用户和应用程序提供了共享的资源。

1.2.2 数据库管理系统

数据库管理系统（Data Base Management System，DBMS）是负责数据库的定义、建立、操纵、管理和维护的一种计算机软件，是数据库系统的核心部分。数据库管理系统是在特定操作系统的支持下进行工作的，它提供了对数据库资源进行统一管理和控制的功能，使数据结构和数据存储具有一定的规范性，提高了数据库应用的简明性和方便性。DBMS 为用户管理数据提供了一整套命令，利用这些命令可以实现对数据库的各种操作，如数据结构的定义，数据的输入、输出、编辑、删除、更新、统计和浏览等。

数据库管理系统通常由以下几部分组成：

（1）数据定义语言（Data Definition Language，DDL）及其编译和解释程序，主要用于定义数据库的结构。

（2）数据操纵语言（Data Manipulation Language，DML）或查询语言及其编译或解释程序，提供了对数据库中的数据的存取、检索、统计、修改、删除、输入、输出等基本操作。

（3）数据库运行管理和控制例行程序，是数据库管理系统的核心部分，用于数据的安全性控制、完整性控制、并发控制、通信控制、数据存取、数据库转储、数据库初始装入、数据库恢复和数据的内部维护等。这些操作都是在该控制程序的统一管理下进行的。

（4）数据字典（Data Dictionary，DD），提供了对数据库数据描述的集中管理规则。对数据库的使用和操作可以通过查阅数据字典来进行。

1.2.3　数据库系统

数据库系统（Data Base System，DBS）是指计算机系统引入数据库后的系统构成，是一个具有管理数据库功能的计算机软硬件综合系统。具体地说，它主要包括计算机硬件、操作系统、数据库、数据库管理系统和建立在该数据库之上的相关软件、数据库管理员及用户等组成部分。数据库系统具有数据的结构化、共享性、独立性、可控冗余度、安全性、完整性和并发控制等特点。

硬件系统——数据库系统的物理支持，包括主机、显示器、外存储器、输入/输出设备等。

软件系统——包括系统软件和应用软件。系统软件包括支持数据库管理系统运行的操作系统（如 Windows 2000）、数据库管理系统（如 Visual FoxPro 6.0）、开发应用系统的高级语言及其编译系统等；应用软件是指在数据库管理系统基础上，用户针对实际问题自行开发的应用程序。

数据库——数据库系统的管理对象，为用户提供数据的信息源。

数据库管理员——负责管理和控制数据库系统的主要维护管理人员。

用户——数据库的使用者，可以利用数据库管理系统软件提供的命令访问数据库并进行各种操作。用户包括专业用户和最终用户。专业用户即程序员，是负责开发应用系统程序的设计人员；最终用户是对数据库进行查询或通过数据库应用系统提供的界面使用数据库的人员。

1.2.4　数据库应用系统

数据库应用系统（Data Base Application System，DBAS）是在 DBMS 支持下针对实际问题开发出来的数据库应用软件。一个 DBAS 通常由数据库和应用程序两部分组成，它们都需要在 DBMS 支持下开发。

由于数据库的数据要供不同的应用程序共享，因此在设计应用程序之前首先要对数据库进行设计。数据库的设计以“关系规范化”理论为指导，按照实际应用的报表数据，首先定义数据的结构，包括逻辑结构和物理结构，然后输入数据形成数据库。开发应用程序也可以采用“功能分析→总体设计→模块设计→编码调试”等步骤来实现。

1.3　数据管理技术的发展

数据管理是指对数据进行组织、存储、分类、检索和维护等数据处理的技术，是数据处理的核心。随着计算机硬件技术和软件技术的发展，计算机数据管理的水平不断提高，管理方式也发生了很大变化。数据管理技术的发展主要经历了人工管理阶段、文件系统阶段、数据库系统阶段、分布式数据库系统阶段、面向对象数据库系统阶段。

1.3.1 人工管理阶段

人工管理阶段始于 20 世纪 50 年代，出现在计算机应用于数据管理的初期。这个时期的计算机主要用于科学计算。从硬件上看，由于当时没有磁盘作为计算机的存储设备，数据只能存放于卡片、纸带、磁带上。在软件方面，既无操作系统，也无专门管理数据的软件，数据由计算或处理它的程序自行携带。

在数据的人工管理阶段存在的主要问题是：

（1）不能独立，需要根据程序的修改而变动。在程序修改后，数据的格式、类型也随之变化，以适应处理它的程序。

（2）数据不能长期保存。数据被包含在程序中，程序运行结束后，数据和程序一起从内存中释放。

（3）没有专门进行数据管理的软件。人工管理阶段不仅要设计数据的处理方法，而且还要说明数据在存储器中的存储地址。应用程序和数据是相互结合且不可分割的，各程序之间的数据不能相互传递，数据不能被重复使用。因而这种管理方式既不灵活，也不安全，编程效率低。

（4）一组数据对应于一个程序，一个程序中的数据不能被其他程序利用，数据无法共享，从而导致程序和程序之间有大量重复的数据存在。

人工管理阶段程序与数据之间的关系如图 1-1 所示。

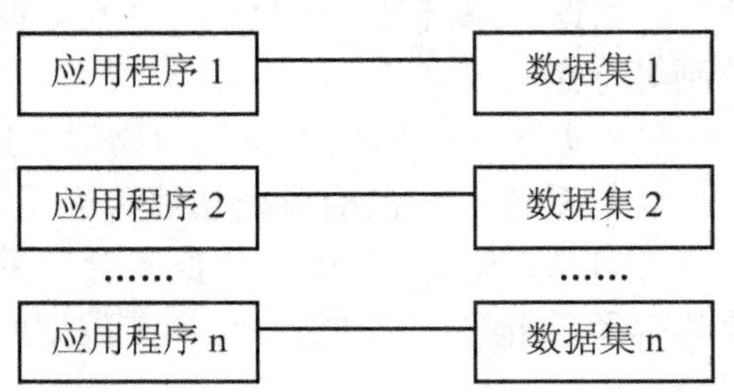

图 1-1 人工管理阶段程序与数据之间的关系

1.3.2 文件管理阶段

在 20 世纪 60 年代，计算机软、硬件技术得到快速发展。硬件方面有了磁盘、磁鼓等大容量且能长期保存数据的存储设备；软件方面有了操作系统。操作系统中有专门的文件系统用于管理外部存储器上的数据文件，数据与程序分开，数据能长期保存。

在文件管理阶段，把有关的数据组织成一个文件，这种数据文件能够脱离程序而独立存储在外存储器上，由一个专门的文件系统对其进行管理。在这种管理方式下，应用程序通过文件系统对数据文件中的数据进行加工处理。数据文件相对于应用程序具有一定的独立性。与早期人工管理阶段相比，使用文件系统管理数据的效率和数量都有了很大提高，但仍存在以下问题：

（1）数据没有完全独立。虽然数据和程序被分开，但所设计的数据依然是针对某一特定的程序，所以无论是修改数据文件还是程序文件二者都要相互影响。也就是说，数据文件仍然高度依赖于其对应的程序，不能被多个程序所共享。

（2）存在数据冗余。文件系统中的数据没有合理和规范的结构，使得数据的共享性极差，哪怕是不同程序使用部分相同的数据，数据结构也完全不同，也要创建各自的数据文件。这便造成了数据的重复存储，即数据的冗余。

（3）数据不能被集中管理。文件系统中的数据文件没有集中的管理机制，数据的安全性和完整性都不能得到保障。各数据之间、数据文件之间缺乏联系，给数据处理造成不便。

文件系统管理阶段程序与数据之间的关系如图 1-2 所示。

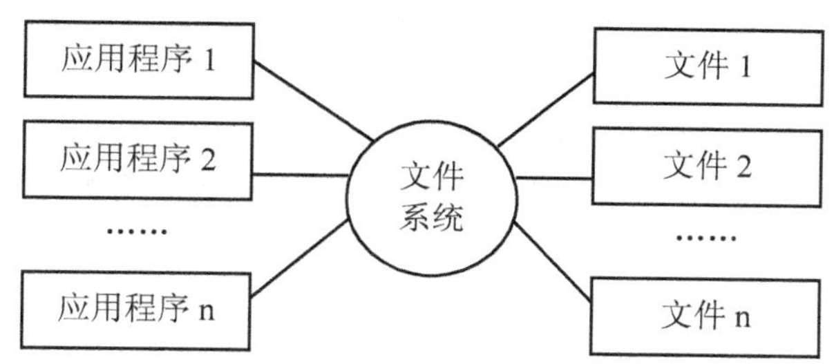

图 1-2　文件系统管理阶段程序与数据之间的关系

1.3.3　数据库系统阶段

由于文件系统管理数据存在缺陷，迫切需要一种新的数据管理方式。始于 20 世纪 60 年代末的新型的数据库技术，把数据组成合理结构，进行集中、统一管理。到了 20 世纪 80 年代，随着计算机的普遍应用和数据库系统的不断完善，数据库系统在全世界范围内得到广泛应用。

在数据库系统管理阶段，是将所有的数据集中到一个数据库中，形成一个数据中心，实行统一规划、集中管理，用户通过数据库管理系统来使用数据库中的数据。

1. 数据库系统的主要特点

（1）实现了数据的结构化。数据库采用了特定的数据模型组织数据。数据库系统把数据存储于有一定结构的数据库文件中，实现了数据的独立和集中管理，克服了人工管理和文件管理的缺陷，大大方便了用户的使用，提高了数据管理的效率。

（2）实现了数据共享。数据库中的数据能为多个用户服务。

（3）实现了数据独立。用户的应用程序与数据的逻辑结构及数据的物理存储方式无关。

（4）实现了数据统一控制。数据库系统提供了各种控制功能，保证了数据的并发控制、安全性和完整性。数据库作为多个用户和应用程序的共享资源，允许多个用户同时访问。并发控制可以防止多用户并发访问数据时产生的数据不一致性；安全性可以防止非法用户存取数据；完整性可以保证数据的正确性和有效性。

在数据库系统阶段，应用程序和数据完全独立，应用程序对数据的管理和访问更加灵活。一个数据库可以为多个应用程序共享，使得程序的编制和效率大大提高，减少了数据冗余，实现了数据资源共享，提高了数据的完整性、一致性以及数据的管理效率。

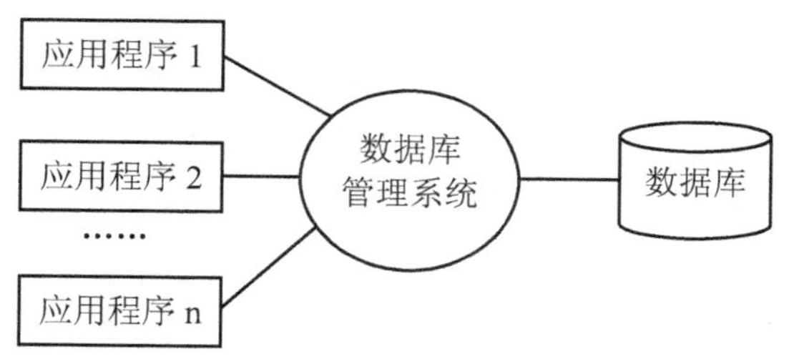

图 1-3　数据库系统阶段程序与数据之间的关系

数据库系统阶段程序与数据之间的关系如图 1-3 所示。

2. 数据库系统的分类

数据库系统的分类有多种方式。按照数据的存放地点的不同，数据库系统可分为集中式数据库系统和分布式数据库系统。

（1）集中式数据库系统是将数据集中在一个数据库中。数据在逻辑上和物理上都是集中存放的。所有的用户在存取和访问数据时，都要访问这个数据库。例如一个银行储蓄系统，如果系统的数据存放在一个集中式数据库中，那么所有储户在存款和取款时都要访问这个数据库。这种方式访问方便，但通信量大、速度慢。

（2）分布式数据库系统是将多个集中式的数据库通过网络连接起来，使各个节点的计算机可以利用网络通信功能访问其他节点上的数据库资源，使各个数据库系统的数据实现高度共享。分布式数据库系统是在 20 世纪 70 年代后期开始使用的，由于网络技术的发展为数据库提供了良好的运行环境，使数据库系统从集中式发展到分布式，从主机/终端系统发展到客户机/服务器（Client/Server）系统。在网络环境中，分布式数据库在逻辑上是一个集中式数据库系统，而在物理上，数据是存储在计算机网络的各个节点上。每个节点的用户并不需要了解他所访问的数据究竟在什么地方，就如同在使用集中式数据库一样。因为，在网络上的每个节点都有自己的数据库管理系统，都具有独立处理本地事务的能力，而且这些物理上分布的数据库又是共享资源。分布式数据库特别适合地理位置分散的部门和组织机构，如铁路民航订票系统、银行业务系统等。分布式数据库系统的主要特点是：系统具有更高的透明度，可靠性与效率更高；局部与集中控制相结合，系统易于扩展。

数据库技术与网络技术的结合分为紧密结合与松散结合两大类。因此，分布式 DBMS 也分为两大类：一是物理上分布、逻辑上集中的分布式数据库结构；二是物理上集中、逻辑上分布的数据库结构。

1.3.4 面向对象数据库系统阶段

面向对象数据库系统（Object-Oriented DataBase System，OODBS）是将先进的数据库技术与面向对象的程序设计有机地结合而形成的新型数据库系统。它是 20 世纪 80 年代引入计算机科学领域的一种新的程序设计技术，发展十分迅猛，影响涉及计算机科学及其应用的各个领域。

通俗地讲，面向对象的方法就是按照人们认识世界和改造世界的习惯方法对现实世界的客观事物对象进行最自然的、最有效的抽象和表达，同时又以各种严格高效的行为规范和机制实施客观事物的有效模拟和处理，而且把对客观事物的表达（对象属性结构）和对它的操作处理（对象行为特征）结合成为一个有机的整体，事物完整的内部结构和外部行为机制被反映得淋漓尽致。

面向对象数据库系统是从关系模型中脱离出来的，强调在数据库框架中发展类型、数据抽象、继承和持久性。它的基本设计思想是，一方面把面向对象语言向数据库方向扩展，使应用程序能够存取并处理对象，另一方面扩展数据库系统，使其具有面向对象的特征，提供一种综合的语义数据建模概念集，以便对现实世界中复杂应用的实体和联系建模。因此，面向对象数据库系统首先是一个数据库系统，具备数据库系统的基本功能，其次是一个面向对象的系统，针对面向对象的程序设计语言的永久性对象存储管理而设计的，充分支持完整的面向对象概念和机制。

1.4 数据模型

数据模型是对现实世界数据特征的抽象，是用来描述数据的一组概念和定义。数据模型按不同的应用层次可以划分为概念数据模型和逻辑数据模型两类。概念数据模型又称为概念模型，是一种面向客观世界、面向用户的模型，主要用于数据库设计。而逻辑数据模型常称为数据模型，是一种面向数据库系统的模型，主要用于数据库管理系统的实现。

1.4.1 实体概念

信息世界中的基本概念包括实体、属性、码、域、实体型及实体集。

实体——客观存在并可相互区分的事物称为实体。它是信息世界的基本单位。实体既可以是人，也可以是物；既可以是实际对象，也可以是抽象对象；既可以是事物本身，也可以是事物与事物之间的联系。例如一个学生、一个教师、一门课程、一支铅笔、一部电影、一个部门等都是实体。

属性——描述实体的特性称为属性。一个实体可由若干个属性来刻画。属性的组合表征了实体。例如铅笔有商标、软硬度、颜色、价格、生产厂家等属性；学生有学号、姓名、性别、出生日期、籍贯、专业、是否团员等属性。

实体型——用实体名及其属性名集合来抽象和刻画同类实体称为实体型。例如学生以及学生的属性名集合构成学生实体型，可以简记为：学生（学号，姓名，性别，出生日期，籍贯，专业，是否团员）；铅笔实体型可以简记为：铅笔（商标，软硬度，颜色，价格，生产厂家）。

实体集——同类型的实体的集合称为实体集。例如全体学生就是一个实体集。

1.4.2 实体之间的联系

两个实体间的联系可以分为以下 3 类：

（1）一对一联系（1:1）。

如果对于实体集 A 中的每一个实体，实体集 B 中至多有一个实体与之联系，反之亦然，则称实体集 A 与实体集 B 具有一对一联系。

例如，在学校里面，一个班级只有一个正班长，而一个班长只在一个班中任职，则班级与班长之间具有一对一联系。又如职工和工号的联系是一对一的，每一个职工只对应于一个工号，不可能出现一个职工对应于多个工号或一个工号对应于多名职工的情况。

（2）一对多联系（1:n）。

如果对于实体集 A 中的每一个实体，实体集 B 中有 n 个实体（n≥0）与之联系，反之，对于实体集 B 中的每一个实体，实体集 A 中至多只有一个实体与之联系，则称实体集 A 与实体集 B 有一对多联系。

考查系和学生两个实体集，一个学生只能在一个系里注册，而一个系有很多学生，所以系和学生是一对多联系。又如单位的部门和职工的联系是一对多的，一个部门对应于多名职工，多名职工对应于同一个部门。

（3）多对多联系（n:m）。

如果对于实体集 A 中的每一个实体，实体集 B 中有 n 个实体（n≥0）与之联系；反之，对于实体集 B 中的每一个实体，实体集 A 中也有 m 个实体（m≥0）与之联系，则称实体集 A 与实体集 B 具有多对多联系。

例如，一门课程同时有若干个学生选修，而一个学生可以同时选修多门课程，则课程与学生之间具有多对多联系。又如在单位中，一个职工可以参加若干个项目的工作，一个项目可以有多个职工参加，则职工与项目之间具有多对多联系。

实体型之间的一对一、一对多、多对多联系不仅存在于两个实体型之间，也存在于两个以上的实体型之间。同一个实体集内的各实体之间也可以存在一对一、一对多、多对多的联系，称为自联系。

1.4.3 数据模型

客观事物的普遍联系性决定了作为事物属性记录符号的数据与数据之间也存在着一定的联系。具有联系性的相关数据总是按照一定的组织关系排列，从而构成一定的结构，对这种结构的描述就是数据模型。数据模型是数据库系统中用于提供信息表示和操作手段的结构形式。简单地说，数据模型是指数据库的组织形式，它决定了数据库中数据之间联系的方式。在数据库系统设计时，数据库的性质是由系统支持的数据模型来决定的。不同的数据模型以不同的方式把数据组织到数据库中。

常见的数据模型有 3 种：层次模型、网状模型和关系模型。如果数据库中的数据是依照层次模型存储的数据，该数据库称为层次数据库；如果是依照网状模型进行存储，该数据库称为网状数据库；如果是依照关系模型进行存储，该数据库称为关系数据库。

1. 层次模型

层次模型是数据库系统最早使用的一种模型。层次模型表示数据间的从属关系结构，它是以树型结构表示实体（记录）与实体之间联系的模型。层次模型的主要特征是：

（1）层次模型像一棵倒立的树，仅有一个无双亲的根节点。

（2）根节点以外的子节点，向上仅有一个父节点，向下有若干子节点。

层次数据模型只能直接表示一对多（包括一对一）的联系，但不能表示多对多联系。例如学校的行政机构（如图 1-4 所示）、企业中的部门编制等都是层次模型。支持层次模型的数据库管理系统称为层次数据库管理系统。

2. 网状模型

网状模型是一种比较复杂的数据模型，它是以网状结构表示实体与实体之间联系的模型。网状模型可以表示多个从属关系的层次结构，也可以表示数据间的交叉关系，是层次模型的扩展。网状模型的主要特征是：

（1）有一个以上的节点无双亲。

（2）至少有一个节点有多个双亲。

网状数据模型的结构比层次模型的更具有普遍性，它突破了层次模型的两个限制，即允许多个节点没有双亲节点，允许节点有多个双亲节点。此外，它还允许两个节点之间有多种联系。因此网状数据模型可以更直接地描述现实世界。图 1-5 给出了一个简单的网状模型。

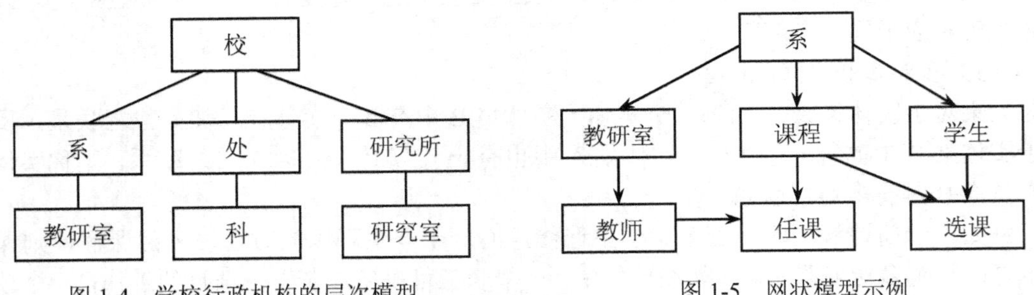

图 1-4 学校行政机构的层次模型　　图 1-5 网状模型示例

网状模型是以记录为节点的网络结构。支持网状数据模型的数据库管理系统称为网状数据库管理系统。

3. 关系模型

关系模型是一种以关系（二维表）的形式表示实体与实体之间联系的数据模型。关系模型不像层次模型和网状模型那样使用大量的链接指针把有关数据集合到一起，而是用一张二维表来描述一个关系。

关系模型的主要特点有：

（1）关系中的每一分量不可再分，是最基本的数据单位。

（2）关系中每一列的分量是同属性的，列数根据需要而设，且各列的顺序是任意的。

（3）关系中每一行由一个个体事物的诸多属性构成，且各行的顺序可以是任意的。

（4）一个关系是一张二维表，不允许有相同的列（属性），也不允许有相同的行（元组）。

如图 1-6 所示是学生信息表。在二维表中，每一行称为一个记录，用于表示一组数据项；表中的每一列称为一个字段或属性，用于表示每列中的数据项。表中的第一行称为字段名，用于表示每个字段的名称。

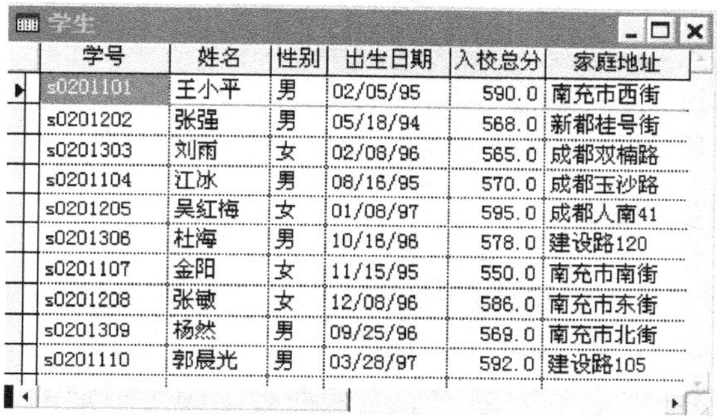

学生

学号	姓名	性别	出生日期	入校总分	家庭地址
s0201101	王小平	男	02/05/95	590.0	南充市西街
s0201202	张强	男	05/18/94	568.0	新都桂号街
s0201303	刘雨	女	02/08/96	565.0	成都双楠路
s0201104	江冰	男	08/16/95	570.0	成都玉沙路
s0201205	吴红梅	女	01/08/97	595.0	成都人南41
s0201306	杜海	男	10/18/96	578.0	建设路120
s0201107	金阳	女	11/15/95	550.0	南充市南街
s0201208	张敏	女	12/08/96	586.0	南充市东街
s0201309	杨然	男	09/25/96	569.0	南充市北街
s0201110	郭晨光	男	03/28/97	592.0	建设路105

图 1-6　学生信息表

关系模型对数据库的理论和实践产生了极大的影响，它与层次模型和网状模型相比有明显的优势，是目前最流行的数据库模型。支持关系模型的数据库管理系统称为关系数据库管理系统。Visual FoxPro 采用的数据模型是关系模型，因此它是一个关系数据库管理系统。

1.5　关系数据库

关系数据库是若干依照关系模型设计的二维数据表文件的集合。在 Visual FoxPro 中，一个关系数据库由若干数据表组成，每个数据表由若干记录组成。一个关系的逻辑结构就是一张二维表。这种用二维表的形式表示实体与实体之间联系的数据模型称为关系数据模型。

1.5.1　关系术语

关系是建立在数学集合概念基础之上的，是由行和列表示的二维表。

关系——一个关系就是一张二维表，每个关系有一个关系名。在 Visual FoxPro 中，一个关系就称为一张数据表。

元组——二维表中水平方向的行称为元组，每一行是一个元组。在 Visual FoxPro 中，一行称为一个记录。

属性——二维表中垂直方向的列称为属性，每一列有一个属性名。在 Visual FoxPro 中，一列称为一个字段。

域——二维表中属性的取值范围。

关键字——指表中的某个属性或属性组合，其值可以唯一确定一个元组。在 Visual FoxPro 中，具有唯一性取值的字段称为关键字段。

候选关键字——关系中能够成为关键字的属性或属性组合可能不是唯一的。凡在关系中能够唯一区分、确定不同元组的属性或属性组合，称为关键字，选出一个作为主关键字，那么剩下的就是候选关键字。

主关键字——关系中能唯一区分、确定不同元组（记录）的属性或属性组合，称为该关系的一个主关键字。单个属性组成的关键字称为单关键字，多个属性组合的关键字称为组合关键字。需要强调的是，关键字的属性值不能取“空值”，所谓空值就是“不知道”或“不确定”的值，因而无法唯一地区分、确定元组。

外部关键字——关系中某个属性或属性组合并非关键字，但却是另一个关系的主关键字，称此属性或属性组合为本关系的外部关键字。关系之间的联系是通过外部关键字实现的。

关系模式——是对关系的描述。一个关系模式对应一个关系的结构。其格式为：

关系名（属性名 1，属性名 2，属性名 3，…，属性名 n）

例如，学生信息表的关系模式描述如下：

学生信息表（学号，姓名，性别，出生日期，入校总分，家庭地址）

1.5.2 关系表之间的关联关系

关系数据库中，每个数据表中的数据如何收集，如何组织，这是一个很重要的问题。因此，要求数据库中的数据要实现规范化，形成一个组织良好的数据库。

所谓规范化是指关系数据库中的每一个关系都必须满足一定的规范要求。关系规范化就是将一个不十分合理的关系模型转化为一个最佳的数据关系模型，它是围绕范式而建立的。根据满足规范的条件不同，可以划分为 6 个范式等级：第一范式（1NF）、第二范式（2NF）、第三范式（3NF）、修正的第三范式（BCNF）、第四范式（4NF）和第五范式（5NF）。关系规范化的各个范式有各自不同的原则要求。通常在解决一般性问题时，只要把数据表规范到第三个范式标准就可以满足需要。

第一范式要求：在一个关系中消除重复字段，且各字段都是不可分的基本数据项。

第二范式要求：若关系模型属于第一范式，则关系中所有非主属性完全依赖主关键字段。

第三范式要求：若关系模型属于第二范式，则关系中所有非主属性直接依赖主关键字段。

数据的规范化逐步消除了数据依赖关系中不合适的部分，使得依赖于同一个数据模型的数据达到有效的分离。每一张数据表具有独立的属性，同时又依赖于共同关键字。

例如，下列 5 张数据表收集了相关职工的情况，学生信息表如图 1-7 所示，学生成绩表如图 1-8 所示，课程表如图 1-9 所示，教师表如图 1-10 所示，选课表如图 1-11 所示。

如果将上述 5 张数据表收集的这些数据集中在一个表中，显然会使表中的数据字段太宽、数据量大、结构复杂，使数据可能重复出现，数据的输入、修改和查找都很麻烦，并造成数据存储空间的浪费。而在关系数据库中，通过数据库管理系统，可将这些相关的数据表存储在同一个数据库中，将两数据表中具有相同值的字段名之间建立关联关系。如将学生信息表中的“学号”字段与成绩表中的“学号”字段建立关联关系；将课程表中的“课程号”字段与选课表中的“课程号”字段建立关联关系。这样就使每个数据表具有了独立性，又使每个数据表保持了一定的关联关系。

学生

学号	姓名	性别	出生日期	入校总分	家庭地址
s0201101	王小平	男	02/05/95	590.0	南充市西街
s0201202	张强	男	05/18/94	568.0	新都桂号街
s0201303	刘雨	女	02/08/96	565.0	成都双楠路
s0201104	江冰	男	08/16/95	570.0	成都玉沙路
s0201205	吴红梅	女	01/08/97	595.0	成都人南41
s0201306	杜海	男	10/16/96	578.0	建设路120
s0201107	金阳	女	11/15/95	550.0	南充市南街
s0201208	张敏	女	12/08/96	586.0	南充市东街
s0201309	杨然	男	09/25/96	569.0	南充市北街
s0201110	郭晨光	男	03/28/97	592.0	建设路105

图 1-7　学生信息表

成绩

学号	姓名	语文	数学	英语	物理	化学	历史	总分	平均
s0201101	王小平	87.0	85.0	98.0	75.0	65.0	78.0		
s0201202	张强	87.0	98.0	89.0	87.0	85.0	86.0		
s0201303	刘雨	85.0	86.0	88.0	99.0	89.0	87.0		
s0201104	江冰	75.0	87.0	75.0	86.0	98.0	78.0		
s0201205	吴红梅	85.0	85.0	88.0	89.0	98.0	87.0		
s0201306	杜海	87.0	88.0	85.0	81.0	75.0	78.0		
s0201107	金阳	85.0	86.0	87.0	76.0	87.0	87.0		
s0201208	张敏	75.0	85.0	87.0	78.0	87.0	86.0		
s0201309	杨然	98.0	88.0	78.0	87.0	85.0	75.0		
s0201110	郭晨光	85.0	75.0	86.0	89.0	75.0	85.0		

图 1-8　学生成绩表

课程

课程号	课程名	课时
c110	数学建模	80
c120	计算机网络	60
c130	日语	80
c140	数据库	60
c150	商业会计	70
c160	电子商务	50

图 1-9　课程表

教师

教师号	姓名	性别	出生年月	职称	工资	政府津贴
t1101	周密	男	03/24/95	教授	3000.00	T
t1102	陈静	女	07/13/73	讲师	1500.00	F
t1103	孙立波	男	11/05/66	副教授	2000.00	F
t1104	肖君	女	03/24/58	教授	3200.00	T
t1105	赵辉	男	08/27/68	讲师	1600.00	F

图 1-10　教师表

1.5.3　关系运算

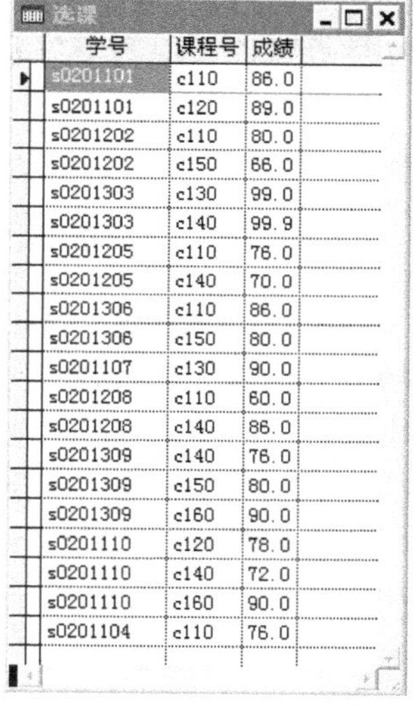

选课

学号	课程号	成绩
s0201101	c110	86.0
s0201101	c120	89.0
s0201202	c110	80.0
s0201202	c150	66.0
s0201303	c130	99.0
s0201303	c140	99.9
s0201205	c110	76.0
s0201205	c140	70.0
s0201306	c110	86.0
s0201306	c150	80.0
s0201107	c130	90.0
s0201208	c110	60.0
s0201208	c140	86.0
s0201309	c140	76.0
s0201309	c150	80.0
s0201309	c160	90.0
s0201110	c120	78.0
s0201110	c140	72.0
s0201110	c160	90.0
s0201104	c110	76.0

图 1-11　选课表

1. 传统的集合运算

进行并、差、交、积集合运算的两个关系必须具有相同的关系模式，即结构相同。

并——两个相同结构的关系 R 和 S 的“并”记为 R∪S，其结果是由 R 和 S 的所有元组组成的集合。

差——两个相同结构的关系 R 和 S 的“差”记为 R–S，其结果是由属于 R 但不属于 S 的元组组成的集合。差运算的结果是从 R 中去掉 S 中也有的元组。

交——两个相同结构的关系 R 和 S 的“交”记为 R∩S，它们的交是由既属于 R 又属于 S 的元组组成的集合。交运算的结果是 R 和 S 的共同元组。

广义笛卡尔积——两个分别为 n 目和 m 目的关系 R 和 S 的广义笛卡尔积是一个(n+m)列的元组的集合。元组的前 n 列是关系 R 的一个元组，后 m 列是关系 S 的一个元组。若 R 有 k1 个元组，S 有 k2 个元组，则关系 R 和关系 S 的广义笛卡尔积有 k1×k2 个元组，记为 R×S。

2. 专门的关系运算

在关系数据库中，经常需要对关系进行特定的关系运算操作。基本的关系运算有 3 种：选择、投影和连接。

（1）选择。选择运算是从关系中找出满足条件的记录。选择运算是一种横向的操作，它可以根据用户的要求从关系中筛选出满足一定条件的记录。这种运算可以改变关系表中的记录个数，但不影响关系的结构。

在 Visual FoxPro 命令中，可以通过子句 FOR<条件>、WHILE<条件>等实现选择运算。例如，从学生信息表中找出“家庭地址”是“成都”的学生，如图 1-12 所示。

（2）投影。投影运算是从关系中选取若干字段组成一个新的关系。投影运算是一种纵向的操作，它可以根据用户的要求从关系中选出若干字段组成新的关系。其关系模式所包含的字段个数往往比原有关系少，或者字段的排列顺序不同。因此投影运算可以改变关系中的结构。

在 Visual FoxPro 命令中，可以通过子句 FIELDS<字段 1,字段 2,…>实现投影运算。例如，通过 Visual FoxPro 命令可以在学生信息表关系中只显示“学号”、“姓名”、“性别”、“家庭地址”4 个字段，如图 1-13 所示。

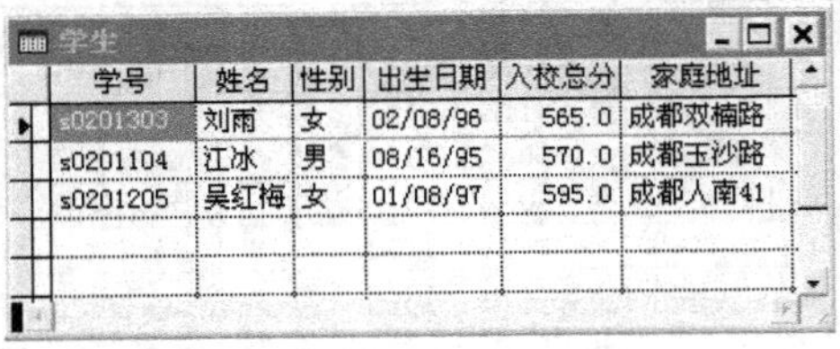

学生

学号	姓名	性别	出生日期	入校总分	家庭地址
s0201303	刘雨	女	02/08/96	565.0	成都双楠路
s0201104	江冰	男	08/16/95	570.0	成都玉沙路
s0201205	吴红梅	女	01/08/97	595.0	成都人南41

图 1-12　学生信息表

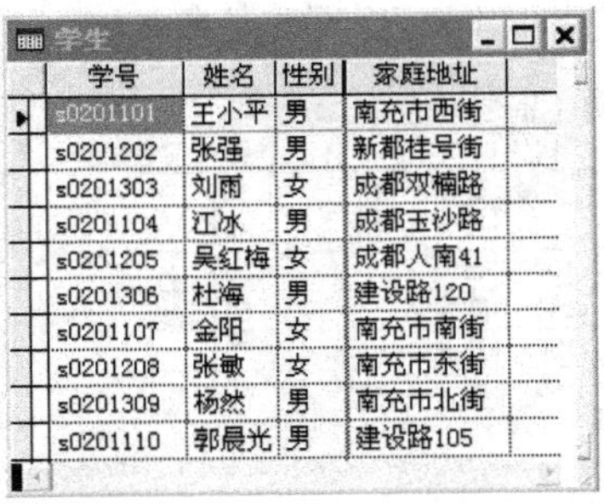

学生

学号	姓名	性别	家庭地址
s0201101	王小平	男	南充市西街
s0201202	张强	男	新都桂号街
s0201303	刘雨	女	成都双楠路
s0201104	江冰	男	成都玉沙路
s0201205	吴红梅	女	成都人南41
s0201306	杜海	男	建设路120
s0201107	金阳	女	南充市南街
s0201208	张敏	女	南充市东街
s0201309	杨然	男	南充市北街
s0201110	郭晨光	男	建设路105

图 1-13　学生信息表

（3）连接。连接运算是将两个关系通过共同的属性名（字段名）连接成一个新的关系。连接运算可以实现两个关系的横向合并，在新的关系中反映出原来两个关系之间的联系。

选择和投影运算都属于单目运算，对一个关系进行操作；而连接运算属于双目运算，对两个关系进行操作。

1.5.4　关系的完整性

数据库系统在运行的过程中，由于数据输入错误、程序错误、使用者的误操作、非法访问等各方面原因，容易产生数据错误和混乱。为了保证关系中数据的正确和有效，需要建立数据完整性的约束机制来加以控制。

关系的完整性是指关系中的数据及具有关联关系的数据间必须遵循的制约条件和依存关系，以保证数据的正确性、有效性和相容性。关系的完整性主要包括实体完整性、域完整性和参照完整性。

1. 实体完整性

实体是关系描述的对象。一行记录是一个实体属性的集合。在关系中用关键字来唯一地标识实体，关键字也就是关系模式中的主属性。实体完整性是指关系中的主属性值不能取空值（NULL），且不能有相同值，以保证关系中的记录的唯一性。若主属性取空值，则不可区分现实世界中存在的实体。例如，学生的学号、职工的职工号一定都是唯一的，这些属性都不能取空值。

2. 域完整性

域完整性约束也称为用户自定义完整性约束。它是针对某一应用环境的完整性约束条件，主要反映了某一具体应用所涉及的数据应满足的要求。

域是关系中属性值的取值范围。域完整性是对数据表中字段属性的约束，它包括字段的值域、字段的类型、字段的有效规则等约束，它是由确定关系结构时所定义的字段的属性所决定的。在设计关系模式时，定义属性的类型、宽度是基本的完整性约束。进一步的约束可保证输入数据的合理有效，如性别属性只允许输入“男”或“女”，其他字符的输入则认为是无效输入，拒绝接受。Visual FoxPro 命令中的 VALID 语句可进行这方面的约束。

3. 参照完整性

参照完整性是对关系数据库中建立关联关系的数据表之间数据参照引用的约束，也就是对外关键字的约束。准确地说，参照完整性是指关系中的外关键字必须是另一个关系的主关键字有效值，或者是 NULL。

在实际的应用系统中，为减少数据冗余，常设计几个关系来描述相同的实体，这就存在关系之间的引用参照，也就是说一个关系属性的取值要参照其他关系。

1.6 常用数据库软件

目前，商品化的数据库管理系统以关系型数据库为主导产品，技术比较成熟。面向对象的数据库管理系统虽然技术先进，数据库易于开发、维护，但尚未有成熟的产品。国际国内的主导关系型数据库管理系统有 Oracle、Sybase、INFORMIX 和 INGRES。这些产品都支持多平台，如 UNIX、VMS、Windows，但支持的程度不一样。IBM 的 DB2 也是成熟的关系型数据库，但是 DB2 内嵌于 IBM 的 AS/400 系列机中，只支持 AS/400 操作系统。

1.6.1 MySQL

MySQL 是最受欢迎的开源 SQL 数据库管理系统，它由 MySQL AB 开发、发布和支持。MySQL AB 是一家基于 MySQL 开发人员的商业公司，是一家使用了一种成功的商业模式来结合开源价值和方法论的第二代开源公司。MySQL 是 MySQL AB 的注册商标。

MySQL 是一个快速的、多线程、多用户和健壮的 SQL 数据库服务器。MySQL 服务器支持关键任务、重负载生产系统的使用，也可以将它嵌入到一个大配置（mass-deployed）的软件中去。

与其他数据库管理系统相比，MySQL 具有以下优势：

（1）MySQL 是一个关系数据库管理系统。

（2）MySQL 是开源的。

（3）MySQL 服务器是一个快速的、可靠的和易于使用的数据库服务器。

（4）MySQL 服务器运行在客户/服务器或嵌入系统中。

（5）有大量的 MySQL 软件可以使用。

1.6.2 SQL Server

SQL Server 是由微软开发的数据库管理系统，是 Web 上最流行的用于存储数据的数据库，它已广泛用于电子商务、银行、保险、电力等与数据库有关的行业。

目前最新版本是 SQL Server 2005，它只能在 Windows 上运行，操作系统的系统稳定性对数据库十分重要。并行实施和共存模型并不成熟，很难处理日益增多的用户数和数据卷，伸缩性有限。

SQL Server 提供了众多的 Web 和电子商务功能，如对 XML 和 Internet 标准的丰富支持，通过 Web 对数据进行轻松安全的访问，具有强大的、灵活的、基于 Web 的和安全的应用程序管理等。而且，由于其易操作性及其友好的操作界面，深受广大用户的喜爱。

1.6.3 Oracle

Oracle（甲骨文）公司成立于 1977 年，最初是一家专门开发数据库的公司。Oracle 在数据库领域一直处于领先地位。1984 年，Oracle 首先将关系数据库转到了桌面计算机上。然后，Oracle 5 率先推出了分布式数据库、客户/服务器结构等崭新的概念。Oracle 6 首创行锁定模式以及对称多处理计算机的支持，最新的 Oracle 8 主要增加了对象技术，成为关系－对象数据库系统。目前，Oracle 产品覆盖了大、中、小型机等几十种机型，Oracle 数据库成为世界上使用最广泛的关系数据系统之一。

Oracle 数据库产品具有以下优良特性：

（1）兼容性。Oracle 产品采用标准 SQL，并经过美国国家标准技术所（NIST）测试。与 IBM SQL/DS、DB2、INGRES、IDMS/R 等兼容。

（2）可移植性。Oracle 的产品可运行于很宽范围的硬件与操作系统平台上。可以安装在 70 种以上不同的大、中、小型机上；可在 VMS、DOS、UNIX、Windows 等多种操作系统下工作。

（3）可连接性。Oracle 能与多种通讯网络相连，支持各种协议（TCP/IP、DECnet、LU6.2 等）。

（4）高生产率。Oracle 产品提供了多种开发工具，能极大地方便用户进行进一步的开发。

（5）开放性。Oracle 良好的兼容性、可移植性、可连接性和高生产率使 Oracle RDBMS 具有良好的开放性。

1.6.4 Sybase

1984 年，Mark B. Hiffman 和 Robert Epstern 创建了 Sybase 公司，并在 1987 年推出了 Sybase 数据库产品。Sybase 主要有三种版本：一是 UNIX 操作系统下运行的版本；二是 Novell Netware 环境下运行的版本；三是 Windows NT 环境下运行的版本。对 UNIX 操作系统，目前应用最广泛的是 SYBASE 10 和 SYBASE 11 for SCO UNIX。

Sybase 数据库具有基于客户/服务器体系结构的、真正开放的高性能数据库的特点。

1.6.5 DB2

DB2 是内嵌于 IBM 的 AS/400 系统上的数据库管理系统，直接由硬件支持。它支持标准的 SQL 语言，具有与异种数据库相连的 GATEWAY。因此它具有速度快、可靠性好的优点。但是，只有硬件平台选择了 IBM 的 AS/400，才能选择使用 DB2 数据库管理系统。

DB2 能在所有主流平台上运行（包括 Windows），最适于海量数据。DB2 在企业级的应用最为广泛。

除此之外，还有微软的 Access 数据库、FoxPro 数据库等。现在常用的数据库有：SQL Server、MySQL、Oracle、FoxPro。

习题一

一、选择题

1．计算机数据管理依次经历了（　　）几个阶段。

A．人工管理、文件系统、分布式数据库系统、数据库系统
B．文件系统、人工管理、数据库系统、分布式数据库系统
C．数据库系统、人工管理、分布式数据库系统、文件系统
D．人工管理、文件系统、数据库系统、分布式数据库系统

2．按一定的组织形式存储在一起的相互关联的数据集合称为（　　）。
A．数据库管理系统　　B．数据库
C．数据库应用系统　　D．数据库系统

3．在一个关系中，不可能有完全相同的（　　）。
A．分量　　B．属性值　　C．域　　D．元组

4．如果一个班只能有一个班长，而且一个班长不能同时担任其他班的班长，班级和班长两个实体之间的关系属于（　　）。
A．一对一联系　　B．一对二联系
C．多对多联系　　D．一对多联系

5．Visual FoxPro 支持的数据模型是（　　）。
A．层次数据模型　　B．关系数据模型
C．网状数据模型　　D．树状数据模型

6．Visual FoxPro DBMS 基于的数据模型是（　　）。
A．层次型　　B．关系型　　C．网状型　　D．混合型

7．下列关于数据库系统的叙述中正确的是（　　）。
A．数据库系统减少了数据冗余
B．数据库系统避免了一切冗余
C．数据库系统中数据的一致性是指数据类型一致
D．数据库系统的核心是数据库

8．数据库系统比文件系统能管理更多的数据，最常用的一种基本数据模型是关系数据模型，它的表示应采用（　　）。
A．树　　B．网络　　C．图　　D．二维表

9．在文件系统阶段，操作系统管理数据的基本单位是（　　）。
A．记录　　B．程序　　C．数据项　　D．文件

10．数据库系统的核心是（　　）。
A．数据库　　B．数据库管理系统
C．模拟模型　　D．软件工程

11．数据库（DB）、数据库系统（DBS）和数据库管理系统（DBMS）之间的关系是（　　）。
A．DB 包括 DBS 和 DBMS　　B．DBS 包括 DB 和 DBMS
C．DBMS 包括 DB 和 DBS　　D．三者属于平级关系

12．公司中有多个部门和多名职员，每个职员只能属于一个部门，一个部门可以有多名职员，从职员到部门的联系类型是（　　）。
A．多对多　　B．一对一　　C．多对一　　D．一对多

13．Visual FoxPro 6.0 属于（　　）。
A．网状数据库系统　　B．层次数据库系统
C．关系数据库系统　　D．分布式数据库系统

14. 下列对“关系”的描述，正确的是（   ）。
   A. 同一个关系中允许有完全相同的元组
   B. 同一个关系中元组必须按关键字升序存放
   C. 在一个关系中必须将关键字作为该关系的第一个属性
   D. 同一个关系中不能出现相同的属性
15. 下列有关数据库的描述，正确的是（   ）。
   A. 数据处理是将信息转化为数据的过程
   B. 数据的物理独立性是指当数据的逻辑结构改变时数据的存储结构不变
   C. 关系中的每一列称为元组，一个元组就是一个字段
   D. 如果一个关系中的属性或属性组并非该关系的关键字，但它是另一个关系的关键字，则称其为本关系的外关键字

二、填空题

1. Visual FoxPro 6.0 是一个________的数据库管理系统。
2. 用二维表数据来表示实体与实体之间联系的数据模型称为________。
3. 在连接运算中，________连接是去掉重复属性的等值连接。
4. 在关系模型中，把数据看成一个二维表，每一个二维表称为一个________。
5. 在奥运会游泳比赛中，一个游泳运动员可以参加多项比赛，一个游泳比赛项目可以有多个运动员参加，游泳运动员与游泳比赛项目两个实体之间的联系是________联系。

第 2 章　Visual FoxPro 系统概述

知识结构图

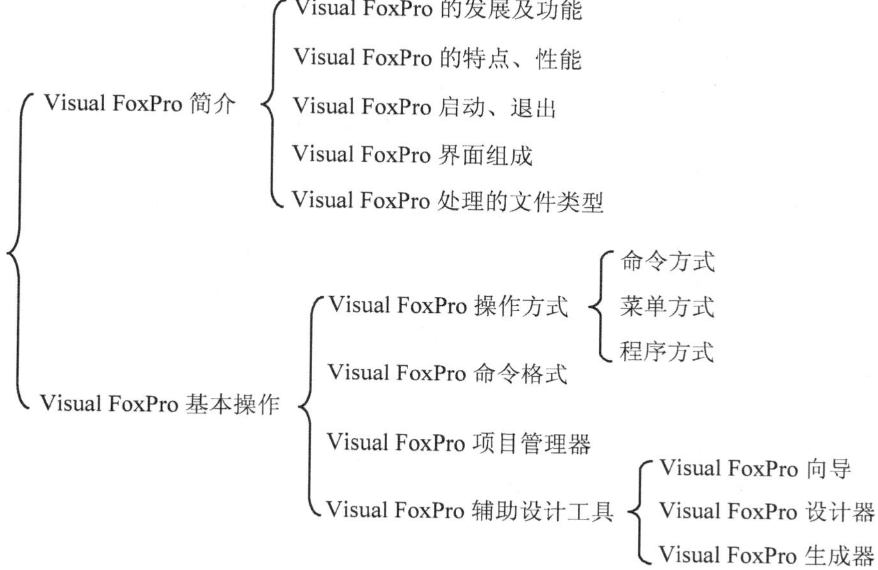

Visual FoxPro 是 Microsoft 公司推出的可视化数据库管理系统平台，是 Microsoft 公司将 FOX 公司的 FoxBase 数据库软件经过数次改良，并且移植到 Windows 之后，得到的应用程序开发软件，是功能比较强大的 32 位数据库管理系统。它提供了功能完备的工具、极其友好的用户界面、简单的数据存取方式，是目前最快捷、最实用的数据库管理系统软件之一。

Visual FoxPro 是一种比较特殊的程序设计语言，一方面它属于关系数据库管理软件，另一方面它又是一种程序设计语言。正是这种身兼二职的特点，使得它能够在众多的程序设计语言中占据一席之地。

2.1　Visual FoxPro 的发展及功能

2.1.1　Visual FoxPro 系统的发展

早在 20 世纪 70 年代末期，由美国 Ashton-Tate 公司研制的 dBASEII 就开始用于 8 位微型计算机，成为当时最流行的微型计算机关系数据库管理系统。1984 和 1985 年，该公司又陆续推出 dBASEIII 和 dBASEIII+，继续风靡于 16 位微型计算机市场。1987 年，美国 FOX 软件公司公布了与 dBASE 兼容的 FOXBASE+，不仅功能更强，运行速度也有明显的提高。他们全都运行在 DOS 平台上，有命令执行和程序执行两类工作方式，其中程序执行方式流行尤广。

1989 年，FOX 软件公司开发了 FOXBASE+的后续产品——FoxPro，正式推出 FoxPro 1.0，

它首次引入了基于 DOS 环境的窗口技术，它支持鼠标，操作方便，是一个与 dBASE、FoxBASE 完全兼容的编译型集成环境式数据库系统。

1991 年推出 FoxPro 2.0。由于使用了 Rushmore 查询优化技术、先进的关系查询与报表技术以及整套第 4 代语言工具，因此 FoxPro 2.0 在性能上得到大幅度提高。它面向对象与事件，其扩充使用了已有的扩展内存，是一个真正的 32 位产品。它除了支持 FoxPro 先前版本的全部功能外，还增加了 100 多条全新的命令和函数，从而使得 FoxPro 程序设计语言逐步成为 Xbase 语言的标准。在与 dBASEIV、Paradox、Clipper 等同时期其他同类产品一起参加的基准测试中，FoxPro 以百倍快的速度大大超越其他竞争对手。因此该公司常用主广告语为“Nothing Runs Like Fox”。但其早期版本（1.0 版与 2.0 版）仍是在 DOS 平台上运行的。

1992 年美国 Microsoft 公司收购了 FOX 公司，第二年就推出了 FoxPro for Windows（2.5 版），使微型计算机关系数据库系统由基于字符界面发展到基于图形用户界面。随着这一界面的改进，FoxPro 出现了以下重要变化：

（1）支持界面操作。与其他 Windows 应用软件一样，FoxPro 大量使用菜单、对话框等人机交互工具，使不懂 FoxPro 命令的用户也能方便地使用数据库。

（2）启用程序设计辅助工具。随着 Windows 平台的流行，应用程序的界面也变得复杂起来。用传统的窗口命令或菜单命令，以手工方法来编制具有 Windows 风格的界面，会耗费用户大量的精力与时间。为此，FoxPro 的后期版本（如 2.5 版与 2.6 版）都提供了一些辅助工具，使用户可通过交互方式来生成所需的界面和程序代码。这不仅大大简化了编程，也为后来的可视化程序设计打下了基础。

1995 年，Microsoft 公司首次将可视化程序设计（Visual Programming）引入了 FoxPro，并将其新版本取名为 Visual FoxPro 3.0，简称 Visual FoxPro 3.0。与 FoxPro 相比，Visual FoxPro 的改进主要表现在：

（1）继续强化界面操作，把传统的命令执行方式扩充为以界面操作为主、命令方式为辅的交互执行方式，大量使用向导、设计器等界面操作工具，充分体现了它们直观、易用的特点。

（2）将面向对象程序设计（Object-Oriented Programming）的思想与方法引入 FoxPro，把单一的面向过程的结构化程序设计扩充为既有结构化设计又有面向对象程序设计的可视化程序设计，大大减轻了编写应用程序代码的工作量。

（3）为了适应 Windows 操作系统的升级（从 16 位的 Windows 3.x 升级为 32 位的 Windows 95 与 Windows NT），Visual FoxPro 的处理单元也从 FoxPro 的 16 位改成 32 位，从而在处理速度、运算能力和存储能力上都提高了许多倍。

1998 年发布了可视化编程语言集成包 Visual Studio 6.0，Visual FoxPro 6.0 作为其中重要的组成部分，具有比以前版本更加强大的功能。Visual FoxPro 6.0 成为 Xbase 家族中最新的成员。

Visual FoxPro 6.0 及其中文版是可运行于 Windows 95 和 Windows NT 平台的 32 位数据库开发系统，它不仅可以简化数据库管理，而且能使应用程序的开发流程更为合理。Visual FoxPro 6.0 使组织数据、定义数据库规则和建立应用程序等工作变得简单易行。利用可视化的设计工具和向导，用户可以快速创建表单、查询和打印报表。

Visual FoxPro 6.0 还提供了一个集成化的系统开发环境，它不仅支持过程式编程技术，而且在语言方面作了强大的扩充，支持面向对象可视化编程技术，并拥有功能强大的可视化程序设计工具。目前，Visual FoxPro 6.0 是用户收集信息、查询数据、创建集成数据库系统、进行实用系统开发较为理想的工具软件。

之后的 Visual FoxPro 7.0、8.0、9.0 增强了服务器、XML 支持、数据特性、工具、设计器等方面。Visual FoxPro 9.0 是最后版本。

2.1.2　Visual FoxPro 数据库管理的基本功能

Visual FoxPro 作为一种数据库管理系统软件，其数据库管理功能体现在以下几点：

（1）可以利用表文件存储不同类别的信息。

（2）可以定义各个表之间的关系，从而很容易地将各个表中相关的数据有机地联系在一起。

（3）可以创建查询搜索那些满足指定条件的记录，也可以根据需要对这些记录进行排序和分组，并根据查询结果创建报表。

（4）使用视图，可以从一个或多个相关联的表中按一定条件抽取一系列数据，并可以通过视图更新这些表中的数据，还可以使用视图从网上取得数据，从而收集或修改远程数据。

（5）可以创建表单来直接查看和管理表中的数据。

（6）可以创建一个报表来分析数据或将数据以特定的方式打印出来。

2.2　Visual FoxPro 6.0 的主要特点和性能指标

2.2.1　Visual FoxPro 6.0 的特点

Visual FoxPro 6.0 的特点如下：

（1）可视化的程序设计方法。Visual FoxPro 中 Visual 的意思是“可视化”。该技术使得在 Windows 环境下设计的应用程序达到即看即得的效果，在设计过程中可以立即看到设计效果，如表单的样式、表单中控件的布局、字符的字体、大小和颜色等。

（2）支持面向对象的程序设计。Visual FoxPro 不仅支持传统面向过程的程序设计，还支持面向对象的可视化程序设计，借助 Visual FoxPro 的对象模型可以充分使用面向对象程序设计的所有功能，包括类、继承性、封装性、多态性和子类，真正实现了面向对象程序设计的能力。

（3）强大的查询与管理功能。Visual FoxPro 的系统命令和语言很强大，拥有近 500 条命令、200 余个函数，提供了标准的数据库语言——结构化查询语言（SQL 语言），允许用户通过语言或可视化设计工具来操作数据库，并可有效地访问索引文件中的数据，快速精确地从大批量的记录中检索数据，极大地提高了数据查询的效率。

（4）良好的用户界面。Visual FoxPro 利用了 Windows 平台下的图形用户界面的优势，借助系统提供的菜单、窗口界面，通过菜单、工具或命令方式，可在系统窗口或命令窗口中完成对数据的各种操作。

（5）增加了数据类型和函数。在数据表文件中，Visual FoxPro 比 FoxBASE 增加了 8 种字段类型：整型（Integer）、货币型（Currency）、浮动型（Float）、日期时间型（Date Time）、双精度型（Double）、二进制字符型（Character（binary））、二进制备注型（Memo（binary））、通用型（General），可以处理更多类型的数据。Visual FoxPro 新增了许多函数和命令，使其功能大大增强。

（6）采用了 OLE 技术。OLE（Object Linking and Embedding）即对象的链接和嵌入。

Visual FoxPro 可以使用该技术来共享其他 Windows 应用程序的数据，这些数据可以是文本、声音和图像。如在 Visual FoxPro 的表文件中的通用型字段，可使用 OLE 技术来存放所描述对象的图像。

（7）开发与维护更加方便。Visual FoxPro 系统提供了向导、生成器、设计器等辅助工具，这些工具为数据的管理和程序设计提供了灵活简便的手段。利用“向导”，可以一步一步地引导用户快速建立一个数据表、查询或表单；利用“生成器”，用户不用编写代码就可以在程序中加入特定功能的控件和修改控件的属性；利用“设计器”，可以快速设计一个表、表单、报表等构件，帮助用户以简单方式快速完成各种操作；用户还可以借助“项目管理器”创建和集中管理应用程序中的任何元素，对项目及数据实行更强的控制。

（8）较好的数据兼容性。Visual FoxPro 6.0 为升级数据库提供了一个方便实用的转换器工具，可以将 dBASEIII、dBASEIV、FoxBASE、早期版本的 FoxPro 所建立的数据库及开发的应用程序不经修改而直接在 Visual FoxPro 中执行。对于电子表格或文本文件中的数据，Visual FoxPro 6.0 也可以方便地实现数据共享。

（9）增强了 Internet 技术和 WWW 数据库技术。在计算机网络技术广泛应用的今天，Visual FoxPro 开发的数据库系统也可以运行在计算机网络中，使众多的用户共享数据资源。Visual FoxPro 数据库系统在网络中的运行模式通常是采用客户机/服务器模式。

2.2.2 Visual FoxPro 6.0 的性能指标

Visual FoxPro 6.0 的主要性能指标如表 2-1 所示。

表 2-1 Visual FoxPro 6.0 的主要性能指标

名称	项目	限制
表和索引文件	表中记录最大数	10 亿条
	表中字段最大数	255 个
	在非压缩索引中每个索引关键字的最多字符数	100
	在压缩索引中每个索引关键字的最多字符数	240
	表打开的索引文件数	没有限制
	所有工作区中可打开的最多索引文件数	没有限制
	关系的最多数	没有限制
	关系表达式的最大长度	没有限制
	同时打开表文件的最大数	255 个
	表文件最大容量	2GB
记录	一条记录的最多字符数	65500 个
字段	数据库表的字段名最大长度	128 个字符
	自由表的字段名最大长度	10 个字符
	设置字符字段最大宽度	254 个字符
	设置数值字段最大宽度	20 位
	数值计算的精确值位数	16 位
	整数的最大值	2147483647
	整数的最小值	-2147483647

续表

名称	项目	限制
程序文件	源程序的行数	没有限制
	每行命令最长字符	8192 个
	编译程序模块的最大值	64KB
	每一文件最多过程数	没有限制
	嵌套 DO 调用最多数	128
	READ 嵌套最多数	5
	嵌套结构化程序命令最多数	384
	传递参数的最大数目	27
	事务处理的最大数目	5
内存变量	内存变量默认数目	1024
	内存变量的最大数目	65000 个
	使用数组的最大数目	65000 个
	每个数组中元素的最大数目	65000 个
报表	设计报表添加的对象数	没有限制
	报表的最大长度	20 英寸
	报表中每个标签控件的最多字符数	252
	最多分组层数	128
其他	同时打开“浏览”窗口的最大数目	255 个
	打开各类窗口的最大数目	没有限制
	打开文件的最多数目	受操作系统限制
	可由 SQL SELECT 语句选择的最多字段数	255

2.3 Visual FoxPro 6.0 系统的配置、启动和界面

2.3.1 Visual FoxPro 6.0 的运行环境

一个软件的运行环境是指系统的硬件配置和软件环境。下面介绍 Visual FoxPro 6.0 的运行环境和安装方法。

1. 硬件配置

当前硬件的发展情况已足够胜任 Visual FoxPro 6.0 系统运行环境的要求，现将其最低环境条件要求列出如下，供参考：

（1）配置 50MHz 主频 486 以上的 PC 机或兼容机；内存 16 MB 以上。

（2）硬盘最小可用空间 15MB；用户自定义安装需要 100MB 硬盘空间；完全安装（包括所有联机文档）需要 240 MB 硬盘空间。

（3）VGA 或更高分辨率的显示器。

（4）对于网络操作，需要一个与 Windows 兼容的网络和一个网络服务器；若要接入 Internet，还需要配置 Modem 或网卡。

2. 软件环境

Visual FoxPro 可在以下操作系统的支持下运行：

（1）Windows 95、Windows 98、Windows 2000、Windows XP 等操作系统。

（2）Windows NT 以上的操作系统：Windows NT 3.51、Windows NT 4.0、Windows NT 2000 网络操作系统。

2.3.2 Visual FoxPro 6.0 的启动与退出

1. 启动 Visual FoxPro 6.0 的方法

（1）单击“开始”→“程序”→Microsoft Visual FoxPro 命令。

（2）双击桌面上的 Visual FoxPro 图标。

（3）双击 Visual FoxPro 创建的用户文件，如表文件、项目文件、表单文件等。

2. 退出 Visual FoxPro 6.0 的方法

（1）在“命令”窗口中输入 quit 命令，按回车键。

（2）直接按 Alt+F4 组合键。

（3）在“文件”菜单中选择“退出”命令。

（4）双击主窗口左上角的控制菜单。

（5）在主窗口控制菜单中选择“关闭”命令。

2.3.3 Visual FoxPro 6.0 的界面组成

当 Visual FoxPro 系统启动后，屏幕上显示的是 Visual FoxPro 的系统环境窗口，即 Visual FoxPro 的主界面，如图 2-1 所示。它是开发或运行 Visual FoxPro 程序的场所，是用户使用和操作 Visual FoxPro 的主界面，主要由标题栏、菜单栏、工具栏、命令窗口、工作区窗口和状态栏等组成。

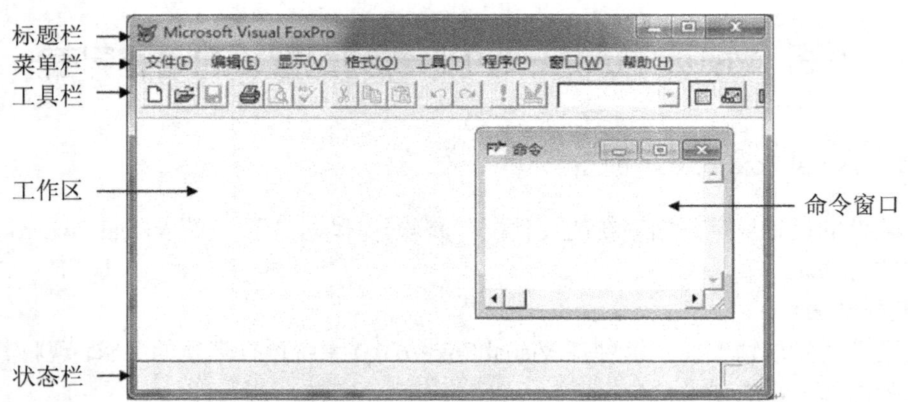

图 2-1 Visual FoxPro 6.0 的用户界面

1. 标题栏

标题栏位于主界面的顶端，其中包含系统程序图标、主界面标题 Microsoft Visual FoxPro、“最小化”按钮、“最大化”按钮和“关闭”按钮。

2. 菜单栏

标题栏下方是系统提供的条形菜单，也叫做系统菜单，它提供了 Visual FoxPro 的各种操作命令。Visual FoxPro 系统菜单的菜单项将随窗口操作内容的不同而有所增加或减少。如对表文件进行浏览操作时，会在菜单栏“窗口”菜单左边的位置增加“表”菜单项，而减少了“格式”菜单。

3. 工具栏

工具栏位于系统菜单栏的下方，由若干个工具按钮组成，每一个按钮对应一个特定的功能。Visual FoxPro 提供了不同环境下的十几个工具栏。在工具栏的右边还有几个 Visual FoxPro 特有的工具按钮，如“表单”、“报表”等，可以方便地创建表单和报表。Visual FoxPro 还提供了许多其他工具栏，如报表控件工具栏、表单控件工具栏等。这些菜单在进行相应的设计时会自行显示出来，也可以选择“显示”菜单中的“工具栏”命令打开“工具栏”对话框（如图 2-2 所示）来显示和隐藏它们。

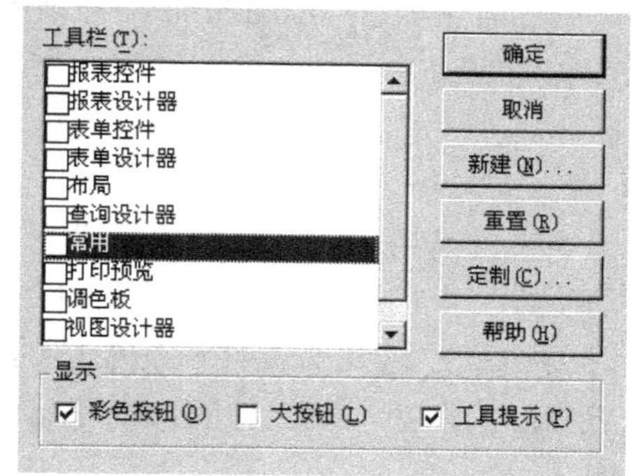

图 2-2　“工具栏”对话框

用户可通过菜单栏“显示”菜单中的命令将指定的工具栏显示在系统窗口中。Visual FoxPro 启动时，系统默认将“常用”工具栏显示在系统窗口中，其他的工具栏由用户决定是否显示。在工具按钮中也有一部分与菜单命令是相同的，但工具栏中的按钮操作往往比菜单栏中的命令操作更为简便快捷。

4. 命令窗口

命令窗口是执行、编辑 Visual FoxPro 系统命令的窗口。在该窗口中，可以输入命令来实现对数据库的操作管理；也可以用各种编辑工具对命令进行修改、插入、删除、剪切、拷贝、粘贴等操作；还可以建立并运行命令文件。用户可以选择“窗口”菜单中的“隐藏”命令来隐藏命令窗口，隐藏之后又可以用“窗口”菜单中的“命令窗口”命令把它显示出来。命令窗口可用鼠标拖动它的标题栏改变位置，拖动它的边框来改变大小。用户还可以用键盘的上下箭头键翻动以前使用过的命令，也可以在命令窗口中使用复制组合键 Ctrl+C、粘贴组合键 Ctrl+V 来提高命令的重用率。在命令窗口中操作时，应注意以下几点：

（1）每行只能写一条命令，每条命令均以 Enter（回车）键结束。

（2）将光标移到窗口中已执行的命令行的任意位置上，按 Enter 键将重新执行。

（3）清除刚输入的命令，可以按 Esc 键。

（4）在命令窗口中右击，显示一个快捷菜单，可完成命令窗口中相关的编辑操作。

5. 工作区窗口

工作区窗口也叫信息窗口，是用来显示 Visual FoxPro 各种操作信息的窗口。如在命令窗口中输入命令并回车后，命令的执行结果会立即在工作区窗口中显示。若信息窗口显示的信息太多，可在命令窗口中执行 Clear 命令予以清除。

6. 状态栏

状态栏位于整个 Visual FoxPro 系统界面的最底部，用于显示某一时刻的工作状态。如果当前工作区中没有表文件打开，状态栏的内容是空白；如果当前工作区中有表文件打开，状态栏显示出表文件的路径及名字、所在的数据库名、当前记录的记录号、记录总数、表中当前记录的共享状态等内容。

2.4 Visual FoxPro 6.0 的文件类型

Visual FoxPro 6.0 共提供了 40 多种文件类型，常用的文件类型有：数据库、表、项目、表查询、视图、连接、报表、标签、程序、文本、表单、菜单等。

1. 项目文件（.PJX）

项目文件是 Visual FoxPro 提供的一种集中管理应用程序中相关的各种类型文件的技术。用户用它可生成在 Visual FoxPro 环境中使用的应用程序.APP 和脱离了 Visual FoxPro 环境的可执行文件.EXE。系统还会自动生成它的扩展名为.PJT 的备份文件，来防止项目文件（.PJX）被破坏。

2. 表文件（.DBF）

表文件是用来存放数据的二维表。若在创建表的结构时用户设计了备注型字段，系统会自动生成一个扩展名为.FPT 的备注文件来存放备注字段值。一旦有了备注文件，在拷贝与删除时要注意，这两个文件应在相同的文件夹下，否则表文件不能打开。表文件的备份文件是.BAK，为防止一些文件的误删和破坏，Visual FoxPro 系统会自动生成扩展名为.BAK 的文件以作备用。

3. 数据库文件（.DBC）

数据库文件是相关表文件的集合。应用系统涉及多个表的使用时，Visual FoxPro 使用数据库文件来统一管理这些相关的表。数据库文件的备份文件是.DCT。扩展名为.DBC 的数据库文件在以前的 FoxBASE 中是没有的。FoxBASE 下的数据库文件对应于 Visual FoxPro 的表文件.DBF。数据库索引文件是.DCX。

4. 程序文件（.PRG）

程序文件是把 Visual FoxPro 提供的命令有机地集合而组成的文件，所以也称为命令文件。该文件就是为解决某一应用问题而编写的。程序文件是源程序格式，用户可直接在命令窗口中用“DO <命令文件名>”来执行。源程序在执行时，系统会生成它的编译文件.FXP 后让计算机执行。

5. 表单文件（.SCX）

表单文件是 Visual FoxPro 用来设计数据输入和输出的屏幕界面文件。Visual FoxPro 的表单（FORM）也叫做“窗体”，它是人机对话的窗口。在面向对象的设计理念中，用户要操作的对象、数据，甚至数据的处理程序都被包含在表单中。表单文件的备份文件是.SCT。

6. 索引文件（.IDX）和复合索引文件（.CDX）

索引文件是在表文件基础上建立的一种兼有排序和快速查询特点的文件。单索引文件的扩展名是.IDX，该索引文件只含一个索引项（排序字段），而复合索引文件.CDX 可含多个索引项。

7. 内存变量文件（.MEM）

内存变量文件用以保存用户定义的内存变量。用户退出 Visual FoxPro 系统后，所定义的内存变量会从内存中释放。为了以后能再次使用，可把内存变量放在内存变量文件中长期保存。

8. 报表格式文件（.FRX）

报表格式文件专用于数据报表格式的打印及屏幕输出，它的备份文件是.FRT。

9. 屏幕格式文件（.FMT）

屏幕格式文件用于定义数据输入、输出的屏幕格式，即在屏幕指定位置输入、输出数据。

10. 菜单文件（.MNX 和.MPR）

用户可方便地用菜单文件创建应用程序的菜单。.MNX 是编辑菜单的文件，.MPR 是生成应用菜单的程序。用户对菜单的使用应该执行.MPR 文件。菜单备注文件是.MNT。

11. 文本文件（.TXT）

文本文件用来说明应用系统中的信息以及和其他程序交换信息。它可以用任何文本编辑器编辑。

12. 标签文件（.LBX）

标签文件是提供给用户打印标签及名片的文件。标签备注文件是.LBT。

13. 可视类库文件（.VCX）

类库文件是类的集合，类是 Visual FoxPro 中具有相同属性的操作对象。类可以由系统提供，也可以由用户创建。包含类的类库文件也分为这两种。可视类库备注文件是.VCT。

14. 视图文件（.VUE）

视图是为方便查询而又能保护表中原始数据的一种“虚表”。视图文件的创建必须源于表文件。视图文件存放的不是数据而是查询命令。

15. 查询文件（.QPR）

Visual FoxPro 提供了基于 SQL 语言的查询命令来快速方便地生成具有一定格式的查询文件。QPR 是查询文件的后缀名，.QPX 是编译后的查询程序文件。

2.5　Visual FoxPro 的操作方式

2.5.1　操作方式

Visual FoxPro 6.0 的操作方式有以下 3 种：

（1）菜单方式。

菜单方式是 Visual FoxPro 的一种重要操作方式。Visual FoxPro 的大部分功能都可以通过菜单操作来实现。由于菜单直观、易懂、操作方便，用户通过对话来完成操作。

Visual FoxPro 的菜单栏位于系统窗口的第二行，由“文件”、“编辑”、“显示”、“格式”、“工具”、“程序”、“窗口”和“帮助”8 个菜单项组成。

（2）命令方式。

命令方式是指在 Visual FoxPro 命令窗口中输入命令并执行来完成任务的一种操作方式。用户在命令窗口中输入命令后按回车键即可执行命令。

在命令窗口中输入并执行命令时需要注意以下几点：

- 每行只能写一条命令，每条命令都以回车键结束。
- 将光标移到先前执行过的命令行的任意位置上，按回车键将重新执行该命令。
- 按 Esc 键可清除刚输入的命令。
- 在命令窗口中右击，弹出的快捷菜单可完成命令窗口中的相关编辑操作。

（3）程序方式。

程序工作方式是指 Visual FoxPro 的用户根据实际应用的需要，将实现某种操作处理的命令序列编成程序，通过运行程序，让系统自动执行其中的命令，来实现任务操作方式。程序方式是自动化工作方式。

Visual FoxPro 将命令集合为一个扩展名为.PRG 的程序文件，在命令窗口中用“DO <命令文件名>”来执行程序。而实际上更多的是使用面向对象的程序设计方法，把程序代码封装在用户操作的控件对象中，通过对象事件的激发来执行该段程序。

掌握基本的程序设计方法，对于开发数据库应用系统十分重要。

2.5.2 建立工作目录与搜索路径

为了便于文件的存储、管理与使用，通常在建立表结构之前，应设置保存文件的默认目录。通过搜索路径用户可以选择已有的任意文件夹作为默认的工作目录。

为使新建文件不至于散落在磁盘各处，我们约定用户文件均建立在 F:\VFP 目录下。启动 Visual FoxPro 后可先指定此用户目录为默认值，操作步骤为：选定“工具”菜单中的“选项”命令，在如图 2-3 所示的“选项”对话框中选定“文件位置”选项卡，在列表框中选择“默认目录”选项，单击“修改”按钮，在“更改文件位置”对话框中选定“使用默认目录”复选框，然后在“定位默认目录”文本框内键入路径 F:\VFP（或通过文本框右侧的 按钮来选定路径），单击“确定”按钮，如图 2-4 所示。

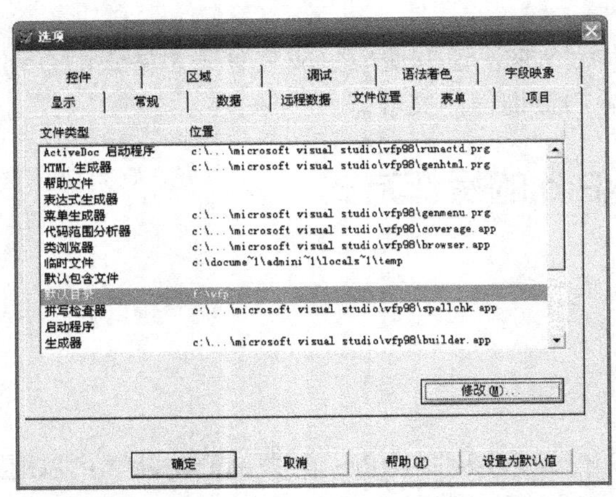

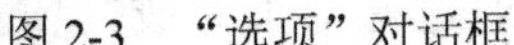
图 2-3 “选项”对话框

图 2-4 “更改文件位置”对话框

若在命令窗口内键入命令 SET DEFAULT TO F:\VFP，可达到同样的效果。若在关闭对话框前还单击了“设置为默认值”按钮，则每次启动 Visual FoxPro 后都设该路径为默认值。

2.6 Visual FoxPro 的命令格式

在使用 Visual FoxPro 的各种命令进行数据操作和程序设计时，必须严格按照各种命令所要求的格式书写，准确使用各种命令，实现其命令功能。

1. 命令结构

Visual FoxPro 的命令通常由两部分组成：第一部分是命令动词，也称关键字，用于指定命令的操作功能；第二部分是命令子句，用于说明命令的操作对象、操作条件等信息。Visual FoxPro 的命令形式如下：

<命令动词> [<范围子句>] [<条件子句>] [<字段名表子句>]

例如：CREATE [<文件名>]

CREATE 是命令动词，表示命令的功能；文件名表示操作的对象。

通常一条 Visual FoxPro 命令的命令动词后面可以由一个或多个命令子句组成，使得在一条命令中可以实现多种功能。

2. 命令格式中的约定符号

在 Visual FoxPro 的命令和函数格式中采用了统一约定的符号，这些符号的含义如下：

< >——表示必选项，尖括号内的参数必须根据格式输入其参数值。

[ ] ——表示可选项，方括号内的参数由用户根据具体要求选择输入其参数值。

| ——表示“或者选择”选项，可以选择竖杠两边的任意选项。

…——表示省略选项，有多个同类参数重复。

上述符号是专用符号，用于命令或函数语法格式中的表达形式，在实际命令和函数操作时，命令行或函数中不能输入专用符号，否则将产生语法错误。

3. 命令中的几种常用子句

各种命令一般都包含数量不等的可选子句，操作时用户根据实际需要可部分或全部选用。子句的作用是扩充、完善命令的功能，很多命令必须通过相应子句的配合才能有效地、完整地实现命令功能。因此，对于命令的功能与用法是否了解、掌握，更多是体现在对命令中各子句的了解、掌握上，学习时要对此更多关注。

命令中常用的子句主要有范围子句、条件子句和字段名表子句。

（1）范围子句。在很多对表进行操作的命令中都包含有范围子句，其作用是选择、确定命令操作的记录范围。范围子句的作用相当于关系运算中的选择运算，选择运算是按指定逻辑条件选择表中符合条件的记录，而范围子句是按记录范围选择记录，前者是逻辑选择，后者是物理选择。范围子句有 4 种具体的选择范围：

RECORD <n>——范围是记录号为 n 的一条记录。

NEXT <n>——范围是从当前记录开始的连续 n 条记录。

REST——范围是从当前记录开始到表尾的所有记录。

ALL——范围是表中的全体记录。

（2）条件子句。条件子句的作用是以指定逻辑条件为依据，从表中选择符合条件的记录。它对应于关系运算中的选择运算。条件子句有以下两种：

FOR <条件>——选择表中符合条件的所有记录。

WHILE <条件>——选择符合条件的记录，直到第一个不符合条件的记录为止。

<条件>由一个逻辑表达式或关系表达式构成，其值为逻辑型数据。

（3）字段名表子句。字段名表子句的作用是选取命令操作的字段范围。它对应于关系运算中的投影运算。其格式是：[FIELDS] <字段名表>。

其中字段名表由若干个以逗号分隔的字段名构成。有些命令中字段名表子句要求以关键字 FIELDS 引导，有些则可省略，这决定于命令语法格式要求，使用时要注意。

除以上 3 种常用子句外，很多命令还有其他的子句，如：

TO PRINTER 子句——选择该子句时，所发命令操作的结果送往打印机打印输出，否则在屏幕上显示。

OFF 子句——选择该子句时，命令操作输出记录时不显示记录号。

这需要根据命令的功能、格式要求而定，使用时应根据具体情况了解、熟悉，正确地使用。

4. 命令书写规则

Visual FoxPro 6.0 的命令都有相应的语法格式，使用时必须按一定的规则书写、输入。有关命令的书写规则归纳如下：

（1）任何命令必须以命令动词开始。

（2）命令动词与子句之间、各子句之间都以空格分隔。

（3）一个命令行最多包含 8192 个字符（包括所有的空格）。一行书写不完，行尾用分号“；”做续行标志，按 Enter 键后在下一行继续书写、输入。

（4）命令动词及子句中的关键字一般不宜用缩略形式，以保持命令的可读性和规范性。

（5）Visual FoxPro 6.0 不区分命令字符的大小写。

（6）除命令动词外，命令中其他部分的排列顺序一般不影响命令功能。

2.7 项目管理器

在 Visual FoxPro 系统中，使用项目组织、集成数据库应用系统中所有相关的文件，形成一个完整的应用系统。所谓项目是 Visual FoxPro 中相关数据、文档和各类文件、对象的集合，亦即项目是与一个应用有关的所有文件的集合。一般而言，一个项目包含开发一个应用程序所需要的所有文件，包括窗体文件、程序文件、数据库文件、表文件、报表文件、菜单文件、索引文件等。

项目管理器则是 Visual FoxPro 系统创建、管理项目的工具，它为用户提供简易、可见的方式创建、修改、组织项目中的各种文件，对项目中的程序进行编译和连编，形成一个可以运行的应用程序系统，它是 Visual FoxPro 的“控制中心”，其扩展名为.pjx。

2.7.1 创建新项目

以创建一个“教务管理系统”新项目为例，先从“文件”菜单中选择“新建”命令，选择“项目”单选按钮，然后单击“新建文件”按钮，在“创建”对话框中输入新项目名称“教务管理系统”，单击“保存”按钮，即完成“教务管理系统”项目的创建，如图 2-5 所示。

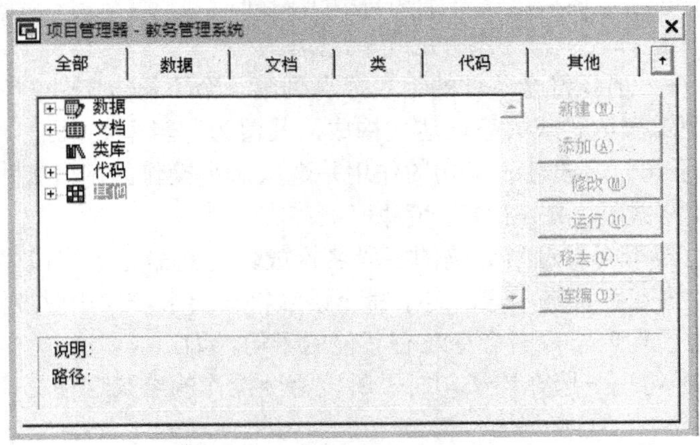

图 2-5 “项目管理器”对话框

2.7.2　项目管理器界面

有了一个项目以后，则通过“项目管理器”加以管理。“项目管理器”中主要包括“全部”、“数据”、“文档”、“类”、“代码”及“其他”等选项卡，如图 2-5 所示。

全部——组织、管理项目中的所有文件。

数据——数据资源，包括数据库、表、自由表、本地视图、远程视图、查询等。

文档——包含处理数据时所用的全部文档，包括表单、报表、标签等。

类——项目中所涉及的类和类库。

代码——项目中的程序代码文件等。

其他——项目中其他类型的文件。

“项目管理器”中的选项是以类似于大纲的结构来组织的，可以将其展开或折叠，以便查看不同层次中的详细内容。

如果项目中具有一个以上同一类型的项，其类型符号旁边会出现一个“+”。单击“+”可以显示项目中该类型项的名称。例如，单击“表单”符号旁边的“+”，可以看到项目中表单的名称，若要折叠已展开的列表，可单击列表旁边的“-”。

“项目管理器”包含一个项目中的所有数据，如数据库、自由表、查询和视图。如要查找某一数据文件，在“全部”或“数据”选项卡中查找即可。

数据库——表的集合，一般通过公共字段彼此关联。使用“数据库设计器”可以创建一个数据库，数据库文件的扩展名为.dbc。

自由表——存储在以.dbf 为扩展名的文件中，它不是数据库的组成部分。

查询——是检查存储在表中的特定信息的一种结构化方法。利用“查询设计器”可以设置查询的格式，该查询将按照输入的规则从表中提取记录。查询被保存在带.qpr 扩展名的文件中。

视图——是特殊的查询，通过更改由查询返回的记录可以用视图访问远程数据或更新数据源。视图只能存在于数据库中，它不是独立的文件。

2.7.3　项目管理器中的操作

1. 向项目管理器中添加文件

可以把用 Visual FoxPro“文件”菜单中的“新建”命令和“工具”菜单中的“向导”命令创建的各类独立的文件添加到该项目管理器中，把它们统一地组织管理起来。

2. 从项目管理器中移去或删除文件

若要从项目中移去某个文件，先选定要移去的内容，如“表单 1”，单击“移去”按钮，然后在提示框中单击“移去”按钮；若要从磁盘上彻底删除，则单击“删除”按钮。

3. 创建、修改文件及为文件添加说明

“项目管理器”简化了创建和修改文件的过程。只需选定要创建或修改的文件类型，然后单击“新建”或“修改”按钮，Visual FoxPro 将显示与所选文件类型相应的设计工具。

创建或添加新的文件时，可以为文件加上说明。文件被选定时，说明将显示在“项目管理器”的底部。

若要为文件添加说明，只需在“项目管理器”中选定该文件，然后选择“项目”菜单中的“编辑说明”命令，在“说明”文本框中输入对文件的说明，再单击“确定”按钮。

4. 改变显示外观

“项目管理器”显示为一个独立的窗口。可以移动它的位置、改变它的尺寸或者将它折叠起来只显示选项卡。

若要移动“项目管理器”，则需将鼠标指针指向标题栏，然后将“项目管理器”拖到屏幕上的其他位置。

若要改变“项目管理器”对话框的大小，只需将鼠标指针指向“项目管理器”的顶端、底端、两边或角上，拖动鼠标即可扩大或缩小它的尺寸。

若要折叠“项目管理器”，只需单击右上角的向上箭头，如图 2-6 所示。

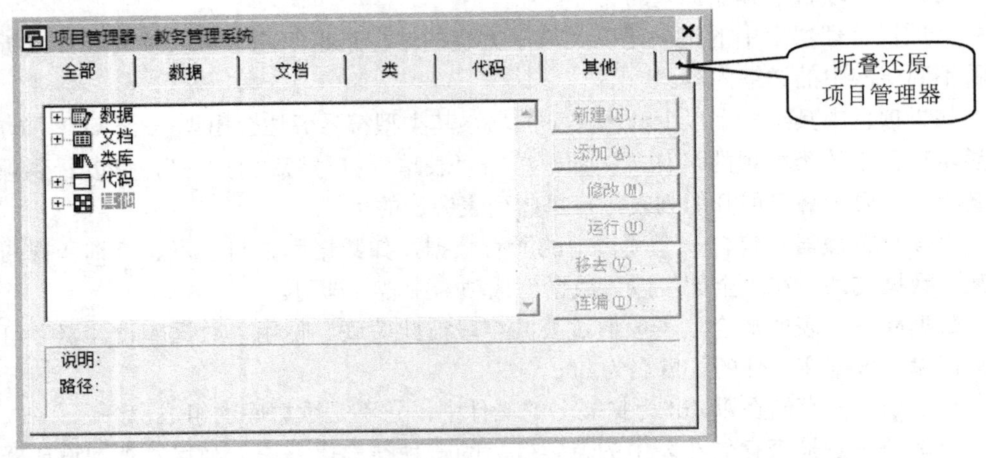

图 2-6 “项目管理器”对话框

在折叠情况下只显示选项卡，如图 2-7 所示。

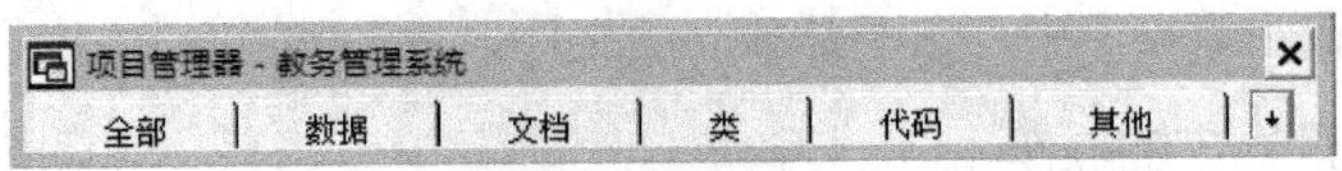

图 2-7 “项目管理器”折叠后的样子

若要还原“项目管理器”，只需单击右上角的向下箭头。

5. 停放“项目管理器”

若要停放“项目管理器”，只需将“项目管理器”拖到 Visual FoxPro 主窗口的顶部，使它变成窗口工具栏区域的一部分。

“项目管理器”处于停放状态时，不能将其展开，但是可以单击各选项卡进行相应的操作。

对于停放的“项目管理器”，同样可以从中拖拉开选项卡，进行相应的操作，如图 2-8 所示。

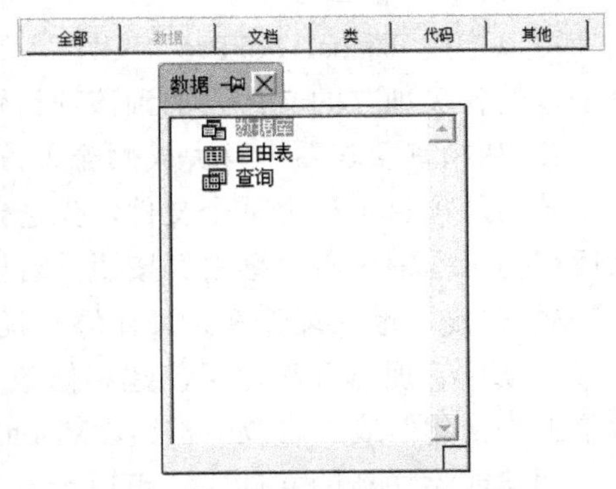

图 2-8 “项目管理器”的“数据”选项卡

2.8 Visual FoxPro 6.0 的辅助设计工具

2.8.1 向导

1. 向导的种类

向导提供了用户要完成某些工作所需要的详细操作步骤，在这些步骤的引导下，用户可以一步一步方便地完成任务，不用编程就可以创建良好的应用程序界面，并完成许多对数据库的相关操作。

Visual FoxPro 6.0 提供了 20 余种向导工具，功能如表 2-2 所示。常用的向导有：表向导、报表向导、表单向导、查询向导等。

表 2-2 向导功能表

向导名称	功能
表向导	在表结构基础上创建一个新表
报表向导	利用单独的表来快速创建报表
一对多报表向导	从相关的数据表中快速创建报表
标签向导	快速创建一个标签
分组/统计报表向导	快速创建分组统计报表
表单向导	快速创建一个表单
一对多表单向导	从相关的数据表中快速创建表单
查询向导	快速创建查询
交叉表向导	创建交叉表查询
本地视图向导	利用本地数据创建视图
远程视图向导	创建远程视图
导入向导	导入或添加数据
文档向导	从项目文件和程序文件的代码中产生格式化的文本文件
图表向导	快速创建图表
应用程序向导	快速创建 Visual FoxPro 的应用程序
SQL 升迁向导	引导用户用 Visual FoxPro 数据库功能创建 SQL Server 数据库
数据透视表向导	快速创建数据透视表
安装向导	从文件中创建一整套安装磁盘
邮件合并向导	创建一个邮件合并文件

2. 启动向导

操作步骤为：打开“工具”菜单，指向“向导”，即可列出向导列表，如图 2-9 所示。选择列表中的某个选项后，就可以打开对应的向导窗口。

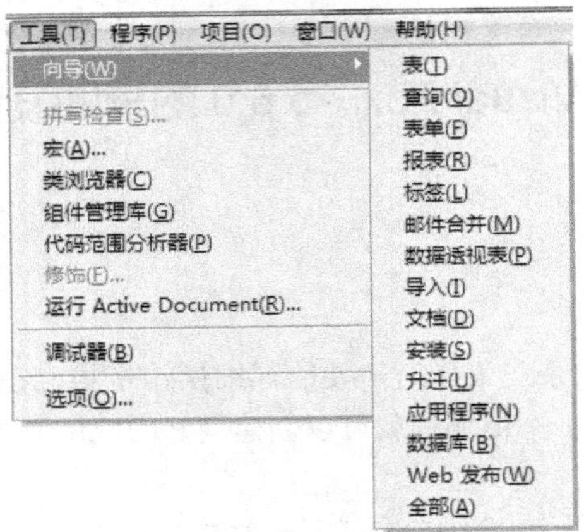

图 2-9　向导的启动

2.8.2　设计器

Visual FoxPro 系统的设计器为用户提供了一个友好的图形界面。用户可以通过它创建并定制数据表结构、数据库结构、报表格式和应用程序组件等。

1. 设计器的种类

Visual FoxPro 设计器有多种，功能如表 2-3 所示。常用的设计器有：表设计器、查询设计器、视图设计器、报表设计器、数据库设计器、菜单设计器等。

表 2-3　设计器功能表

名称	功能
表设计器	创建表并建立索引
查询设计器	用于创建本地表的查询
视图设计器	用于创建远程数据源的查询并可更新查询
表单设计器	创建表单，用以查看并编辑表的数据
报表设计器	创建报表，以便显示及打印数据
标签设计器	创建标签布局，以便打印标签
数据库设计器	建立数据库，查看并创建表之间的关系
连接设计器	为远程视图创建连接
菜单设计器	创建菜单或快捷菜单

2. 启动设计器

以启动“表设计器”为例，操作步骤如下：

（1）单击“文件”→“新建”命令，弹出“新建”对话框。

（2）选中“表”单选项，单击“新建文件”按钮，弹出“创建”对话框。

（3）输入表文件名，选择文件保存路径，单击“保存”按钮返回，这时就会弹出“表设计器”对话框，如图 2-10 所示。

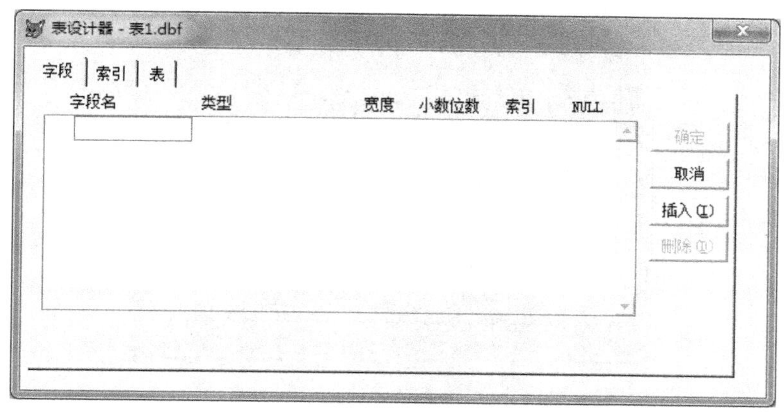

图 2-10　“表设计器”对话框

2.8.3　生成器

利用 Visual FoxPro 系统提供的生成器，可以简化创建和修改用户界面程序的设计过程，提高软件开发的质量。

1. 生成器的种类

Visual FoxPro 生成器有多种，功能如表 2-4 所示。常用的生成器有：组合框生成器、命令组生成器、表达式生成器、表单生成器、列表框生成器等。

表 2-4　生成器功能表

名称	功能
自动格式生成器	生成格式化的一组控件
组合框生成器	生成组合框
命令组生成器	生成命令组按钮框
编辑框生成器	生成编辑框
表单生成器	生成表单
表格生成器	生成表格
列表框生成器	生成列表框
选项生成器	生成选项按钮
文本框生成器	生成文本框
表达式生成器	生成并编辑表达式
参照完整性生成器	生成参照完整性规则

2. 启动生成器

以启动“表单生成器”为例，操作步骤如下：

（1）单击“文件”→“新建”命令，弹出“新建”对话框。

（2）选中“表单”单选项，单击“新建文件”按钮，弹出“表单设计器”对话框。

（3）在其中单击图标或者在表单中右击，然后在弹出的快捷菜单中选择“生成器”命令，弹出“表单生成器”对话框，如图 2-11 所示。

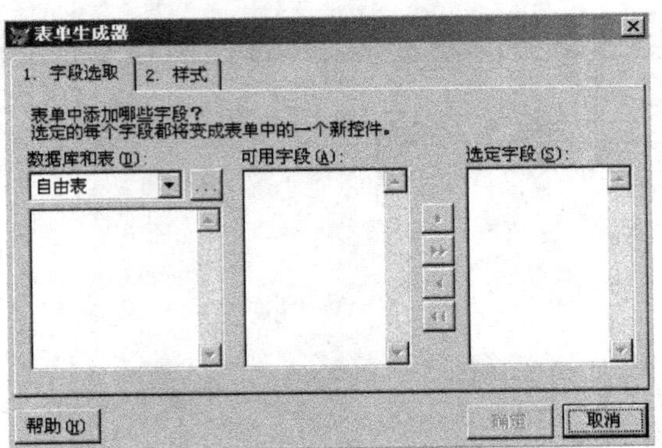

图 2-11 “表单生成器”对话框

习题二

1. Visual FoxPro 有哪些主要特点?
2. Visual FoxPro 的程序窗口由哪些部分组成?
3. 项目管理器的作用是什么?
4. 简述下列工具的作用:向导、设计器、生成器。

第 3 章　Visual FoxPro 的数据元素

知识结构图

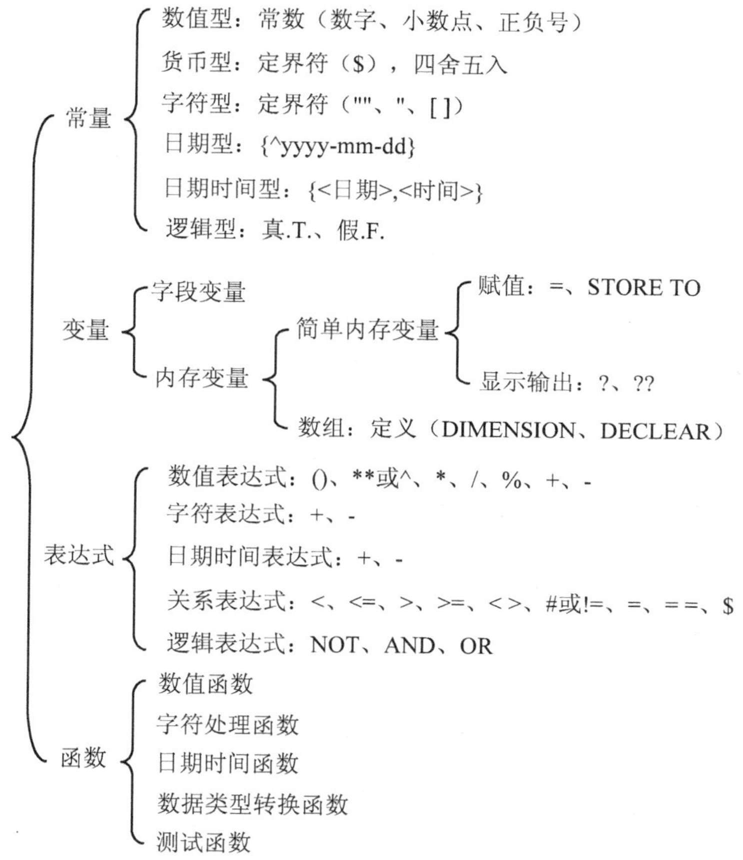

在数据库系统（DBS）中，数据是操作和管理的基本对象，用户通过数据库管理系统（DBMS）提供的功能对数据库中各种类型的数据进行组织和管理，不同类型的数据，其组织方式与运算方式不同。本章介绍 Visual FoxPro 6.0 中常用的数据类型及其运算方法，主要目的是为后续各章的学习打下良好的基础。

根据计算机系统处理数据的形式来划分，Visual FoxPro 中的数据可分为常量、变量、表达式和函数 4 种形式。常量和变量是数据运算和处理的基本对象，使用函数可以实现特定的功能，表达式体现了对数据进行综合运算和处理的能力。本章将对各种形式的数据进行详细介绍。

3.1　常量

Visual FoxPro 中的每个数据都属于一定的数据类型。数据类型与数据形式不同，数据类型决定了数据在计算机中的存储方式和运算方式。常量、变量、表达式和函数这 4 种形式的数据都包括以下 6 种数据类型：数值型、货币型、字符型、日期型、日期时间型和逻辑型。

常量通常用于表示一个具体的、不变的值。常量在命令和程序中可以直接引用，其特征是在操作过程中它的值和表现形式保持不变。常量包括数值型、货币型、字符型、日期型、日期时间型和逻辑型 6 种，不同类型的常量输入格式和运算规则不同。

3.1.1 数值型常量

数值型常量又称常数，是由数字 0～9、小数点和正负号组成的，可以表示整数或实数的值。数值型数据用大写字母 N（Numeric）表示。

数值型常量的表示形式有两种：基本表示法和科学记数法。

基本表示法，如 100、-250、0、20.09、-1234.567 等分别是数值型常量中的整数和实数。

科学记数法，用来表示很大的或很小的数值型常量，如 1.2345E8 表示 1.2345×10^{8}、9.87E-8 表示 9.87×10^{-8}。

例 3.1 在命令窗口中输入以下两条命令：

```
?100
??-1234.567
```

分别按 Enter 键执行，输出结果如下：

```
100-1234.567
```

屏幕显示如图 3-1 所示。

图 3-1 例 3.1 的执行过程及结果

在例 3.1 使用的命令中，单问号“?”指的是表达式的显示命令，表示在屏幕的当前光标处输出一个回车符，使光标跳到下一行，接着在光标处显示“?”后表达式的值，即先换行后输出内容；双问号“??”的功能与单问号“?”相似，区别是不输出回车符，直接在当前光标处显示“??”后面表达式的值，即不换行直接输出内容。

3.1.2 货币型常量

货币型常量用来表示货币的值。货币型数据用大写字母 Y（Currency）表示。

货币型常量以“$”符号开头，并由数字和小数点组成。其输入格式与数值型常量类似，即在数值型常量前面加上一个$符号作为定界符，用以和数值型常量区分，如$12.3456、$-100.01 等。

货币型常量在存储和计算时采用 4 位小数，如果小数位数多于 4 位，系统会自动将多余的小数位进行四舍五入；如果小数位数少于 4 位，系统将自动补零至 4 位，如货币型常量$12.34567 将存储为$12.3457。

货币型常量的输出格式与输入格式不同，输出时不显示$，并且四舍五入保留四位小数。

例 3.2 在命令窗口中输入以下 3 条命令：

```
?$12
?$12.34567
?$-100.01
```

分别按 Enter 键执行，输出结果如下：

```
12.0000
12.3457
-100.0100
```

屏幕显示如图 3-2 所示。

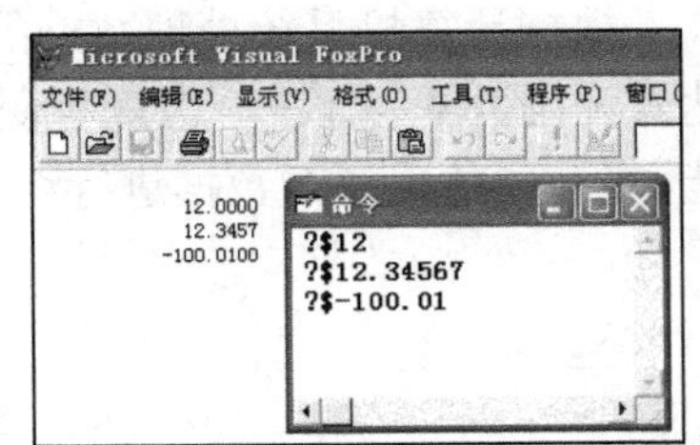

图 3-2 例 3.2 的执行过程及结果

3.1.3　字符型常量

字符型常量是指由定界符括起来的一组字符串，字符串中的字符可以是数字、字母、汉字或其他符号。单引号（''）、双引号（""）和方括号（[ ]）都可以作为字符型常量的定界符，如"-100"、'Visual FoxPro 6.0 程序设计'、[计算机等级考试]都是字符型常量。字符型数据用大写字母 C（Character）表示。

很多常量都有定界符，定界符不作为常量本身的内容，只规定常量的类型和常量的起止界限。给字符型常量加定界符是为了将其与其他类型的常量、变量和标识符相区别。如 1 为数值型常量，而"1"为字符型常量；又如"a"为字符型常量，而 a 为变量。

在使用字符型常量定界符时需要注意以下几个问题：

（1）定界符必须是在英文半角状态下输入的，并且要成对出现。

（2）如果字符串中的内容包含某种定界符，则必须使用其他定界符为此字符串定界。

（3）空串（""）与包含空格的字符串（"　"）不同，空串指不包含任何内容的字符串，此字符串的长度为 0，空格也是字符型常量，包含一个空格的字符串的长度是 1。

（4）字符型常量区分字母大小写，即"a"与"A"是两个不同的字符型常量。

（5）字符型常量在输出时不显示定界符，即除了定界符之外的其他字符按原样输出。

例 3.3　在命令窗口中输入以下两条命令（"□"代表空格）：

```
?"－100",'Visual□FoxPro6.0 程序设计'
?['计算机等级考试',"a"],"",'A'
```

分别按 Enter 键执行，输出结果如下：

```
-100 Visual□FoxPro6.0 程序设计
'计算机等级考试',"a"  A
```

屏幕显示如图 3-3 所示。

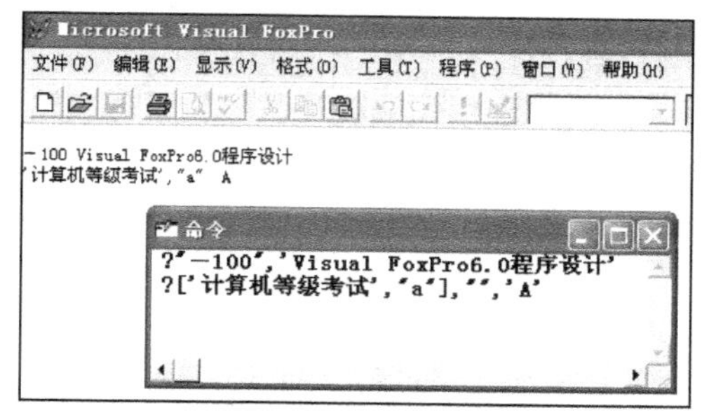

图 3-3　例 3.3 的执行过程及结果

注意：这里的"-100"是字符型常量而不是数值型常量，要学会区分数值型数字和字符型数字，加了字符串定界符的数字是字符型数字，不加任何定界符的数字是数值型数字，它们的运算规则不同。另外需要注意的问题是，要学会区分字符型常量和变量。变量将在 3.2 节做详细介绍。

思考：在命令窗口中输入以下命令，按 Enter 键执行后，在屏幕上的输出结果是什么？

```
?"计算机二级 Visual FoxPro 6.0",["中国 China"],'123456'
```

3.1.4　日期型常量

日期型常量是用来表示日期值的数据，花括号{}为日期型常量的定界符。日期型常量包括年、月、日 3 个部分，各部分内容之间用日期分隔符进行分隔。日期型数据用大写字母 D（Date）表示。和其他类型的常量一样，日期型常量也有两种格式，即输入格式（又称为严格的日期格式）和输出格式（又称为传统的日期格式）。

1．输入格式

日期型常量的输入格式为{^yyyy-mm-dd}。

说明：①花括号{ }为日期型常量的定界符，不可省略；②脱字符"^"为日期型常量中的第一个字符，不可省略；③y 代表年份，占 4 位，m 代表月份，占 1 位或 2 位，d 代表具体的日子，也占 1 位或 2 位，年、月、日的次序不可颠倒，不能缺省；④“-”为年、月、日之间的分隔符，连字号（-）、斜杠（/）、空格或句点（.）等也可以作为年、月、日之间的分隔符。

例如，2009 年 8 月 20 日可以表示为{^2009-08-20}。这种格式又称为严格的日期格式。

2. 输出格式

日期型常量的输出格式为 mm/dd/yy。

说明：①斜杠(/)为输出日期型数据时系统默认的显示分隔符。例如，日期常量{^2009-08-20}的输出结果为 08/20/09；②日期型数据在输出时不显示定界符（{ }）；③输出格式默认为 mm/dd/yy，此格式可通过命令进行更改。

例 3.4 在命令窗口中输入以下两条命令：

```
?{^2009-8-20}
?{^2008-08-08}
```

分别按 Enter 键执行，输出结果如下：

```
08/20/09
08/08/08
```

屏幕显示如图 3-4 所示。

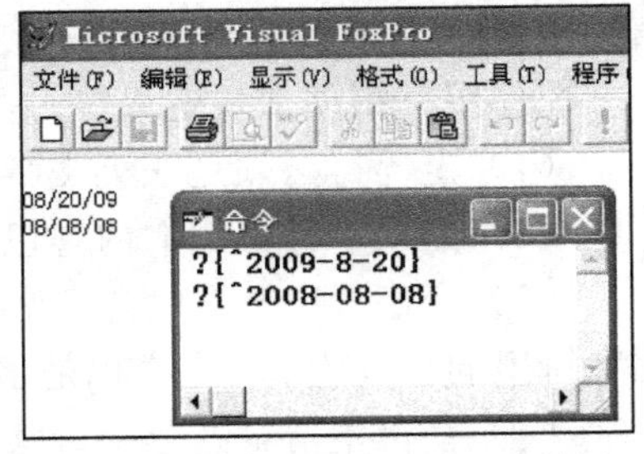

图 3-4 例 3.4 的执行过程及结果

3. 影响日期输出格式的命令

在 Visual FoxPro 中经常要用到一些命令，这些命令可以输入到命令窗口中并执行，也可以编写到程序文件中。在命令窗口中执行的，即在某条命令的结尾按 Enter 键代表执行本条命令。命令关键字不区分大小写，书写或输入时可以只取前面 4 个字符，后面的字符可以省略。本书中介绍的所有命令格式均采用以下规定：方括号（[]）中的参数表示可选，用竖杠（|）分隔的参数表示只能任选其一，尖括号（<>）中的参数由用户提供。

日期型常量的输出格式可以通过命令进行更改，以下是使用日期型数据时常用的设置命令：

（1）设置日期显示的分隔符。

格式：SET MARK TO [<日期分隔符>]

功能：用于设置显示日期型数据时所使用的分隔符，如“-”、“.”等。在使用该命令时，分隔符两边要加字符串定界符（' '、" "或[]）。如果命令后面不指定任何分隔符，则表示恢复系统默认的斜杠（/）分隔符。

例 3.5 在命令窗口中输入以下命令：

```
? {^2009-8-20}
SET MARK TO "-"
? {^2009-8-20}
SET MARK TO
? {^2009-8-20}
```

分别按 Enter 键执行，输出结果如下：

```
08/20/09
08-20-09
08/20/09
```

屏幕显示如图 3-5 所示。

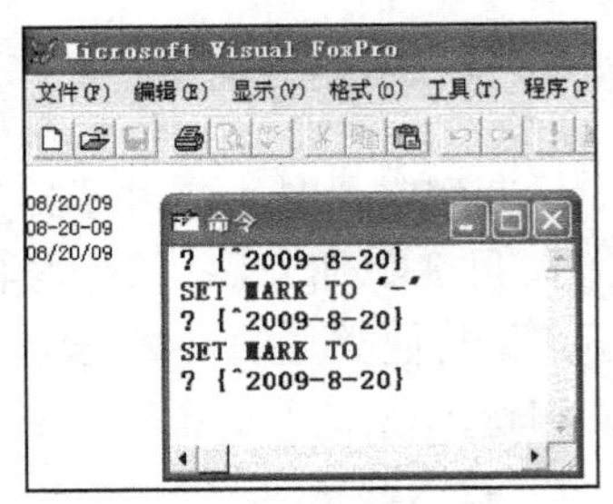

图 3-5 例 3.5 的执行过程及结果

（2）设置日期的显示格式。

格式：SET DATE TO <YDM|YMD|DMY|AMERICAN|BRITISH|…>

功能：用于设置输出日期型数据时年、月、日的显示次序。“< >”中使用的短语如表 3-1 所示。

表 3-1　常用的日期格式

短语	格式	短语	格式
AMERICAN	mm/dd/yy	ANSI	yy.mm.dd
USA	mm/dd/yy	JAPAN	yy/mm/dd
ITALIAN	dd-mm-yy	YMD	yy/mm/dd
BRITISH/FRENCH	dd-mm-yy	MDY	mm/dd/yy
GERMAN	dd/mm/yy	DMY	dd.mm.yy

例 3.6　在命令窗口中输入以下命令（“□”代表空格）：

```
?{^2009-08-28}
SET DATE TO YMD
SET MARK TO "□"
?{^2009-08-28}
```

分别按 Enter 键执行，输出结果如下：

```
08/28/09
09□08□28
```

屏幕显示如图 3-6 所示。

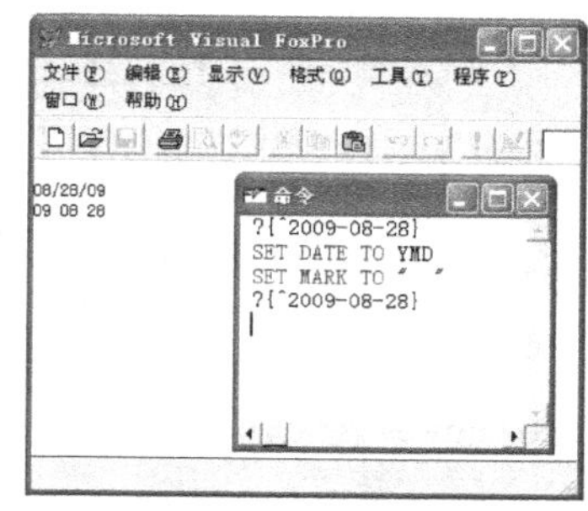

图 3-6　例 3.6 的执行过程及结果

（3）设置日期中年份的显示位数。

格式：SET CENTURY ON | OFF

功能：用于设置输出日期时年份是以两位还是 4 位显示。SET CENTURY ON 表示以 4 位显示年份，SET CENTURY OFF 表示以两位显示年份，为系统默认状态。

例 3.7　在命令窗口中输入以下命令：

```
?{^2009-08-28}
SET DATE TO DMY
SET MARK TO "."
SET CENTURY ON
?{^2009-08-28}
```

分别按 Enter 键执行，输出结果如下：

```
08/28/09
28.08.2009
```

屏幕显示如图 3-7 所示。

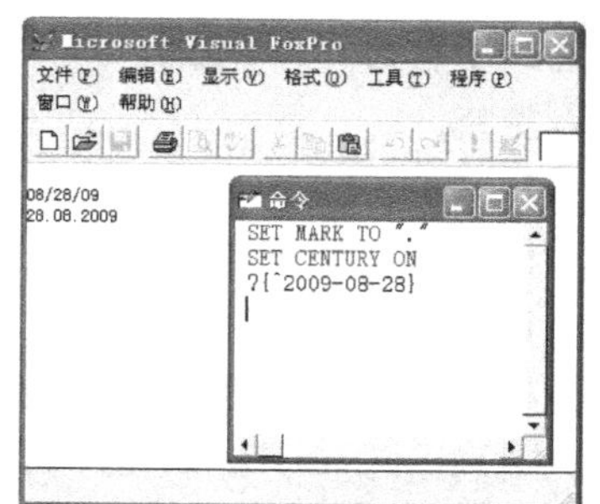

图 3-7　例 3.7 的执行过程及结果

4. 在“选项”对话框中设置日期的输出格式

选择“工具”→“选项”→“区域”命令，弹出“选项”对话框，在“区域”选项卡中可以更改日期的输出格式，如图 3-8 所示。但是无论使用命令方式还是使用对话框方式对日期的输出格式进行设置，其有效范围都是在未关闭 Visual FoxPro 6.0 窗口之前。如果重新启动 Visual FoxPro 6.0，日期的输出格式将恢复到系统默认的方式。

对于日期型常量，在输入时通常使用的是默认情况下的严格的日期格式。如果要使用传统的日期格式，必须先执行 SET STRICTDATE TO 0 命令，否则会出现错误提示信息。如果要重新将输入格式设置为严格的日期格式，可以执行 SET STRICTDATE TO 1 命令。建议在输入时采用默认的严格的日期格式，以防止出现错误。

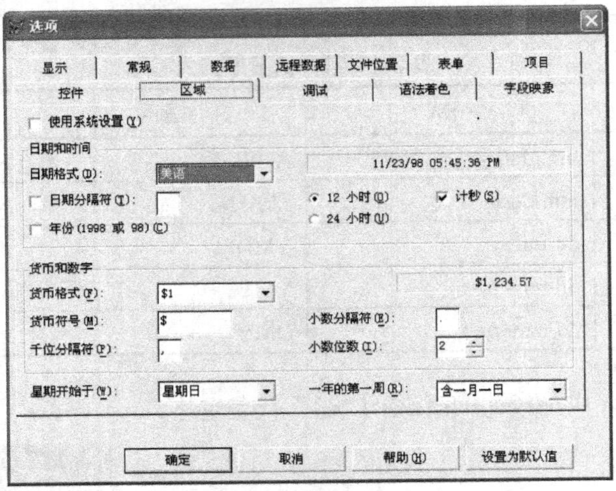

图 3-8 “选项”对话框的“区域”选项卡

3.1.5 日期时间型常量

日期时间型常量是用来表示具体的日期时间值的数据。日期时间型数据用大写字母 T（DateTime）表示。

1. 输入格式

日期时间型常量的输入格式为{<日期>,<时间>}。

说明：①日期时间型常量由日期和时间两部分构成，两部分之间用逗号相隔，且逗号不可以省略；②在日期时间型常量中，日期部分的输入格式和日期型常量的输入格式相同；时间部分的输入格式为[hh[:mm[:ss]][a|p]]，其中 h 代表小时数，m 代表分钟数，s 代表秒数，三部分之间用冒号（:）相隔，顺序不可颠倒，从后往前省略；a 代表上午时间，p 代表下午时间，可以省略。

2. 输出格式

日期时间型常量的输出格式为 mm/dd/yy hh:mm:ss AM|PM。

说明：①日期部分按照日期型数据的格式进行输出，且受影响日期输出格式的命令控制；②日期部分和时间部分之间的逗号输出时变为空格；③时间部分的各个参数在输入时如果省略，则输出时 hh、mm、ss、AM|PM 各参数对应的默认值分别为 12、00、00、AM；④如果指定的时间大于等于 12，则默认为下午时间。

例 3.8 在命令窗口中输入以下命令：

```
?{^2009-08-27,10:15 a}
?{^2009-08-27,10:15 p}
?{^2009-08-27,20:15}
?{^2009-08-27,}
?{^2009-08-27}
```

分别按 Enter 键执行，输出结果如下：

```
08/27/09 10:15:00 AM
08/27/09 10:15:00 PM
```

```
08/27/09 08:15:00 PM
08/27/09 12:00:00 AM
08/27/09
```

屏幕显示如图 3-9 所示。

注意：常量{^2009-08-27,}和{^2009-08-27}的数据类型不同。{^2009-08-27,}是日期时间型常量，书写时省略了时间部分，在默认状态下，输出时显示为 08/27/09 12:00:00 AM；而{^2009-08-27}是日期型常量，在默认状态下，输出时显示为 08/27/09。

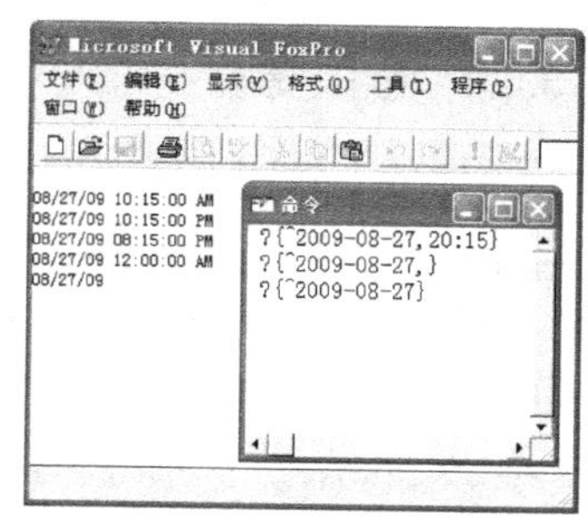

图 3-9　例 3.8 的执行过程及结果

3.1.6　逻辑型常量

逻辑型常量是用来表示逻辑判断结果“真”与“假”的逻辑值。逻辑型常量只有两个值，即“真”和“假”。逻辑型数据用大写字母 L（Logical）表示。

逻辑型常量的格式也有输入格式和输出格式两种。

1. 输入格式

在输入格式中，用.T.、.t.、.Y.或.y.表示逻辑“真”值，用.F.、.f.、.N.或.n.表示逻辑“假”值。

表示逻辑型常量值的字母左右两侧各有一个小圆点，它们代表逻辑型常量的定界符，这样可以将逻辑型常量与其他类型的常量、变量、标识符等区分开，以免混淆。逻辑型常量的定界符不能省略。

2. 输出格式

在输出格式中，逻辑“真”值的输出表示为.T.，逻辑“假”值的输出表示为.F.。

例 3.9　在命令窗口中输入以下命令：

```
?.T.,.N.
?.y.,.f.
```

分别按 Enter 键执行，输出结果如下：

```
.T.  .F..T.  .F.
```

屏幕显示如图 3-10 所示。

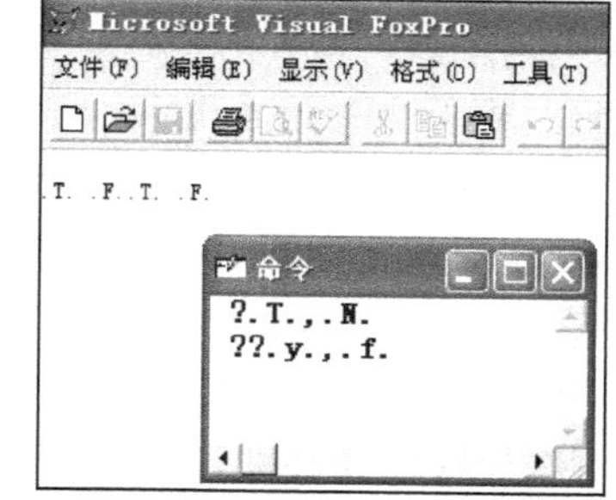

图 3-10　例 3.9 的执行过程及结果

常量是 Visual FoxPro 中最基本的数据形式。在使用常量时，需要注意各类型常量的两种格式：输入格式和输出格式，在输入格式中不要忘记书写相应的定界符。

3.2　变量

变量是指在命令操作和程序运行过程中可以改变其值和类型的数据项。变量实质上就是计算机内存中的一个存储区域，给这个存储区域取个名字以标识该存储单元的位置，称为变量名；存放在这个存储区域里的数据称为变量值，变量值的类型即为该变量的类型。变量由变量名和变量值组成。

在 Visual FoxPro 中，把变量分为两大类：字段变量和内存变量。字段变量指的是表结构中的字段；内存变量又分为简单内存变量和数组。内存变量的类型也包括数值型、货币型、字符型、日期型、日期时间型和逻辑型 6 种。

3.2.1 字段变量

Visual FoxPro 6.0 是一种关系型数据库管理系统，一个关系就是一张二维表。在 Visual FoxPro 6.0 中，称二维表中的行为记录，列为字段，也称字段变量，其中字段由字段名和字段值组成。在图 3-11 中，把学号、姓名、性别等称为字段名，把每个字段所对应的记录值称为该字段的值。例如，学号字段的值有 s0201303、s0201104 等，性别字段的值有“男”、“女”等。

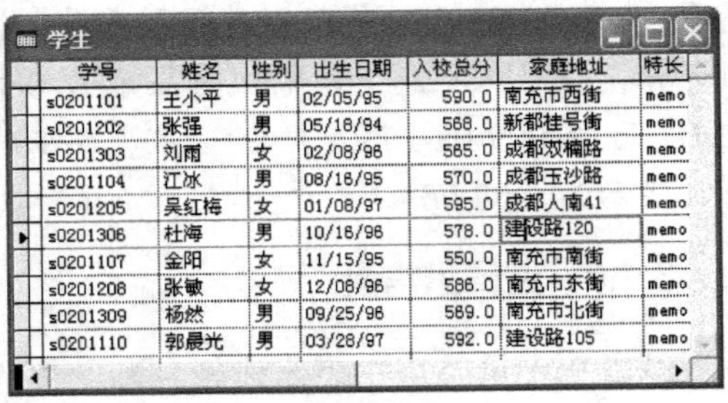

学生

学号	姓名	性别	出生日期	入校总分	家庭地址	特长
s0201101	王小平	男	02/05/95	590.0	南充市西街	memo
s0201202	张强	男	05/18/94	568.0	新都桂号街	memo
s0201303	刘雨	女	02/08/96	565.0	成都双楠路	memo
s0201104	江冰	男	08/16/95	570.0	成都玉沙路	memo
s0201205	吴红梅	女	01/08/97	595.0	成都人南41	memo
s0201306	杜海	男	10/16/96	578.0	建设路120	memo
s0201107	金阳	女	11/15/95	550.0	南充市南街	memo
s0201208	张敏	女	12/08/96	586.0	南充市东街	memo
s0201309	杨然	男	09/25/96	589.0	南充市北街	memo
s0201110	郭晨光	男	03/28/97	592.0	建设路105	memo

图 3-11 学生表中的记录和字段

用户在对表中的记录进行操作时，表的记录指针会发生变化。当打开一个表文件时，表中记录指针自动指向表的第一条记录，此时每个字段变量的取值即为第一条记录对应的值。例如，当前学号字段变量的值为 s0201303，当表的记录指针指向第二条记录时，学号变量的取值变为 s0201104，可见字段变量的取值是随着表中记录指针的变化而不断变化的。

字段变量的类型包括字符型、货币型、数值型、浮动型、日期型、日期时间型、双精度型、整型、逻辑型、备注型、通用型、字符型（二进制）和备注型（二进制）13 种类型。字段变量类型的定义需要在表结构定义时指定。

3.2.2 内存变量

1. 内存变量的赋值

在使用变量值时，通常是通过引用该变量的变量名来使用的。当把一个数据存储到某区域时，这个数据会覆盖该区域中原来的数据，作为该变量的新的取值，把这个存储过程称为变量的赋值。变量的值和变量的类型都可以通过重新赋值来进行更改。

内存变量的赋值命令有以下两种格式：

格式 1：<内存变量名>=<表达式>

功能：将<表达式>的值计算出来并赋值给指定的内存变量。格式 1 一次只能给一个内存变量赋值。

内存变量名一般由用户自己定义，表示一定的意义，如 num 可以表示此内存变量存储的是某个数值或某种事物的数量。内存变量的命名一般遵循以下规则：

（1）以字母或下划线开头。

（2）由字母、数字、下划线组成。

（3）可使用 1～128 个字符。

（4）不可以与系统中的保留字同名。

（5）变量名不区分大小写。

格式 2：STORE <表达式> TO <内存变量名表>

功能：将<表达式>的值计算出来并赋值给指定内存变量名表中的各个内存变量，内存变量名表中的变量名与变量名之间用逗号相隔。格式 2 一次可以将同一个值赋值给多个内存变量。

格式 1 与格式 2 的功能基本相同，两者的区别是格式 1 一次只能给一个内存变量赋值，格式 2 一次可以为多个内存变量赋同一个值。

当退出 Visual FoxPro 系统后，内存变量的值会自动从内存中清除。

2. 简单内存变量

简单内存变量在赋值前不需要事先定义，赋值的同时即表示定义了此变量。

例 3.10　将数值型常量 100 赋值给简单内存变量 A，并在屏幕上输出结果。

在命令窗口中依次输入以下命令并执行：

```
A=100
?A
```

命令的执行过程及结果如图 3-12 所示。

赋值之后简单内存变量 A 的值为 100，值的类型为数值型，即简单内存变量 A 是数值型变量。

例 3.11　将字符型常量“Hello”赋值给简单内存变量 B，并在屏幕上输出结果。

在命令窗口中输入以下命令并执行：

```
B="Hello"
?B
```

命令的执行过程及结果如图 3-13 所示。

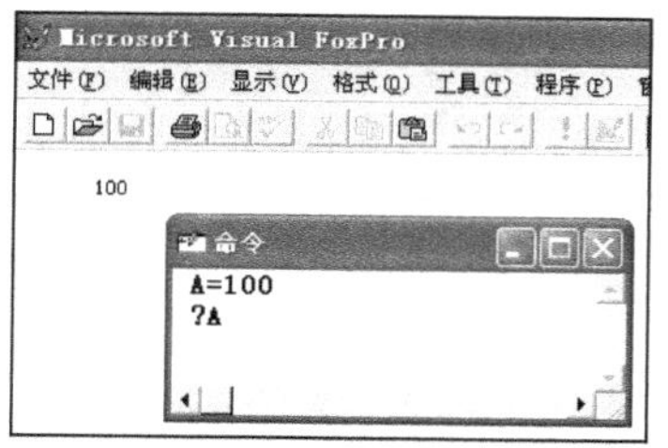

图 3-12　例 3.10 的执行过程及结果

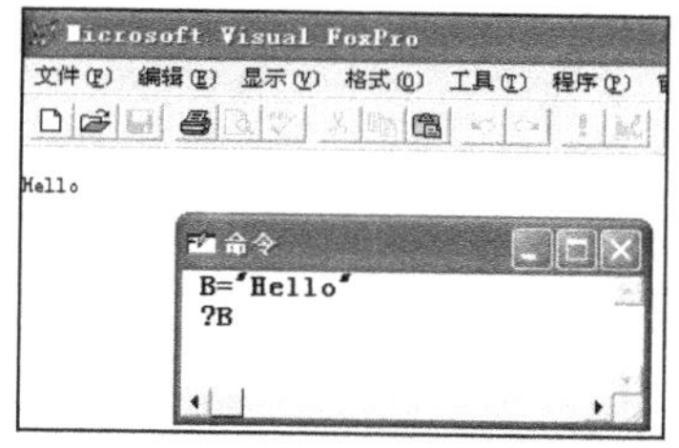

图 3-13　例 3.11 的执行过程及结果

赋值之后简单内存变量 B 的值为“Hello”，即简单内存变量 B 是字符型变量。

例 3.12　将日期 2009 年 6 月 1 日赋值给简单内存变量 C，并在屏幕上输出结果。

在命令窗口中输入以下命令并执行：

```
C={^2009-6-1}
?C
```

命令的执行过程及结果如图 3-14 所示。

赋值之后简单内存变量 C 的值为{^2009-6-1}，即简单内存变量 C 是日期型变量。

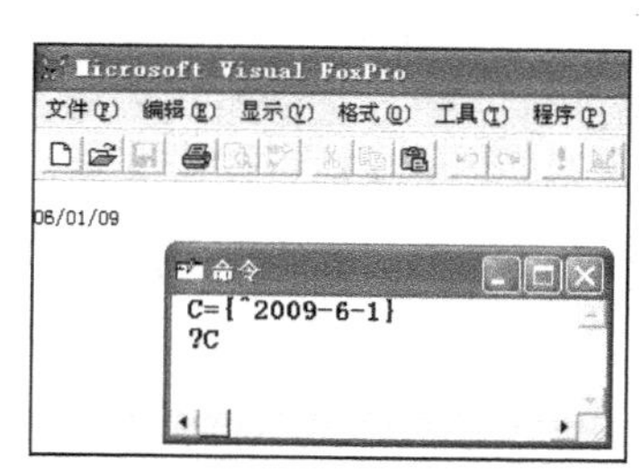

图 3-14　例 3.12 的执行过程及结果

例 3.13　将数值型常量 100 同时赋值给简单内存变量 x、y、z，并在屏幕上输出简单内存变量 x、y、z 的值。

在命令窗口中输入以下命令并执行：

```
STORE 100 TO x,y,z
?x
?y,z
```

命令的执行过程及结果如图 3-15 所示。

赋值之后简单内存变量 x、y、z 都是数值型的变量。注意内存变量名不区分大小写。

例 3.14　将逻辑型数据.t.同时赋值给简单内存变量 E 和 F，并在屏幕上输出简单内存变量 E 和 F 的值。

在命令窗口中输入以下命令并执行：

```
STORE .t. TO e,f
?e,f
```

命令的执行过程及结果如图 3-16 所示。

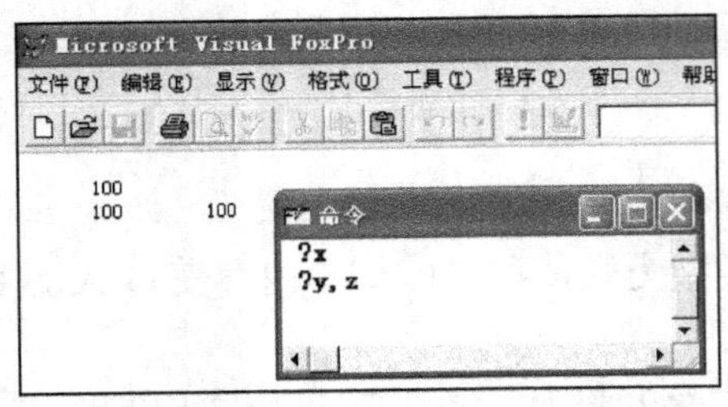

图 3-15 例 3.13 的执行过程及结果

图 3-16 例 3.14 的执行过程及结果

赋值之后简单内存变量 E 和 F 都是逻辑型的变量。

例 3.15 将数值型常量 2 分别赋值给内存变量 X1 和 X2，并在主屏幕上输出内存变量 X1 和 X2 的值。

方法 1：

```
X1=2
X2=2
?X1,X2
```

方法 2：

```
STORE 2 TO X1,X2
?X1,X2
```

3. 数组的定义及使用

数组是计算机内存中连续的一片存储区域。数组可以看做是一组简单内存变量的有序集合，每个简单内存变量称为一个数组元素。每个数组元素相当于一个简单内存变量，可以给数组中的各个元素分别赋相同或不同的值。

（1）数组的定义。数组与简单内存变量的区别是简单内存变量在使用前不必事先定义，赋值即表示定义了简单内存变量；数组在使用前必须先经过 DIMENSION 或 DECLARE 命令定义之后，才能使用。

定义数组的命令格式有如下两种：

格式 1：DIMENSION <数组名 1>(<数组下标 1>[,<数组下标 2>])[,…]

格式 2：DECLARE <数组名 1>(<数组下标 1>[,<数组下标 2>])[,…]

两种命令格式的功能完全相同，指的是定义一维数组或二维数组。只有一个下标的数组称为一维数组；有两个下标的数组称为二维数组，两个下标之间用逗号相隔。

数组定义之后，系统自动在计算机内存中为其开辟一块连续的存储区域，以准备存储数据。存储区域的大小即为数组的长度，数组的长度取决于所定义的数组下标。

例 3.16 使用命令定义一个长度为 4 的一维数组 a。

命令如下：

```
DIMENSION a(4)
```

该语句的功能是定义一个一维数组，数组名为 a，数组 a 中共包含 4 个数组元素，分别为 a(1)、a(2)、a(3)、a(4)，由于在 Visual FoxPro 中数组下标是从 1 开始的，因此称数组的下标下限为 1。

例 3.17 使用命令定义一个 2 行 3 列的二维数组 b。

命令如下：

```
DECLARE b(2,3)
```

该语句的功能是定义一个 2 行 3 列的二维数组 b，数组 b 中共有 2×3=6 个数组元素，分别为 b(1,1)、b(1,2)、b(1,3)、b(2,1)、b(2,2)、b(2,3)。

例 3.18 使用命令定义一个长度为 5 的一维数组 x 和一个 3 行 2 列的二维数组 y。

命令如下：

```
DIMENSION x(5),y(3,2)
```

该语句的功能是定义一个一维数组 x 和一个二维数组 y。数组 x 中共有 5 个数组元素，分别为 x(1)、x(2)、x(3)、x(4)、x(5)；数组 y 中共有 6 个数组元素，分别为 y(1,1)、y(1,2)、y(2,1)、y(2,2)、y(3,1)、y(3,2)。

整个数组的数据类型为 A（Array），而数组中的各个数组元素可以分别存放不同类型的数据。数组的赋值方法与简单内存变量的赋值方法基本相似。

在使用数组时，必须注意以下几个问题：

1）数组创建后，系统自动给数组中的每个数组元素赋以逻辑值假.F.。

例 3.19 在命令窗口中输入以下命令：

```
DIMENSION x(5)
?x(1), x(2), x(3), x(4), x(5)
```

分别按 Enter 键执行，输出结果如下：

```
.F. .F. .F. .F. .F.
```

屏幕显示如图 3-17 所示。

2）一个数组中各数组元素的数据类型可以不同。

数组创建以后，可以用内存变量的赋值命令给数组中的各个数组元素重新赋值。各数组元素赋的值的类型可以不同。

例 3.20 在命令窗口中输入以下命令：

```
DIMENSION x(5)
x(3)=$50
STORE "Hello" TO x(2),x(5)
?x(1),x(2),x(3),x(4),x(5)
```

分别按 Enter 键执行，输出结果如下：

```
.F. Hello 50.0000 .F. Hello
```

屏幕显示如图 3-18 所示。

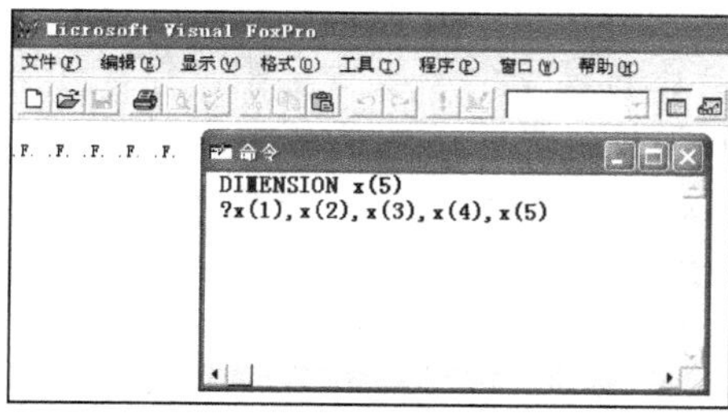

图 3-17 例 3.19 的执行过程及结果

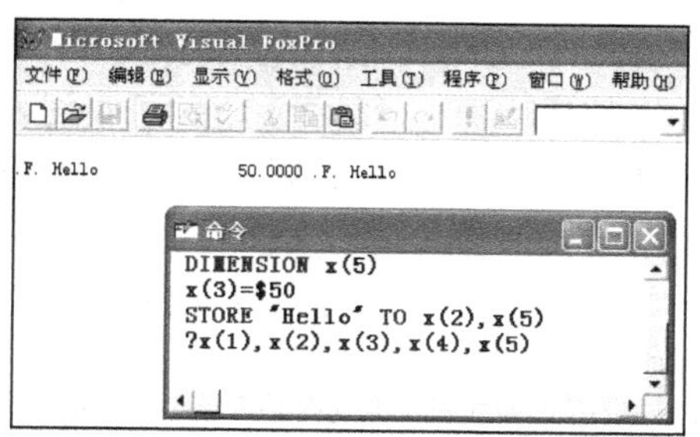

图 3-18 例 3.20 的执行过程及结果

3）给数组名赋值则表示给数组中的每个元素赋值。

例 3.21 在命令窗口中输入以下命令：

```
DIMENSION y(3,2)
y=2009
?y(1,1),y(1,2),y(2,1),y(2,2),y(3,1),y(3,2)
```

分别按 Enter 键执行，输出结果如下：

```
2009   2009   2009   2009   2009   2009
```

屏幕显示如图 3-19 所示。

4）可用一维数组形式访问二维数组。例如，数组 y(3,2)中的各个数组元素分别对应于 y(1)、y(2)、y(3)、y(4)、y(5)、y(6)。

例 3.22 在命令窗口中输入以下命令：

```
DIMENSION y(3,2)
y(2,1)="Visual FoxPro 6.0"
y(3,2)={^2009-06-01}
?y(1),y(2),y(3),y(4),y(5),y(6)
```

分别按 Enter 键执行，输出结果如下：

```
.F. .F. Visual FoxPro 6.0 .F. .F. 06/01/09
```

屏幕显示如图 3-20 所示。

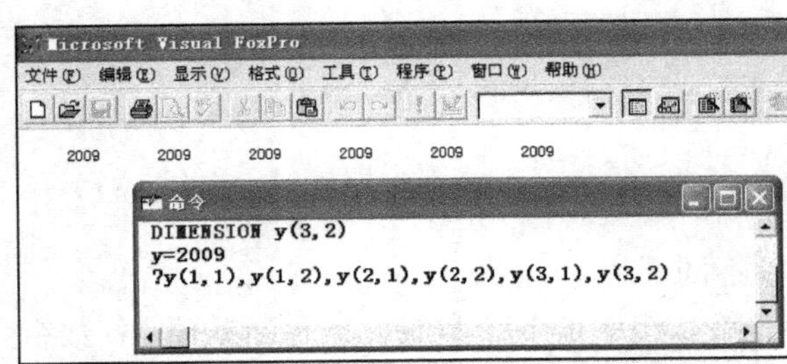

图 3-19 例 3.21 的执行过程及结果

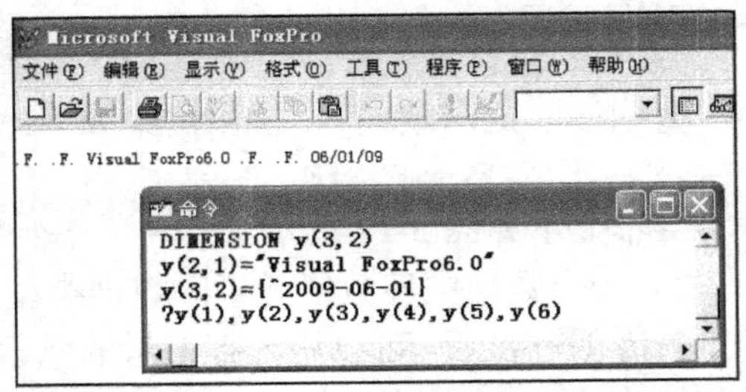

图 3-20 例 3.22 的执行过程及结果

（2）数组与数据库表之间的数据交换。表文件中的数据是以记录的方式进行存储和使用的，而数组中的数据也是以批量的形式进行存储的，这种存储上的特点可以方便数组与数据库表之间进行数据交换，且数据传递速度快，能够使编写出来的程序更加简洁。Visual FoxPro 提供了数组与数据库表之间数据交换的命令。

1）将数组中的数据传递到表的当前记录中。

格式：GATHER FROM <数组名>[FIELDS<字段名表>][MEMO]

功能：将数组中各数组元素的值依次存放到当前已经打开的数据库表的当前记录中。如果使用 FIELDS 短语，则将数组中各个元素的值按顺序依次存放到指定的字段名表中；否则，将数组中第一个元素的值存放到表中当前记录的第一个字段变量中，第二个元素的值存放到表中当前记录的第二个字段变量中，依此类推。若数组中数组元素的个数少于表中字段的个数，则多余字段中的内容保持不变；若数组中数组元素的个数多于表中字段的个数，则多余数组元素的内容保持不变。若使用 MEMO 短语，则表示传递时包括备注型字段，否则不包括。

例 3.23 打开学生表，表结构和表中记录如图 3-21 所示，向表中追加一条空记录，将数组 ST 中的内容传递到学生表中。

学生

学号	姓名	性别	出生日期	入校总分	家庭地址	特长	备注
s0201101	王小平	男	02/05/95	590.0	南充市西街	memo	gen
s0201102	张强	男	05/18/94	568.0	新都桂号街	memo	gen
s0201103	刘雨	女	02/08/96	565.0	成都双楠路	memo	gen
s0201104	江冰	男	08/16/95	570.0	成都玉沙路	memo	gen
s0201105	吴红梅	女	01/08/97	595.0	成都人南41	memo	gen
s0201106	杜海	男	10/16/96	578.0	建设路120	memo	gen
s0201107	金阳	女	11/15/95	550.0	南充市南街	memo	gen
s0201108	张敏	女	12/08/96	586.0	南充市东街	memo	gen
s0201109	杨然	男	09/25/96	569.0	南充市北街	memo	gen
s0201110	郭晨光	男	03/28/97	592.0	建设路105	memo	gen

图 3-21　学生表初始记录

```
DIMENSION STUD(5)                  &&创建包含 5 个元素的一维数组 STUD
STORE "s0201115" TO STUD(1)        &&给数组元素赋值，注意数据类型
STORE "米兰" TO STUD(2)
STORE "女" TO STUD(3)
STORE {^1988-5-20} TO STUD(4)
STORE 600 TO STUD(5)
USE Student                        &&打开 Student 表
APPEND BLANK                       &&在表的结尾追加一条空记录
GATHER FROM STUD
?学号,姓名,性别,出生日期,入校总分    &&显示字段变量的值
```

执行后，在主屏幕上显示结果为：

```
s0201115 米兰    女  05/20/88  600
```

注意：当内存变量名和字段变量名相同时，使用该变量名时被系统默认为字段变量，若要引用的是内存变量，则需要在内存变量名前面加上“M..”或“M->”，以和同名字段变量相区分。例如，在命令窗口中输入以下两条命令并执行：

```
store "杰克" to 姓名
? 姓名,M.姓名
```

屏幕上的显示结果为：

```
刘雨    杰克
```

2）将表的当前记录传递到数组中。

格式：SCATTER [FIELDS<字段名表>][MEMO] TO <数组名> [BLANK]

功能：将当前打开的表的当前记录内容依次存放到数组中从第一个数组元素开始的内存变量中。如果使用 FIELDS 短语，则将字段名表中指定的字段内容依次存放到数组中的各个数组元素中；否则，将从第一个字段开始的字段内容依次存放到数组中的各个数组元素中。如果指定的数组不存在，则系统自动创建该数组；若数组中数组元素的个数少于表中字段的个数，则系统自动创建其余数组元素；若数组中数组元素的个数多于表中字段的个数，则多余的数组元素的内容保持不变。若使用 BLANK 短语，则产生一个空数组，数组中各数组元素的类型与表中当前记录对应的字段类型相同。若使用 MEMO 短语，则表示传递时包括备注型字段，否则不包括。

例 3.24　打开学生表，表结构和表中记录如图 3-21 所示，将表中第一条记录的内容传递到数组 ST1 中。

```
USE 学生                                                &&打开 Student 表
SCATTER TO STUD1
?STUD1(1),STUD1(2),STUD1(3),STUD1(4),STUD1(5)  &&显示数组 STUD1 中各元素的值
```

执行后，在主屏幕上显示结果为：

```
S0201303   刘雨    女 02/08/96 565
```

4. 内存变量的其他命令

（1）内存变量的赋值命令。

格式 1：<内存变量名>=<表达式>

格式 2：STORE <表达式> TO <内存变量名表>

功能：计算表达式并将表达式的值赋给一个或多个内存变量。格式 1 一次只能给一个变量赋值；格式 2 一次可以给多个变量赋相同的值，各变量之间用逗号相隔。内存变量的赋值命令在前面已经详细介绍过，在此作为复习内容不再赘述。

（2）表达式值的显示命令。

格式 1：?[<表达式表>]

格式 2：??<表达式表>

功能：计算表达式表中的各个表达式，并在屏幕上输出各表达式的值。表达式表中的各表达式之间用逗号相隔。格式 1 是先输出回车符，然后再输出表达式的值，即换行输出。格式 2 是直接在屏幕上的当前光标处输出表达式的值，即同行输出。

例 3.25 在命令窗口中输入以下命令：

```
STORE "1+2+3" TO a
b=["1"+"2"+"3"]
?a
??"不等于"+b
```

分别按 Enter 键执行，输出结果如下：

```
1+2+3 不等于"1"+"2"+"3"
```

屏幕显示如图 3-22 所示。

（3）内存变量的显示命令。

格式 1：LIST MEMORY [LIKE<通配符>]

格式 2：DISPLAY MEMORY [LIKE<通配符>]

功能：显示内存变量的当前信息，包括变量名、作用域、类型和取值。若使用 LIKE 短语，则表示在主屏幕上显示与通配符相匹配的内存变量。通配符包括“*”和“?”，“*”表示 0 个或多个任意字符，“?”表示任意一个字符。

格式 1 与格式 2 的区别是格式 1 是一次显示与通配符相匹配的所有内存变量，如果内存变量一屏显示不下，则自动滚屏，直到显示到最后一屏停止；格式 2 是分屏显示与通配符相匹配的所有内存变量，一屏显示不下则暂停显示，等待用户按任意键之后继续显示下一屏，直到显示到最后一屏。

例 3.26 在命令窗口中输入以下命令：

```
DIMENSION x(5),y(3,2)
STORE "你好" TO x(2),x(5)
y(2,1)="Visual FoxPro 6.0"
y(3,2)={^2007-06-01}
DISPLAY MEMORY
```

分别按 Enter 键执行，在主屏幕上显示第一屏的结果，按任意键之后跳到下一屏继续显示结果。屏幕显示如图 3-23 和图 3-24 所示。

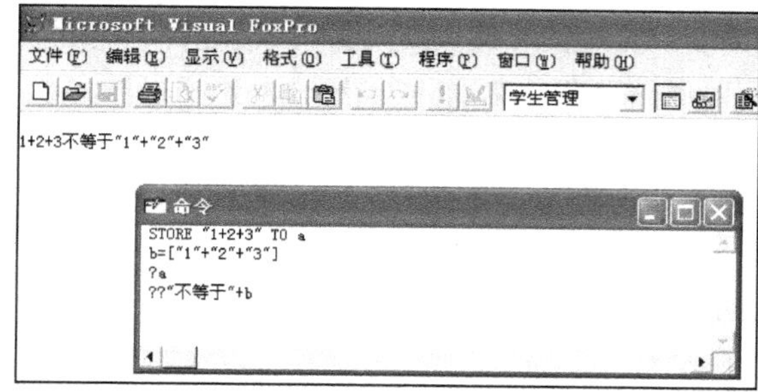

图 3-22　例 3.25 的执行过程及结果

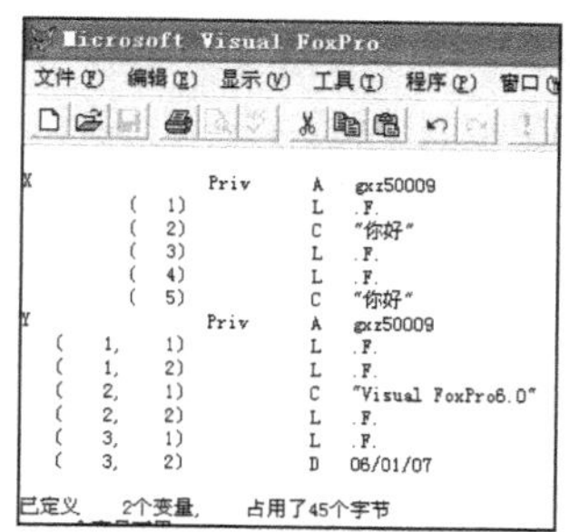

图 3-23　例 3.26 中显示内存变量 x 和 y 的信息

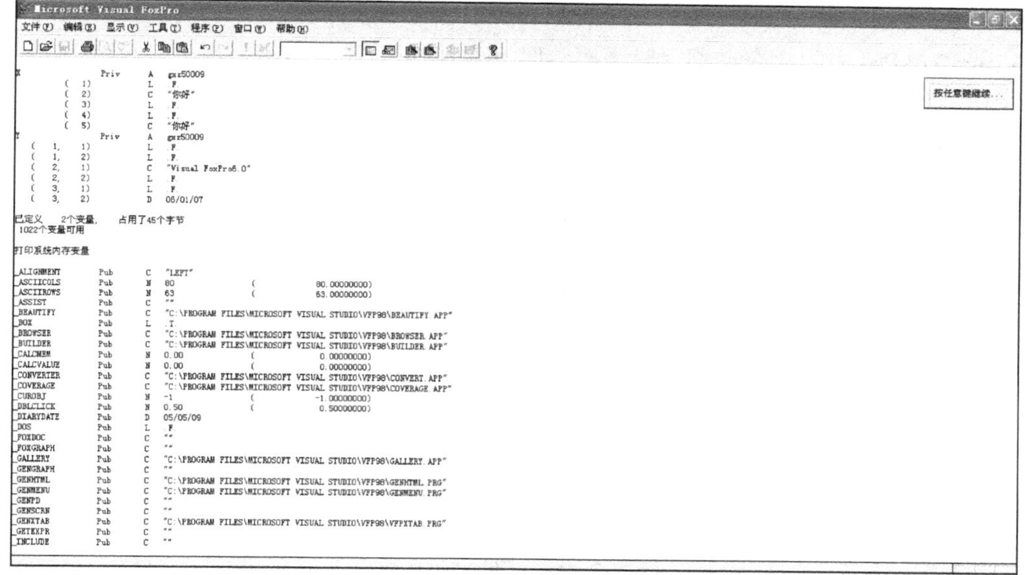

图 3-24　例 3.26 的执行结果中第一屏的显示信息

（4）内存变量的清除命令。

格式 1：CLEAR MEMORY

格式 2：RELEASE ALL [EXTENDED]

格式 3：RELEASE <内存变量名表>

格式 4：RELEASE ALL [LIKE <通配符>|EXCEPT <通配符>]

功能：格式 1 和格式 2 表示清除所有的内存变量，区别是格式 3 若出现在程序中，必须加上 EXTENDED 短语，否则不能清除公共内存变量。格式 3 和格式 4 表示清除指定的内存变量。格式 4 若选用 LIKE 短语，表示清除与通配符相匹配的内存变量；若选用 EXCEPT 短语，则表示清除与通配符不匹配的内存变量。通配符可选用“*”或“?”，在内存变量的显示中已做详细介绍，这里不再赘述。

3.2.3　Visual FoxPro 命令格式与规则

1．命令格式

格式：命令动词 [命令参数]

说明：命令动词表示“做什么？”，而命令参数表示“如何做？”。命令动词和命令参数中出现的关键字、函数、系统变量、属性、事件、方法程序、预处理器指令及运算符等都作为Visual FoxPro 的保留字。在编程时，要避免使用保留字作为名称（如窗口、表和字段名），否则将会产生语法错误。

命令中的“[ ]”、“|”、“<>”、“…”符号都不是命令本身的语法成分，使用时不能按照原样输入。命令格式中的符号约定如下：

（1）“[ ]”表示可选项，可以根据具体情况决定是否选用。

（2）“|”表示两边的内容只能选用其中的一个。

（3）“<>”表示其中的内容要以实际名称或参数代入。

（4）“…”表示可以有任意个类似的参数，各参数之间用逗号隔开。

2. 命令规则

Visual FoxPro 中的命令在书写时需要参照以下规则：

（1）每条命令以命令动词开头，必须严格符合 Visual FoxPro 规定的命令语法格式。

（2）命令中的子句可以有多个，各子句之间由若干个空格隔开并允许按任意次序排列。

（3）命令行的总长度包括空格在内最多可达 8192 个字符。

（4）命令动词和 Visual FoxPro 保留字均可用 4 个以上字母简写。

（5）命令在输入时，可以以小写、大写或大小写混合等多种形式书写，但是为了使程序规范化，最好统一使用大写形式或者小写形式进行书写。

（6）程序设计时，如果某条命令语句太长，可以分为几行进行书写，但每行（最后一行除外）末尾要使用一个分行符“;”，代表此条命令没有结束，在下一行接着书写。

在命令窗口中输入命令时或者编写程序时，命令的书写格式和规则很重要，是判别一条命令是否能够正确执行或者一段程序是否规范化的重要标准。因此，在书写命令时要尤为注意。

3.3 表达式

表达式是指由常量、变量和函数通过特定的运算符连接起来的、可以计算出结果的式子，计算出来的结果称为表达式的值。

在 Visual FoxPro 的命令、SQL 语句和程序中，表达式起着很重要的作用。在 Visual FoxPro 中，有 5 种类型的运算符：算术运算符、字符串运算符、日期时间运算符、关系运算符和逻辑运算符。由这 5 种运算符可以构成 5 类表达式：算术表达式、字符串表达式、日期时间表达式、关系表达式和逻辑表达式，表达式值的类型即为表达式的类型。单个的常量、变量和函数也可称为表达式，是表达式的一种特例。

3.3.1 数值表达式

数值表达式是由算术运算符将数值型数据连接起来的式子，其中的数值型数据可以为数值型的常量、变量或运算结果为数值型的函数。数值表达式的运算结果仍然为数值型数据。

1. 算术运算符

数值表达式中的算术运算符的含义及其优先级如表 3-2 所示。

在运算时，先计算优先级别较高的运算符，再计算优先级别较低的运算符。对于同级运算符，按照从左到右出现的顺序进行计算。

表 3-2　算术运算符及其优先级

运算符	说明	优先级
()	圆括号	1
**或^	乘方运算	2
*、/、%	乘运算、除运算、求余运算	3
+、-	加运算、减运算	4

2. 数值表达式的应用

例 3.27　将数学算式$\left(\frac{1}{75}-\frac{1}{860}\right)\times 52.69+859$改写为数值表达式，并计算表达式的值。

$\left(\frac{1}{75}-\frac{1}{860}\right)\times 52.69+859$的数值表达式形式为：(1/75-1/860)*52.69+859。

表达式的值为 859.64，如图 3-25 所示。

例 3.28　将数学算式$\frac{-b+\sqrt{b\times b-4ac}}{2a}$改写为数值表达式，并计算当 a=1，b=-2，c=1 时表达式的值。

$\frac{-b+\sqrt{b\times b-4ac}}{2a}$的数值表达式形式为：(-b+(b**2-4*a*c)^(1/2))/2*a。

当 a=1，b=-2，c=1 时，表达式的值为 1，如图 3-26 所示。

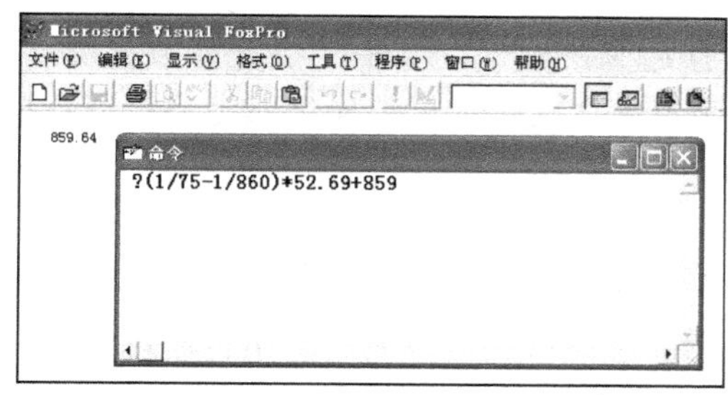

图 3-25　例 3.27 的执行过程及结果

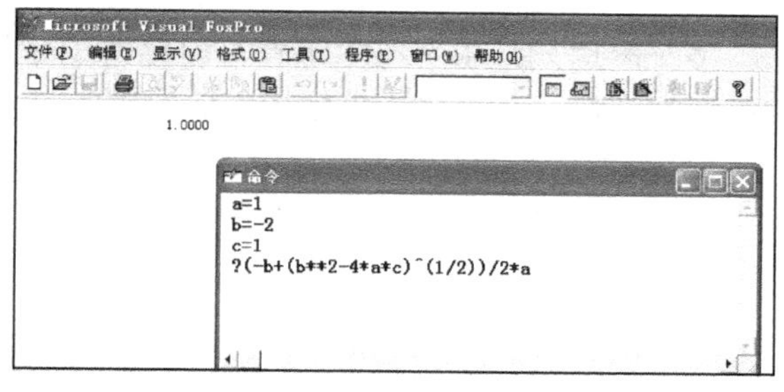

图 3-26　例 3.28 的执行过程及结果

例 3.29　分别求数值表达式 10%3、-10%-3、-10%3 和 10%-3 的值。

注意：算术运算符中的求余运算“%”和数值型函数中的取余函数 MOD() 的作用相同。特点是余数的正负号与除数一致，且余数的绝对值小于除数的绝对值。

在命令窗口中输入以下命令：

```
? 10%3, -10%-3, -10%3, 10%-3
```

按 Enter 键执行，在主屏幕上显示的结果为：

```
1    -1    2    -2
```

求余运算的计算过程如下：

$$3\overline{)10}=3,\ 10-9=1 \qquad -3\overline{)-10}=3,\ -10-(-9)=-1 \qquad 3\overline{)-10}=-4,\ -10-(-12)=2 \qquad -3\overline{)10}=-4,\ 10-12=-2$$

命令的执行过程及结果如图 3-27 所示。

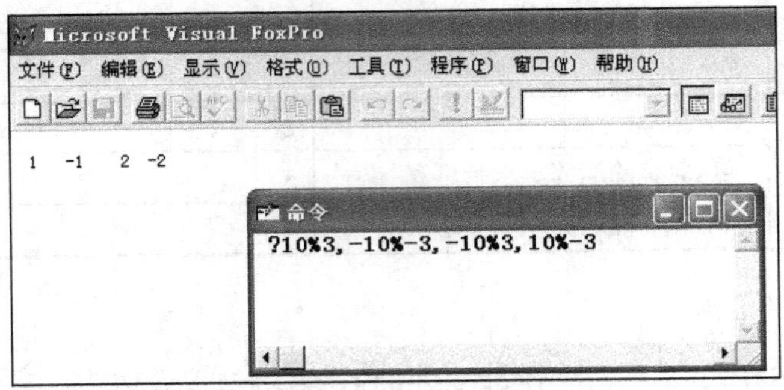

图 3-27 例 3.29 的执行过程及结果

例 3.30 计算数值表达式 37%2**4 和 37%2*4 的值。

在命令窗口中输入以下命令：

```
?37%2**4
?37%2*4
```

分别按 Enter 键执行，输出结果如下：

```
5
4
```

注意：表达式 1 先做乘方运算，后做求余运算；表达式 2 先做求余运算，后做乘法运算。

3.3.2 字符表达式

字符表达式是由字符串运算符将字符型数据连接起来的式子，其中的字符型数据可以为字符型的常量、变量或运算结果为字符型的函数。字符表达式的运算结果仍然为字符型数据。

1. 字符串运算符

字符串运算符有两种：完全连接运算符“+”和不完全连接运算符“-”。

“+”：将前后两个字符串首尾连接，形成一个新的字符串。

“-”：连接前后两个字符串，并将前字符串的尾部空格移到合并后的新字符串尾部。

完全连接运算符和不完全连接运算符的运算优先级相同。

2. 字符表达式的应用

例 3.31 在命令窗口中输入以下命令（“□”代表空格）：

```
?"计算机□"+"等级"
?"计算机□"-"等级"
```

分别按 Enter 键执行，输出结果如下：

```
计算机□等级
计算机等级□
```

屏幕显示如图 3-28 所示。

例 3.32 在命令窗口中输入以下命令（“□”代表空格）：

```
A="计算机□"+"等级"+"考试!"
B="计算机□"-"等级"+"考试!"
?A
?B
```

分别按 Enter 键执行，输出结果如下：

计算机□等级考试!
计算机等级□考试!

屏幕显示如图 3-29 所示。

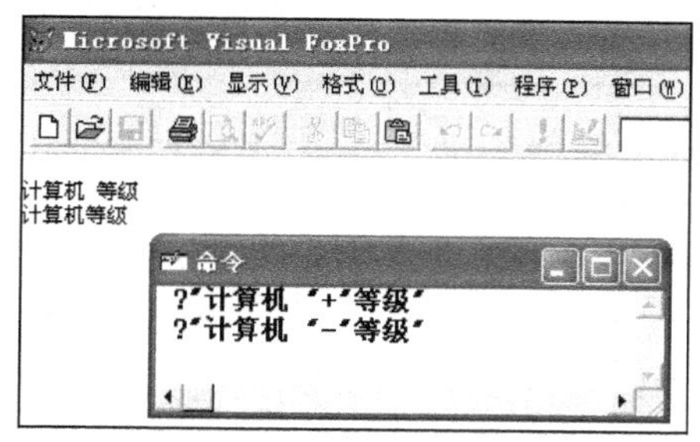

图 3-28　例 3.31 的执行过程及结果

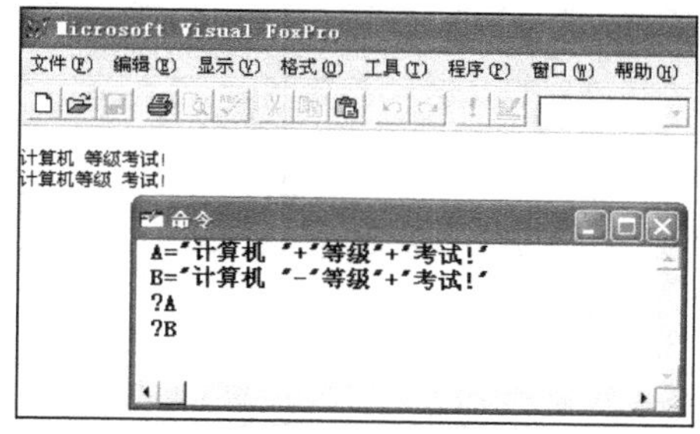

图 3-29　例 3.32 的执行过程及结果

例 3.33　计算以下字符表达式的值（“□”代表空格）：

```
"ABC"+"DEF"
"ABC"-"DEF"
"ABC□"+"DEF"
"ABC□"-"DEF"
"AB□C□"-"DEF"
"A□"-"B"+"C"
```

结果为：

```
ABCDEF
ABCDEF
ABC□DEF
ABCDEF□
AB□CDEF□
AB□C
```

3.3.3　日期时间表达式

日期时间表达式是由日期时间运算符将日期型、日期时间型数据或数值型数据连接起来的式子。日期时间表达式运算结果的数据类型根据运算格式不同，可以为日期型、日期时间型或数值型。

1. 日期时间运算符

日期时间运算符有两种，即“+”和“-”，两个运算符的运算优先级相同。

“+”和“-”既可以作为日期时间运算符，也可以作为算术运算符和字符串连接运算符，在使用中要根据其连接的数据类型判断其运算符的类型。

日期时间表达式的运算格式有一定的限制，要表达一定的意义。例如，不能将两个<日期>或<日期时间>进行相加，不能使用<天数>-<日期>或者<秒数>-<日期时间>等。

日期时间表达式的合法运算格式如表 3-3 所示。

2. 日期时间表达式的应用

例 3.34　在命令窗口中输入以下命令：

```
?{^2009-08-13}+5,{^2009-08-13}-10
?{^2009-08-13}-{^2009-07-13},{^2009-08-13}-20
```

分别按 Enter 键执行，输出结果如下：

```
08/18/09 08/03/09
31 07/24/09
```

表 3-3 日期时间表达式的格式

格式	说明	结果类型
<日期>+<天数>	指定日期若干天后的日期	日期型
<天数>+<日期>	指定日期若干天后的日期	日期型
<日期>-<天数>	指定日期若干天前的日期	日期型
<日期>-<日期>	两个指定日期相差的天数	数值型
<日期时间>+<秒数>	指定日期时间若干秒后的日期时间	日期时间型
<秒数>+<日期时间>	指定日期时间若干秒后的日期时间	日期时间型
<日期时间>-<秒数>	指定日期时间若干秒前的日期时间	日期时间型
<日期时间>-<日期时间>	两个指定日期时间相差的秒数	数值型

屏幕显示如图 3-30 所示。

例 3.35 在命令窗口中输入以下命令：

```
?{^2009-08-13,11:10}+5
?{^2009-08-13,}-10
?{^2009-08-13,11:10}-{^2009-08-13,10:10}
?{^2009-08-13,12:30:25}-20
```

分别按 Enter 键执行，输出结果如下：

```
08/13/09 11:10:05 AM
08/12/09 11:59:50 PM
3600
08/13/09 12:30:05 PM
```

屏幕显示如图 3-31 所示。

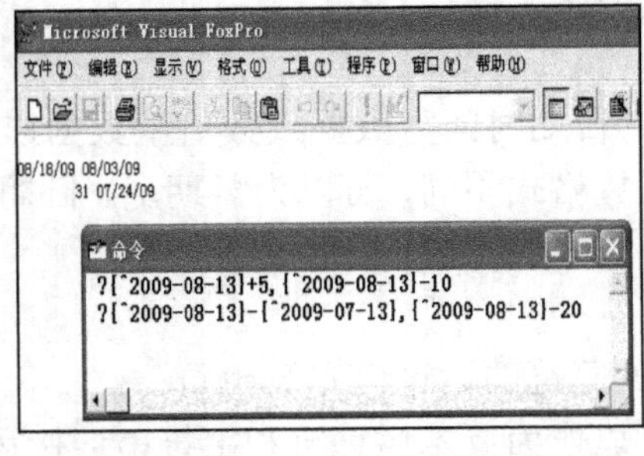

图 3-30 例 3.34 的执行过程及结果

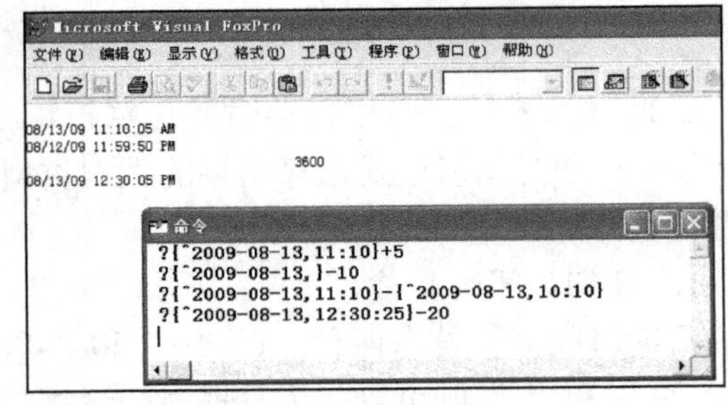

图 3-31 例 3.35 的执行过程及结果

思考：

（1）计算日期时间表达式{^2009-08-13}-20 的值和值的数据类型。

（2）计算日期时间表达式{^2009-8-13 10:00:00}-{^2009-8-13 9:00:00}的值和值的数据类型。

3.3.4 关系表达式

关系表达式又称简单逻辑表达式，是由关系运算符将两个运算对象连接起来形成的式子。

关系表达式的格式为<表达式 1> <关系运算符> <表达式 2>。关系运算符的主要功能是比较前后两个表达式的大小关系，前后两个表达式的类型要相同。关系表达式的运算结果为逻辑型数据（.T.或.F.)，即不是“真”就是“假”。

1. 关系运算符

关系表达式中的关系运算符及其含义如表 3-4 所示。

表 3-4　关系运算符及其含义

运算符	说明
<、<=、>、>=	小于、小于或等于、大于、大于或等于
<>、#或!=	不等于
=	等于（比较字符串时，受 SET EXACT 命令的影响）
==	精确等于（不受 SET EXACT 命令影响，仅适用于字符型数据）
$	子串包含测试（仅适用于字符型数据）

所有关系运算符的优先级相同，其中“==”和“$”仅适用于字符型数据的比较，其他运算符适用于任何类型的数据。

2. 各种类型数据的比较方法

关系运算符在进行比较运算时，对于不同类型的数据，其“大小”的含义不同。数值型数据比较的是值的大小；日期或日期时间型数据比较的是日期或时间的先后顺序；而字符型数据比较的是字符在 ASCII 码表中的先后排列顺序。

（1）数值型和货币型：按数值的大小进行比较。

例 3.36　在命令窗口中输入以下命令：

```
?0>5,0.1>-0.1
?$120>$102
```

分别按 Enter 键执行，输出结果如下：

```
.F. .T.
.T.
```

屏幕显示如图 3-32 所示。

（2）日期型和日期时间型：按日期或日期时间的早晚进行比较，日期或日期时间晚的大于日期或日期时间早的。

例 3.37　在命令窗口中输入以下命令：

```
?{^2008-6-1}>{^2009-6-1}
? {^2009-6-1,10}>{^2009-6-1,9}
```

分别按 Enter 键执行，输出结果如下：

```
.F.
.T.
```

屏幕显示如图 3-33 所示。

（3）逻辑型：真值大于假值，即.T.>.F.。

例 3.38　在命令窗口中输入以下命令：

```
?.T.>.F.
?.n.>.y. , .n.>.N.
```

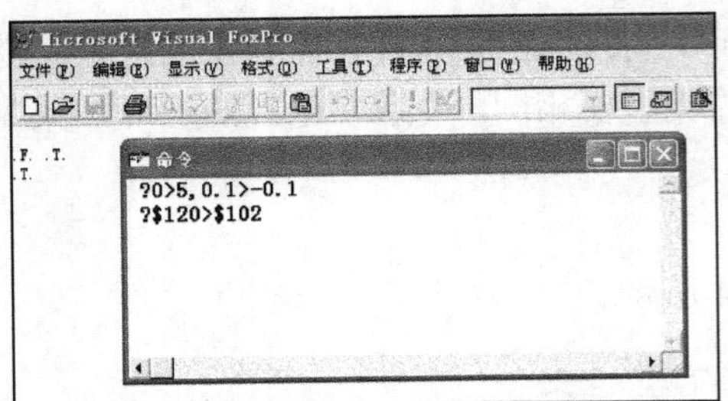

图 3-32 例 3.36 的执行过程及结果

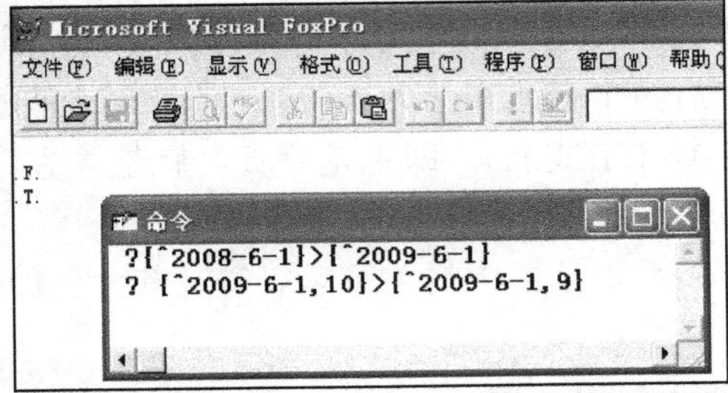

图 3-33 例 3.37 的执行过程及结果

分别按 Enter 键执行，输出结果如下：

```
.T.
.F. .F.
```

屏幕显示如图 3-34 所示。

例 3.39 在命令窗口中输入以下命令：

```
?(3>5 )<({^2009-9-12}<{^2009-9-18})
```

按 Enter 键执行，输出结果如下：

```
.T.
```

（4）字符型。

1）$（子串包含测试）。

格式：<字符表达式 1>$<字符表达式 2>

功能：如果<字符表达式 1>是<字符表达式 2>的子串，结果为逻辑真（.T.），否则结果为逻辑假（.F.）。

例 3.40 在命令窗口中输入以下命令（“□”代表空格）：

```
STORE "Visual□FoxPro" TO s1
STORE "FoxPro" TO s2
STORE "foxpro" TO s3
STORE "VisualFoxPro" TO s4
?s2$s1,s3$s1,s4$s1
```

分别按 Enter 键执行，输出结果如下：

```
.T. .F. .F.
```

屏幕显示如图 3-35 所示。

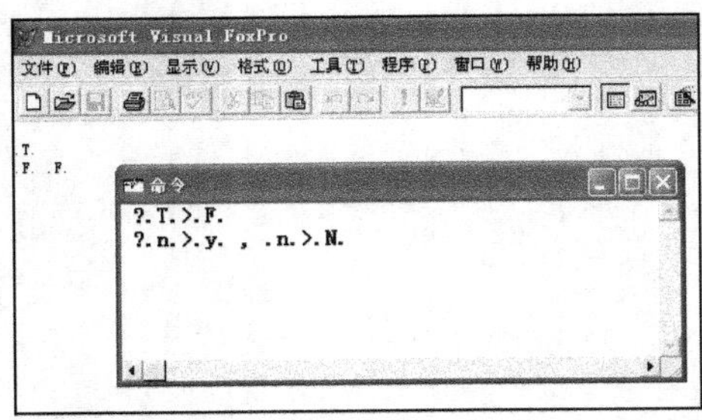

图 3-34 例 3.38 的执行过程及结果

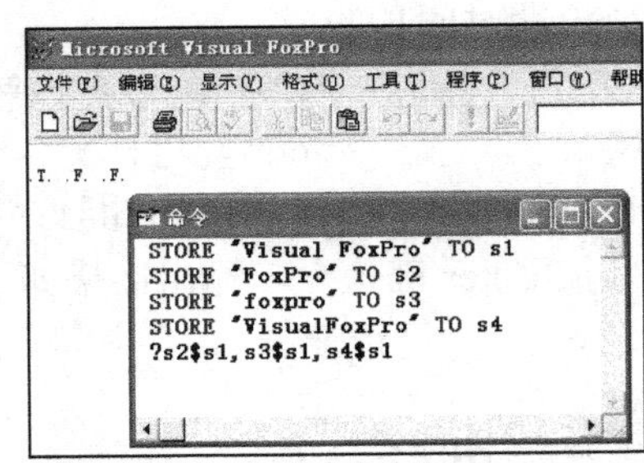

图 3-35 例 3.40 的执行过程及结果

2）>、<（比较两个字符串的大小关系）。

在 Visual FoxPro 中，字符型数据的比较相对复杂，两个字符串进行比较的基本原则是对于两个字符串从左到右逐个字符进行对应比较，第一个字符相等的情况下比较第二个，依此类推，直到比较出第一个不相同的字符为止。

如何判断两个字符的大小，与系统中的字符序列的排序设置有关。在 Visual FoxPro 中有 3 种字符排序序列，分别为 Machine（机器）、PinYin（拼音）和 Stroke（笔画）。当设置为不同的排序序列时，字符大小的比较方法不同。

字符序列的排序设置有两种方法：人机会话方式和命令方式。

- 人机会话方式。

选择“工具”→“选项”命令，弹出“选项”对话框，单击“数据”选项卡，在“排序序列”下拉列表框中选择要设置的选项，单击“确定”按钮，如图 3-36 所示。

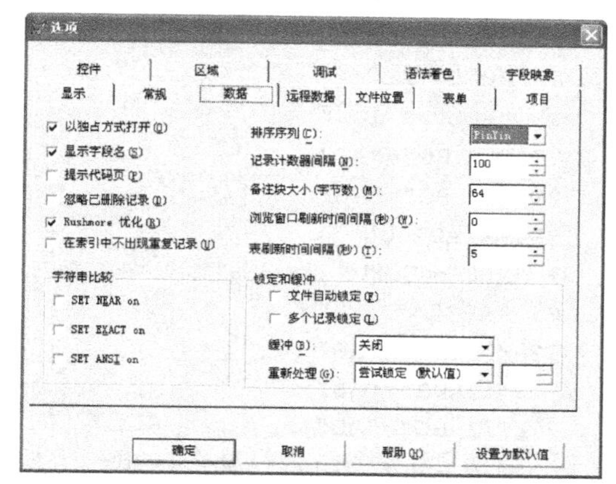

图 3-36　“选项”对话框的“数据”选项卡

- 命令方式。

格式：SET COLLATE TO"<排序次序名>"

说明：<排序次序名>两边加英文半角引号，次序名可以为"Machine"、"PinYin"或"Stroke"。

Machine（机器）次序：对于西文字符，按照 ASCII 码表的顺序排列，空格<大写字母<小写字母。大小写字母之间按照英文字母表的顺序排列，a 最小，z 最大。对于汉字，按照汉语拼音的顺序进行比较。

PinYin（拼音）次序：对于西文字符，空格<小写字母<大写字母；大小写字母之间按照英文字母表的顺序排列，a 最小，z 最大。对于汉字，按照汉语拼音的顺序进行比较。

Stroke（笔画）次序：无论是中文还是西文，均按照笔画的多少进行比较。

例 3.41　在命令窗口中输入以下命令（“□”代表空格）：

```
SET COLLATE TO "Machine"
?"a"<"A","a"<"□A","ab"<"ac","a"<"abc"
?"张"<"王","计算机"<"计算","陈"<"程"
SET COLLATE TO "Pinyin"
?"a"<"A","a"<"□A","ab"<"ac","a"<"abc"
?"张"<"王","计算机"<"计算","陈"<"程"
SET COLLATE TO "Stroke"
?"a"<"A","a"<"□A","ab"<"ac","a"<"abc"
?"张"<"王","计算机"<"计算","陈"<"程"
```

分别按 Enter 键执行，输出结果如下：

```
.F.  .F.  .T.  .T.
.F.  .F.  .T.
.T.  .F.  .T.  .T.
.F.  .F.  .T.
.T.  .F.  .T.  .T.
.F.  .F.  .T.
```

屏幕显示如图 3-37 所示。

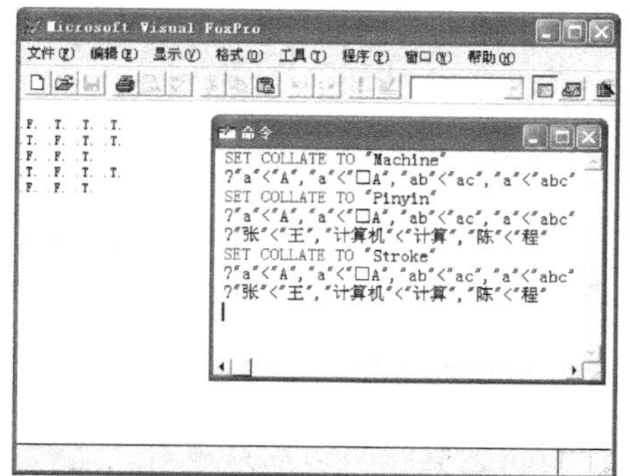

图 3-37　例 3.41 的执行过程及结果

3）==、=与 EXACT 设置。

==称为恒等比较，比较方法是：只有当左右两个字符串中的字符完全相等且位置完全匹配时值为真，否则值为假。= =运算符的比较结果不受 SET EXACT 设置的影响。

=称为相等比较，比较的结果受 SET EXACT 设置的影响。比较方法是：在 SET EXACT OFF 状态下，当右边字符串与左边字符串前面部分的内容相匹配时，结果为真，否则结果为假。SET EXACT OFF 为系统默认状态。

在 SET EXACT ON 状态下，先在较短字符串的尾部加上若干个空格，使两个字符串的长度相等，再进行比较，二者完全相等时结果为真，否则结果为假。

例 3.42 在命令窗口中输入以下命令（“□”代表空格）：

```
SET EXACT OFF
? "ABC"="AB"
?? "ABC"="AB□"
?? "□ABC"="AB"
?? "A□BC"="AB"
SET EXACT ON
? "ABC"="AB"
?? "ABC"="AB□"
?? "AB□" ="AB"
?? "□ABC"="AB"
?? "A□BC"="AB"
```

分别按 Enter 键执行，输出结果如下：

```
.T.   .F.   .F.   .F.
.F.   .F.   .F.   .F.   .F.
```

屏幕显示如图 3-38 所示。

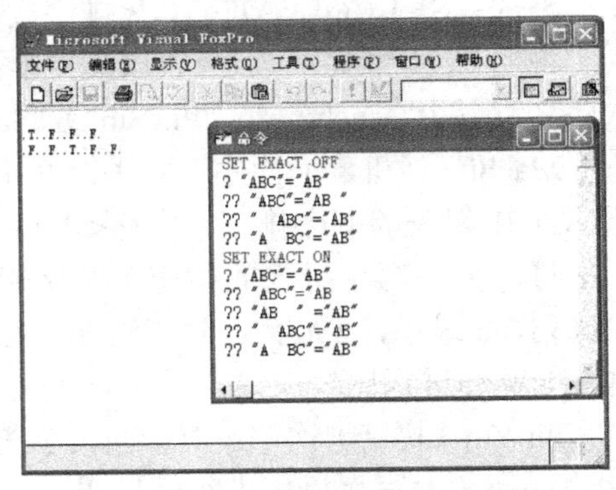

图 3-38 例 3.42 的执行过程及结果

例 3.43 在命令窗口中输入以下命令（“□”代表空格）：

```
SET EXACT OFF
STORE "信息" TO a1
STORE "信息□" TO a2
STORE "信息技术" TO a3
?a1=a3,a3=a1,a1=a2,a2=a1,a2==a1
SET EXACT ON
?a1=a3,a3=a1,a1=a2,a2=a1,a2==a1
```

分别按 Enter 键执行，输出结果如下：

```
.F.    .T.    .F.    .T.    .F.
.F.    .F.    .T.    .T.    .F.
```

屏幕显示如图 3-39 所示。

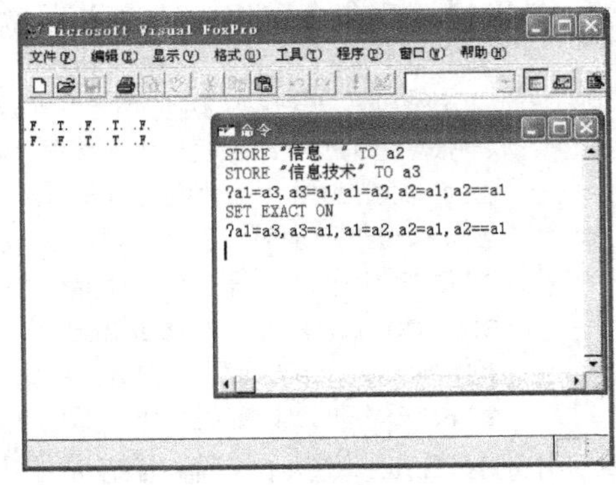

图 3-39 例 3.43 的执行过程及结果

3.3.5 逻辑表达式

逻辑表达式是由逻辑运算符将逻辑型数据连接起来形成的式子，其中的逻辑型数据可以为逻辑型的常量、变量或运算结果为逻辑型的函数。逻辑表达式的运算结果仍然为逻辑型数据。

1. 逻辑运算符

逻辑运算符的含义及其优先级如表 3-5 所示。

逻辑运算符两边都是逻辑表达式，优先级顺序为.NOT.>.AND.>.OR.。逻辑运算符两边的圆点可以省略。逻辑运算规则如表 3-6 所示，其中 A、B 表示两个逻辑型数据对象。

表 3-5　逻辑运算符及其优先级

运算符	说明	优先级
.NOT.或!	逻辑非（取反）	1
.AND.	逻辑与（两边同时为真才为真）	2
.OR.	逻辑或（两边有一个为真就为真）	3

表 3-6　逻辑运算真值表

A	B	.NOT. A	A .AND. B	A .OR. B
.T.	.T.	.F.	.T.	.T.
.T.	.F.	.F.	.F.	.T.
.F.	.T.	.T.	.F.	.T.
.F.	.F.	.T.	.F.	.F.

2. 逻辑表达式的应用

例 3.44　在命令窗口中输入以下命令：

```
?.NOT. .F. , .T. .AND. .F. , .T. .OR. .F.
```

按 Enter 键执行，输出结果如下：

```
.T.   .F.   .T.
```

屏幕显示如图 3-40 所示。

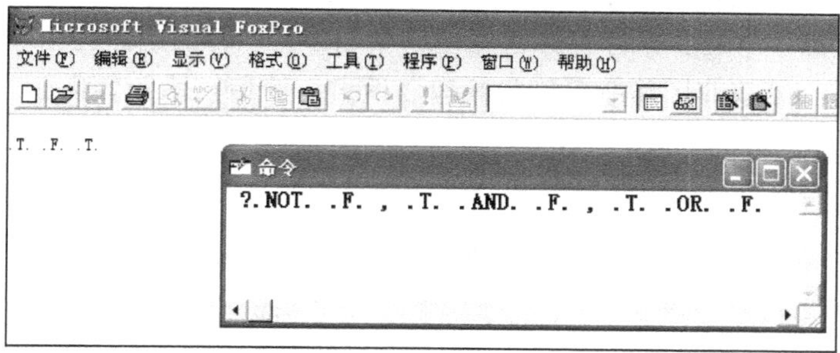

图 3-40　例 3.44 的执行过程及结果

3.3.6　各种运算符的优先级

以上介绍了各种类型的表达式及其使用的运算符，每类表达式中的运算符都有其优先级顺序。当不同类型的运算符出现在同一表达式中时，各类运算符的优先级顺序如表 3-7 所示。

表 3-7　各种运算符及其优先级

运算符	优先级
圆括号	1
算术运算符、字符串运算符、日期时间运算符	2
关系运算符	3
逻辑运算符	4

当算术运算符、字符串运算符和日期时间运算符同时出现时，按自左到右的顺序依次执行。

例 3.45 在命令窗口中输入以下命令：

```
?3+3>5 .OR. 4-2<3 .AND. 3+3=5
```

按 Enter 键执行，输出结果如下：

```
.T.
```

例 3.46 在命令窗口中输入以下命令：

```
X="12"
Y="1122"
?NOT(X==Y) AND (X$Y)
```

按 Enter 键执行，输出结果如下：

```
.T.
```

3.4 系统函数

函数是指由命令代码组成的并能完成特定功能的一段程序。Visual FoxPro 6.0 提供了大量的函数（称为系统函数）供用户直接使用，另外用户还可以自己编写函数（称为自定义函数）。本节将介绍系统函数中一些比较常用的函数，把这些常用函数分为 5 类：数值函数、字符函数、日期和时间函数、数据类型转换函数和测试函数。

每个函数都有函数名，函数名决定了函数的功能。函数名后面带有一对圆括号，圆括号里的内容称为自变量，不同函数含有的自变量的个数不同，有的函数无自变量。各个函数的格式和运算方法不同，函数的运算结果称为函数值或者返回值，函数值的类型即为函数的类型。

3.4.1 数值函数

数值函数是指函数值为数值的一类函数，其自变量和返回值均为数值型数据。数值函数主要用于数值运算。

1. 求绝对值函数和符号函数

格式：ABS(<数值表达式>)

　　　SIGN(<数值表达式>)

功能：ABS()返回指定数值表达式的绝对值；SIGN()返回指定数值表达式的符号，当表达式的结果为正、负和零时，返回值分别是 1、-1 和 0。

例 3.47 在命令窗口中输入以下命令：

```
STORE -5 TO x
?ABS(x),ABS(x+5),ABS(x*(-2)),ABS(-3.14*3^2)
?SIGN(x),SIGN(x+5),SIGN(x*(-2)),SIGN(-3.14*3^2)
```

分别按 Enter 键执行，输出结果如下：

```
5    0    10    28.26
-1   0    1     -1
```

2. 四舍五入函数

格式：ROUND(<数值表达式 1>,<数值表达式 2>)

功能：返回指定数值表达式在指定位置四舍五入后的结果。<数值表达式 1>表示在指定位置要进行四舍五入的数据，<数值表达式 2>表示指定四舍五入的位置。当<数值表达式 2>大于等于 0 时，表示要保留的小数位数；当<数值表达式 2>小于 0 时，表示整数部分的舍入位数，即整数中从个位开始 0 的个数。

例 3.48　在命令窗口中输入以下命令：

```
STORE 987.654 TO x
?ROUND(x,2),ROUND(x,1),ROUND(x,0),
??ROUND(x,-1),ROUND(x,-2),ROUND(x,-3),ROUND(x,-4)
```

分别按 Enter 键执行，输出结果如下：

```
987.65    987.7    988    990    1000    1000    0
```

例 3.49　在命令窗口中输入以下命令：

```
STORE 756.456 TO y
?ROUND(y,-3)
```

按 Enter 键执行，输出结果如下：

```
1000
```

3. 求圆周率函数

格式：PI(<数值表达式>)

功能：返回圆周率π的值（数值型）。该函数没有自变量。

例 3.50　在命令窗口中输入以下命令：

```
?PI()
```

按 Enter 键执行，在主屏幕上显示的结果如下：

```
3.14
```

4. 求整数函数

格式：INT(<数值表达式>)

　　　CEILING(<数值表达式>)

　　　FLOOR(<数值表达式>)

功能：INT()返回指定数值表达式的整数部分（不进行四舍五入）；CEILING()返回大于或等于数值表达式的最小整数；FLOOR()返回小于或等于数值表达式的最大整数。

例 3.51　在命令窗口中输入以下命令：

```
STORE 20.5 TO x
?INT(x),INT(-x)
?CEILING(x),CEILING(-x)
?FLOOR(x),FLOOR(-x)
```

分别按 Enter 键执行，输出结果如下：

```
20      -20
21      -20
20      -21
```

例 3.52　在命令窗口中输入以下命令：

```
? INT(-PI( )*3^2)
```

按 Enter 键执行，输出结果如下：

```
-28
```

5. 求余数函数

格式：MOD(<数值表达式 1>,<数值表达式 2>)

功能：返回两个数值表达式相除后的余数。<数值表达式 1>是被除数，<数值表达式 2>是除数。余数的正负号与除数相同。此函数的运算方法和求余符号“%”相同，相当于求<数值表达式 1>%<数值表达式 2>的值。

例 3.53 在命令窗口中输入以下命令：

```
x=10
y=3
? MOD(x,y), MOD(-x,-y), MOD(-x,y), MOD(x,-y)
```

按 Enter 键执行，输出结果如下：

```
1    -1     2    -2
```

6. 求最大值和最小值函数

格式：MAX(<数值表达式 1>,<数值表达式 2>[,<数值表达式 3>…])

MIN(<数值表达式 1>,<数值表达式 2>[,<数值表达式 3>…])

功能：MAX()计算各自变量表达式的值，并返回其中的最大值；MIN()计算各自变量表达式的值，并返回其中的最小值。

自变量表达式的类型也可以是字符型、货币型、逻辑型、日期型和日期时间型，但所有表达式的类型必须相同。比较大小时，按照关系表达式中所叙述的方法进行比较。

例 3.54 在命令窗口中输入以下命令：

```
?MAX(2,10,5),MAX("good","morning","everyone"),MIN("2","10","05")
```

按 Enter 键执行，在主屏幕上显示的结果为：

```
10    morning    05
```

3.4.2 字符函数

字符函数是处理字符类型数据的一类函数，其自变量或函数值中至少有一个是字符型的数据。

1. 求字符串长度函数

格式：LEN(<字符表达式>)

功能：返回指定字符表达式值的长度，即所包含的字符的个数。一个字母或一个字符的长度为 1，一个汉字的长度为 2。

返回值：数值型。

例 3.55 在命令窗口中输入以下命令（“□”代表空格）：

```
?LEN("HAPPY"),LEN("中文 Visual□FoxPro6.0")
??LEN(""),LEN("□□□")
?LEN(SPACE(3)-SPACE(2))
```

分别按 Enter 键执行，输出结果如下：

```
5     20     0     3
5
```

2. 空格字符串生成函数

格式：SPACE(<数值表达式>)

功能：返回由数值表达式中指定数目的空格组成的字符串。

例 3.56 在命令窗口中输入以下命令：

```
?LEN(SPACE(10))
```

按 Enter 键执行，在主屏幕上显示的结果为：

```
10
```

3. 删除前后空格函数

格式：TRIM(<字符表达式>)

LTRIM(<字符表达式>)

ALLTRIM(<字符表达式>)

功能：TRIM()返回指定字符表达式值去掉尾部空格后形成的字符串；LTRIM()返回指定字符表达式值去掉前导空格后形成的字符串；ALLTRIM()返回指定字符表达式值去掉前导和尾部空格后形成的字符串。

例 3.57 在命令窗口中输入以下命令（“□”代表空格）：

```
STORE SPACE(2)+"中文 Visual□FoxPro6.0"+SPACE(3) TO x
?x,TRIM(x)
?LTRIM(x),ALLTRIM(x)
?LEN(x),LEN(TRIM(x)),LEN(LTRIM(x)),LEN(ALLTRIM(x))
```

分别按 Enter 键执行，输出结果如下：

```
□□中文 Visual□FoxPro6.0□□□      □□中文 Visual□FoxPro6.0
中文 Visual□FoxPro6.0□□□      中文 Visual□FoxPro6.0
25     22     23     20
```

4. 大小写转换函数

格式：LOWER(<字符表达式>)

UPPER(<字符表达式>)

功能：LOWER()将指定字符表达式中的大写字母转换成小写字母，其他字符不变；UPPER()将指定字符表达式中的小写字母转换成大写字母，其他字符不变。

例 3.58 在命令窗口中输入以下命令：

```
STORE "中文 Visual FoxPro 6.0" TO x
?LOWER(x),UPPER(x)
```

按 Enter 键执行，输出结果如下：

```
中文 visual foxpro6.0 中文 VISUAL FOXPRO6.0
```

5. 取子串函数

格式：LEFT(<字符表达式>,<N>)

RIGHT(<字符表达式>,<N>)

SUBSTR(<字符表达式>,<起始位置>,[,<N>])

功能：LEFT()返回从指定字符表达式的左端开始的 N 个字符作为函数值；RIGHT()返回从指定字符表达式的右端开始的 N 个字符作为函数值；SUBSTR()返回从指定字符表达式的<起始位置>开始的 N 个字符作为函数值，若缺省第三个自变量<N>，则函数从起始位置开始一直取到最后一个字符。

例 3.59 在命令窗口中输入以下命令：

```
?LEFT("HELLO WORLD",5)
?RIGHT("HELLO WORLD",5)
?SUBSTR("HAPPY NEW YEAR",5)
```

```
?SUBSTR("HAPPY NEW YEAR",5,3)
?SUBSTR("计算机等级考试",7,4)
```

分别按 Enter 键执行，输出结果如下：

```
HELLO
WORLD
Y NEW YEAR
Y N
等级
```

6. 计算子串出现次数函数

格式：OCCURS(<字符表达式 1>,<字符表达式 2>)

功能：如果<字符表达式 1>是<字符表达式 2>的子串，则返回<字符表达式 1>在<字符表达式 2>中出现的次数，否则返回数值 0。

返回值：数值型。

例 3.60 在命令窗口中输入以下命令：

```
STORE "This is my sister" TO x
?OCCURS("is",x),OCCURS("sis",x),OCCURS("ss",x),OCCURS("IS",x)
```

按 Enter 键执行，输出结果如下：

```
3   1   0   0
```

7. 求子串位置函数

格式：AT(<字符表达式 1>,<字符表达式 2>[,<数值表达式>])

ATC(<字符表达式 1>,<字符表达式 2>[,<数值表达式>])

功能：AT()，若<字符表达式 1>是<字符表达式 2>的子串，则返回<字符表达式 1>的首字符在<字符表达式 2>中的位置，否则返回 0；ATC()，若<字符表达式 1>是<字符表达式 2>的子串，则返回<字符表达式 1>的首字符在<字符表达式 2>中的位置，否则返回 0，与 AT()功能类似，区别是在子串比较时不区分字母大小写。

返回值：数值型。

例 3.61 在命令窗口中输入以下命令：

```
STORE "This is my sister" TO x
?AT("is",x),AT("IS",x),ATC("is",x),ATC("IS",x)
?AT("sis",x),AT("SIS",x),ATC("sis",x),ATC("SIS",x)
```

分别按 Enter 键执行，输出结果如下：

```
3    0    3    3
12   0    12   12
```

8. 字符串匹配函数

格式：LIKE(<字符表达式 1>,<字符表达式 2>)

功能：若<字符表达式 1>与<字符表达式 2>对应位置的所有字符都匹配，则返回逻辑真值，否则返回逻辑假值。<字符表达式 1>中可以包含通配符“*”和“?”，<字符表达式 2>中不可以使用通配符。

例 3.62 在命令窗口中输入以下命令：

```
?LIKE("ABC","AB"),LIKE("AB*","ABC"),LIKE("AB","AB*")
```

按 Enter 键执行，输出结果如下：

```
.F.   .T   .F.
```

9．宏替换函数

格式：&<字符型变量>[.]

功能：替换出<字符型变量>的内容。如果宏替换函数后面还有非空的字符表达式，则以“.”作为函数的结束标识。宏替换符（&）后面的字符型变量名中可以包含宏替换函数，即宏替换可以嵌套使用。

例 3.63　在命令窗口中输入以下命令：

```
s1="Visual FoxPro 6.0"
s2="s1"
s3="中文"
?s3+&s2
```

按 Enter 键执行，输出结果如下：

```
中文 Visual FoxPro 6.0
```

3.4.3　日期和时间函数

日期和时间函数主要是处理日期类型或日期时间类型数据的函数，其自变量或者为空或者为日期型、日期时间型表达式。常用的日期和时间函数如表 3-8 所示。

表 3-8　常用的日期和时间函数

<table>
<tr><th>类别</th><th>格式</th><th>功能</th><th>返回值</th></tr>
<tr><td rowspan="3">求系统日期和时间</td><td>DATE()</td><td>返回系统当前的日期</td><td>日期型</td></tr>
<tr><td>TIME()</td><td>返回系统当前的时间，以 24 小时制</td><td>字符型</td></tr>
<tr><td>DATETIME()</td><td>返回系统当前的日期时间</td><td>日期时间型</td></tr>
<tr><td rowspan="3">求年份、月份和天数</td><td>YEAR(<<日期时间表达式>)</td><td>返回指定日期或日期时间表达式中的年份</td><td>数值型</td></tr>
<tr><td>MONTH(<日期表达式>|<日期时间表达式>)</td><td>返回指定日期或日期时间表达式中的月份</td><td>数值型</td></tr>
<tr><td>DAY(<日期表达式>|<日期时间表达式>)</td><td>返回指定日期或日期时间表达式中的天数</td><td>数值型</td></tr>
<tr><td rowspan="3">求时、分、秒</td><td>HOUR(<日期时间表达式>)</td><td>返回指定日期时间表达式中的小时部分（24 小时制）</td><td>数值型</td></tr>
<tr><td>MINUTE(<日期时间表达式>)</td><td>返回指定日期时间表达式中的分钟部分</td><td>数值型</td></tr>
<tr><td>SEC(<日期时间表达式>)</td><td>返回指定日期时间表达式中的秒数部分</td><td>数值型</td></tr>
</table>

例 3.64　在命令窗口中输入以下命令：

```
?DATE(),TIME(),DATETIME()
```

按 Enter 键执行，在主屏幕上显示的结果为（由系统当前日期时间决定）：

```
04/30/09  20:29:35  04/30/09 08:29:35 PM
```

例 3.65　在命令窗口中输入以下命令：

```
STORE {^2009-06-01} TO x
?YEAR(x),MONTH(x),DAY(x)
```

按 Enter 键执行，输出结果如下：

```
2009   6   1
```

例 3.66 在命令窗口中输入以下命令：

```
STORE {^2009-06-01 10:30:40 PM} TO x
?HOUR(x),MINUTE(x),SEC(x)
```

按 Enter 键执行，输出结果如下：

```
22   30   40
```

3.4.4 数据类型转换函数

在数据库的应用过程中，一般同类数据才能进行正常的运算，此时不同数据类型的数据必须将它们转换成同一类型，Visual FoxPro 提供了数据类型转换函数。

1. 数值转换成字符串函数

格式：STR(<数值表达式>[,<长度>[,<小数位数>]])

功能：将<数值表达式>的值转换成字符串。

返回值：将数值表达式按指定的<长度>和<小数位数>转换成字符串。

在转换时，需要注意以下几点（设理想长度 L=整数位数+小数位数+小数点）：

（1）当<长度>大于 L 时，字符串前加上空格，满足规定的<长度>要求。

（2）当<长度>大于等于整数部分位数但又小于 L 时，优先考虑整数部分而自动调整小数位数。

（3）当<长度>小于整数部分位数时，返回一串星号（*）。

（4）当<小数位数>的默认值为 0 时，<长度>的默认值为 10。

例 3.67 在命令窗口中输入以下命令：

```
X=-314.159
?STR(X,9,2),STR(X,6,2),STR(X,3)
?STR(X,6),STR(X)
```

分别按 Enter 键执行，输出结果如下：

```
-314.16  -314.2  ***
-314         -314
```

2. 字符串转换成数值函数

格式：VAL(<字符表达式>)

功能：将自变量中的字符串转换成数值。

返回值：将由数字符号（包括正负号、小数点）组成的字符型数据转换成相应的数值型数据。若字符串内出现非数字字符，那么只转换前面部分；若字符串的首字符不是数字符号，则返回数值 0，但忽略前导空格。

例 3.68 在命令窗口中输入以下命令（“□”代表空格）：

```
?VAL("123.56"),VAL("a123.56"),VAL("12a3.56"),VAL("□□□123.56")
```

按 Enter 键执行，在主屏幕上显示的结果为：

```
123.56    0.00    12.00    123.56
```

3. 字符串转换成日期函数

格式：CTOD(<字符表达式>)

功能：将<字符表达式>转换成日期型数据。其中的<字符表达式>要按日期的格式进行书写。

例 3.69 在命令窗口中输入以下命令：

```
SET CENTURY ON
?CTOD("12/31/09")
```

按 Enter 键执行，输出结果如下：

```
12/31/2009
```

4. 日期或日期时间转换成字符串函数

格式：DTOC(<日期表达式>)

功能：将<日期表达式>转换成字符型数据。转换后的字符型数据的格式和日期的格式相一致，并受相关日期格式命令的影响。

例 3.70　在命令窗口中输入以下命令：

```
SET CENTURY ON
?DTOC({^2009-12-31})
```

按 Enter 键执行，输出结果如下：

```
12/31/2009
```

3.4.5　测试函数

为了了解有关数据对象的类型、状态等属性，Visual FoxPro 系统提供了一组相关的测试函数，使用户能够准确地获取操作对象的相关属性。

1. 值域测试函数

格式：BETWEEN(<表达式 1>,<表达式 2>,<表达式 3>)

功能：判断一个表达式是否介于另外两个表达式的值之间。若表达式 1 的值大于等于表达式 2 的值并且小于等于表达式 3 的值，则返回逻辑真，否则返回逻辑假；若表达式 2 或表达式 3 值为 NULL，则返回值也为 NULL。

注意：自变量中 3 个表达式的数据类型要一致。

例 3.71　在命令窗口中输入以下命令：

```
?BETWEEN(5,2,10),BETWEEN("good","morning","everyone")
?BETWEEN("2","05","10"),BETWEEN(2,.NULL.,05)
```

分别按 Enter 键执行，输出结果如下：

```
.T.  .F.
.F.  .NULL.
```

2. 空值（NULL 值）测试函数

格式：ISNULL(<表达式>)

功能：若自变量表达式的结果为 NULL，则返回逻辑真（.T.），否则返回逻辑假（.F.）。

例 3.72　在命令窗口中输入以下命令：

```
A=.NULL.
?A,ISNULL(A)
```

按 Enter 键执行，输出结果如下：

```
.NULL.   .T.
```

3. “空”值测试函数

格式：EMPTY(<表达式>)

功能：若表达式结果为“空”值，则返回逻辑真（.T.），否则返回逻辑假（.F.）。“空”值与空值（NULL 值）是两个不同的概念。关于不同类型的数据，“空”值的规定如表 3-9 所示。

例 3.73　在命令窗口中输入以下命令：

```
A=.NULL.
B=""
```

```
? ISNULL(A),EMPTY(A),ISNULL(B),EMPTY(B)
```

按 Enter 键执行，输出结果如下：

```
.T.    .F.    .F.    .T.
```

表 3-9 不同类型数据的“空”值规定

数据类型	“空”值	数据类型	“空”值
数值型	0	逻辑型	.F.
货币型	0	整型	0
字符型	空串、空格、制表符、回车	双精度型	0
日期型	空（如 CTOD(" ")）	浮点型	0
日期时间型	空（如 CTOT(" ")）	备注字段	空（无内容）

4. 数据类型测试函数

格式：VARTYPE(<表达式>[,<逻辑表达式>])

功能：测试<表达式>的类型。根据表达式的值返回一个代表<表达式>数据类型的大写字母。各数据类型所对应的返回的大写字母如表 3-10 所示。

表 3-10 各数据类型由 VARTYPE( )测试返回的结果

返回的字母	数据类型	返回的字母	数据类型
N	数值型、整型、浮点型或双精度型	L	逻辑型
Y	货币型	X	NULL 值
C	字符型或备注型	O	对象型
D	日期型	G	通用型
T	日期时间型	U	未定义

例 3.74 在命令窗口中输入以下命令：

```
?VARTYPE(DATE())
```

按 Enter 键执行，在主屏幕上显示的结果为：

```
D
```

5. 条件测试函数

格式：IIF(<逻辑表达式>,<表达式 1>,<表达式 2>)

功能：判断<逻辑表达式>的值，若<逻辑表达式>的值为真，则返回<表达式 1>的值，否则返回<表达式 2>的值。<表达式 1>和<表达式 2>的数据类型可以不同。

例 3.75 在命令窗口中输入以下命令：

```
?IIF(100>5,100,5),IIF(100>5,.T.,"OK")
```

按 Enter 键执行，在主屏幕上显示的结果为：

```
100    .T.
```

3.4.6 与表操作有关的测试函数

1. 表文件尾测试函数

格式：EOF(表名)

功能：测试指定表文件中的记录指针是否指向文件尾（最后一条记录的后面位置）。

说明：①使用 EOF()函数测试的是当前表文件；②如果当前没有打开的表文件，则函数返回值为.F.；③如果当前表中没有记录，则函数返回值为.T.；④此函数一般用于程序的选择语句或循环语句中。

2. 表文件首测试函数

格式：BOF(表名)

功能：测试指定表文件中的记录指针是否指向文件首（第一条记录的前面位置）。

说明：①使用 BOF()函数测试的是当前表文件；②如果当前没有打开的表文件，则函数返回值为.F.；③如果当前表中没有记录，则函数返回值为.T.。

3. 记录号测试函数

格式：RECNO(表名)

功能：返回指定表文件中当前记录的记录号。

说明：①使用 RECNO()函数测试的是当前表文件；②如果当前没有打开的表文件，则函数返回值为 0；③当使用 BOF()函数测试的结果为真时，此函数返回值为 1；④当使用 EOF()函数测试的结果为真时，此函数返回值为 n+1，即当前表最后一条记录的记录号加 1。

4. 记录个数测试函数

格式：RECCOUNT(表名)

功能：测试指定表文件中的记录个数。

说明：①使用 RECCOUNT()函数测试的是当前表文件；②如果当前表中没有记录，则函数返回值为 0。

习题三

一、选择题

1. 以下关于空值（NULL 值）叙述正确的是（　　）。
   A. 空值等于空字符串
   B. 空值等同于数值 0
   C. 空值表示字段或变量还没有确定的值
   D. Visual FoxPro 不支持空值
2. 说明数组后，数组元素的初值是（　　）。
   A. 整数 0　　B. 不定值　　C. 逻辑真　　D. 逻辑假
3. 设 a="计算机等级考试"，结果为“考试”的表达式是（　　）。
   A. Left(a,4)　　B. Right(a,4)　　C. Left(a,2)　　D. Right(a,2)
4. 如果内存变量和字段变量均有变量名“姓名”，那么引用内存的正确方法是（　　）。
   A. M.姓名　　B. M->姓名　　C. 姓名　　D. A 和 B 都可以
5. 命令?(VAR(TIME()))的结果是（　　）。
   A. C　　B. D　　C. T　　D. 出错
6. 命令?LEN(SPACE(3)-SPACE(2))的结果是（　　）。
   A. 1　　B. 2　　C. 3　　D. 5

7．要想将日期型或日期时间型数据中的年份用 4 位数字显示，应当使用设置命令（ ）。

A．SET CENTURY ON　　B．SET CENTURY OFF

C．SET CENTURY TO 4　　D．SET CENTURY OF 4

8．从内存中清除内存变量的命令是（ ）。

A．Release　　B．Delete　　C．Erase　　D．Destroy

9．设 X=6<5，命令?VARTYPE(X)的输出是（ ）。

A．N　　B．C　　C．L　　D．出错

10．在 Visual FoxPro 中，宏替换可以从变量中替换出（ ）。

A．字符串　　B．数值

C．命令　　D．以上三种都可能

二、填空题

1．LEFT("12345.6789",LEFT("子串"))的计算结果是________。

2．?AT("EN",RIGHT("student",4))的执行结果是________。

3．表达式{^2005-1-3 10:0:0}-{^2005-10-3 9:0:0}的数据类型是________。

4．执行命令 A=2005/4/2 之后，内存变量 A 的数据类型是________型。

第4章 表的基本操作

知识结构图

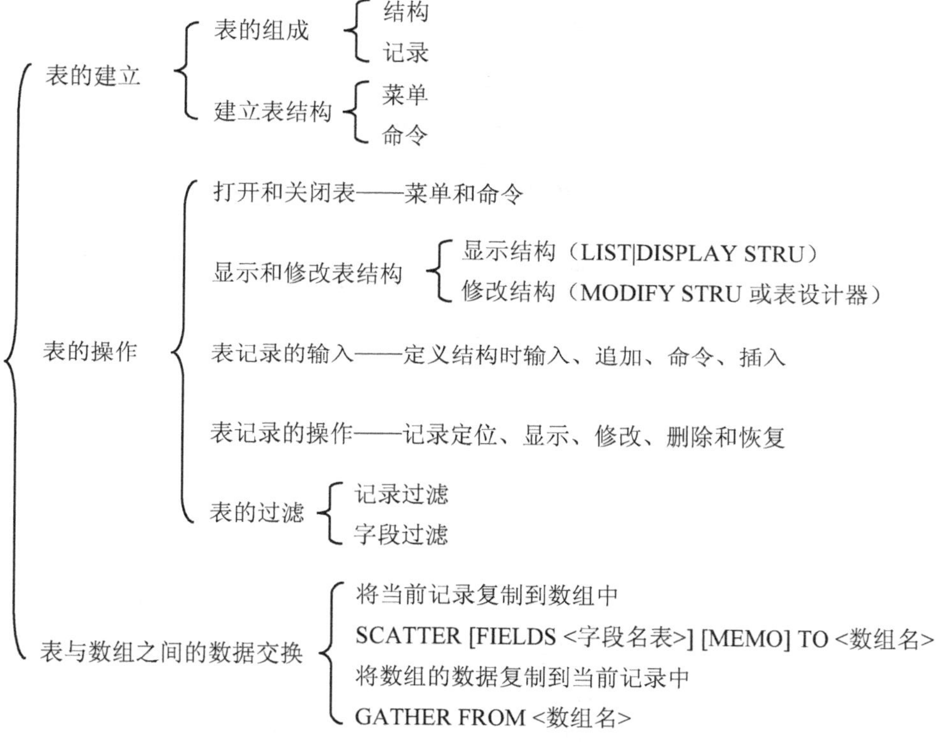

表是处理数据和建立关系数据库与应用程序的基本单元。通过本章的学习读者应掌握新建表、打开和关闭表、显示和修改表结构、向表中输入记录、复制表结构和表文件、记录的基本操作（记录的定位、显示、修改、删除和恢复）、表的过滤、表与数组之间的数据交换等操作。

4.1 表的建立

表主要由表结构和表记录两部分组成。表分为自由表和数据库表。自由表是独立于数据库而存在的一种表，而数据库表是包括在数据库中受数据库管理的表。

4.1.1 表的组成

1. 表的结构

Visual FoxPro 采用关系数据模型，每一个表对应一个关系，每一个关系对应一张二维表。表的结构对应于二维表的结构。二维表中的每一行有若干个数据项，这些数据项构成了一条记录。表中的每一列称为一个字段，每个字段都有一个名字，即字段名。

下面以学生情况表（如表 4-1 所示）为例，从分析二维表的格式入手来讨论表结构。

表 4-1 学生情况表

学号	姓名	性别	出生年月	入校总分	共青团员	家庭住址	特长	照片
s0201101	王小平	男	02/05/1995	590	F	南充市西街		
s0201102	张 强	男	05/18/1994	568	T	新都桂号街		
s0201103	刘 雨	女	02/08/1996	565	F	成都双楠路		
s0201104	江 冰	男	08/16/1995	570	F	成都玉沙路		
s0201105	吴红梅	女	01/081997	595	F	成都人南 41		
s0201106	杜 海	男	10/16/1996	578	F	建设路 120		
s0201107	金 阳	女	11/15/1995	550	T	南充市南街		
s0201108	张 敏	女	12/08/1996	586	F	南充市东街		
s0201109	杨 然	男	09/25/1996	569	F	南充市北街		
s0201110	郭晨光	男	03/28/1997	592	F	建设路 105		

该表格有 9 列，每列有不同的名称，如学号、姓名等。每一列中的数据都具有相同的数据类型，例如“学号”列中所有数据的类型均为字符型，同时每一列的宽度都有一定的限制，例如“学号”列的所有数据均不能超过 8 个字符的长度。在表文件中，表格的列称为字段，列名称为字段名。字段的个数和每个字段的名称、数据类型、宽度等要素决定了表文件的结构。定义表结构就是定义各个字段的属性。表的基本结构包括字段名、字段类型、字段宽度和小数位数等。

（1）字段名。字段名即关系的属性名或表的列名。自由表字段名最长为 10 个字符。数据库表字段名最长为 128 个字符。字段名必须以字母或汉字开头。字段名可以由字母、汉字（1 个汉字占 2 个字符）、数字和下划线“_”组成，但字段名中不能包含空格。例如学号、XM、教师_1、共青团员、xs_55 等都是合法的字段名。

（2）字段类型和宽度。表中的每一个字段都有特定的数据类型。可将字段的数据类型设置为表 4-2 所示的任意一种。字段宽度规定了字段的值可以容纳的最大字节数。例如，一个字符型字段最多可容纳 254 个字节。日期型、逻辑型、备注型、通用型等类型字段的宽度则是固定的，系统分别规定为 8、1、4、4 个字节。

表 4-2 字段类型和宽度

字段类型	字段宽度	取值范围	说明	示例
字符型（C）	最多 254 个字节	最多 254 个字符	数字、汉字、字母和图形符号	学号、家庭住址
数值型（N）	最多 20 个字节	-9999999999E+19～+.9999999999E+20	小数点及正负号各占一个字节	入校总分
浮点型（F）	最多 20 个字节	-9999999999E+19～+.9999999999E+20	主要为与其他软件兼容而设置	科学计算数据
货币型（Y）	8 个字节	-922337203685477.5808～+922337203685477.5807	与数值型不同的是数值保留 4 位小数	价格、金额

续表

字段类型	字段宽度	取值范围	说明	示例
整型（I）	4 个字节	-2147483647～2147483646	不带小数点的数值	班级人数
双精度型（B）	8 个字节	±4.94065645841247E-324～±8.9884656743115E+307	双精度数字	实验所要求的高精度数据
日期型（D）	8 个字节	01/01/0001 到 12/31/9999	mm/dd/yy	出生日期
日期时间型（T）	8 个字节	01/01/0001 到 12/31/999 上午 00:00:00 到下午 11:59:59	存放日期与时间	某一节课的上下课时间
逻辑型（L）	1 个字节	“真”值.T.或“假”值.F.	存放逻辑值.T.或.F.	是否共青团员
备注型（M）	4 个字节	只受存储空间限制	存储不定长的字母、数字、文本等	爱好、特长、联系方式
通用型（G）	4 个字节	只受存储空间限制	存放图形、图像等多媒体数据	Microsoft Excel 电子表格、图形、声音、图像等

说明：①对字符型、数值型和浮点型字段，在设计表结构时用户应根据实际需要设置适当的宽度，其他数据类型的宽度由 Visual FoxPro 规定，长度固定不变，如日期型宽度为 8，逻辑型宽度为 1 等；②备注型字段的宽度为 4 个字节，用于存储一个指针（即地址），该指针指向备注内容存放地的地址。备注内容存放在与表同名、扩展名为.FPT 的文件中，该文件随表的打开而自动打开，如果它被破坏或丢失，则表也就不能打开；③通用型字段的宽度为 4 个字节，用于存储一个指针，该指针指向.FPT 文件中存储通用型字段内容的地址；④只有数值型、浮点型及双精度型字段才有小数位数，小数点和正负号在字段宽度中各占 1 位；⑤可以指定字段是否接受空值（NULL）。NULL 不同于零、空字符串或者空白，而是一个不存在的值（不确定）。当数据表中某个字段内容无法知道确切信息时，可以先赋予 NULL 值，等内容明确后再存入有实际意义的值。

2. 定义表结构

在 Visual FoxPro 系统中，一张二维表对应一个数据表，称为表文件。一张二维表由表名、表结构、表记录三部分组成，一个数据表则由数据表名、数据表的结构、数据表的记录三要素构成。定义数据表的结构，就是定义数据表的字段个数、字段名、字段类型、字段宽度、是否以该字段建立索引等。

下面以本书中涉及到的几张表为例介绍如何定义表结构。

在学生表中，“学号”、“姓名”、“性别”、“家庭住址”均为字符型，根据实际情况设置出它们的长度；“出生日期”设定为日期型；“入校总分”为数值型，宽度为 5，小数宽度为 1；共青团员的取值只能为“是”和“否”，因此设定为逻辑型；“特长”用于描述学生的特长信息，是不定长度的文本，因此设定为备注型；“照片”字段用于存放学生的照片，因此设为通用型，其中日期型、逻辑型、备注型和通用型 4 个字段的长度由系统自动设置。学生表的结构如表 4-3 所示。

按上例所示，我们再给出选课表（如表 4-4 所示）、课程表（如表 4-5 所示）和成绩表（如表 4-6 所示）的表结构。

表 4-3 学生表的结构

字段名	类型	宽度	小数位数
学号	字符型	8	
姓名	字符型	6	
性别	字符型	2	
出生日期	日期型	8	
入校总分	数值型	5	1
共青团员	逻辑型	1	
家庭住址	字符型	10	
特长	备注型	4	
照片	通用型	4	

表 4-4 选课表的结构

字段名	类型	宽度	小数位数
学号	字符型	8	
课程号	字符型	4	
成绩	数值型	4	1

表 4-5 课程表的结构

字段名	类型	宽度	小数位数
课程号	字符型	4	
课程名	字符型	10	
课时	字符型	2	0

表 4-6 成绩表的结构

字段名	类型	宽度	小数位数
学号	字符型	8	
姓名	字符型	6	
语文	数值型	5	1
数学	数值型	5	1
英语	数值型	5	1
物理	数值型	5	1
化学	数值型	5	1
历史	数值型	5	1
总分	数值型	7	1
平均	数值型	5	1

4.1.2 建立表结构

主要介绍在菜单、命令两种方式下打开“表设计器”创建表结构的方法。

1. 在菜单方式下打开“表设计器”

例 4.1 在菜单方式下打开“表设计器”，建立如表 4-1 所示的学生表结构，表文件名为学生.dbf。

操作步骤：

（1）单击“文件”→“新建”命令，弹出“新建”对话框，如图 4-1 所示。

（2）单击“表”单选按钮，单击“新建文件”按钮，弹出“创建”对话框，如图 4-2 所示。

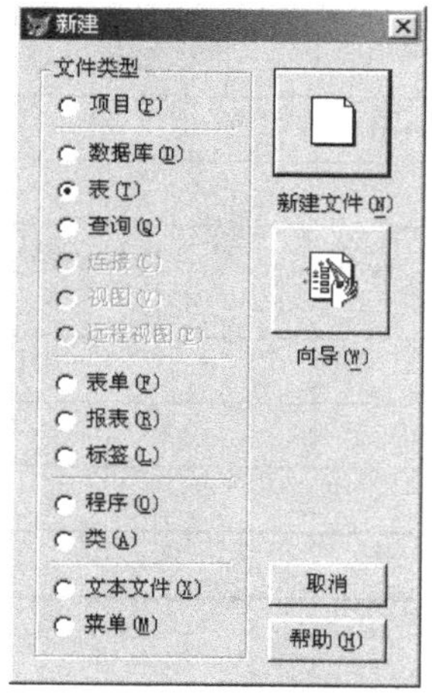

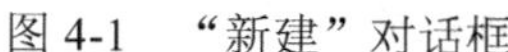
图 4-1 “新建”对话框

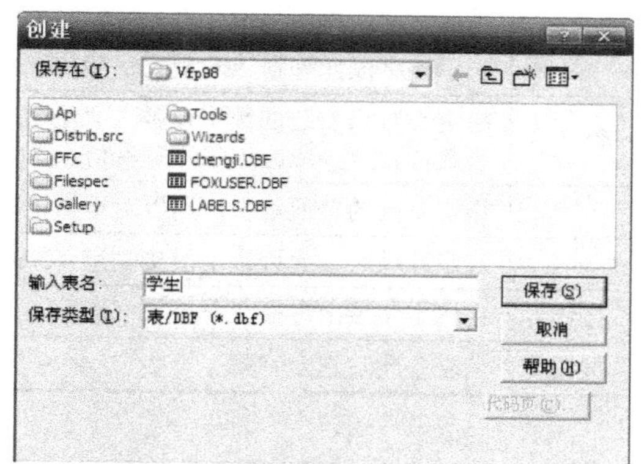

图 4-2 “创建”对话框

（3）在“输入表名”文本框中输入要建立的学生情况表的名字“学生”，然后单击“保存”按钮，弹出“表设计器”对话框，如图 4-3 所示。

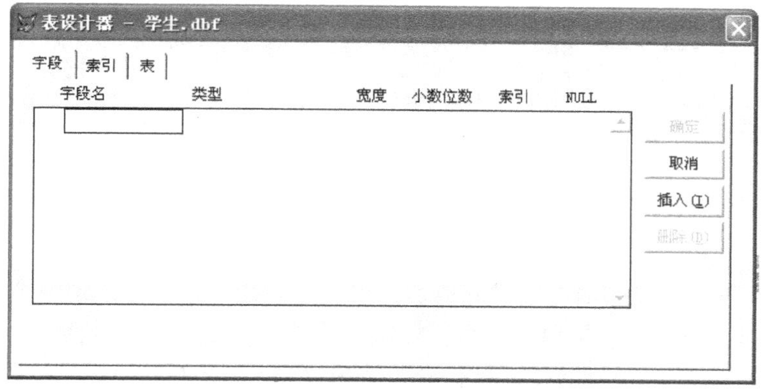

图 4-3 “表设计器－学生.dbf”对话框

（4）使用“表设计器”逐一定义表中各个字段的名字、类型、宽度等内容。

“表设计器”包括“字段”、“索引”、“表”3 个选项卡。

- “字段”选项卡：显示表中各字段的属性。
- “索引”选项卡：用于定义索引。
- “表”选项卡 ：显示有关表的信息，用于指定有效性规则和默认值等。

“表设计器”打开时，根据打开的是数据库表还是自由表，选项卡显示的信息稍有不同。在这里，主要介绍自由表的“表设计器”中的“字段”选项卡，它仅包括基本的字段名、类型和格式选项，如表 4-7 所示。

在“表设计器”对话框中，单击“字段”选项卡，依次输入每个字段的字段名、类型、宽度、小数位数。单击 NULL 列出现“√”符号时表示该字段允许接受空值。

根据表 4-3 的内容定义学生表“学生.dbf”的结构，如图 4-4 所示。

表 4-7 “字段”选项卡选项

选项卡选项	功能
字段名	定义字段名。不接受空格，自由表的字段名最多为 10 个字符，而对于数据库表，字段名长度则可达 128 个字符
类型	定义字段的数据类型，单击下拉箭头可以从中选择一个数据类型
宽度	表示该字段允许存放的最大字节数或数值位数
小数位数	指定小数点右边的数字位数。“小数位数”仅适用于数值型、浮点型和双精度型数据，小数位数至少应比该字段宽度值小 2
索引	指定字段的普通索引，用以对数据进行排序
NULL	选定此项时，允许该字段接受空（NULL）值
“插入”按钮	在选定字段上方插入一个新字段
“删除”按钮	从表中删除选定字段

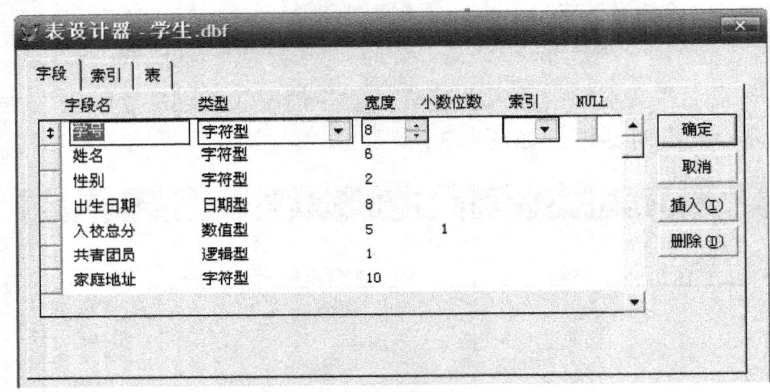

图 4-4 定义学生.dbf 表的结构

（5）当表中所有字段的属性定义完成后，单击“确定”按钮，出现一个对话框询问是否输入数据，如图 4-5 所示。如果单击“否”按钮，关闭“表设计器”对话框，建立表的结构结束，此时表“学生.dbf”中没有数据，只有表的结构信息；如果单击“是”按钮，则出现表“学生.dbf”的记录编辑窗口，可以输入数据。

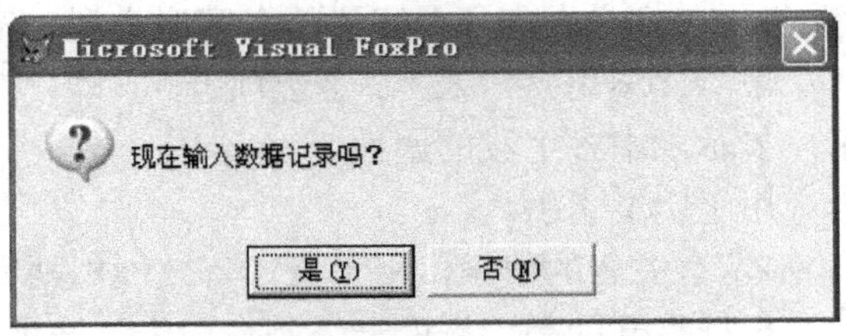

图 4-5 输入记录询问对话框

2. 以命令方式打开“表设计器”

格式：CREAT [<新表文件名> | ?]

功能：打开“表设计器”对话框，创新一个新表的结构。

说明：执行该命令后，系统默认在当前目录中创建一个以<新表文件名>命名的表，并打开“表设计器”。若在命令中使用“?”参数，系统将打开一个“创建”对话框，提示用户输入表文件名。

4.2　打开和关闭表

若要对表进行操作，首先应该将表打开，在完成对表的操作后，必须对表进行关闭。

4.2.1　打开表

1. 菜单方式下打开表

例 4.2　在菜单方式下打开表学生.dbf。

操作步骤：

（1）单击“文件”→“打开”命令，弹出“打开”对话框。

（2）选择文件类型为“表（*.dbf)”，单击表文件名学生.dbf，如图 4-6 所示。

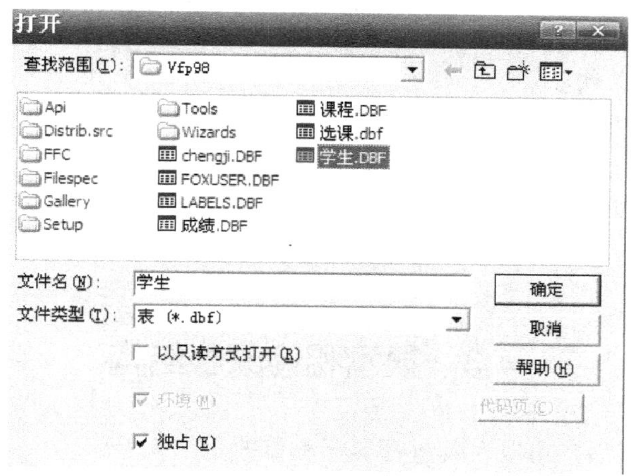

图 4-6　“打开”对话框

（3）单击“确定”按钮。

2. 命令方式下打开表

格式：USE[<表文件名>|<?>] [NOUPDATE] [EXCLUSIVE | SHARED]

功能：在当前工作区中打开或关闭指定的表。

说明：①<表文件名>表示被打开的表的名称，文件扩展名默认为.dbf；②使用命令 USE ? 时，将弹出如图 4-6 所示的对话框，需要用户指定被打开的表；③打开一张新表时，该工作区中原来打开的表自动被关闭；④如果执行不带任何参数的 USE 命令，表示关闭当前工作区中被打开的表；⑤NOUPDATE 表示以只读的方式打开表，EXCLUSIVE 表示以独占的方式打开表，SHARED 表示以共享的方式打开表。

4.2.2　关闭表

对表的操作完成以后，必须马上关闭。

1. 在菜单方式下关闭表

操作步骤：

（1）单击“窗口”→“数据工作期”命令，弹出“数据工作期”对话框，如图 4-7 所示。

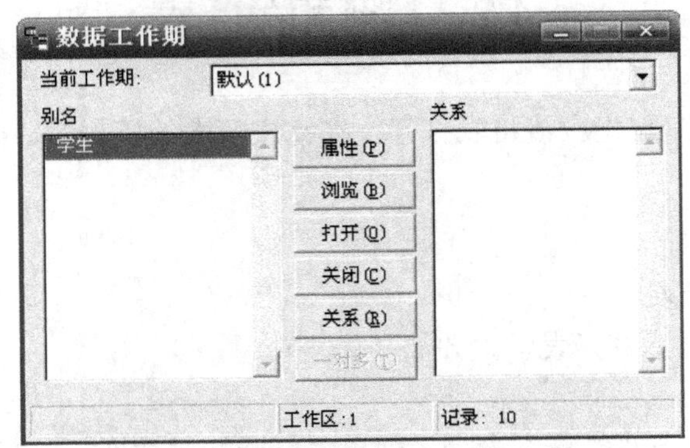

图 4-7 “数据工作期”对话框

（2）在“别名”列表框中选中需要关闭的表“学生”，再单击“关闭”按钮，即可关闭表学生.dbf。

2. 在命令方式下关闭表

在命令窗口中输入并执行不带任何参数的 USE 命令，可以关闭当前工作区已经打开的表。用户也可以执行 CLOSE ALL 命令来关闭所有打开的表。

例 4.3 用命令的方式关闭表学生.dbf。

在命令窗口中输入下面的命令并执行：

```
USE
```

4.3 显示和修改表结构

表结构建立完成以后，可以对其进行显示和修改。

4.3.1 显示表结构

格式 1：LIST STRUCTURE

格式 2：DISPLAY STRUCTURE

功能：在工作区窗口中显示当前表结构。

例 4.4 显示表学生.dbf 的表结构。

在命令窗口中输入如图 4-8 所示的命令。

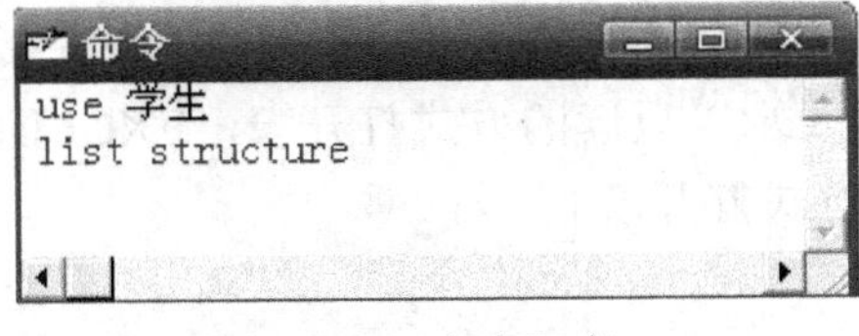

图 4-8 “命令”窗口

显示结果如图 4-9 所示。

```
表结构:          C:\PROGRAM FILES\MICROSOFT VISUAL STUDIO\VFP98\学生.DBF
数据记录数:      10
最近更新的时间:  06/10/13
备注文件块大小:  64
代码页:          936
  字段  字段名      类型          宽度   小数位   索引   排序   Nulls
     1  学号        字符型           8                          否
     2  姓名        字符型           6                          否
     3  性别        字符型           2                          否
     4  出生日期    日期型           8                          否
     5  入校总分    数值型           5       1                  否
     6  共青团员    逻辑型           1                          否
     7  家庭地址    字符型          10                          否
     8  特长        备注型           4                          否
     9  照片        通用型           4                          否
** 总计 **                          49
```

图 4-9　显示结果

4.3.2　修改表结构

利用“表设计器”可以查看和修改表结构。

1. 菜单方式

例 4.5　修改表学生.dbf 的结构。

操作步骤：

（1）打开表学生.dbf。

（2）单击“显示”→“表设计器”命令，打开“表设计器-学生.dbf”对话框，如图 4-10 所示，即可对学生表的结构进行修改。

通过鼠标的单击和移动可以方便地修改字段名、字段类型、宽度、小数位数等；当鼠标移动到字段名左侧的双箭头按钮上时，可以通过向上或向下拖动该字段来改变字段的次序；还可以单击“插入”或者“删除”按钮来增加一个新字段或者删除一个已经存在的字段。

（3）修改完毕以后，单击“确定”按钮，弹出如图 4-11 所示的对话框。

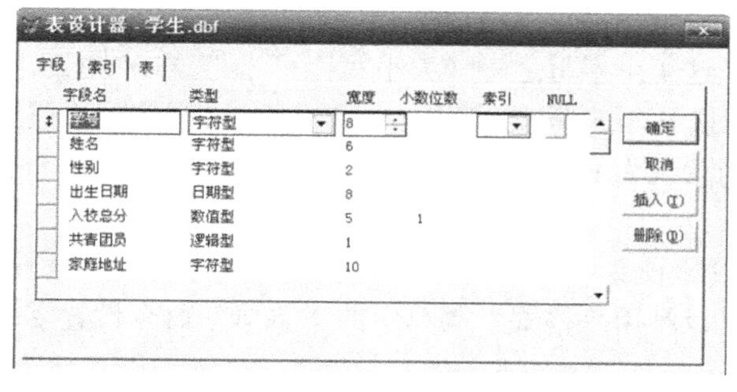

图 4-10　“表设计器－学生.dbf”对话框

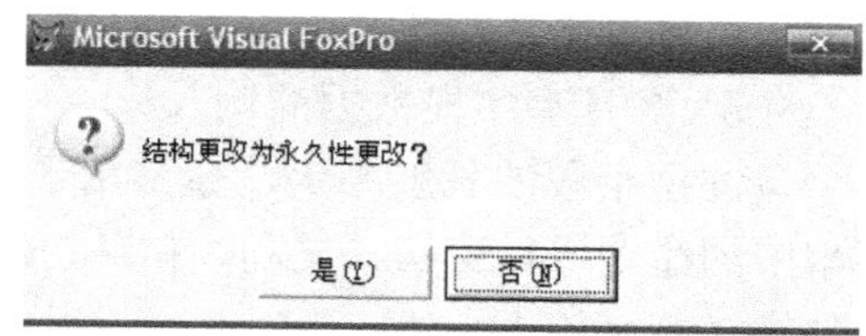

图 4-11　结构修改提示对话框

（4）如果单击“是”按钮，表示修改有效并关闭“表设计器”；如果单击“否”按钮，表示放弃修改并关闭“表设计器”。

2. 命令方式

格式：MODIFY STRUCTURE

功能：打开当前表的“表设计器”并修改表的结构。

例 4.6　用命令方式修改表学生.dbf 的结构。

在命令窗口中输入下面的命令并执行：

```
USE 学生
MODIFY STRUCTURE
```

显示和修改表的结构。

4.4 表记录的输入

4.4.1 建立表结构的同时输入数据

当表结构建立完成以后，可以选择是否立即输入数据。如果需要立即输入数据，则在出现的“现在输入数据记录吗？”系统提示对话框中（如图 4-5 所示）单击“是”按钮，弹出如图 4-12 所示的记录编辑窗口，即可开始输入数据。

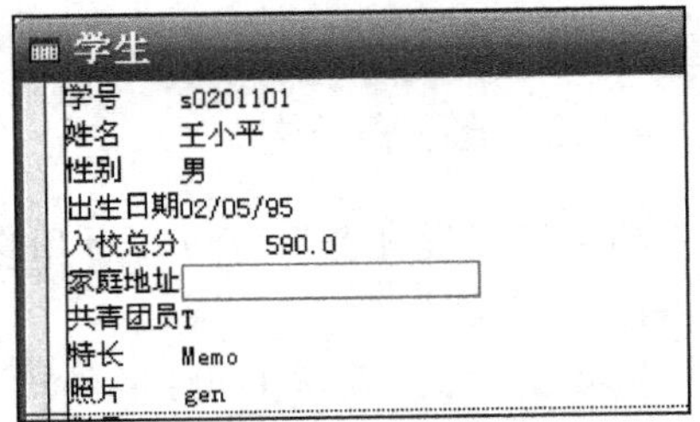

图 4-12 记录编辑窗口

在编辑窗口中，各字段的排列次序及字段名右侧文本区的宽度均与表结构定义相一致，表的数据可通过记录编辑窗口按记录逐个字段输入。

（1）常规数据的输入。

在输入数据时，为了提高数据输入的准确性和速度，应注意以下事项：

- 如果输入的数据宽度等于字段宽度时，光标自动转到下一个字段；如果小于字段宽度时，按回车键或 Tab 键转向下一个字段。对于有小数的数值型字段，输入整数部分宽度等于所定义的整数部分宽度时，光标自动转向小数部分；如果小于定义的宽度，则按→键转到小数部分。输入记录的最后一个字段的值后，按回车键光标自动定位到下一个记录的第一个字段。
- 日期型字段的两个“/”间隔符已在相应的位置标出，默认按美国日期格式 mm/dd/yy 输入日期。如果输入非法日期，则系统会提示出错信息。
- 逻辑型字段只能接受 T、Y、F、N 这 4 个字母之一（大小写皆可）。T 与 Y 同义，若输入 Y 也显示 T（表示“真”）；同样 F 与 N 同义，若输入 N 也显示 F（表示“假”）。如果用户在此字段中不输入值，则默认为 F。

（2）备注型字段数据的输入。

备注型字段的长度不定，通常用于存放超长文字。备注型字段中的文本可利用“编辑”菜单中的命令进行剪切、复制、粘贴，还可以利用“格式”菜单中的“字体”命令设置字体、字体样式、字的大小等。

输入备注型数据的操作步骤如下：

1）打开表文件。

2）单击“显示”→“浏览”命令，双击备注型字段（memo 标志区）或按组合键 Ctrl+PgDn，打开备注型字段编辑窗口，即可输入或修改备注型数据，如图 4-13 所示。

3）输入备注型数据。当输入或修改完毕时按 Ctrl+W 键或者单击“关闭”按钮，关闭备注型字段编辑窗口，保存数据；如果想放弃本次输入或修改操作，则按 Esc 或 Ctrl+Q 键。

如果备注型字段没有任何内容，显示 memo 标志；如果输入了内容，则显示第 1 个字母为大写的 Memo 标志。

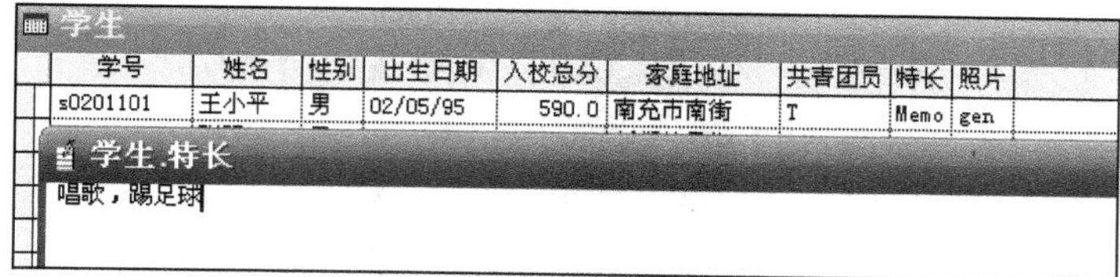

图 4-13　备注型数据的输入

（3）通用型字段数据的输入。

通用型字段主要用来存放图形、图像、声音、电子表格等多媒体数据。给通用型字段输入多媒体数据时，要利用“编辑”菜单中的“插入对象”命令。

输入通用型数据的操作步骤如下：

1）打开表文件。

2）单击“显示”→“浏览”命令，双击通用型字段（gen 标志区）或按组合键 Ctrl+PgDn，打开通用型字段编辑窗口，如图 4-14 所示。

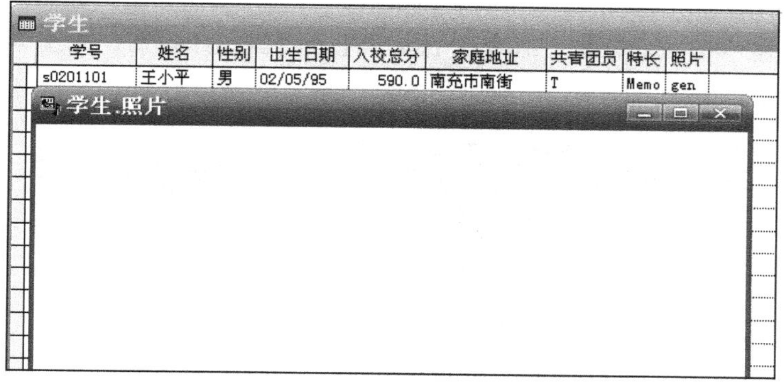

图 4-14　通用型字段编辑窗口

3）单击“编辑”→“插入对象”命令，弹出“插入对象”对话框，如图 4-15 左所示。

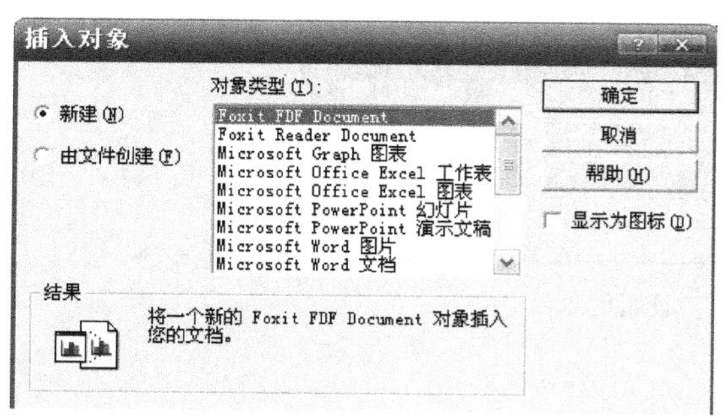

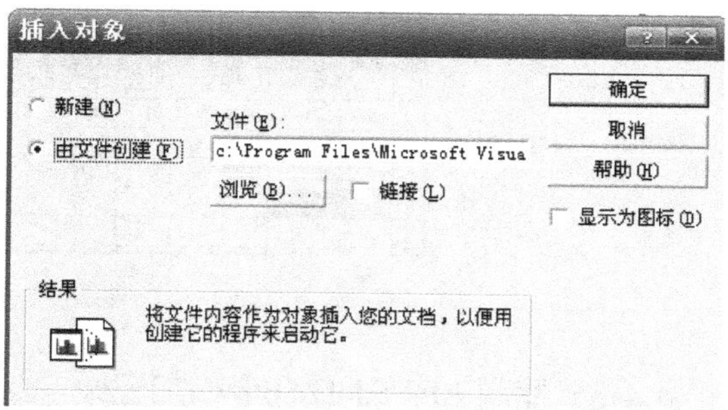

图 4-15　“插入对象”对话框

4）选中“由文件创建”单选按钮，“插入对象”对话框变成如图 4-15 右所示。

5）单击“浏览”按钮，选择图形文件，再单击“确定”按钮，照片出现在通用型字段编辑窗口中，如图 4-16 所示。

如果通用型字段没有任何内容，显示 gen 标志；如果输入了内容，则显示第 1 个字母为大写的 Gen 标志。

图 4-16　插入照片

除了在建立表结构的同时输入数据以外，还可以使用追加方式或者使用 APPEND 命令向表中追加记录。

4.4.2　以追加方式输入记录

例 4.7　以追加方式向表学生.dbf 中输入记录。

操作步骤：

（1）打开表学生.dbf。

（2）单击“显示”→“浏览”命令，出现学生表“浏览”窗口，如图 4-17 所示，可以看到，目前已经录入 3 条记录。

学生

学号	姓名	性别	出生日期	入校总分	家庭地址	共青团员	特长	照片
s0201101	王小平	男	02/05/95	590.0	南充市南街	T	Memo	Gen
s0201202	张强	男	05/18/94	568.0	新都桂号街	T	memo	gen
s0201303	刘雨	女	02/08/96	565.0	成都双楠路	F	memo	gen

图 4-17　学生表“浏览”窗口

（3）单击“显示”→“追加方式”命令，可以看到光标定位于表中，同时出现一条空白记录，如图 4-18 所示。此时，用户可以向表中追加输入记录。

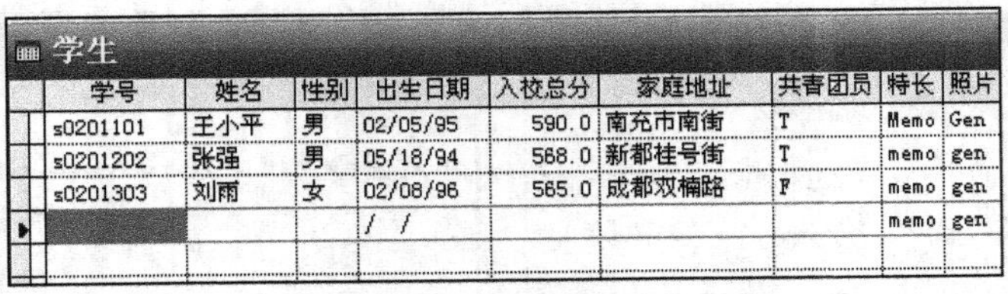

学生

学号	姓名	性别	出生日期	入校总分	家庭地址	共青团员	特长	照片
s0201101	王小平	男	02/05/95	590.0	南充市南街	T	Memo	Gen
s0201202	张强	男	05/18/94	568.0	新都桂号街	T	memo	gen
s0201303	刘雨	女	02/08/96	565.0	成都双楠路	F	memo	gen
			/ /				memo	gen

图 4-18　向表中追加记录

4.4.3　使用 APPEND 命令追加记录

格式：APPEND | [BLANK]

功能：为打开的当前表末尾追加一条或多条记录。

说明：当使用 BLANK 选项时，表示在当前表的末尾追加一条空白记录，但是不进入编辑窗口。

例 4.8　使用 APPEND 命令为表学生.dbf 追加一条记录。

在命令窗口中输入如下语句并执行：

```
USE 学生 EXCLUSIVE                  && 以独占方式打开表学生.dbf
APPEND                              && 在当前表的末尾追加一条记录
```

弹出如图 4-19 所示的编辑记录对话框，可以录入记录。

例 4.9　为表学生.dbf 追加一条空白记录并查看。

在命令窗口中输入如下语句并执行：

```
USE 学生 EXCLUSIVE                  && 以独占方式打开表学生.dbf
APPEND  BLANK                       && 在当前表的末尾追加一条空白记录
BROWSE                              && 浏览表
```

学生.dbf 的末尾被追加了一条空白记录，如图 4-20 所示。

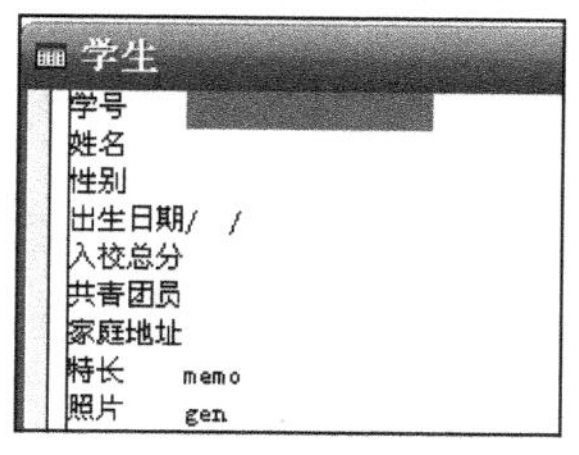

图 4-19　追加新记录

学生

学号	姓名	性别	出生日期	入校总分	共青团员	家庭地址	特长	照片
s0201101	王小平	男	02/05/95	590.0	T	南充市西街	memo	gen
s0201202	张强	男	05/18/94	568.0	T	新都桂号街	memo	gen
s0201303	刘雨	女	02/08/96	565.0	F	成都双楠路	memo	gen
			/ /				memo	gen

图 4-20　追加一条空白记录

4.5　表记录的操作

4.5.1　定位记录

在每个表中都会有众多的记录，系统给每个记录提供一个顺序编号，称为记录号。对于打开的表，系统会分配一个指针，称为记录指针。记录指针指向的记录称为当前记录。记录的定位就是移动记录指针使之指向符合条件的记录的过程。使用 RECNO()函数可以获得当前记录的记录号。表文件有两个特殊的位置：文件头和文件尾。文件头是在表中第一条记录之前，当记录指针在文件头时，函数 RECNO()的值为 1，函数 BOF()的值为.T.。文件尾是最后一条记录。如果文件的实际记录数是 N，则在文件尾时，函数 RECNO()的值为 N+1，函数 EOF()的值为.T.。

1. 菜单方式下移动记录指针

使用菜单方式定位记录指针的操作步骤如下：

（1）打开需要浏览的表。

（2）单击“显示”→“浏览”命令，浏览表中的数据。

（3）单击“表”→“转到记录”命令，移动记录指针，如图 4-21 所示。

（4）在“转到记录”命令中有以下 6 种选择：

- 第一个：将记录指针指向表的第一个记录。
- 最后一个：将记录指针指向表的最后一个记录。
- 下一个：将记录指针移向下一个记录。
- 上一个：将记录指针移向上一个记录。
- 记录号：移动记录到指定的记录号上。
- 定位：将指针指向满足条件的记录。

当单击“定位”命令后，打开“定位记录”对话框，如图 4-22 所示。在“作用范围”下拉列表框中选择定位记录的范围，在 FOR 和 WHILE 文本框中输入定位的条件，然后单击“定位”按钮，系统在给定的范围内查找第一条符合条件的记录并将指针定位到该记录。

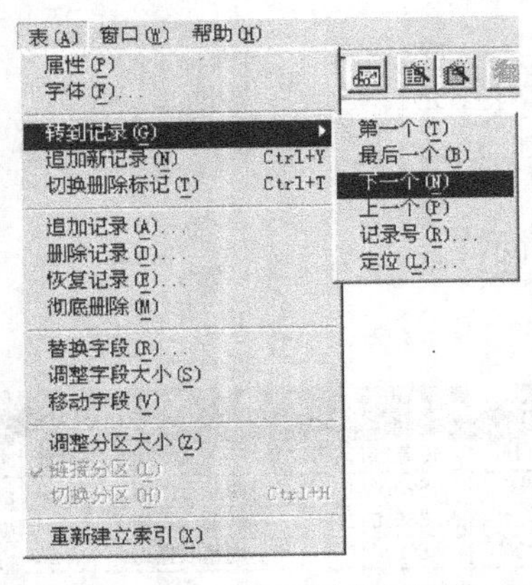

图 4-21 “转到记录”菜单

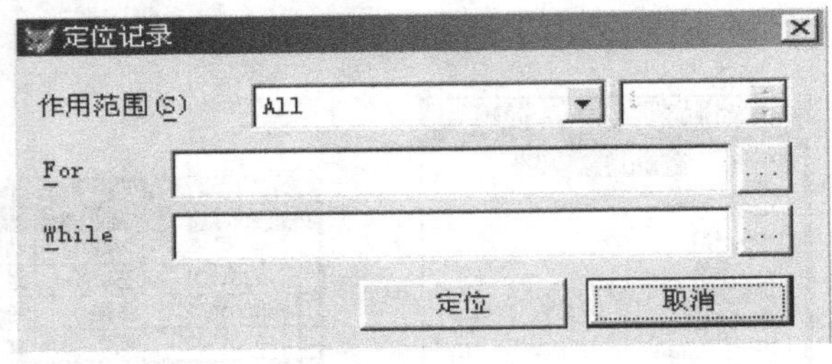

图 4-22 “定位记录”对话框

2. 命令方式下移动记录指针

（1）绝对定位。

格式 1：GO[TO] TOP | BOTTOM

格式 2：[GO [TO]]<n>

功能：将记录指针指向指定的记录位置。

说明：GO TOP 将记录指针定位于第一条记录，GO BOTTOM 将记录指针定位于最后一条记录，GO n 将记录指针定位于第 n 条记录。

（2）相对定位。

格式：SKIP [<数值表达式 n>]

功能：从当前记录开始向前或向后移动 n 条记录。

说明：如果省略数值表达式 n，表示向后移动一条；如果数值表达式为负数，表示向前即文件头方向移动。

例 4.10 用 GO 和 SKIP 命令定位记录。

```
USE 学生                          &&打开学生表
GO TOP                            &&定位第一条记录
?RECNO( ),BOF( )                  &&显示当前记录号为 1，BOF()函数值为.F.
GO 3                              &&定位于第三条记录
?RECNO( )                         &&显示当前记录号为 3
SKIP 1                            &&指针从第三条记录开始向后移动 1 条记录
?RECNO( )                         &&显示当前记录号为 4
SKIP -2                           &&指针从第四条记录开始向前移动 2 条记录
?RECNO( )                         &&显示当前记录号为 2
GO BOTTOM                         &&指针定位于最后一条记录
?RECNO( )                         &&显示当前记录号为 10，EOF()函数值为.F.
SKIP                              &&指针从第 10 条记录开始向后移动一条
?RECNO( )                         &&显示当前记录号为 11，EOF()函数值为.T.
```

4.5.2　显示记录

1. 用菜单方式浏览记录

当表的结构建立完成并输入数据以后，用户可以利用“显示”菜单中的“浏览”或“编辑”命令来显示和修改当前表中的数据。

例 4.11　以浏览方式显示表学生.dbf 中的记录。

操作步骤：

（1）打开表学生.dbf。

（2）单击“显示”→“浏览”命令，出现学生表“浏览”窗口，如图 4-23 所示；如果单击“显示”→“编辑”命令，则将弹出“编辑”窗口，此时每行只显示一个字段的内容，如图 4-24 所示。

学生

学号	姓名	性别	出生日期	入校总分	共青团员	家庭地址	特长	照片
s0201101	王小平	男	02/05/95	590.0	T	南充市西街	memo	gen
s0201202	张强	男	05/18/94	568.0	T	新都桂号街	memo	gen
s0201303	刘雨	女	02/08/96	565.0	F	成都双楠路	memo	gen
s0201104	江冰	男	08/16/95	570.0	T	成都玉沙路	memo	gen
s0201205	吴红梅	女	01/08/97	595.0	T	成都人南41	memo	gen
s0201306	杜海	男	10/16/96	578.0	T	建设路120	memo	gen
s0201107	金阳	女	11/15/95	550.0	F	南充市南街	memo	gen
s0201208	张敏	女	12/08/96	586.0	F	南充市东街	memo	gen
s0201309	杨然	男	09/25/96	569.0	T	南充市北街	memo	gen
s0201110	郭晨光	男	03/28/97	592.0	T	建设路105	memo	gen

图 4-23　“浏览”窗口

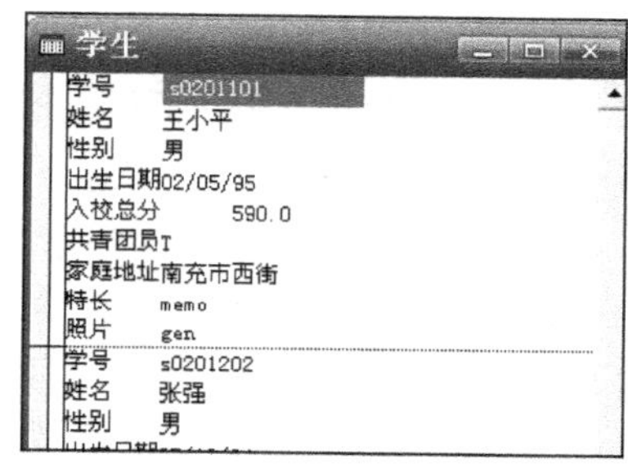

图 4-24　“编辑”窗口

2. 用 BROWSE 命令浏览记录

格式：BROWSE[<范围>][FIELDS<字段名列表>][FOR<条件>][LAST]

功能：在“浏览”窗口中显示或修改数据。

说明：FIELDS<字段名列表>指定在浏览窗口中显示的字段，如果缺省，默认显示所有字段；FOR<条件>指定在浏览窗口中显示满足条件的记录，如果缺省，默认显示所有记录。LAST 子句指定以最后一次的配置浏览记录。

例 4.12　用 BROWSE 命令浏览表学生.dbf 中的所有记录。

在命令窗口中输入下面的命令并执行：

```
USE 学生 EXCLUSIVE
BROWSE
```

显示结果如图 4-23 所示。

例 4.13　用 BROWSE 命令显示表学生.dbf 中所有入校总分高于 580 分的学生信息。

在命令窗口中输入下面的命令并执行：

```
USE 学生 EXCLUSIVE              &&以独占方式打开表学生.dbf
BROWSE FOR 入校总分>=580        &&浏览所有入校总分高于 580 分的学生信息
```

显示结果如图 4-25 所示。

例 4.14　用 BROWSE 命令浏览表学生.dbf，要求只显示学号、姓名、家庭地址三个字段的内容。

在命令窗口中输入下面的命令并执行：

```
USE 学生 EXCLUSIVE
BROWSE FIELDS 姓名,性别,家庭地址
```

显示结果如图 4-26 所示。

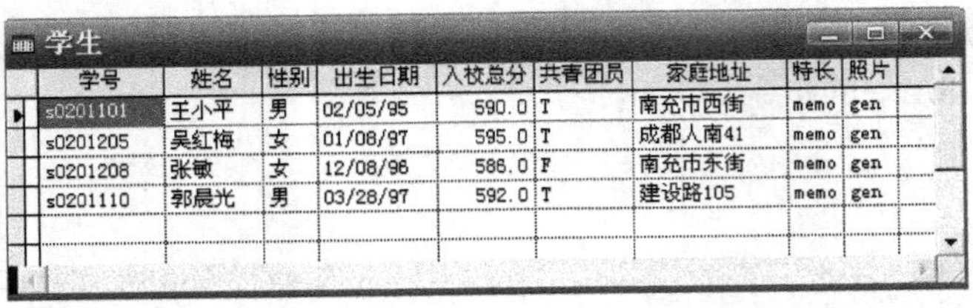

学号	姓名	性别	出生日期	入校总分	共青团员	家庭地址	特长	照片
s0201101	王小平	男	02/05/95	590.0	T	南充市西街	memo	gen
s0201205	吴红梅	女	01/08/97	595.0	T	成都人南41	memo	gen
s0201208	张敏	女	12/08/96	586.0	F	南充市东街	memo	gen
s0201110	郭晨光	男	03/28/97	592.0	T	建设路105	memo	gen

图 4-25　用 BROWSE 命令浏览所有入校总分高于 580 分的学生信息

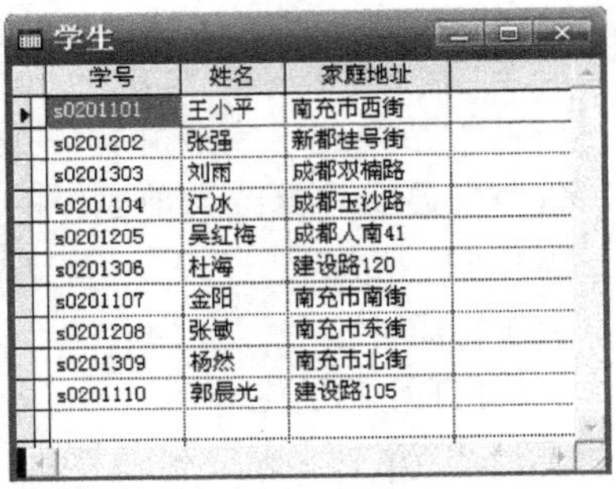

学号	姓名	家庭地址
s0201101	王小平	南充市西街
s0201202	张强	新都桂号街
s0201303	刘雨	成都双楠路
s0201104	江冰	成都玉沙路
s0201205	吴红梅	成都人南41
s0201306	杜海	建设路120
s0201107	金阳	南充市南街
s0201208	张敏	南充市东街
s0201309	杨然	南充市北街
s0201110	郭晨光	建设路105

图 4-26　用 BROWSE 命令浏览指定字段

3. 用 LIST/DISPLAY 命令显示记录

格式：LIST|DISPLAY [<范围>][FIELDS <字段名列表>];

　　[FOR|WHILE <条件>][TO PRINTER|TO FILE <文件名>][OFF]

功能：在工作区窗口中显示当前表中的记录。

说明：LIST 为连续显示命令，DISPLAY 为分页显示命令。LIST 命令的范围默认为 ALL，DISPLAY 命令的默认范围为当前记录。

<范围>指定操作的记录范围，可选的范围有以下 4 种：

- ALL：表示所有记录，若范围缺省，默认为 ALL。
- RECORD n：表示第 n 条记录。
- NEXT n：表示从当前记录开始的 n 条记录。
- REST：从当前记录到最后一条记录。

FIELDS<字段名列表>：指定在浏览窗口中显示的字段，如果缺省，默认显示所有字段。

FOR<条件>：指定在浏览窗口中显示满足条件的记录，如果缺省，默认显示所有记录。

TO PRINTER|TO FILE <文件名>：指定输出结果到打印机或 FILE 后的文件中。

OFF：指定不显示记录号，如果缺省，默认显示记录号。

例 4.15　用 LIST 和 DISPLAY 命令显示表学生.dbf 中的记录。

```
CLEAR                          &&清屏
USE  学生  EXCLUSIVE           &&打开表学生.dbf
LIST                           &&显示所有记录
```

显示结果如下：

记录号	学号	姓名	性别	出生日期	入校总分	共青团员	家庭地址	特长	照片
1	s0201101	王小平	男	02/05/95	590.0	.T.	南充市西街	memo	gen
2	s0201202	张强	男	05/18/94	568.0	.T.	新都桂号街	memo	gen
3	s0201303	刘雨	女	02/08/96	565.0	.F.	成都双楠路	memo	gen
4	s0201104	江冰	男	08/16/95	570.0	.T.	成都玉沙路	memo	gen
5	s0201205	吴红梅	女	01/08/97	595.0	.T.	成都人南41	memo	gen
6	s0201306	杜海	男	10/16/96	578.0	.T.	建设路120	memo	gen
7	s0201107	金阳	女	11/15/95	550.0	.F.	南充市南街	memo	gen
8	s0201208	张敏	女	12/08/96	586.0	.F.	南充市东街	memo	gen
9	s0201309	杨然	男	09/25/96	569.0	.T.	南充市北街	memo	gen
10	s0201110	郭晨光	男	03/28/97	592.0	.T.	建设路105	memo	gen

```
GO   4                         &&指针指向第 4 条记录
DISPLAY                        &&显示当前记录即第四条记录
```

显示结果如下：

记录号	学号	姓名	性别	出生日期	入校总分	共青团员	家庭地址	特长	照片
4	s0201104	江冰	男	08/16/95	570.0	.T.	成都玉沙路	memo	gen

例 4.16　显示表学生.dbf 中所有的团员信息。

```
USE 学生 EXCLUSIVE
LIST FOR 共青团员=.T.
```

显示结果如下：

记录号	学号	姓名	性别	出生日期	入校总分	共青团员	家庭地址	特长	照片
1	s0201101	王小平	男	02/05/95	590.0	.T.	南充市西街	memo	gen
2	s0201202	张强	男	05/18/94	568.0	.T.	新都桂号街	memo	gen
4	s0201104	江冰	男	08/16/95	570.0	.T.	成都玉沙路	memo	gen
5	s0201205	吴红梅	女	01/08/97	595.0	.T.	成都人南41	memo	gen
6	s0201306	杜海	男	10/16/96	578.0	.T.	建设路120	memo	gen
9	s0201309	杨然	男	09/25/96	569.0	.T.	南充市北街	memo	gen
10	s0201110	郭晨光	男	03/28/97	592.0	.T.	建设路105	memo	gen

例 4.17　显示表学生.dbf 中所有南充学籍学生的学号、姓名和出生日期。

```
USE 学生 EXCLUSIVE
LIST FIELDS 学号,姓名,性别 FOR LEFR(家庭地址,4)="南充"
```

显示结果如下：

记录号	学号	姓名	性别
1	s0201101	王小平	男
7	s0201107	金阳	女
8	s0201208	张敏	女
9	s0201309	杨然	男

例 4.18　显示表学生.dbf 中出生于 96 年以后的女生信息。

```
USE 学生 EXCLUSIVE
LIST FOR 性别="女" AND 出生日期>{^1995/01/01}
```

显示结果如下：

记录号	学号	姓名	性别	出生日期	入校总分	共青团员	家庭地址	特长	照片
3	s0201303	刘雨	女	02/08/96	565.0	.F.	成都双楠路	memo	gen
5	s0201205	吴红梅	女	01/08/97	595.0	.T.	成都人南41	memo	gen
7	s0201107	金阳	女	11/15/95	550.0	.F.	南充市南街	memo	gen
8	s0201208	张敏	女	12/08/96	586.0	.F.	南充市东街	memo	gen

4.5.3　修改记录

1. *在浏览窗口中修改记录数据*

打开表以后，可以在“浏览”窗口中对记录直接进行修改。

例 4.19　将表学生.dbf 中第二条记录的共青团员改为.F。

操作步骤：

（1）打开并浏览“学生”表，如图 4-27 所示。

（2）将光标定位到第二条记录“张强”同学的“共青团员”信息上，改为“.F.”，再按回车键确定输入，如图 4-28 所示。

2. EDIT/CHANGE *命令修改记录数据*

格式：EDIT/CHANGE[<范围>] [FIELDS<字段名列表>][FOR<条件>]

功能：修改满足条件的记录中指定字段的数据。

例 4.20　用 EDIT 命令修改表学生.dbf 中的记录。

```
USE  学生  EXCLUSIVE                &&打开表学生.dbf
```

```
EDIT  RECORD  5                    &&直接进入第 5 条记录的编辑状态并修改
EDIT  FOR  性别="男"               &&只修改男生记录
```

学号	姓名	性别	出生日期	入校总分	共青团员	家庭
s0201101	王小平	男	02/05/95	590.0	T	南充
s0201202	张强	男	05/18/94	568.0	T	新都
s0201303	刘雨	女	02/08/96	565.0	F	成都
s0201104	江冰	男	08/16/95	570.0	T	成都
s0201205	吴红梅	女	01/08/97	595.0	T	成都
s0201306	杜海	男	10/16/96	578.0	T	建设
s0201107	金阳	女	11/15/95	550.0	F	南充
s0201208	张敏	女	12/08/96	586.0	F	南充
s0201309	杨然	男	09/25/96	569.0	T	南充
s0201110	郭晨光	男	03/28/97	592.0	T	建设

图 4-27 浏览窗口

姓名	性别	出生日期	入校总分	共青团员	家庭地址	特
王小平	男	02/05/95	590.0	T	南充市西街	m
张强	男	05/18/94	568.0	F	新都桂号街	m
刘雨	女	02/08/96	565.0	F	成都双楠路	m
江冰	男	08/16/95	570.0	T	成都玉沙路	m
吴红梅	女	01/08/97	595.0	T	成都人南41	m
杜海	男	10/16/96	578.0	T	建设路120	m
金阳	女	11/15/95	550.0	F	南充市南街	m
张敏	女	12/08/96	586.0	F	南充市东街	m
杨然	男	09/25/96	569.0	T	南充市北街	m
郭晨光	男	03/28/97	592.0	T	建设路105	m

图 4-28 修改记录窗口

3. REPLACE 命令修改记录数据

格式：REPLACE [<范围>] ;

<字段名 1> WITH <表达式 1> [, <字段名 2> WITH <表达式 2>,…] [FOR <条件>]

功能：用表达式的值替换指定字段的值。

说明：如果不指明范围与条件，则只替换当前记录。

例 4.21 将表学生.dbf 中第 6 条记录的“杜海”修改为“杜小海”。

```
USE  学生                          &&打开表学生.dbf
GO  6                              &&指针指向第六条记录
REPLACE  姓名 WITH  "杜小海"       &&将当前记录的姓名字段内容替换为杜小海
LIST                               &&用 LIST 命令显示修改后的表学生.dbf
```

显示结果如下：

记录号	学号	姓名	性别	出生日期	入校总分	共青团员	家庭地址	特长	照片
1	*s0201101	王小平	男	02/05/95	590.0	.T.	南充市西街	memo	gen
2	*s0201202	张强	男	05/18/94	568.0	.F.	新都桂号街	memo	gen
3	s0201303	刘雨	女	02/08/96	565.0	.F.	成都双楠路	memo	gen
4	s0201104	江冰	男	08/16/95	570.0	.T.	成都玉沙路	memo	gen
5	s0201205	吴红梅	女	01/08/97	595.0	.T.	成都人南41	memo	gen
6	s0201306	杜小海	男	10/16/96	578.0	.T.	建设路120	memo	gen
7	s0201107	金阳	女	11/15/95	550.0	.F.	南充市南街	memo	gen
8	s0201208	张敏	女	12/08/96	586.0	.F.	南充市东街	memo	gen
9	s0201309	杨然	男	09/25/96	569.0	.T.	南充市北街	memo	gen
10	s0201110	郭晨光	男	03/28/97	592.0	.T.	建设路105	memo	gen

例 4.22 将表学生.dbf 中所有共青团员的入校总分增加 5 分。

```
USE  学生
REPLACE  ALL  入校总分  WITH  入校总分+5  FOR  共青团员=.T.
LIST
```

显示结果如下：

记录号	学号	姓名	性别	出生日期	入校总分	共青团员	家庭地址	特长	照片
1	s0201101	王小平	男	02/05/95	595.0	.T.	南充市西街	memo	gen
2	s0201202	张强	男	05/18/94	568.0	.F.	新都桂号街	memo	gen
3	s0201303	刘雨	女	02/08/96	565.0	.F.	成都双楠路	memo	gen
4	s0201104	江冰	男	08/16/95	575.0	.T.	成都玉沙路	memo	gen
5	s0201205	吴红梅	女	01/08/97	600.0	.T.	成都人南41	memo	gen
6	s0201306	杜小海	男	10/16/96	583.0	.T.	建设路120	memo	gen
7	s0201107	金阳	女	11/15/95	550.0	.F.	南充市南街	memo	gen
8	s0201208	张敏	女	12/08/96	586.0	.F.	南充市东街	memo	gen
9	s0201309	杨然	男	09/25/96	574.0	.T.	南充市北街	memo	gen
10	s0201110	郭晨光	男	03/28/97	597.0	.T.	建设路105	memo	gen

4.5.4　删除与恢复记录

删除记录分为逻辑删除和物理删除。

逻辑删除记录：给要删除的记录加上一个删除标记，但这些记录并没有真正从表中删除。给记录加删除标记可通过菜单方式和命令方式来实现。被加上删除标记的记录就是已完成逻辑删除操作的记录。

物理删除记录：把记录从表中真正地删除掉。在物理删除记录之前，一般要求先逻辑删除记录，即给需要删除的记录加上删除标记。

1. 逻辑删除表中的记录

（1）用菜单的方式逻辑删除记录。

例 4.23　将表学生.dbf 的第 3 条到第 5 条记录打上删除标志。

操作步骤：

1）打开表学生.dbf。

2）单击“显示”→“浏览”命令，打开“浏览”窗口。

3）单击第 3 条到第 5 条记录前的白色小框使其变成黑色，表示逻辑删除，如图 4-29 所示。

学生

学号	姓名	性别	出生日期	入校总分	共青团员	家庭地址	特长	照片
s0201101	王小平	男	02/05/95	595.0	T	南充市西街	memo	gen
s0201202	张强	男	05/18/94	568.0	F	新都桂号街	memo	gen
s0201303	刘雨	女	02/08/96	565.0	F	成都双楠路	memo	gen
s0201104	江冰	男	08/16/95	575.0	T	成都玉沙路	memo	gen
s0201205	吴红梅	女	01/08/97	600.0	T	成都人南41	memo	gen
s0201306	杜小海	男	10/16/96	583.0	T	建设路120	memo	gen
s0201107	金阳	女	11/15/95	550.0	F	南充市南街	memo	gen
s0201208	张敏	女	12/08/96	586.0	F	南充市东街	memo	gen
s0201309	杨然	男	09/25/96	574.0	T	南充市北街	memo	gen
s0201110	郭晨光	男	03/28/97	597.0	T	建设路105	memo	gen

图 4-29　逻辑删除标志

如果再次单击第 3 条到第 5 条记录前的小框使其由黑变白，表示去掉删除标志，记录恢复正常。

上述操作还可以通过“表”菜单中的“删除记录”命令来完成。

操作步骤：

1）打开表学生.dbf。

2）单击“显示”→“浏览”命令，打开“浏览”窗口，单击第 3 条记录使之成为当前记录。

3）单击“表”→“删除记录”命令，弹出“删除”对话框，如图 4-30 所示，在“作用范围”下拉列表框中选择 Next，在数字微调框中输入 3，则从第 3 条记录开始往后的第 3 条、第 4 条、第 5 条共 3 条记录会作上删除标记，如图 4-29 所示。

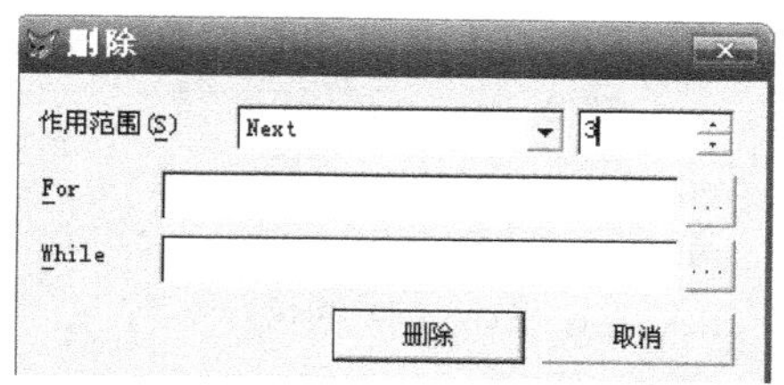

图 4-30　“删除”对话框

4）单击“删除”按钮，逻辑删除所选择的记录。

（2）用命令方式逻辑删除记录。

格式：DELETE [<范围>] [FOR <条件>]

功能：逻辑删除指定范围内所有符合条件的记录，并作上“*”标记。

说明：如果不指定范围与条件，则逻辑删除当前记录。

例 4.24 用 DELETE 逻辑删除表学生.dbf 中的记录。

```
USE 学生  EXCLUSIVE                  &&打开表学生.dbf
GO 2                                 &&指针指向第二条记录，使之成为当前记录
DELETE                               &&逻辑删除当前记录
DELETE  FOR  性别="女"               &&逻辑删除所有的女生记录
LIST                                 &&用 LIST 命令查看
```

显示结果如下：

记录号	学号	姓名	性别	出生日期	入校总分	共青团员	家庭地址	特长	照片
1	s0201101	王小平	男	02/05/95	595.0	.T.	南充市西街	memo	gen
2	*s0201202	张强	男	05/18/94	568.0	.F.	新都桂号街	memo	gen
3	*s0201303	刘雨	女	02/08/96	565.0	.F.	成都双楠路	memo	gen
4	s0201104	江冰	男	08/16/95	575.0	.T.	成都玉沙路	memo	gen
5	*s0201205	吴红梅	女	01/08/97	600.0	.T.	成都人南41	memo	gen
6	s0201306	杜小海	男	10/16/96	583.0	.T.	建设路120	memo	gen
7	*s0201107	金阳	女	11/15/95	550.0	.F.	南充市南街	memo	gen
8	*s0201208	张敏	女	12/08/96	586.0	.F.	南充市东街	memo	gen
9	s0201309	杨然	男	09/25/96	574.0	.T.	南充市北街	memo	gen
10	s0201110	郭晨光	男	03/28/97	597.0	.T.	建设路105	memo	gen

从显示的结果可以看到，第 2 条记录和所有的女生记录前面都有一个星号“*”，这个星号就是逻辑删除标志。

2. 恢复表中被逻辑删除的记录

恢复被逻辑删除的记录，实际上就是取消记录前面的逻辑删除标志。

（1）用菜单的方式恢复。

前面已经提到，在“浏览”窗口中单击打上逻辑删除标志的小框，使其由黑色变成白色，就表示取消逻辑删除标志。此外，还可以采用下面的步骤：

1）打开表学生.dbf。

2）单击“显示”→“浏览”命令，打开“浏览”窗口。

3）单击“表”→“恢复记录”命令，弹出“恢复记录”对话框，如图 4-31 所示，选择作用范围。

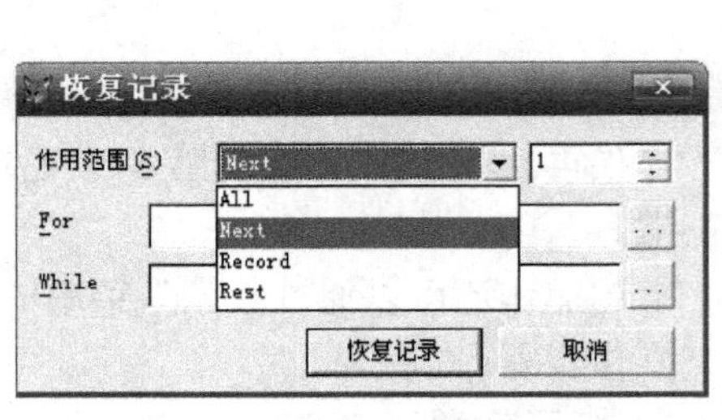

4）单击“恢复记录”按钮。

图 4-31 “恢复记录”对话框

（2）用命令的方式恢复记录。

格式：RECALL [<范围>] [FOR <条件>]

功能：恢复指定范围内满足条件的被逻辑删除的记录。

例 4.25 用 RECALL 命令恢复例 4.23 中被逻辑删除的命令。

```
USE 学生  EXCLUSIVE                  &&打开表学生.dbf
GO  2                                &&指针指向第二条记录，使之成为当前记录
RECALL                               &&恢复被删除的当前记录
RECALL  FOR  性别="女"               &&恢复被删除的所有女生记录
LIST                                 &&用 LIST 命令查看
```

显示结果如下：

记录号	学号	姓名	性别	出生日期	入校总分	共青团员	家庭地址	特长	照片
1	s0201101	王小平	男	02/05/95	595.0	.T.	南充市西街	memo	gen
2	s0201202	张强	男	05/18/94	568.0	.F.	新都桂号街	memo	gen
3	s0201303	刘雨	女	02/08/96	565.0	.F.	成都双楠路	memo	gen
4	s0201104	江冰	男	08/16/95	575.0	.T.	成都玉沙路	memo	gen
5	s0201205	吴红梅	女	01/08/97	600.0	.T.	成都人南41	memo	gen
6	s0201306	杜小海	男	10/16/96	583.0	.T.	建设路120	memo	gen
7	s0201107	金阳	女	11/15/95	550.0	.F.	南充市南街	memo	gen
8	s0201208	张敏	女	12/08/96	586.0	.F.	南充市东街	memo	gen
9	s0201309	杨然	男	09/25/96	574.0	.T.	南充市北街	memo	gen
10	s0201110	郭晨光	男	03/28/97	597.0	.T.	建设路105	memo	gen

可以看到，例 4.23 中出现的星号“*”全部消失了，意味着删除标志被取消。

3. 物理删除表中的记录

物理删除记录就是把记录从表中彻底删除掉。

（1）用菜单的方式物理删除记录。

操作步骤：

1）打开表学生.dbf。

2）单击“显示”→“浏览”命令，打开“浏览”窗口。

3）单击“表”→“彻底删除”命令，弹出如图 4-32 所示的对话框。如果单击“是”按钮，将彻底删除打上删除标志的记录。

图 4-32　物理删除提示对话框

（2）用命令方式物理删除记录。

格式：PACK

功能：物理删除当前表中所有被逻辑删除的记录。

格式：ZAP

功能：物理删除表中的所有记录，删除后，该表只剩下表结构，没有数据。

例 4.26　彻底删除表学生.dbf 中的第 10 条记录。

```
USE  学生  EXCLUSIVE
GO 10
DELETE
PACK
LIST
```

结果如下：

记录号	学号	姓名	性别	出生日期	入校总分	共青团员	家庭地址	特长	照片
1	s0201101	王小平	男	02/05/95	595.0	.T.	南充市西街	memo	gen
2	s0201202	张强	男	05/18/94	568.0	.F.	新都桂号街	memo	gen
3	s0201303	刘雨	女	02/08/96	565.0	.F.	成都双楠路	memo	gen
4	s0201104	江冰	男	08/16/95	575.0	.T.	成都玉沙路	memo	gen
5	s0201205	吴红梅	女	01/08/97	600.0	.T.	成都人南41	memo	gen
6	s0201306	杜小海	男	10/16/96	583.0	.T.	建设路120	memo	gen
7	s0201107	金阳	女	11/15/95	550.0	.F.	南充市南街	memo	gen
8	s0201208	张敏	女	12/08/96	586.0	.F.	南充市东街	memo	gen
9	s0201309	杨然	男	09/25/96	574.0	.T.	南充市北街	memo	gen

4.6　表的过滤

Visual FoxPro 通过设置一个称为“过滤器”的装置来定制表的显示输出，类似于 BROWSE 等命令含有 FOR 和 FIELDS 子句，但命令使用时只能生效一次。过滤器分为：记录过滤器和字段过滤器。

记录过滤器可以将符合条件的记录留下来，将不符合条件的记录过滤掉，随后的操作仅限于这些记录。过滤和删除是两个完全不同的概念，过滤只是提供给用户一个用户视图进行操作，不满足条件的记录仍然存在，只是当时不参与操作。当操作完毕后，只要取消过滤器便可恢复被过滤掉的那些记录。

说明：缺省条件时表示取消所设置的过滤器。

字段过滤器将指定的字段留下来，将其他字段过滤掉，在以后的命令中可以不再指定字段名，只对留下来的字段进行操作，即为当前表设置字段过滤器。

例 4.27 记录过滤：仅显示表学生.dbf 中 1995 年出生的同学的记录。

操作步骤：

（1）打开表“浏览”窗口，单击“表”→“属性”命令，弹出“工作区属性”对话框，如图 4-33 左所示。在“数据过滤器”文本框中输入表达式“year(出生年月)=1995”，如图 4-33 右所示。

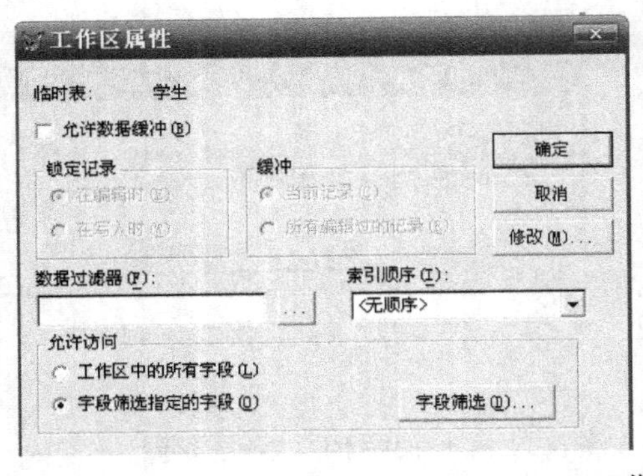

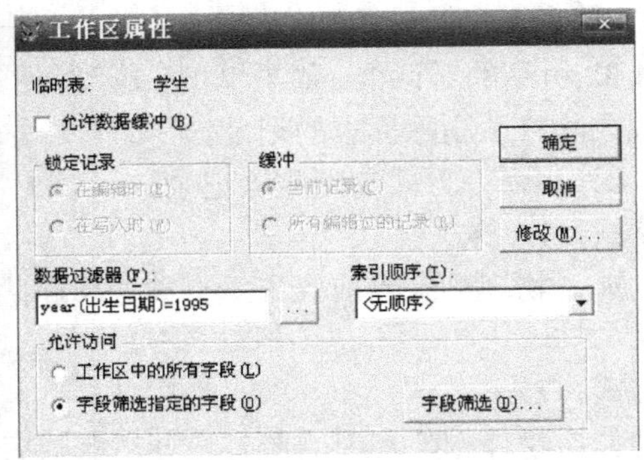

图 4-33 “工作区属性”对话框

（2）单击“显示”→“浏览”命令，浏览表中的数据，记录过滤器仅将符合条件 1995 年出生的记录留下来，将不符合条件的记录过滤掉，如图 4-34 所示。

学生

学号	姓名	性别	入校总分	出生日期	共青团员	家庭地址	特长	照片
s0201101	王小平	男	590.0	02/05/95	T	南充市西街	memo	gen
s0201104	江冰	男	570.0	08/16/95	T	成都玉沙路	memo	gen
s0201107	金阳	女	550.0	11/15/95	F	南充市南街	memo	gen

图 4-34 过滤记录后显示符合条件的记录

例 4.28 字段过滤：仅显示学生.dbf 表中学号、姓名、性别、入校总分四个字段的信息。

操作步骤：

（1）打开表“浏览”窗口，单击“表”→“属性”命令，弹出“工作区属性”对话框，如图 4-33 左所示，但要选择“字段筛选指定的字段”选项，再单击“字段筛选”按钮，弹出“字段选择器”对话框，在“选定字段”列表框中选择学号、姓名、性别、入校总分四个字段，如图 4-35 所示，单击“确定”按钮。

（2）单击“显示”→“浏览”命令，浏览表中的数据，字段过滤器将指定的学号、姓名、性别、入校总分四个字段留下来，将其他字段过滤掉，如图 4-36 所示。

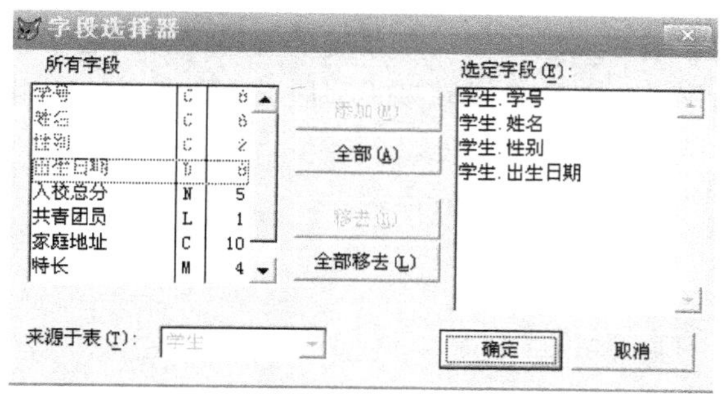

图 4-35　“字段选择器”对话框

学生

学号	姓名	性别	入校总分
s0201101	王小平	男	590.0
s0201202	张强	男	568.0
s0201303	刘雨	女	565.0
s0201104	江冰	男	570.0
s0201205	吴红梅	女	595.0
s0201306	杜海	男	578.0
s0201107	金阳	女	550.0
s0201208	张敏	女	586.0
s0201309	杨然	男	569.0
s0201110	郭晨光	男	592.0

图 4-36　字段过滤后显示的结果

（3）若要取消前面的过滤，可以单击图 4-35 中的“全部”按钮，然后单击“确定”按钮，再重新打开“浏览”窗口查看。

4.7　表与数组之间的数据交换

在 Visual FoxPro 中，数据表与数据组之间进行数据交换是应用程序设计中经常使用的一种操作，具有传送数据多、速度快、使用方便等优点。数据表和数组之间进行数据交换可以使用 SCATTER 和 GATHER 命令。

4.7.1　将当前记录复制到数组中

格式：SCATTER [FIELDS <字段名表>] [MEMO] TO <数组名> [BLANK]|MEMVAR [BLANK]

功能：将当前记录指定字段的值按<字段名表>的顺序依次存入数组元素中或依次存入一组内存变量中。

说明：修改记录前需要确定记录指针位置；若使用 fields 子句，仅<字段名表>中的字段才会被数组元素值替换，缺省 memo 子句时将忽略备注型字段；内存变量值传送给同名字段，若某字段无同名的内存变量则不对该字段进行替换；若数组元素多于字段数，则多余的数组元素不传送。

例 4.29　使用 SCATTER 命令将表中的数据保存到数组元素中去。

```
USE  学生  EXCLUSIVE
DECLARE  a[6]                    &&定义有 6 个元素的数组 a
GO  2  SCATTER  FIELDS  学号, 姓名, 入校总分  TO  a
&&将第二条记录的学号、姓名、性别值分别赋值给数组 a 的前三个元素 a(1)、a(2)、a(3)
?a(1),a(2),a(3)
```

输出结果为：

```
s0201202 张强          568.0
```

4.7.2　将数组中的数据复制到当前记录中

格式：GATHER FROM <数组名>|MEMVAR [FIELDS <字段名表>][MEMO]

功能：将数组或内存变量的数据依次复制到当前记录中，以替换相应字段。

说明：修改记录前需要确定记录指针位置；若使用 fields 子句，仅<字段名表>中的字段才会被数组元素值替换，缺省 memo 子句时将忽略备注型字段；内存变量值传送给同名字段，若某字段无同名的内存变量则不对该字段进行替换；若数组元素多于字段数，则多余的数组元素不传送。

例 4.30　使用 GATHER 命令用数组元素中的值替换当前记录。

```
DECLARE  b[4]
b(1)="0006"
b(2)="王科"
b(3)=521
USE  学生  EXCLUSIVE
GO  2
DISPLAY
```

此处显示结果为：

记录号	学号	姓名	性别	出生日期	入校总分	共青团员	家庭地址	特长	照片
2	s0201202	张强	男	05/18/94	568.0	.T.	新都桂号街	memo	gen

```
GATHER  FROM  b  FIELDS 学号,姓名,入校总分
&&将数组 b 中前三个元素的值顺序复制到当前记录学号、姓名和入校总分字段中去
DISPLAY
```

此处显示结果为：

记录号	学号	姓名	性别	出生日期	入校总分	共青团员	家庭地址	特长	照片
2	0006	王科	男	05/18/94	521.0	.T.	新都桂号街	memo	gen

习题四

一、选择题

1．在 Visual FoxPro 中，字段的宽度不是由系统自动给出的字段类型有（　　）。

A．数值型　　B．备注型

C．逻辑型　　D．日期型

2．在当前表中查找所有少数民族的学生记录，执行“LOCATE FOR 民族!='汉'”命令后，应紧接着执行（　　）。

A．NEXT　　B．LOOP

C．SKIP　　D．CONTINUE

3．下列命令中，功能相同的是（　　）。

A．DELETE ALL 和 PACK　　B．DELETE ALL、ZAP 和 PACK

C．DELETE ALL、PACK 和 ZAP　　D．DELETE ALL 和 RECALL ALL

4．表文件和索引文件都已打开，为确保记录指针定位在物理记录号为 1 的记录上，可使用命令（　　）。

A．GO TOP　　B．GO BOF()

C．SKIP 1　　D．GOTO 1

5．假设表文件 TEST.DBF 已经在当前工作区打开，要修改其结构，可以使用命令（　　）。

A．MODI STRU　　B．MODI COMM TEST

C．MODI DBF　　D．MODI TYPE TEST

6．为当前表中所有学生的总分增加 20 分，可以使用的命令是（　　）。

A．CHANGE 总分 WITH 总分+20

B．REPLACE 总分 WITH 总分+20

C．CHANGE ALL 总分 WITH 总分+20

D．REPLACE ALL 总分 WITH 总分+20

7．在 Visual FoxPro 中，“表”是指（　　）。

A．报表　　B．关系

C．表格控件　　D．表单

8．要为当前表所有性别为“女”的职工增加 500 元工资，应使用命令（　　）。

A．REPLACE ALL 工资 WITH 工资+500

B．REPLACE 工资 WITH 工资+500 FOR 性别="女"

C．REPLACE ALL 工资 WITH 工资+500

D．REPLACE ALL 工资 WITH 工资+500 FOR 性别="女"

9．MODIFY STRUCTURE 命令的功能是（　　）。

A．修改记录值　　B．修改表结构

C．修改数据库结构　　D．修改数据库或表结构

10．在一个 Visual FoxPro 数据表文件中有 2 个通用字段和 3 个备注字段，该数据表的备注文件数目是（　　）。

A．1　　B．2　　C．3　　D．5

11．数据表中“婚否”字段是逻辑型字段，要显示所有未婚记录，应使用命令（　　）。

A．LIST FOR 婚否=F　　B．LIST FOR 婚否<>T

C．LIST FOR 婚否　　D．LIST FOR NOT 婚否

12．在当前表中，查找第二个男同学的记录，应使用命令（　　）。

A．LOCATE FOR 性别="男"
NEXT 2　　B．LOCATE FOR 性别="男"

C．LOCATE FOR 性别="男"
CONTINUE　　D．LIST FOR 性别="男"
NEXT 2

13．自由表中字段名长度的最大值是（　　）。

A．8　　B．10　　C．128　　D．255

14．执行下列操作后，函数 BOF 的结果为（　　）。

```
USE STUDENT
GO TOP
SKIP-1
```

A．.F.　　B．.T.　　C．1　　D．0

15．如果要修改数据表的结构，则将数据表按照（　　）的方式打开。

A．共享　　B．自由　　C．独占　　D．可用

二、填空题

1．Visual FoxPro 中表文件的扩展名是________。

2．Visual FoxPro 中创建一个新表的方法主要有________、________和________三种。

3．Visual FoxPro 中数据表的打开方式有独占和________两种，这两种方式的主要区别是________。

4．Visual FoxPro 中删除操作有逻辑删除和________两种。

5．Visual FoxPro 中表文件 STUD.DBF 中含有备注型字段，该字段的数据存储在全名为________的文件中。

6．Visual FoxPro 中通用型字段的宽度是________。

7．使用 LIST ALL 命令后接着使用?EOF()的结果是________。

8．假设当前表中有“出生日期”字段，查找所有 1989 年 12 月 31 日以后出生的记录的完整命令是________。

9．在 Visual FoxPro 中，LOCATE ALL 命令按条件对某个表中的记录进行查找，若查找不到满足条件的记录，函数 EOF()的返回值应是________。

第 5 章　排序、索引、统计和多表操作

知识结构图

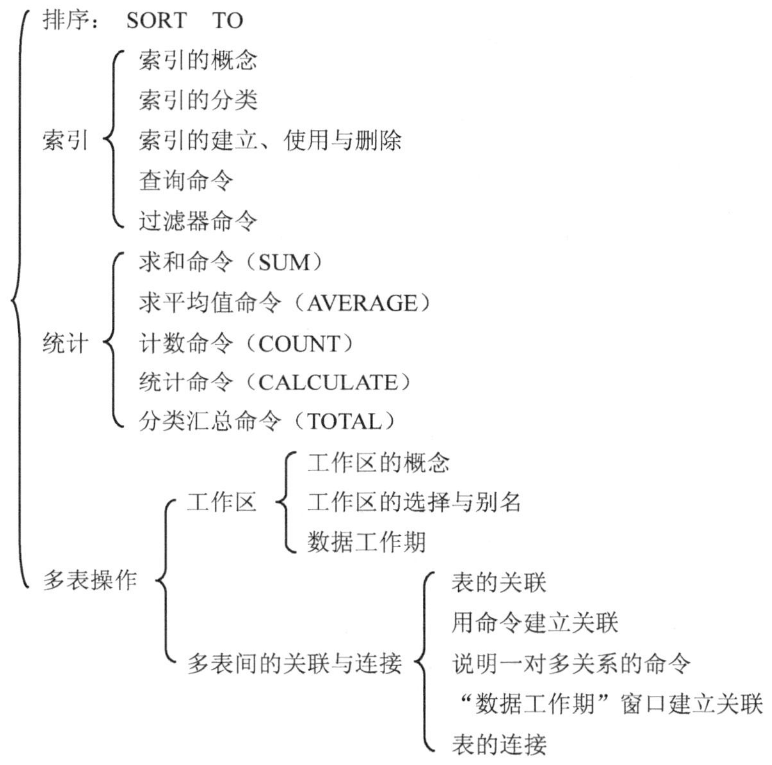

表文件中的记录是按其输入的先后顺序存放的，一般情况下，对数据记录进行操作就按照这种顺序进行处理。但是在数据处理应用中，为了高效、方便地存取数据，就会希望表记录按别的顺序重新组织。Visual FoxPro 为完成这种操作提供了两种方法：排序和索引。

排序是从物理上对表进行重新整理，重新排列表中数据记录的顺序，并产生一个新的表文件。由于新表的产生既浪费时间又浪费空间，因此实际中很少用。

索引是从逻辑上对表进行重新整理，按照指定的关键字段建立索引文件，并不产生新表。

5.1　排序

数据表的排序就是把表中的记录按某个字段值的大小顺序重新排列，作为排序依据的字段称为关键字。排序操作后会产生一个新的表文件。新表与旧表内容、结构可以完全一样，也可以只取部分字段。新表记录的排列顺序由排序命令指定。

在 Visual FoxPro 中，数据表的排序可用 SORT 命令实现。

格式：SORT TO <新文件名> ON <字段名 1>[/A|/D][/C]

[,<字段 2> [/A|/D][/C] …] [范围][FOR <条件>][FIELDS <字段列表>]

功能：对当前表中指定范围内满足条件的记录按指定的字段排序，并将排序后的记录输出到一个新的表中。

说明：

① TO <新文件名>：指定排序结果存入的新表文件，系统默认文件扩展名为.dbf。

② ON <字段名 1>：为排序的字段，可以在多个字段上进行排序，当使用多个字段排序时注意关键字的主次之分。

③ [/A|/D][/C]：/A 为升序，/D 为降序，/C 为排序时不区分大小写，系统默认升序。

④ FOR <条件>：给出参加排序字段要满足的条件。

⑤ FIELDS <字段列表>：给出排序以后的表所包含的字段列表，默认是原表的所有字段。<字段列表>可以包含其他工作区中的表文件字段，但必须使用别名调用格式：

工作区名->字段名　或　别名.字段名　或者　别名->字段名

例 5.1　对“学生.dbf”表中的学生按“入校总分”降序排列，生成新文件“入校总分.dbf”，表中只包含学号、姓名、入校总分 3 个字段。

```
USE 学生
SORT TO 入校总分 ON 入校总分/D FIELDS 学号,姓名,入校总分
USE 入校总分
BROWSE
```

显示结果如图 5-1 所示。

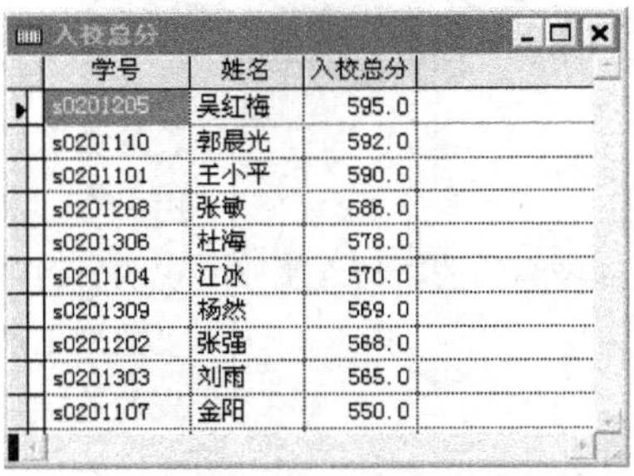

学号	姓名	入校总分
s0201205	吴红梅	595.0
s0201110	郭晨光	592.0
s0201101	王小平	590.0
s0201208	张敏	586.0
s0201306	杜海	578.0
s0201104	江冰	570.0
s0201309	杨然	569.0
s0201202	张强	568.0
s0201303	刘雨	565.0
s0201107	金阳	550.0

图 5-1　排序入校总分显示结果

例 5.2　对表“教师.dbf”中工资大于 2000 的记录按职称升序排列，职称相同的按性别降序，生成新文件“教师职称.dbf”。

```
USE 教师
SORT TO 教师职称 ON 职称,性别/D  FOR 工资>2000
USE 教师职称
BROWSE
```

显示结果如图 5-2 所示。

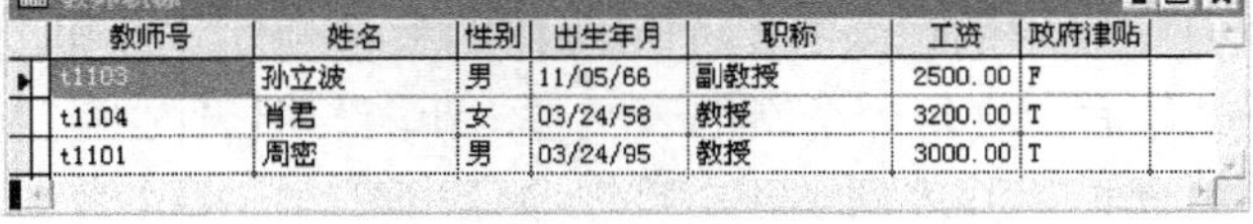

教师号	姓名	性别	出生年月	职称	工资	政府津贴
t1103	孙立波	男	11/05/66	副教授	2500.00	F
t1104	肖君	女	03/24/58	教授	3200.00	T
t1101	周密	男	03/24/95	教授	3000.00	T

图 5-2　教师职称显示结果

5.2　索引

5.2.1　索引的概念

索引并不是重新排列表记录的物理顺序，而是在逻辑上进行重新整理。索引以索引文件的形式存在，它是根据索引关键字表达式建立的，可以看成是索引关键字值与记录号之间的对照表。关键字可以是一个字段，也可以是多个字段的组合。

索引文件中记录的排列顺序称为逻辑顺序。索引文件发生作用后，对表进行操作时将按索引表中记录的逻辑顺序进行操作，而记录的物理顺序只反映了输入记录的历史，对表的操作将不会产生任何影响。

一个表文件可以根据需要建立多个索引文件，使用时打开需要的索引文件。打开索引文件后，将改变表中记录的逻辑顺序，但并不改变表记录的物理顺序。

Visual FoxPro 中的索引文件的扩展名有.idx 和.cdx 两种。生成文件扩展名为.idx 时称为独立索引（或单一索引），在此文件中只存储一个按照某表达式生成的一种逻辑排序方法。

扩展名为.cdx 的是复合索引文件。在一个.cdx 文件中可以根据多个表达式生成多种逻辑排序方法。复合索引文件又分为结构复合索引文件和非结构复合索引文件。结构复合索引文件的主文件名与对应的表名相同，而且由系统自动生成，且随着表的打开而自动打开。与结构复合索引文件不同的是非结构复合索引文件的文件名由用户决定。打开表文件的时候，非结构复合索引文件不会同时打开。

索引是按索引表达式的值对表中的记录进行排序的一种方法。它是进行快速显示和快速查询数据的重要手段，是建立表与表之间关联关系的基础。

5.2.2　索引的分类

1．按索引个数分类

根据索引文件包含索引的个数和索引文件的打开方式，分为单索引文件（独立的索引文件）和复合索引文件两种类型。

（1）单索引文件。单索引文件中只包含一个索引。单索引文件的扩展名是.idx。

（2）复合索引文件。复合索引文件中可以包含多个索引标识。复合索引文件的扩展名是.cdx。为了节约空间，复合索引文件是以压缩的方式存储在表所在的文件夹内。复合索引按照索引文件取名不同，又分为结构化复合索引和非结构化复合索引两种。

2．按索引类型分类

Visual FoxPro 提供了主索引、候选索引、普通索引和唯一索引这 4 种索引类型。索引类型是依靠表中索引字段的数据是否有重复值而定的。

（1）主索引。在指定字段或表达式中不允许出现重复值的索引，其索引表达式的值能够唯一确定表中每个记录的处理顺序。只能在数据库的表中建立主索引，且一个表中只能建立一个主索引。自由表没有主索引。主索引主要用于建立永久关系的主表中。

（2）候选索引。像主索引一样，它的索引表达式的值不允许有重复值，并且能够唯一确定表中每个记录的处理顺序。在数据库表和自由表中可以建立多个候选索引。

（3）唯一索引。把由索引表达式为每个记录产生的唯一值存入到索引文件中。如果表中记录的索引表达式值相同，则只在索引文件中保存第一次出现的索引表达式值。该类索引是为了保持同早期版本的兼容性。

（4）普通索引。此类索引同样可以决定记录的处理顺序，它将由索引表达式为每个记录产生的值存入索引文件中。普通索引允许索引表达式值出现重复值。建立普通索引时，不同的索引表达式值按顺序排列，而对有相同索引表达式值的记录按原来的先后顺序集中排列在一起。在一个表中可以建立多个普通索引。可用普通索引进行表中记录的排序或搜索。

5.2.3 索引的建立、使用与删除

1. 建立索引

（1）菜单方式。

利用菜单方式建立索引文件的操作步骤如下：

1）打开“表设计器”对话框，在其中选择“索引”选项卡。“索引”选项卡包括“排序”、“索引名”、“类型”、“表达式”和“筛选”5 个参数，如图 5-3 所示。

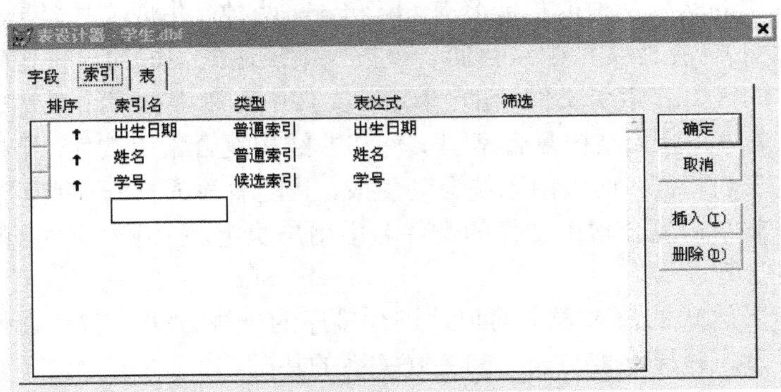

图 5-3 “索引”选项卡

2）设置下列参数来完成索引的建立或撤消操作：

排序——选择排序方式。选择排序方式是升序（↑）还是降序（↓）。

索引名——给本索引取个名字。

类型——选择索引类型。自由表的索引类型有候选索引、唯一索引和普通索引 3 种。只有数据库表中可以建立主索引。

表达式——参加索引的字段名（索引字段名或索引表达式）。

筛选——限制记录的输出范围。

例 5.3 利用表设计器为表“学生.dbf”中的“学号”字段建立候选索引。

利用表设计器建立候选索引的操作步骤如下：

1）打开表“学生.dbf”，单击“显示”→“浏览”命令，如图 5-4 所示。

2）单击“显示”→“表设计器”命令，弹出“表设计器”对话框，如图 5-5 所示。

3）选择“索引”选项卡，如图 5-6 所示，在其中进行如下设置：输入“学号”作为索引名；选择排序方式为降序（↓）；选择“候选索引”作为索引类型；输入“学号”作为索引表达式（即索引字段），如图 5-7 所示。

4）单击“确定”按钮，显示系统提示信息对话框，如图 5-8 所示。

5）单击“是”按钮，完成建立“学号”字段的候选索引操作。

学生

学号	姓名	性别	出生日期	入校总分	家庭地址	特长	备注
s0201101	王小平	男	02/05/95	590.0	南充市西街	memo	gen
s0201202	张强	男	05/18/94	568.0	新都桂号街	memo	gen
s0201303	刘雨	女	02/08/96	565.0	成都双楠路	memo	gen
s0201104	江冰	男	08/16/95	570.0	成都玉沙路	memo	gen
s0201205	吴红梅	女	01/08/97	595.0	成都人南41	memo	gen
s0201306	杜海	男	10/16/96	578.0	建设路120	memo	gen
s0201107	金阳	女	11/15/95	550.0	南充市南街	memo	gen
s0201208	张敏	女	12/08/96	586.0	南充市东街	memo	gen
s0201309	杨然	男	09/25/96	569.0	南充市北街	memo	gen
s0201110	郭晨光	男	03/28/97	592.0	建设路105	memo	gen

图 5-4　学生信息表

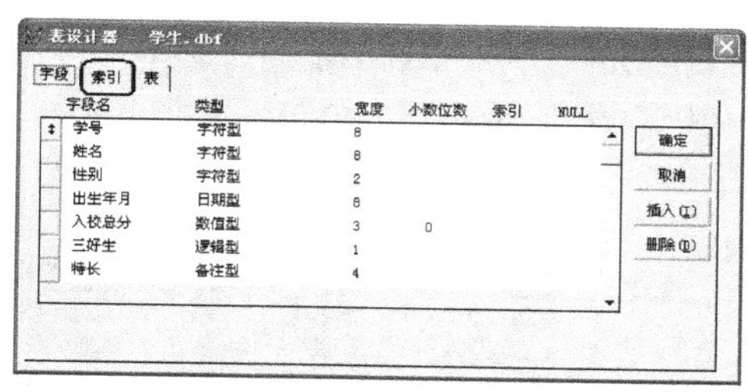

图 5-5　“表设计器”对话框

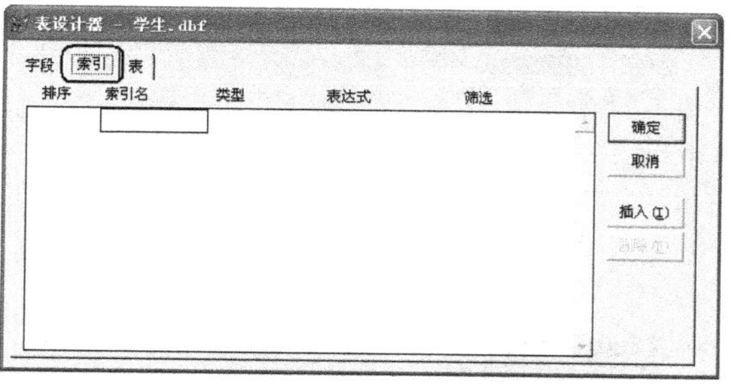

图 5-6　“索引”选项卡

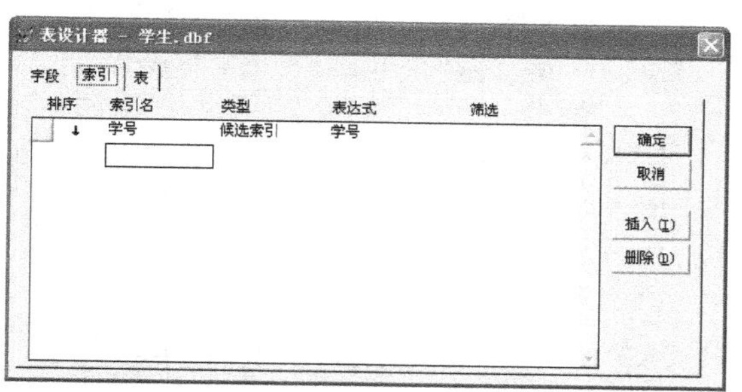

图 5-7　建立“学号”字段的候选索引

6）在命令窗口中输入设置主控索引命令“set order to tag 学号”，再单击“显示”→“浏览”命令，表“学生.dbf”中的所有记录已按学号降序排列，如图 5-9 所示。

图 5-8　系统提示信息对话框

学生

学号	姓名	性别	出生日期	入校总分	家庭地址	特长	备注
s0201309	杨然	男	09/25/96	569.0	南充市北街	memo	gen
s0201306	杜海	男	10/16/96	578.0	建设路120	memo	gen
s0201303	刘雨	女	02/08/96	565.0	成都双楠路	memo	gen
s0201208	张敏	女	12/08/96	586.0	南充市东街	memo	gen
s0201205	吴红梅	女	01/08/97	595.0	成都人南41	memo	gen
s0201202	张强	男	05/18/94	568.0	新都桂号街	memo	gen
s0201110	郭晨光	男	03/28/97	592.0	建设路105	memo	gen
s0201107	金阳	女	11/15/95	550.0	南充市南街	memo	gen
s0201104	江冰	男	08/16/95	570.0	成都玉沙路	memo	gen
s0201101	王小平	男	02/05/95	590.0	南充市西街	memo	gen

图 5-9　按学号降序排列

（2）命令方式。

1）建立单索引文件。

格式：INDEX ON <索引表达式> TO <索引文件名>;
　　　[FOR <条件表达式>] [UNIQUE] [ADDITIVE]

功能：创建一个单索引文件，其扩展名为.idx。

说明：UNIQUE 指定建立唯一索引；ADDITIVE 指出在建立索引时不关闭以前的索引。

2）建立复合索引文件。

格式：INDEX ON <索引表达式> TAG <索引名> [FOR <条件表达式>];
　　　[ASCENDING] [DESCENDING] [UNIQUE] [CANDIDATE]

功能：创建复合索引文件，其扩展名为.cdx。

说明：ASCENDING 指定按索引表达式的值升序排列，DESCENDING 指定按索引表达式的值降序排列；UNIQUE 指定建立唯一索引；CANDIDATE 指定建立候选索引，默认为普通索引。

例 5.4 利用 INDEX 命令为表“学生.dbf”中的“学号”字段建立候选索引。

```
USE 学生 Exclusive
INDEX ON 学号 TAG 学号 Candidate
LIST
```

记录号	学号	姓名	性别	出生日期	入校总分	家庭地址	特长	备注
1	s0201101	王小平	男	02/05/95	590.0	南充市西街	memo	gen
4	s0201104	江冰	男	08/16/95	570.0	成都玉沙路	memo	gen
7	s0201107	金阳	女	11/15/95	550.0	南充市南街	memo	gen
10	s0201110	郭晨光	男	03/28/97	592.0	建设路105	memo	gen
2	s0201202	张强	男	05/18/94	568.0	新都桂号街	memo	gen
5	s0201205	吴红梅	女	01/08/97	595.0	成都人南41	memo	gen
8	s0201208	张敏	女	12/08/96	586.0	南充市东街	memo	gen
3	s0201303	刘雨	女	02/08/96	565.0	成都双楠路	memo	gen
6	s0201306	杜海	男	10/16/96	578.0	建设路120	memo	gen
9	s0201309	杨然	男	09/25/96	569.0	南充市北街	memo	gen

例 5.5 利用 INDEX 命令为表“学生.dbf”中的“出生日期”字段建立普通索引。

```
USE 学生 Exclusive
INDEX ON 出生日期 TAG 出生年月
LIST
```

记录号	学号	姓名	性别	出生日期	入校总分	家庭地址	特长	备注
2	s0201202	张强	男	05/18/94	568.0	新都桂号街	memo	gen
1	s0201101	王小平	男	02/05/95	590.0	南充市西街	memo	gen
4	s0201104	江冰	男	08/16/95	570.0	成都玉沙路	memo	gen
7	s0201107	金阳	女	11/15/95	550.0	南充市南街	memo	gen
3	s0201303	刘雨	女	02/08/96	565.0	成都双楠路	memo	gen
9	s0201309	杨然	男	09/25/96	569.0	南充市北街	memo	gen
6	s0201306	杜海	男	10/16/96	578.0	建设路120	memo	gen
8	s0201208	张敏	女	12/08/96	586.0	南充市东街	memo	gen
5	s0201205	吴红梅	女	01/08/97	595.0	成都人南41	memo	gen
10	s0201110	郭晨光	男	03/28/97	592.0	建设路105	memo	gen

2. 使用索引

使用索引时必须满足条件：①打开表；②打开索引文件；③确定主控索引文件。

使用索引时，必须同时打开表文件和索引文件。

一个表文件可以打开多个索引文件，但任何时刻只有一个索引文件起作用，当前起作用的索引文件称为主控索引文件。只有主索引文件对表文件才有控制作用，记录指针总是指向满足条件的主索引文件关键字值的第一个记录上。同一个复合索引文件可能包含多个索引标识，但任何时刻只有一个索引标识起作用，当前起作用的索引标识称为主控索引。

打开索引文件有 3 种方法：①在建立索引文件的同时，就打开了索引文件；②打开表文件的同时打开索引文件；③打开表文件后再打开索引文件。

（1）打开索引文件。

格式：USE <表文件名>|?[INDEX <索引文件名表>|?];
[ORDER[<数值表达式>]|<单索引文件名>|[TAG]<标识名>[OF <复合索引文件名>];
[ASCENDING |DESCENDING]]

功能：打开表文件的同时打开一个或多个索引文件。

说明：①<索引文件名表>包括单索引或复合索引文件，其中第一个索引文件是主索引，如果第一索引文件为复合索引文件，则表记录按物理顺序排列；②选择“?”将弹出多个表文件或索引文件，供选择；③“ORDER [<数值表达式>]”是将<索引文件名表>中的第几个设置为主控索引，主控索引顺序为：先顺序为单索引文件编号，再为结构复合索引文件中各索引标识编号，再为结构复合索引文件索引标识编号；④“ORDER [<单索引文件名>]”指定<单索引

文件名>为主控索引文件；⑤“ORDER [TAG]<标识名>[OF <复合索引文件名>]”指定复合索引的<标识名>为主控索引，不选择[OF<复合索引文件名>]，则打开结构复合索引文件。

例 5.6　打开学生表的同时，表记录分别按 XBXH（性别+学号）和 XM（姓名）排序。

```
USE 学生 INDEX 学生 ORDER TAG xbxh
BROWSE
```

结果如图 5-10 所示。

学生

学号	姓名	性别	出生日期	入校总分	家庭地址	特长	备注
s0201101	王小平	男	02/05/95	590.0	南充市西街	memo	gen
s0201104	江冰	男	08/16/95	570.0	成都玉沙路	memo	gen
s0201110	郭晨光	男	03/28/97	592.0	建设路105	memo	gen
s0201202	张强	男	05/18/94	568.0	新都桂号街	memo	gen
s0201306	杜海	男	10/16/96	578.0	建设路120	memo	gen
s0201309	杨然	男	09/25/96	569.0	南充市北街	memo	gen
s0201107	金阳	女	11/15/95	550.0	南充市南街	memo	gen
s0201205	吴红梅	女	01/08/97	595.0	成都人南41	memo	gen
s0201208	张敏	女	12/08/96	586.0	南充市东街	memo	gen
s0201303	刘雨	女	02/08/96	565.0	成都双楠路	memo	gen

图 5-10　学生表按“性别+学号”排序

```
USE 学生 ORDER TAG xm
BROWSE
```

结果显示如图 5-11 所示。

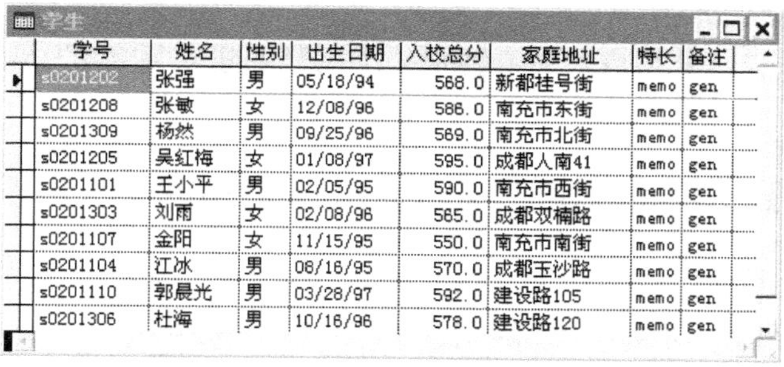

学生

学号	姓名	性别	出生日期	入校总分	家庭地址	特长	备注
s0201202	张强	男	05/18/94	568.0	新都桂号街	memo	gen
s0201208	张敏	女	12/08/96	586.0	南充市东街	memo	gen
s0201309	杨然	男	09/25/96	569.0	南充市北街	memo	gen
s0201205	吴红梅	女	01/08/97	595.0	成都人南41	memo	gen
s0201101	王小平	男	02/05/95	590.0	南充市西街	memo	gen
s0201303	刘雨	女	02/08/96	565.0	成都双楠路	memo	gen
s0201107	金阳	女	11/15/95	550.0	南充市南街	memo	gen
s0201104	江冰	男	08/16/95	570.0	成都玉沙路	memo	gen
s0201110	郭晨光	男	03/28/97	592.0	建设路105	memo	gen
s0201306	杜海	男	10/16/96	578.0	建设路120	memo	gen

图 5-11　学生表按“姓名”降序排列

（2）打开表文件后再打开索引文件。

格式：SET INDEX TO<索引文件名表> [ADDITIVE]

功能：打开当前表的一个或多个索引文件并确定主控索引文件。

说明：①<索引文件名表>中第一个索引文件为主控索引文件；②若缺省所有选项，即用“SET INDEX TO”将关闭当前工作区中除结构复合索引文件外的所有索引文件，同时取消主控索引；③若缺省 ADDITIVE 选项，则用此命令打开索引文件时，除结构复合索引文件外的索引文件均被关闭。

例 5.7　打开学生表以后，再按性别升序。

```
USE 学生
SET INDEX TO XB
BROWSE
```

结果显示如图 5-12 所示。

学生

学号	姓名	性别	出生日期	入校总分	家庭地址	特长	备注
s0201101	王小平	男	02/05/95	590.0	南充市西街	memo	gen
s0201202	张强	男	05/18/94	568.0	新都桂号街	memo	gen
s0201104	江冰	男	08/16/95	570.0	成都玉沙路	memo	gen
s0201306	杜海	男	10/16/96	578.0	建设路120	memo	gen
s0201309	杨然	男	09/25/96	569.0	南充市北街	memo	gen
s0201110	郭晨光	男	03/28/97	592.0	建设路105	memo	gen
s0201303	刘雨	女	02/08/96	565.0	成都双楠路	memo	gen
s0201205	吴红梅	女	01/08/97	595.0	成都人南41	memo	gen
s0201107	金阳	女	11/15/95	550.0	南充市南街	memo	gen
s0201208	张敏	女	12/08/96	586.0	南充市东街	memo	gen

图 5-12　学生表按性别升序排列

3. 确定主控索引

如果只打开一个索引文件，则该索引文件就是主控索引文件；若打开了多个索引文件，可利用下面的命令改变主索引文件。

格式：SET ORDER TO [<数值表达式>|<单索引文件名>|[TAG]<索引标识名>;
　　[OF <复合索引文件名>] [ASCENDING|DESCENDING]]

功能：在打开的索引文件中指定主控索引文件或在打开的复合索引文件中设置主控索引。

说明：<数值表达式>表示已打开索引的序号；<单索引文件名>指定该单索引文件为主控索引文件；<索引标识名>确定该索引标识为主控索引；ASCENDING 或 DESCENDING，在确定主控索引的同时指定表记录的操作显示顺序，该选项不影响索引文件的内部顺序。

"SET ORDER TO 0"或"SET ORDER TO"都是取消主控索引文件或主控索引表中记录按物理顺序输出。

例 5.8　对学生表已分别按姓名、性别、出生日期建立复合索引文件，对学生表设置主索引。

```
USE 学生
SET ORDER TO 2    && 指定索引序号 2（即姓名）为主控索引
BROWSE
```

浏览结果如图 5-13 所示。

```
SET ORDER TO 出生日期  && 指定索引标识出生日期为主控索引
BROWSE
```

显示结果如图 5-14 所示。

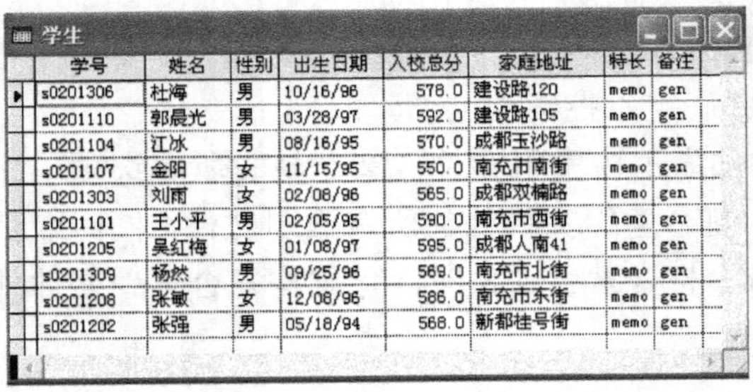

学生

学号	姓名	性别	出生日期	入校总分	家庭地址	特长	备注
s0201306	杜海	男	10/16/96	578.0	建设路120	memo	gen
s0201110	郭晨光	男	03/28/97	592.0	建设路105	memo	gen
s0201104	江冰	男	08/16/95	570.0	成都玉沙路	memo	gen
s0201107	金阳	女	11/15/95	550.0	南充市南街	memo	gen
s0201303	刘雨	女	02/08/96	565.0	成都双楠路	memo	gen
s0201101	王小平	男	02/05/95	590.0	南充市西街	memo	gen
s0201205	吴红梅	女	01/08/97	595.0	成都人南41	memo	gen
s0201309	杨然	男	09/25/96	569.0	南充市北街	memo	gen
s0201208	张敏	女	12/08/96	586.0	南充市东街	memo	gen
s0201202	张强	男	05/18/94	568.0	新都桂号街	memo	gen

图 5-13　学生表按索引标识姓名排序

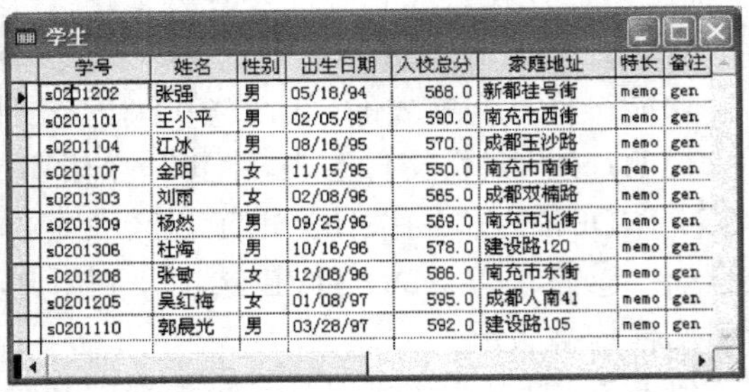

学生

学号	姓名	性别	出生日期	入校总分	家庭地址	特长	备注
s0201202	张强	男	05/18/94	568.0	新都桂号街	memo	gen
s0201101	王小平	男	02/05/95	590.0	南充市西街	memo	gen
s0201104	江冰	男	08/16/95	570.0	成都玉沙路	memo	gen
s0201107	金阳	女	11/15/95	550.0	南充市南街	memo	gen
s0201303	刘雨	女	02/08/96	565.0	成都双楠路	memo	gen
s0201309	杨然	男	09/25/96	569.0	南充市北街	memo	gen
s0201306	杜海	男	10/16/96	578.0	建设路120	memo	gen
s0201208	张敏	女	12/08/96	586.0	南充市东街	memo	gen
s0201205	吴红梅	女	01/08/97	595.0	成都人南41	memo	gen
s0201110	郭晨光	男	03/28/97	592.0	建设路105	memo	gen

图 5-14　学生表按索引标识出生日期排序

4. 更新索引

当对表文件进行插入、删除、添加或更新等操作后，所有当时已打开的索引文件系统自动将其更新，但未打开的索引文件系统则不能将其进行更新。为了使这些索引文件仍然有效，可以利用重新索引命令 REINDEX 使其与修改后的表文件保持一致。

格式：REINDEX [COMPACT]

功能：重新建立打开的索引文件。

说明：①在更新索引之前，应打开表文件和相应的索引文件；②选择 COMPACT，将非压缩单索引文件转换为压缩单索引文件。

例 5.9　更新索引的命令。

```
USE 学生
LIST                                    && 显示有 10 条记录
APPEND                                  && 追加一条记录
USE
USE 学生 INDEX 学生 ORDER TAG xm         && 打开主关键字为姓名的复合索引文件
LIST                                    && 显示有 11 条记录被索引
USE 学生
SET INDEX TO ZF                         && 打开主关键字为入学总分的单索引文件
LIST                                    && 显示只有 10 条记录被索引
REINDEX
LIST                                    && 显示有 11 条记录被索引
```

5. 删除索引

可以对不再使用的索引文件或索引标识进行删除。若删除索引文件，其方法同删除表类似。对复合索引文件的索引标识的删除，可采用删除索引标识的方法实现。

命令：DELETE TAG ALL|<索引标识 1>[,<索引标识 2>…]

菜单：单击“文件”→“打开”命令，选择“表”选项，单击“显示”→“表设计器”命令，单击“索引”选项卡，单击“索引名”，再单击“删除”按钮。

功能：从指定复合索引文件中删除指定索引标识或删除所有索引标识。

说明：当删除指定复合索引文件中的全部标识后，该复合索引文件将自动被删除。

6. 关闭索引文件

关闭索引文件，就是取消索引文件对表文件的控制作用。关闭索引文件有以下 3 种方法：

- 关闭当前索引文件：SET INDEX TO。
- 关闭所有索引文件：CLOSE INDEX/CLOSE ALL。
- 关闭表文件的同时关闭索引文件：USE。

5.2.4 查询命令

所谓查询，就是按指定的查询条件查找符合条件的记录。本节将介绍顺序查询和索引查询两种传统方法，SELECT-SQL 查询命令将在第 7 章介绍。

1. 顺序查询

顺序查询的思想是从指定范围的第 1 条记录开始按记录的顺序依次查询符合条件的记录。Visual FoxPro 提供顺序查询命令 LOCATE 和继续查询命令 CONTINUE 来实现查询。

格式：LOCATE [<范围>] [FOR <条件>]

　　　…

　　　CONTINUE

功能：在当前表中，从指定范围内的第 1 条记录开始，按记录号的顺序依次查找符合指定条件的第 1 条记录。当找到符合条件的第 1 条记录时，将记录指针指向该记录，使其成为当前记录，且函数 FOUND()的值为逻辑真.T.。如果需要继续查找符合相同条件的下一条记录，则必须使用 CONTINUE 命令来实现。也就是说，LOCATE 命令用于查找符合指定条件的第 1 条记录，CONTINUE 命令则可连续查找后面符合条件的各条记录，直到文件结束为止。

如果没找到符合条件的记录，Visual FoxPro 在主屏幕的状态条中显示“已到定位范围末尾”，此时函数 FOUND()的值为逻辑假.F.，而函数 EOF()的值为逻辑真.T.。

例 5.10 在表“学生.dbf”中查找姓名为“王小平”的记录。

```
USE 学生
LOCATE ALL FOR 姓名="王小平"
DISPLAY
```

记录号	学号	姓名	性别	出生日期	入校总分	家庭地址	特长	备注
1	s0201101	王小平	男	02/05/95	590.0	南充市西街	memo	gen

例 5.11 在表“教师.dbf”中查找职称是“教授”的记录。

```
USE 教师
LOCATE ALL FOR 职称="教授"
DISPLAY
```

记录号	教师号	姓名	性别	出生年月	职称	工资	政府津贴
1	t1101	周密	男	03/24/95	教授	3000.00	.T.

```
CONTINUE
DISPLAY
```

记录号	教师号	姓名	性别	出生年月	职称	工资	政府津贴
4	t1104	肖君	女	03/24/58	教授	3200.00	.T.

```
CONTINUE        && 状态栏显示：已到定位范围末尾
? EOF()         && 屏幕显示：.T.
```

2. 索引查询

索引查询又叫快速查询，是按照表记录的逻辑位置查询。因此，索引查询要求被查询表文件建立并打开索引。Visual FoxPro 为用户提供了 SEEK 和 FIND 两条命令用来进行索引查询，其中 FIND 是为了与旧版本兼容而保留的。在此只介绍 SEEK 命令。

格式：SEEK<表达式> [ORDER <索引号>|<单索引文件名>]|[TAG]<索引标识>

功能：在打开的索引文件中查找主索引关键字与<表达式>相匹配的第一个记录，并将记录指针定位在此。

说明：

① SEEK 命令只能对已建立并打开的索引文件的表文件进行检索。如果查找成功，记录指针定位在符合条件的第一个记录上，并停止继续查找，FOUND()函数值为.T.；否则，屏幕显示“没有找到”，FOUND()函数值为.F.，EOF()函数值为.T.。

② SEEK 命令可以查找 C 型、N 型、D 型、L 型数据。如果查找 C 型常量，必须用定界符将 C 型常量引起来。

③ 利用 SET EXACT ON 命令可实现对 C 型数据进行精确查找，即要求 C 型数据精确匹配；利用 SET EXACT OFF 命令可实现对 C 型数据进行模糊查找，即不要求 C 型数据精确匹配。

④ SEEK 命令只查找符合条件的第一个记录，与 SKIP 命令配套使用可实现继续查找。

例 5.12 在表“学生.dbf”中查找 1996 年 10 月 16 日出生的记录。

```
USE 学生
INDEX ON 出生日期 TAG ny
SEEK {^1996/10/16}
```

```
DISPLAY
```

记录号	学号	姓名	性别	出生日期	入校总分	家庭地址	特长	备注
6	s0201306	杜海	男	10/16/96	578.0	建设路120	memo	gen

```
SKIP
DISP
```

例 5.13 在表“教师.dbf”中查找享受政府津贴的教师。

```
USE 教师
INDEX ON 政府津贴 TAG zfjt
SEEK .T.
DISPLAY
```

记录号	教师号	姓名	性别	出生年月	职称	工资	政府津贴
1	t1101	周密	男	03/24/95	教授	3000.00	.T.

```
SKIP
DISPLAY
```

记录号	教师号	姓名	性别	出生年月	职称	工资	政府津贴
4	t1104	肖君	女	03/24/58	教授	3200.00	.T.

```
SKIP                && 屏幕显示：已到文件尾
DISPLAY
```

例 5.14 精确查找和模糊查找示例。

```
USE 授课
INDEX ON 课程号 TAG kch
SEEK "c12"
?FOUND()            && 屏幕显示：.T.
SET EXACT ON        && 设置精确配置
SEEK "c12"
?FOUND()            && 屏幕显示：.F.
```

5.2.5 过滤器命令

1. 记录过滤

格式：SET FILTER TO [<条件>]

功能：从当前表中过滤出符合指定条件的记录，随后的操作仅限于这些记录。

说明：缺省条件时表示取消所设置的过滤器。

例 5.15 记录过滤器应用示例。

```
USE 学生
SET  FILTER TO YEAR(出生年月) =1996
LIST                && 显示在 1996 年出生的学生的记录
```

记录号	学号	姓名	性别	出生日期	入校总分	家庭地址	特长	备注
3	s0201303	刘雨	女	02/08/96	565.0	成都双楠路	memo	gen
6	s0201306	杜海	男	10/16/96	578.0	建设路120	memo	gen
8	s0201208	张敏	女	12/08/96	586.0	南充市东街	memo	gen
9	s0201309	杨然	男	09/25/96	569.0	南充市北街	memo	gen

```
SET FILTER TO       && 取消记录过滤的设置
LIST                && 显示所有记录数据
```

记录号	学号	姓名	性别	出生日期	入校总分	家庭地址	特长	备注
1	s0201101	王小平	男	02/05/95	590.0	南充市西街	memo	gen
2	s0201202	张强	男	05/18/94	568.0	新都桂号街	memo	gen
3	s0201303	刘雨	女	02/08/96	565.0	成都双楠路	memo	gen
4	s0201104	江冰	男	08/16/95	570.0	成都玉沙路	memo	gen
5	s0201205	吴红梅	女	01/08/97	595.0	成都人南41	memo	gen
6	s0201306	杜海	男	10/16/96	578.0	建设路120	memo	gen
7	s0201107	金阳	女	11/15/95	550.0	南充市南街	memo	gen
8	s0201208	张敏	女	12/08/96	586.0	南充市东街	memo	gen
9	s0201309	杨然	男	09/25/96	569.0	南充市北街	memo	gen
10	s0201110	郭晨光	男	03/28/97	592.0	建设路105	memo	gen

```
USE
```

2. 字段过滤

格式：SET FIELDS TO [<字段名表> | ALL]

功能：为当前表设置字段过滤器。

说明：①<字段名表>是希望访问的字段名称列表，各字段之间用“,”分开，ALL 选项表示所有字段都在字段名表中；②命令 SET FIELDS ON|OFF 决定字段表是否有效，当设置字段过滤器时 SET FELDS 自动置 ON 表示只能访问字段名表指定的字段，将 SET FIELDS 置 OFF 表示取消字段过滤器，恢复原来状态。

例 5.16 字段过滤器应用示例。

```
USE 学生
SET FIELDS TO 学号,姓名,性别,入校总分
LIST                        && 显示 4 个字段的数据
```

记录号	学号	姓名	性别	入校总分
1	s0201101	王小平	男	590.0
2	s0201202	张强	男	568.0
3	s0201303	刘雨	女	565.0
4	s0201104	江冰	男	570.0
5	s0201205	吴红梅	女	595.0
6	s0201306	杜海	男	578.0
7	s0201107	金阳	女	550.0
8	s0201208	张敏	女	586.0
9	s0201309	杨然	男	569.0
10	s0201110	郭晨光	男	592.0

```
SET FIELDS  OFF             && 取消字段过滤的设置
LIST                        && 显示所有字段的数据
```

记录号	学号	姓名	性别	出生日期	入校总分	家庭地址	特长	备注
1	s0201101	王小平	男	02/05/95	590.0	南充市西街	memo	gen
2	s0201202	张强	男	05/18/94	568.0	新都桂号街	memo	gen
3	s0201303	刘雨	女	02/08/96	565.0	成都双楠路	memo	gen
4	s0201104	江冰	男	08/16/95	570.0	成都玉沙路	memo	gen
5	s0201205	吴红梅	女	01/08/97	595.0	成都人南41	memo	gen
6	s0201306	杜海	男	10/16/96	578.0	建设路120	memo	gen
7	s0201107	金阳	女	11/15/95	550.0	南充市南街	memo	gen
8	s0201208	张敏	女	12/08/96	586.0	南充市东街	memo	gen
9	s0201309	杨然	男	09/25/96	569.0	南充市北街	memo	gen
10	s0201110	郭晨光	男	03/28/97	592.0	建设路105	memo	gen

5.3 统计

5.3.1 求和命令

格式：SUM [范围] [<N 型字段表或 N 型字段表达式表>] [FOR<条件>|WHILE<条件>];
　　　[TO <内存变量表>|ARRAY <数组名>]

功能：在当前表文件中，对指定范围内满足条件的 N 型字段按列求和。

说明：①[<N 型字段表达式表>]指定求和的各 N 型字段表达式，各表达式之间用逗号隔开，省略此选项，则对表文件中的所有 N 型字段求和；②求和结果存入内存变量或数组，但数组必须已经存在。

例 5.17　对表“教师.dbf”中的教师工资求和。

```
USE 教师
SUM 工资 TO gzze
? gzze            && 屏幕显示：11800.00
```

5.3.2　求平均值命令

格式：AVERAGE [范围] [<N 型字段名表或 N 型字段表达式表>] [FOR<条件>|WHILE<条件>] [TO <内存变量表> |ARRAY <数组名>]

功能：对当前数据表中满足条件的 N 型字段求平均值。

说明：各选项的含义与 SUM 命令相同。

例 5.18　在表“学生.dbf”中求出学生入校总分的平均分。

```
USE 学生
AVER 入校总分 to zfpj
? zfpj                              && 屏幕显示：576.30
```

5.3.3　计数命令

格式：COUNT [<范围>] [FOR <条件 1>] [WHILE <条件 2>][TO <内存变量>]

功能：统计当前表中指定范围内符合条件的记录个数，并存入指定的内存变量中。

说明：如果在 COUNT 命令中未指定范围和条件，则统计当前表中的所有记录；如果使用了范围和条件，则只统计指定范围内且满足条件的记录。默认范围是表的所有记录。如果使用了 TO <内存变量>子句，所统计的结果将存入内存变量中，否则统计结果将显示在屏幕上。

例 5.19　统计表“学生.dbf”中的学生总人数和女生人数。

```
USE 学生
COUNT TO xszrs
COUNT FOR 性别="女" TO nsrs
?xszrs，nsrs                && 屏幕显示：10   4
```

5.3.4　统计命令

格式：CALCULATE [范围] [<表达式表>] [FOR<条件>|WHILE<条件>];
[TO <内存变量表> |ARRAY <数组名>]

功能：在打开的表中分别计算<表达式表>的值。

说明：<表达式表>可以由下列函数之一构成：求算术平均值函数 AVG(N 型表达式)、求记录数函数 CNT()、求最大值函数 MAX(<表达式>)、求最小值函数 MIN(<表达式>)、求和函数 SUM(N 型表达式)。也可以使用函数 STD（标准差）、VAR（方差）和 NPV（基于一系列现金流和固定的各期贴现率返回一项投资的净现值）。

例 5.20　求表“学生.dbf”中男生入校总分的最高分、最低分和平均分。

```
USE 学生
CALCULATE MAX(入校总分),MIN(入校总分), AVG(入校总分) FOR 性别="男"
```

屏幕显示：

```
MAX（入校总分）   MIN（入校总分）   AVG（入校总分）
    592              568              577.83
```

5.3.5 分类汇总命令

格式：TOTAL ON<关键字段名>TO 汇总文件名 [范围] [FOR <条件>|WHILE <条件>];
[FIELDS <N 型字段名表>]

功能：在当前表中，对指定范围内满足条件的记录按关键字段名分类汇总求和，并生成一个新表文件，新表文件又称为汇总文件。

说明：①使用 TOTAL 之前，表文件必须按关键字排序或索引；②选择“FIELDS<N 型字段名表>”，对指定 N 型字段分类求和，若省略，则对所有 N 型字段分类求和；③<关键字段名>若为 C 型字段，则把与关键字相同的第一条记录的字段值存入汇总文件中；若为 N 型字段，则把与关键字值相同的记录中该字段值求和后存入汇总文件中；④如果汇总文件的字段宽度容纳不下汇总求和结果，数据溢出，因此汇总时应考虑原表字段的数据宽度。

例 5.21 对表文件“教师.dbf”分别按性别和职称统计工资情况。

```
USE 教师
INDEX ON 性别 to xb
TOTAL ON 性别 TO xbgz FIELDS 工资
INDEX ON 职称 to zc
TOTAL ON 职称 TO zcgz FIELDS 工资
USE xbgz
BROWSE  && 如图 5-15 所示
```

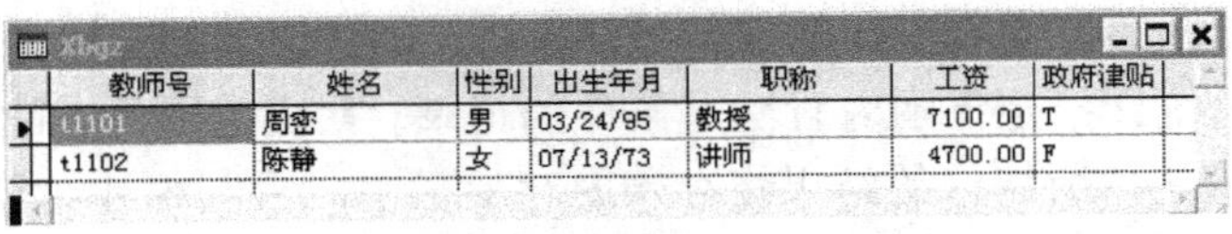

Xbgz

教师号	姓名	性别	出生年月	职称	工资	政府津贴
t1101	周密	男	03/24/95	教授	7100.00	T
t1102	陈静	女	07/13/73	讲师	4700.00	F

图 5-15 按性别进行分类汇总后的结果

```
USE zcgz
BROWSE  && 如图 5-16 所示
```

Zcgz

教师号	姓名	性别	出生年月	职称	工资	政府津贴
t1103	孙立波	男	11/05/66	副教授	2500.00	F
t1102	陈静	女	07/13/73	讲师	3100.00	F
t1101	周密	男	03/24/95	教授	6200.00	T

图 5-16 按职称进行分类汇总后的结果

5.4 多工作区的操作命令

5.4.1 工作区

1. 工作区的概念

工作区是标识一个表的编号的区域。Visual FoxPro 提供了多达 32767 个工作区，每个工作区都有一个工作区号，分别用 1～32767 表示。每个表打开后都有两个默认的别名：一个是表名自身，另一个是工作区所对应的别名。编号为 1～10 的前 10 个工作区的默认别名用 A～J 这 10 个字母表示，工作区 11～32767 中指定的别名是 W11～W32767。另外，还可以在 USE 命令中使用 ALIAS 子句来指定别名。

注意：单个字母 A～J 不能用来作为表的文件名，它是系统的保留字。

2. 工作区的选择与别名

（1）选择工作区命令 SELECT。

因为一个工作区只能打开一个表，如果要同时打开多个表，则需要在不同的工作区中打开，这就要用到选择工作区的命令。

格式：SELECT <工作区号>|<别名>

功能：指定工作区为当前工作区。

说明：①函数 SELECT()返回当前工作区的区号；②SELECT 0 表示选择未使用过的最小工作区号为当前工作区的区号；③当前正在操作的工作区为主工作区，在主工作区上打开的表文件是主表，所有表文件操作命令都只能在当前工作区内进行；④表文件操作完毕，可以使用 USE 命令依次关闭当前表文件，也可以使用 CLOSE ALL 命令关闭所有工作区的表文件。

在指定工作区打开一个表文件，命令如下：

USE <表文件名> IN <工作区号>|<别名>

（2）别名。

当打开表文件后，可以为它再取一个别的名字。别名可以代表工作区号或表文件名。系统定义前 10 个工作区的别名分别为 A，B，C，D，E，F，G，H，I，J，后面的工作区别名为 W11，…，W32767。因此，用户不能把 A，B，…，J 这 10 个字母作为表文件名使用。

可以利用以下命令为表文件指定别名：

USE <表文件名> ALIAS <别名>

如果没有指定别名，系统默认表文件的主文件名为别名。

例如：

```
USE  学生 ALIAS xs              && xs 是学生.dbf 的别名
```

又如：

```
USE 教师                        && 教师也是教师.dbf 的别名
```

在主工作区上访问其他工作区上的数据是实现多表文件之间数据处理的有效手段。由于多表文件中可能存在同名字段，因此在当前工作区调用其他工作区中的表文件字段时，必须在其他表文件的字段名前面使用别名调用格式以示区别。别名调用格式如下：

工作区号->字段名

或

别名->字段名

或

别名.字段名

例 5.22　工作区、别名示例。

```
CLOSE ALL                        && 关闭所有已经打开的表文件，回到 1 号工作区
?SELECT()                        && 函数 SELECT()返回当前工作区号为 1
```

```
USE 学生                        && 在 1 号工作区打开学生.dbf
SELECT 2
USE 教师 ALIAS JS               && 在 2 号工作区打开教师.dbf，别名为 JS
DISPLAY A.姓名,A.性别,姓名
*用于显示 1 号工作区的姓名、性别和 2 号工作区的姓名
SELECT 0
USE 课程                        && 在 3 号工作区打开课程.dbf
?SELECT()
```

3. 数据工作期

数据工作期是一个用来设置数据工作环境的交互式窗口。每一个数据工作期中包含有打开的表、表索引和表之间的相互关系等一组工作区。通过在数据工作期窗口中选择工作区，就可以打开这些相关表，实现快速查找。利用数据工作期建立的工作环境可以保存在一个视图文件中。需要时，打开视图文件就可以恢复已经建立的工作环境。

（1）数据工作期的组成。

数据工作期由“别名”列表框、“关系”列表框和 6 个按钮组成，如图 5-17 所示。

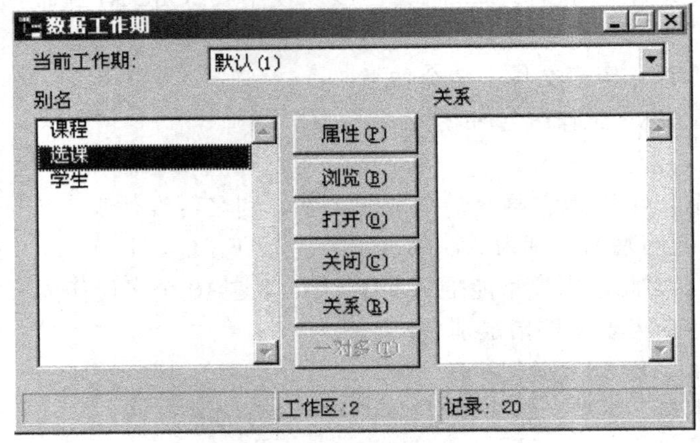

图 5-17 “数据工作期”窗口

其中，“别名”列表框用来显示已经打开的表文件，并可以从中选择当前表。“关系”列表框用来显示表文件之间的关联状态。中间一列为 6 个功能按钮，按钮功能如下：

属性：用于打开工作区的“属性”对话框，与“表”菜单中的属性命令功能相同。

浏览：可以编辑浏览当前表数据。

打开：弹出“打开”对话框。

关闭：关闭当前表。

关系：以当前表为父表建立关联。

一对多：系统默认表之间以多对一关联。若要建立一对多关系，可单击这一按钮，与命令 SET SKIP TO 等效。

（2）数据工作期的打开与关闭。

命令：SET VIEW ON/OFF

菜单：选择“窗口”→“数据工作期”。

功能：打开已经建立的数据工作期。

例 5.23　利用数据工作期窗口对表文件“教师.dbf”和“学生.dbf”进行查询。

操作步骤：

1）单击“窗口”→“数据工作期”，弹出“打开”对话框，选择数据库中的表“教师”，单击“确定”按钮。

2）单击“属性”按钮，在“字段筛选”中输入教师号、姓名、职称，单击“确定”按钮。

3）选择“数据过滤器”，设置过滤条件：“教授”$职称，单击“确定”按钮。

4）单击“浏览”按钮，显示操作结果，如图 5-18 所示。

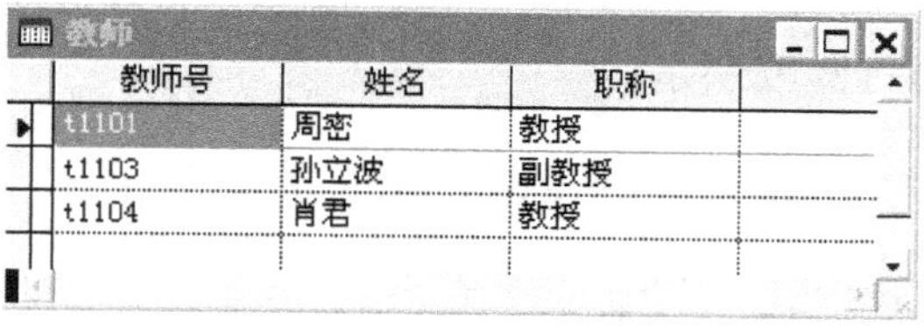

教师

教师号	姓名	职称
t1101	周密	教授
t1103	孙立波	副教授
t1104	肖君	教授

图 5-18　查询结果

5.4.2　多表间的关联与连接

1. 表的关联

各个工作区表文件的记录指针是彼此独立、互不影响的。所谓关联就是在两个表文件的记录指针之间建立一种临时关系，当一个表的记录指针移动时，与之关联的另一个表的记录指针也做相应的移动。关联不是生成一个表文件，只是形成了一种联系。

建立关联的两个表，一个是建立关联的表，称为父表，另一个是被关联的表，称为子表，与当前表文件建立联系的表由<别名>指定。建立关联后，在当前工作区执行了移动记录指针的命令后，如 GO、SKIP、LIST、LOCATE、SEEK 等，将引起多个工作区记录指针的移动，从而降低命令的执行速度。因此，在没有必要关联时，应及时取消关联。

关联条件——建立关联的条件首先是为子表按关联关键字建立索引（对记录号进行关联时，可以不索引），然后进行关联。关联后，当父表指针移动时，子表指针也会自动移动到满足关联条件的记录上。

一对一关系——指父表的一个记录只能和子表的一个记录相关联，子表的一个记录也只能和父表的一个记录相关联。

一对多关系——在一对多关系中，父表的一个记录可以和子表的一个或多个记录相关联，但子表的一个记录只能和父表的一个记录相关联。

多对一关系——在多对一关系中，父表的多个记录可以和子表一个记录相关联，但子表的一个记录只能和父表的一个记录相关联。一般把“多”表作为父表最简单，因为父表中的任一记录都可以在子表中找到唯一的记录与其联系。

多对多关系——在多对多关系中，一个表中的多个记录在相关表中同样有多个记录与其匹配。例如读者与图书的关系，一个读者可以借多种书，多种书也可借给多名读者。在 Visual FoxPro 中，系统不处理多对多关系，若出现多对多关系则可以拆分为多对一关系或一对多关系进行相关的处理。

2. 用命令建立关联

父表与子表建立临时关联时可使用 SET RELATION TO 命令。

格式：SET RELATION TO [<关联表达式 1>] INTO <别名 1>;

[,[<关联表达式 2>] INTO <别名 2>…] [ADDITIVE]

功能：以当前表为父表与一个或多个子表建立关联。

说明：①被关联的子表必须先按关联关键字进行索引。关联后，当父表记录指针移动时，子表的记录指针定位在满足<关联表达式>值的第 1 个记录上，若找不到这条记录，记录指针就指向文件尾；②选择 ADDITIVE，保留以前的关联，否则新建立的关联将取消先前建立的关联；③不带任何选择项的 SET RELATION TO 将删除当前父表与其他子表的关联。

例 5.24 通过"学生.dbf"、"选课.dbf"、"课程.dbf"三个表文件显示学生选课的课程名称与该课程的成绩情况，如图 5-19 所示。

选课

学号	姓名	课程名	成绩
s0201101	王小平	数学建模	86.0
s0201101	王小平	计算机网络	89.0
s0201202	张强	数学建模	80.0
s0201202	张强	商业会计	66.0
s0201303	刘雨	日语	99.0
s0201303	刘雨	数据库	99.9
s0201205	吴红梅	数学建模	76.0
s0201205	吴红梅	数据库	70.0
s0201306	杜海	数学建模	86.0
s0201306	杜海	商业会计	80.0
s0201107	金阳	日语	90.0
s0201208	张敏	数学建模	60.0
s0201208	张敏	数据库	86.0
s0201309	杨然	数据库	76.0
s0201309	杨然	商业会计	80.0
s0201309	杨然	电子商务	90.0
s0201110	郭晨光	计算机网络	78.0
s0201110	郭晨光	数据库	72.0
s0201110	郭晨光	电子商务	90.0
s0201104	江冰	数学建模	76.0

图 5-19 学生、选课、课程三张表关联后的效果

分析：表"学生.dbf"与"选课.dbf"之间可以通过学号建立关联，表"课程.dbf"与"选课.dbf"之间可以通过课程号建立关联。

```
CLEAR ALL
SELECT 1
USE 学生
INDEX ON 学号 TAG xh
SELECT 2
USE 课程
INDEX ON 课程号 TAG ckh
SELECT 3
USE 选课
SET RELATION TO 学号 INTO A,课程号 INTO B ADDITIVE
BROWSE FIELDS 学号,A->姓名,B->课程名,成绩
```

3. "数据工作期"窗口建立关联

利用数据工作期窗口也可以对表进行关联，操作步骤如下：

（1）打开要建立关联的表文件。

（2）为子表按关联关键字建立索引或确定主控索引。

（3）选定父表工作区为当前工作区，并与一个或多个子表建立关联。

（4）系统默认建立的关联为“多对一关系”。有必要时，说明建立的关联为“一对多关系”。

4. 说明一对多关系的命令

利用 SET SKIP TO 命令可以对子表进行一对多说明。

格式：SET SKIP TO [<表别名 1>,[<表别名 2>…]]

功能：用在 SET RELATION 命令之后，说明已经建立的关联为一对多关系。

说明：①<表别名>表示一对多关系中位于多方的子表；②不带任何选择项的 SET SKIP TO 将取消一对多关系，但不取消已经建立的多对一关系。

例 5.25　利用“教师.dbf”、“授课.dbf”、“课程.dbf” 3 个表文件显示教师授课的课程名称与该课程的课时情况，如图 5-20 所示。

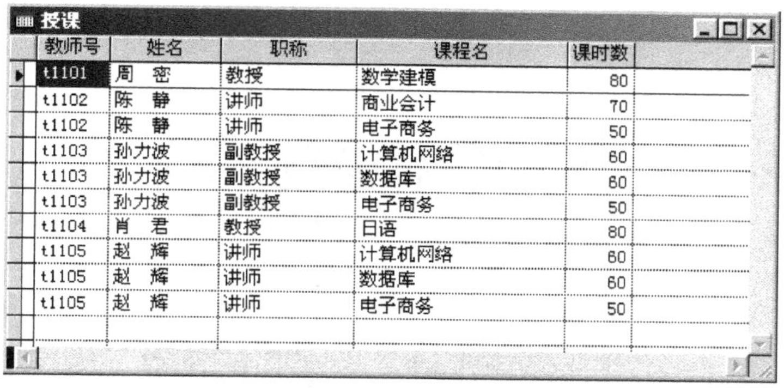

授课

教师号	姓名	职称	课程名	课时数
t1101	周　密	教授	数学建模	80
t1102	陈　静	讲师	商业会计	70
t1102	陈　静	讲师	电子商务	50
t1103	孙力波	副教授	计算机网络	60
t1103	孙力波	副教授	数据库	60
t1103	孙力波	副教授	电子商务	50
t1104	肖　君	教授	日语	80
t1105	赵　辉	讲师	计算机网络	60
t1105	赵　辉	讲师	数据库	60
t1105	赵　辉	讲师	电子商务	50

图 5-20　一对多关系

分析：这里使用一对多关系处理数据，因此以“授课.dbf”为父表，“教师.dbf”和“课程.dbf”是两个子表。以“教师号”作为关联条件将表“教师.dbf”与“授课.dbf”关联起来，以“课程号”作为关联条件关联“课程.dbf”与“授课.dbf”两张表。

```
CLOSE ALL
SELECT 1
USE 教师        && 子表 1
INDEX ON 教师号 TAG jsh
SELECT 2
USE 课程        && 子表 2
INDEX ON 课程号 TAG ckh
SELECT 3
USE 授课        && 父表
SET RELATION TO 教师号 INTO A,课程号 INTO B ADDITIVE
SET SKIP TO B    && 子表 B 为多方
BROWSE FIELDS 教师号,A->姓名,A->职称,B->课程名,B->课时:H="课时数"
```

5. 表的连接

表文件之间的连接称为物理连接。物理连接是将两个表相关字段组合构成一个新表。

格式：JOIN WITH <区号>|<别名>TO<新表名>FOR<条件>[FIELDS<字段名表>]

功能：在当前表文件与指定别名的表文件之间建立联系。

说明：①被连接的两个表文件，一个是当前表，另一个是在<别名>中指定的工作区表；

②FOR<条件>是必选项，它是构成连接的条件，两个表文件必须按条件连接；③选择 FIELDS<字段名列表>，生成的新表按字段顺序排列，否则当前表的字段在前，别名表文件的字段在后；④连接从当前表文件的第 1 条记录开始，在别名表中查找符合条件的记录，每找到一条，就把当前记录与别名表中找到的记录连接生成一条新记录并存入新表文件中。

例 5.26 选择“学生.dbf”表中的学号、姓名、性别和“选课.dbf”表中的课程号字段生成新表“学生选课.dbf”，条件是两表中的“学号”相同，如图 5-21 所示。

```
CLEAR
SELECT 1
USE 选课
Sele 2
USE 学生
JOIN WITH A FOR 学号=选课.学号 FIELDS 学号,姓名,性别,B.课程号 TO 学生选课
USE 学生选课
BROW
CLOSE ALL
```

学生选课

学号	姓名	性别	课程号
s0201101	王小平	男	c110
s0201101	王小平	男	c120
s0201102	张强	男	c110
s0201102	张强	男	c150
s0201103	刘雨	女	c130
s0201103	刘雨	女	c140
s0201104	江冰	男	c110
s0201105	吴红梅	女	c120
s0201105	吴红梅	女	c140
s0201106	杜海	男	c110
s0201106	杜海	男	c150
s0201107	金阳	女	c130
s0201108	张敏	女	c110
s0201108	张敏	女	c140
s0201109	杨然	男	c140
s0201109	杨然	男	c150
s0201109	杨然	男	c160
s0201110	郭晨光	男	c120
s0201110	郭晨光	男	c140
s0201110	郭晨光	男	c160

图 5-21 “学生选课.dbf”表浏览窗口

习题五

一、选择题

1. CREATE DATABASE 命令用来建立（　　）。

   A. 数据库　　B. 关系

   C. 表　　D. 数据文件

2．设有表示学生选课的 3 张表：学生 S（学号，姓名，性别，年龄，身份证号）、课程 C（课号，课名）、选课 SC（学号，课号，成绩），则表 SC 的关键字（键或码）为（　　）。

A．课号，成绩　　B．学号，成绩

C．学号，课号　　D．学号，姓名，成绩

3．要为当前表所有性别为“女”的职工增加 100 元工资，应使用命令（　　）。

A．REPLACE ALL 工资 WITH 工资+100

B．REPLACE 工资 WITH 工资+100 FOR 性别="女"

C．REPLACE ALL 工资 WITH 工资+100

D．REPLACE ALL 工资 WITH 工资+100 FOR 性别="女"

4．MODIFY STRUCTURE 命令的功能是（　　）。

A．修改记录值　　B．修改表结构

C．修改数据库结构　　D．修改数据库或表结构

5．参照完整性规则的更新规则中“级联”的含义是（　　）。

A．更新父表中的连接字段值时，用新的连接字段自动修改子表中的所有相关记录

B．若子表中有与父表相关的记录，则禁止修改父表中的连接字段值

C．父表中的连接字段值可以随意更新，不会影响子表中的记录

D．父表中的连接字段值在任何情况下都不允许更新

6．在 Visual FoxPro 中，通常以窗口形式出现，用以创建和修改表、表单、数据库等应用程序组件的可视化工具称为（　　）。

A．向导　　B．设计器

C．生成器　　D．项目管理器

7．已知表中有字符型字段职称和性别，要建立一个索引，要求首先按职称排序，职称相同时再按性别排序，正确的命令是（　　）。

A．INDEX ON 职称+性别 TO TTT　　B．INDEX ON 性别+职称 TO TTT

C．INDEX ON 职称,性别 TO TTT　　D．INDEX ON 性别,职称 TO TTT

8．下面有关数据表和自由表的叙述中，错误的是（　　）。

A．数据库表和自由表都可以用表设计器来建立

B．数据库表和自由表都支持表间联系和参照完整性

C．自由表可以添加到数据库中成为数据库表

D．数据库表可以从数据库中移出成为自由表

9．有关 ZAP 命令的描述，正确的是（　　）。

A．ZAP 命令只能删除当前表的当前记录

B．ZAP 命令只能删除当前表的带有删除标记的记录

C．ZAP 命令能删除当前表的全部记录

D．ZAP 命令能删除表的结构和全部记录

10．在数据库表上的字段有效性规则是（　　）。

A．逻辑表达式　　B．字符表达式

C．数字表达式　　D．以上 3 种都有可能

二、填空题

1．每个数据库可以建立多个索引，但是________索引只能建立一个。

2．在 Visual FoxPro 中，学生表 student 中包含有通用型字段，表中通用型字段中的数据均存储到另一个文件中，该文件名为________。

3．项目管理器的________选项卡用于显示和管理数据库、自由表和查询等。

4．在 Visual FoxPro 中，建立索引的主要作用是________。

5．用命令“INDEX ON 学号 TAG INDEX_NAME”建立索引，其索引类型默认是________。

第 6 章　数据库操作

数据库（Data Base，DB）就是按一定的组织形式存储在一起的相互关联的数据的集合。实际上，数据库是一个存放大量业务数据的容器，其中的数据具有特定的组织结构，并不是分散的、孤立的，而是按照某种数据模型组织起来的，不仅数据记录内的数据之间彼此相关，而且数据记录之间在结构上也是有机地联系在一起。

视图与查询是提取数据库记录、更新数据库数据的一种方式，为数据库信息的显示、更新和编辑提供了简便方法。查询和视图有很多相似之处，创建查询和创建视图步骤都差不多。视图兼有表和查询的特点，查询可以根据视图和表来定义。

本章主要介绍数据库的基本操作，包括：数据库的建立与打开、数据库中表的基本操作、设置数据库表的属性、在数据库中建立永久关系的设置参照完整性，还介绍了视图和查询的概念、建立和使用。

6.1　数据库的基本操作

6.1.1　建立数据库

利用“数据库设计器”、“项目管理器”和命令都可以建立数据库。

1. 使用“数据库设计器”建立数据库

由于一般数据库系统除了数据库和数据库表外，还需要建立其他的元素，如查询、表单、程序、报表等，把这些元素都集中到项目管理器中会方便进行管理，所以我们先建立一个名为“学生学籍”的项目。

例 6.1　建立名为“学生学籍”的项目和“学生学籍”数据库。

操作步骤：

（1）单击“文件”→“新建”命令，弹出“新建”对话框，选择“项目”单选按钮，如图 6-1 所示。

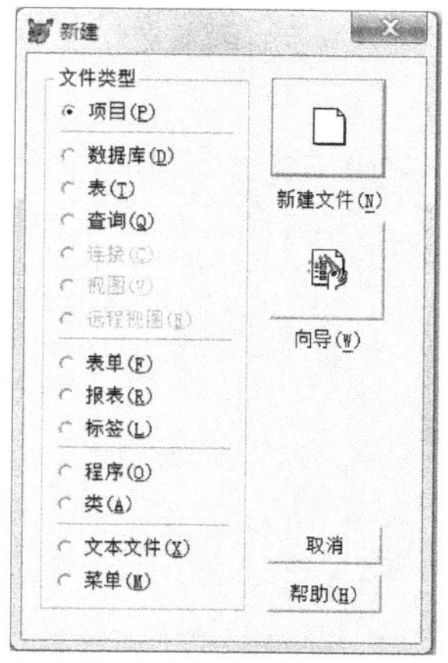

图 6-1　“新建”对话框

（2）单击“新建文件”按钮，弹出“创建”对话框，输入项目名称“学生学籍”，如图6-2 所示。

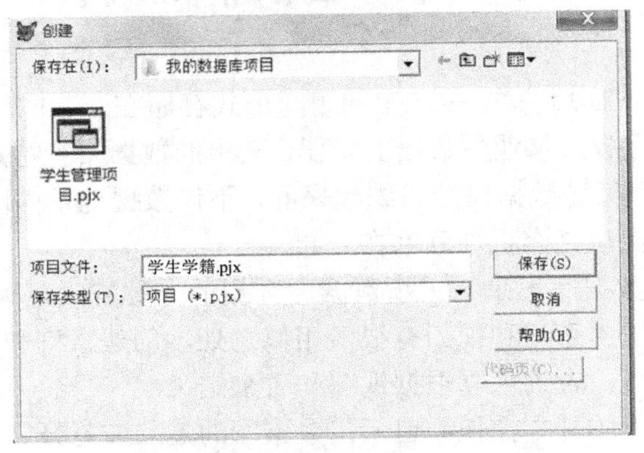

图 6-2 “创建”对话框

（3）单击“保存”按钮，进入“项目管理器”界面，如图 6-3 所示。选择“数据库”，单击“新建”按钮，在弹出的对话框中选择“新建数据库”，弹出“创建”对话框，输入数据库名“学生学籍.dbc”，如图 6-4 所示。

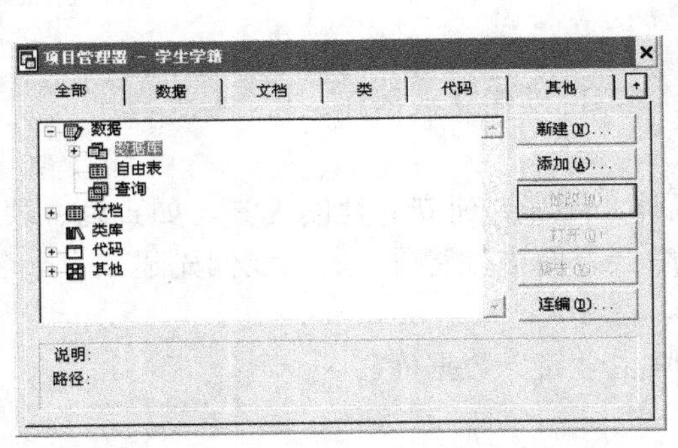

图 6-3 “项目管理器”对话框

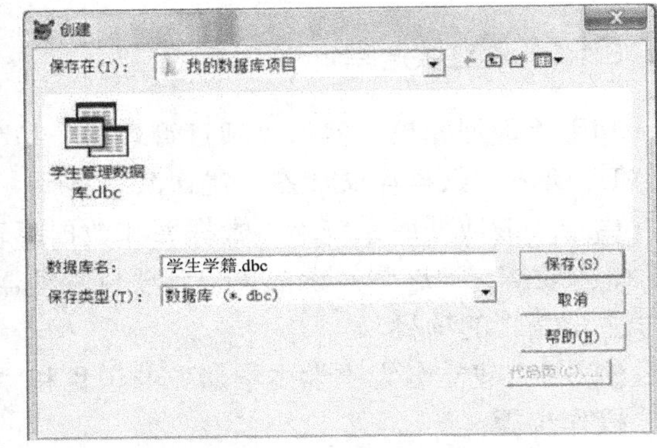

图 6-4 “创建数据库”对话框

（4）单击“保存”按钮，进入“数据库设计器”窗口，如图 6-5 所示。数据库“学生学籍.dbc”创建完成，同时系统自动建立数据库备注文件“学生学籍.dct”和数据库索引文件“学生学籍.dcx”。

图 6-5 “数据库设计器”窗口

2. 用命令方式创建数据库

格式：CREATE DATABASE <数据库名>

功能：创建一个数据库，名称为“数据库名”。

例 6.2　用命令方式创建数据库“学生学籍.dbc”。

```
CREATE DATABASE 学生学籍
```

3. 直接创建数据库

（1）单击“文件”→“新建”命令，弹出“新建”对话框，选择“数据库”单选按钮。

（2）在弹出的对话框中选择“新建数据库”，弹出“创建”对话框，输入数据库名“学生学籍.dbc”。

（3）单击“保存”按钮，进入“数据库设计器”窗口，数据库“学生学籍.dbc”创建完成。

6.1.2　打开数据库

使用数据库前，需要先打开数据库，有菜单和命令两种方式。

1. 菜单方式打开数据库

（1）单击“文件”→“打开”命令，弹出“打开”对话框，选择数据库“学生信息管理”，如图 6-6 所示。

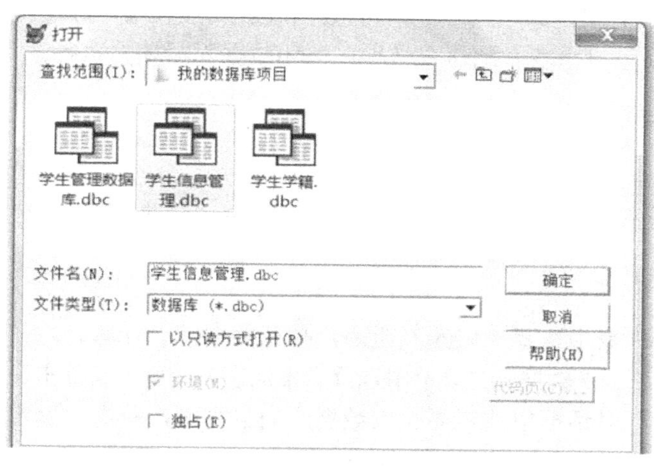

图 6-6　“打开”对话框

（2）单击“确定”按钮，打开选定的数据库文件，进入“数据库设计”窗口。

注意：也可以在“项目管理器”中单击“修改”按钮进入“数据库设计”窗口。

2. 命令方式打开数据库

（1）OPEN 命令。

格式：OPEN DATABASE [<数据库名>|?][SHARED][EXCLUSIVE];

功能：打开以<数据库名>命名的数据库。

说明：如果缺省<数据库名>或以“?”代替，则会弹出“打开”对话框。

SHARED：以共享方式打开数据库。

NOUPDATE：以独占方式打开数据库。

VALIDATE：检查在数据库中引用的对象是否合法。

注意：当数据库打开时，并不打开包含在数据库中的数据表，所以 NOUPDATE 实际并没有作用，只有在打开表时使用了只读选项才能设置数据库是只读的。

例 6.3 打开数据库“学生信息管理.dbc”。

```
OPEN DATABASE 学生信息管理
```

（2）MODIFY 命令。

格式：MODIFY DATABASE <数据库名>

功能：打开数据库的同时打开“数据库设计器”，以允许修改当前打开的数据库。

例 6.4 打开“学生信息管理”数据库以进行修改。

```
MODIFY DATABASE 学生信息管理
```

6.1.3 关闭数据库

格式：CLOSE DATABASE ALL

功能：关闭所有数据库。

6.1.4 删除数据库

格式：DELETE DATABASE <数据库名>[DELETETABLES][RECYCLE]

功能：删除指定的数据库，参数 DELETETABLES 指明将从磁盘上物理删除数据库中的数据表，参数 RECYCLE 指明将把数据库中的数据表放入回收站，如果没有这两个参数，则将所有的数据库表转换为自由表。此命令必须在关闭数据库后才能执行。

6.1.5 向数据库添加表

1．菜单方式添加表

例 6.5 向数据库“学生信息管理”中添加 4 张表：“学生.dbf”、“选课.dbf”、“课程.dbf”、“成绩.dbf”。

操作步骤：

（1）在项目管理器中选择“修改”命令，打开数据库设计器。

（2）在快捷菜单或“数据库”菜单中选择“添加表”命令（或单击数据库设计器中的）。

（3）在“打开”对话框中选定要加入数据库的自由表，单击“确定”按钮，则将选择的自由表加入数据库成为数据库表，如图 6-7 所示。

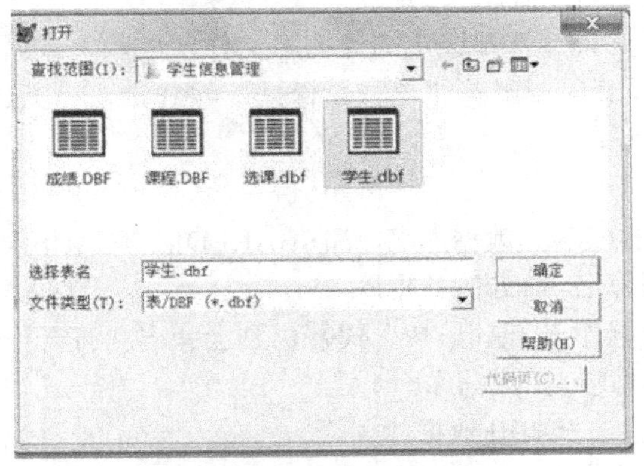

图 6-7 “打开”对话框

（4）在“打开”对话框中选择表“学生.dbf”，单击“确定”按钮，返回“数据库设计器”窗口，则表“学生.dbf”被添加到数据库“学生信息管理”中。

（5）在“打开”对话框中选择表“选课.dbf”，单击“确定”按钮，返回“数据库设计器”窗口，则表“选课.dbf”被添加到数据库“学生信息管理”中。

（6）在“打开”对话框中选择表“课程.dbf”，单击“确定”按钮，返回“数据库设计器”窗口，则表“课程.dbf”被添加到数据库“学生信息管理”中。

（7）在“打开”对话框中选择表“成绩.dbf”，单击“确定”按钮，返回“数据库设计器”窗口，则表“成绩.dbf”被添加到数据库“学生信息管理”中。

最后数据库“学生信息管理”中包含 4 张表，如图 6-8 所示。

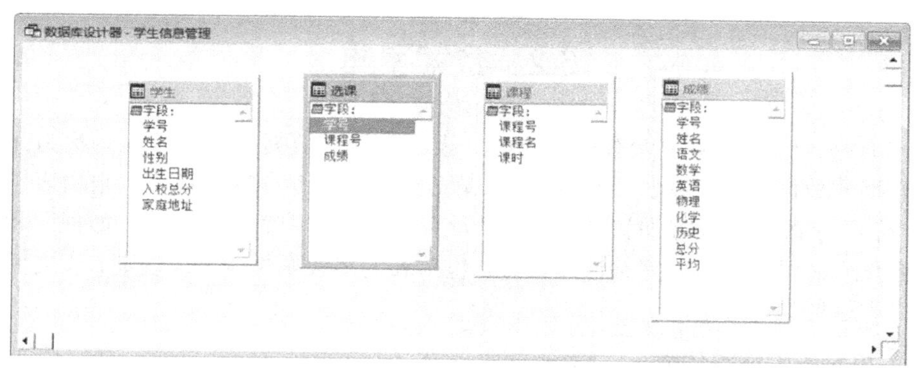

图 6-8　“学生信息管理”数据库中的 4 张表

2. 命令方式添加表

格式：ADD TABLE <表名>

功能：向当前数据库添加指定的表。

例 6.6　用命令向数据库“学生信息管理”中添加 4 张表：“学生.dbf”、“选课.dbf”、“课程.dbf”、“成绩.dbf”。

注意：首先要打开数据库“学生信息管理”，再向其中添加表。

```
OPEN DATABASE 学生信息管理
ADD TABLE 学生
ADD TABLE 选课
ADD TABLE 课程
ADD TABLE 成绩
```

打开数据库“学生信息管理”，查看结果：

```
MODIFY DATABASE 学生信息管理
```

注意：如果选定的表已属于其他数据库，则不能加入到当前数据库中，即数据库表只能属于某一个数据库，而不能同时属于多个数据库。

6.1.6　在数据库中移去和删除表

数据库中不需要的数据库表可以删除。

（1）打开数据库设计器，选择要删除的表。

（2）单击快捷菜单中的“删除”命令或“数据库”菜单中的“移去”命令（也可以单击工具按钮），系统会弹出如图 6-9 所示的对话框询问“把表从数据库中移去还是从磁盘上删除？”。

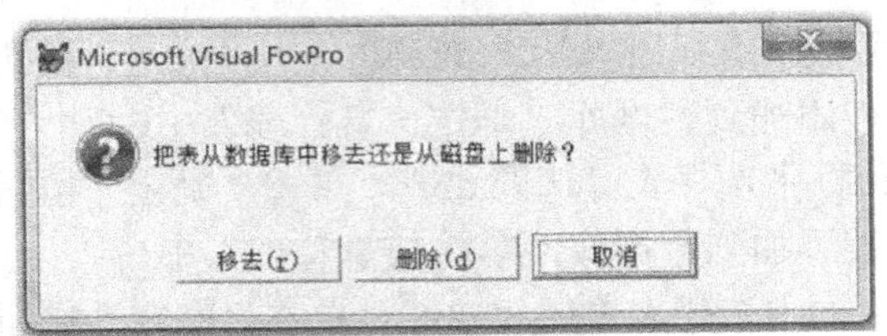

图 6-9　系统信息提示框

（3）如果单击“移去”按钮，只将表从当前数据库中移出，使其成为自由表，表文件在磁盘上仍然存在，以后需要还可以再添加进去；如果单击“删除”按钮，则将表文件彻底从磁盘上删除且不放入回收站，以后无法恢复。

6.2　数据字典

数据字典是包含数据库中所有信息的一个表。存储在数据字典中的信息称为元数据，即记录关于数据的数据，如长表名、长字段名（库表字段名长达 128 个字符，自由表字段名最多为 10 个字符）、字段有效性规则和触发器，以及有关数据库中对象的定义，如视图和命名连接等。本节将介绍数据库中数据完整性的设置，包括表的字段属性、记录规则、表之间的永久关系和参照完整性等。

6.2.1　设置表中字段的输入、输出掩码

字段标题、输入掩码与输出掩码的设置在数据库表设计器的显示组框中进行，具体操作方法如下：

（1）打开数据库设计器并选择要修改的表。

（2）右击，在弹出的快捷菜单中选择“修改”命令。

（3）在打开的表设计器中选择要设置的字段，然后在“显示”区域中进行相关设置，如图 6-10 所示。

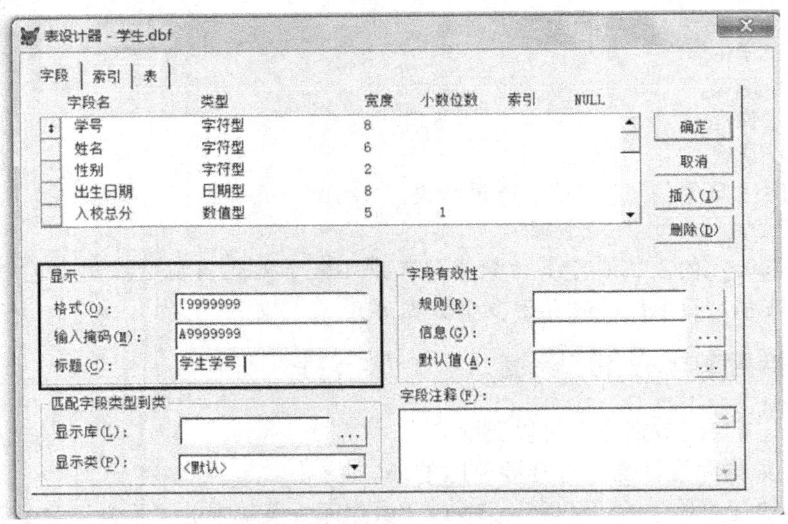

图 6-10　“显示”区域

注意： 格式（显示格式）就是输出掩码，它决定字段在浏览窗口、报表或表单中的数据显示样式，如这里是设置“!9999999”，表示将字母转换成大写字母输出。

输入掩码是数据库表字段的一种属性，它控制用户输入格式。如选定“学号”字段后，在“显示”区域中的“输入掩码”文本框中输入 A9999999，表示学生的学号字段只能输入以字母开头、其余为数字的 8 个符号。

字段标题用于在“浏览”窗口和表单上显示出该字段的标识名称，如选定“学号”字段后在“标题”文本框中输入“学生学号”，在浏览表时，标题上将显示“学生学号”标题，这样便于用户理解。

常用掩码及其含义如表 6-1 所示。

表 6-11　常用掩码及其含义

掩码符号	作用
!	把小写字母转换成大写字母
(	当数据为负数时用括号括起来
$	在输出的数值数据前面显示浮动的$符号
^	用科学记数法显示数值数据
*	数值型数据的前导零用星号替换
.	输出用于指定小数点的位置
,	用于分隔数值的整数部分
#	允许数值、空格和正负号字符型数据
9	只允许数字字符；数值型数据可以是数字和正负号
A	只允许字母
D	使用 SET DATE 设置的日期格式
L	在数值型数据输出时给出前导零
N	允许字母和数字
T	禁止输入字段的前导空格和结尾空格
X	允许任何字符
Y	只允许逻辑型数据 Y、y、N、n

6.2.2　设置表中字段的有效性规则

字段有效性可以控制字段接受的数据是否符合指定的要求，它将把所输入的值与所定义的规则表达式进行比较，只有满足输入的规则要求时才被接受，否则被拒绝，从而保证了数据的有效性和可靠性，减少数据错误。字段有效性包括规则、信息和默认值。

规则——字段有效性规则在输入字段或改变字段值时才发生作用。有效性规则是设置字段的有效性检查，它可以是一个逻辑表达式、函数或过程。例如，学生的性别只能是“男”或“女”的有效性规则，表达式为：性别$"男女"（或表达式：性别="男".OR.性别="女"），表达式可直接在规则框中输入，也可以通过右侧的表达式生成器生成。

信息——当用户输入的信息违反有效性规则时所应出现的提示信息，通常是一串用双引号括起来的字符。如对于性别字段，提示信息为“性别必须是'男'或'女'”。

默认值——指创建新记录时自动输入的字段值，根据字段的类型确定宽度与字段一致，设置字段的默认值可以有效提高表中数据输入的速度。性别可设置成默认值“男”。

设置字段有效性规则的操作步骤如下：

（1）打开某表设计器，选择“字段”选项卡，然后选中要定义规则的字段：性别。

（2）在“字段有效性”区域的“规则”文本框中输入一个逻辑表达式：性别$"男女"。

（3）在“信息”文本框中输入违反有效性规则时的提示信息“性别必须是'男'或'女'”，如图 6-11 所示。

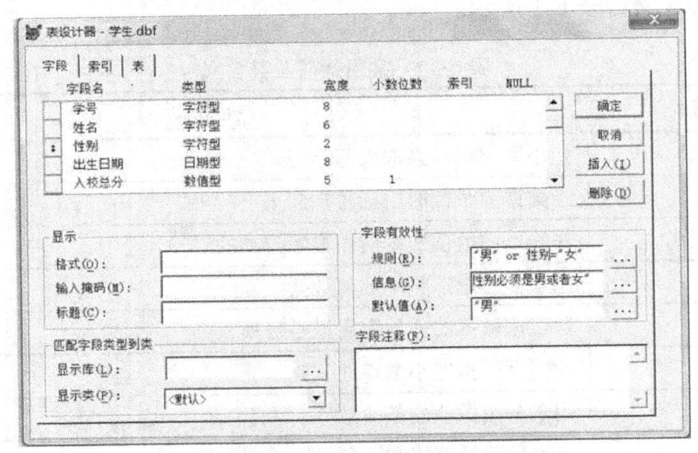

图 6-11　设置“字段有效性规则”

注意：当在“性别”字段中输入的内容违反有效性规则时，就会出现如图 6-12 所示的对话框。

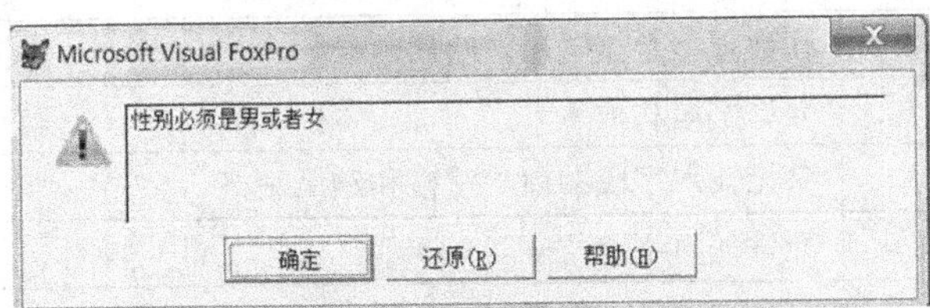

图 6-12　违反字段有效性规则时的系统提示框

6.2.3　设置表中记录的有效性规则和触发器

设置整个表或表中记录的属性，用于控制用户输入到记录中的信息类型，检查输入的整条记录是否符合要求。记录规则包括记录有效性和触发器。

1. 记录有效性

当需要比较两个以上字段的记录是否满足条件时，就需要进行记录有效性设置，如图 6-13 所示。例如在“学生”表中输入记录时要求“入校总分必须在 450-550 之间”，这种情况就可以为“学生”表建立记录规则，具体方法如下：

（1）打开某表设计器，选择“表”选项卡。

（2）在“记录有效性”区域的“规则”文本框中输入一个逻辑表达式，也可以单击▭按钮，在表达式生成器中创建表达式“入校总分>450 and 入校总分<550”。

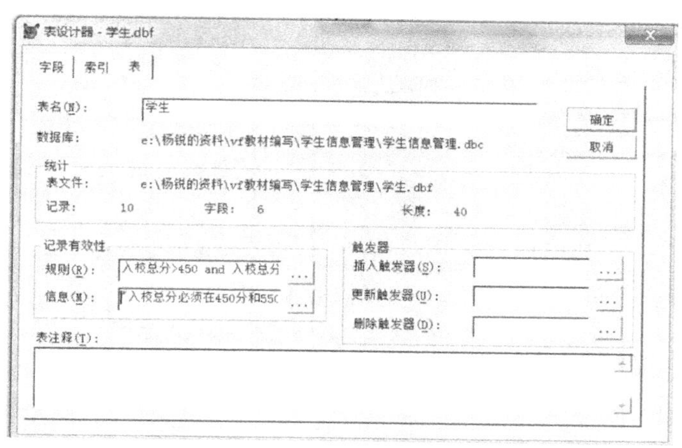

图 6-13　设置“记录有效性规则”

（3）在“信息”文本框中输入提示信息“入校总分必须在调档线 450 分以上，550 分以下”。

（4）单击“确定”按钮。

注意：如果没有输入提示信息，则违反记录有效性规则时系统将显示默认的提示信息。

在记录有效性规则和相应的提示信息后，只要违反了规则中的任意一个条件，系统就会在屏幕上显示出错提示框，并拒绝接受该条记录，如图 6-14 所示。

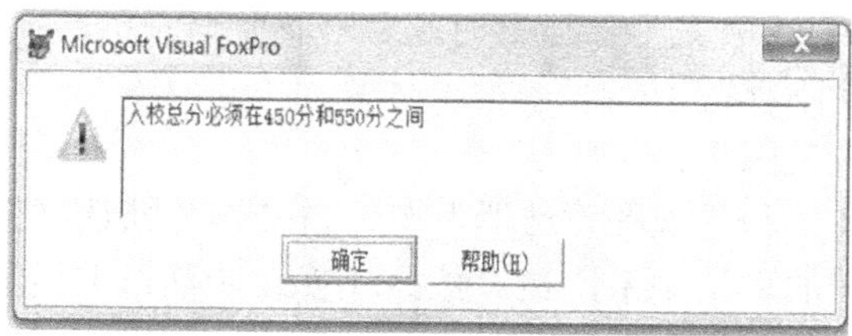

图 6-14　系统信息提示框

2. 触发器

触发器是一个在对表中的记录进行插入、更新或删除时运行的逻辑表达式，或者在存储过程中来完成指定任务。触发器分为插入、更新、删除三大类。

插入触发器——是在数据库表中插入记录时所触发的检测程序。检测结果为真时，接受插入的记录，否则插入记录不被存储。

更新触发器——是在数据库表中修改记录时所触发的检测程序。检测结果为真时，接受保存修改后的记录，否则不保存修改后的记录，同时还原修改前的记录值。

删除触发器——是在数据库表中删除记录时所触发的检测程序。检测结果为真时，该记录被删除，否则不能删除该记录。

例 6.7　在学生信息管理的“成绩”表中，为防止用户不慎删除记录，可以创建一个简单的删除触发器，用于确定用户是否真正删除该记录。删除触发器的创建方法如下：

（1）在数据库设计器中选定表并打开表设计器。

（2）选择“表”选项卡，在“删除触发器”文本框中输入“MESSAGEBOX("真的要删除该记录吗？",3+48+256,"提示信息")=6”。

（3）单击“确定”按钮，如图 6-15 和图 6-16 所示。

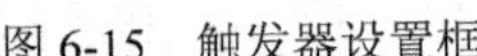

图 6-15 触发器设置框

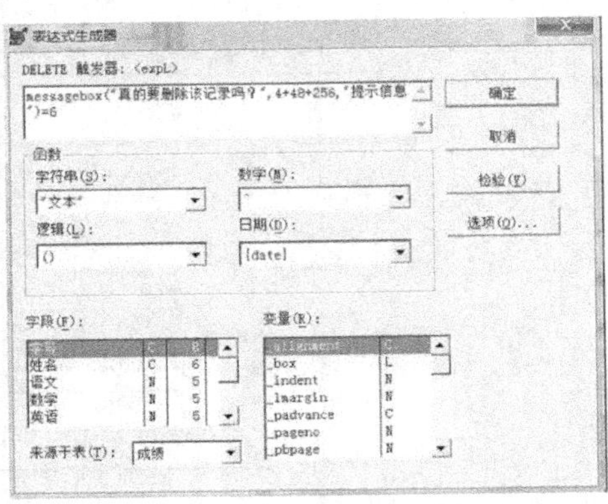

图 6-16 表达式生成器

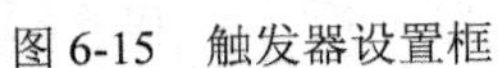

浏览此表，并对某记录作删除标记，存盘时系统弹出删除对话框，如图 6-17 所示。单击“是”按钮，该记录作删除标记。

注意：必须先设置有效性规则，触发器才起作用。

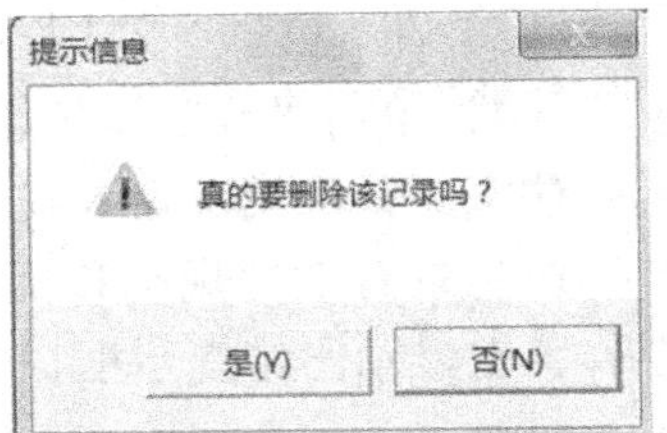

图 6-17 删除触发器提示框

6.2.4 设置表间永久关系

Visual FoxPro 表之间的关系分为临时关系和永久关系，具有永久关系的表只能是数据库中的表，这种关系一直保留到表被从数据库中移除为止。自由表只能在运行时建立一种临时关系，运行结束后该关系就不存在了。

永久关系的主要表现范围为：

- 在“查询设计器”和“视图设计器”中，自动作为默认联接条件。
- 作为表单和报表的默认关系，在“数据环境设计器”中显示。
- 用于存储参照完整性信息。

永久关系分为一对一、一对多、多对多 3 种。

为了创建和说明永久关系，通常把数据库中的表分为主表（主动去建关系的表，也称为父表）和子表，这种关系通过具有公共字段或主要相关的字段进行关联来体现。主表必须按关键字建立主索引或候选索引（字段值是唯一的），子表可以建立主索引、候选索引、唯一索引、普通索引中的任何一种（可以有重复的）。永久关系所用的索引必须是结构化复合索引。

在建立一对一永久关系时，主表必须为主索引，子表必须为主索引或候选索引；而建立一对多永久关系时主表必须为主索引，子表必须为普通索引。在建立起主表与子表的一对多关系时，Visual FoxPro 用连线来表示这种一对多的关系，在连线的两端，子表方的连线显示三叉，如果删除它们之间的连线，永久关系亦即删除。

例 6.8 试建立“学生”与“选课”之间的永久关系。

为了建立一对一永久关系，我们先为两个独立的表“学生”和“选课”建立索引。将“学生”表按学号设置为主索引，“选课”表按学号设置为普通索引（因为“选课”表中学号有重复的值）。

将两张表建立一对一永久关系的操作步骤如下：

（1）打开项目“学生信息管理”，选中数据库“学生信息管理”，单击“修改”按钮，打开“学生信息管理”数据库。

（2）右击，在弹出的快捷菜单中选择“添加表”，分别添加“学生”表和“选课”表。把“学生”表作为父表，“选课”表作为子表。

（3）用鼠标拖动父表中的“学号”字段到子表中的“学号”字段，然后放开，即在两张表间建立了一对一永久关系，如图 6-18 所示。

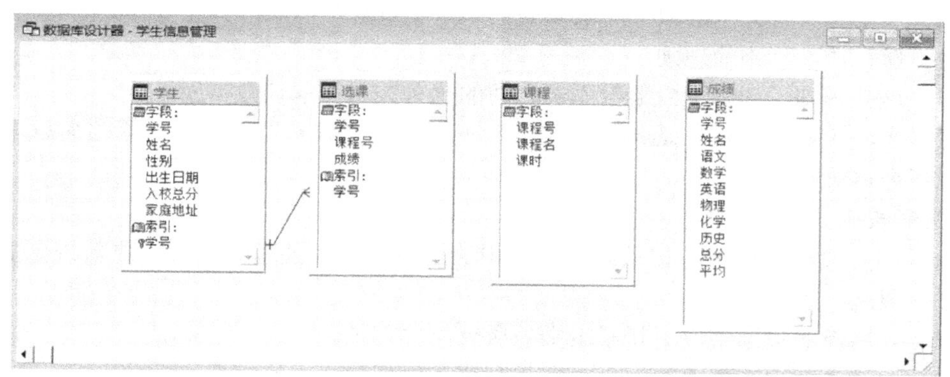

图 6-18　“学生”与“选课”表之间的永久关系

注意： 图中的连线表示为永久关系。若用鼠标对准连线右击，在弹出的快捷菜单中选择“编辑或删除关系”命令，可对关系进行编辑或解除它们的关系。

例 6.9　在“学生学籍”数据库中建立“学生”表与“课程”表之间的多对多永久关系。

一个学生可以选多门课程，一门课程也可以被多个同学选，所以“学生”表和“课程”表之间是多对多的关系。在这里我们通过“选课”表来完成“学生”表与“课程”表之间的多对多关系的创建。

操作步骤：

（1）在例 6.8 操作步骤的基础上，将“课程”表添加到“学生学籍.dbc”数据库中。

（2）将“课程”表按课程号设置为主索引或候选索引，将“选课”表按课程号设置为普通索引。

（3）用鼠标拖动主表（“课程”表）中的“课程号”字段到子表（“选课”表）中的“课程号”字段，然后放开，即在两张表间又建立了一个一对多的永久关系，此时“学生”表和“课程”表之间多对多的永久关系也建立好了，如图 6-19 所示。

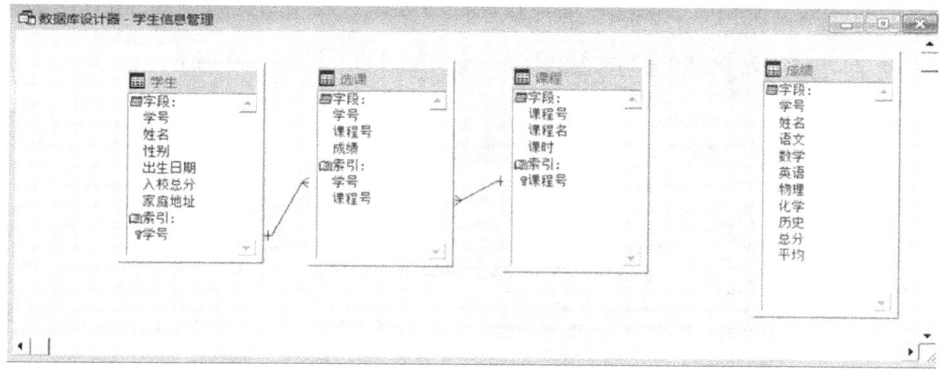

图 6-19　“学生”与“课程”表之间的多对多关系

注意：“学生”表与“课程”表之间的多对多关系实际是由“学生”表与“选课”表之间的一对多和“课程”表与“选课”表之间的一对多的两个永久关系组成。注意主表与子表的设置。

6.2.5 设置参照完整性

参照完整性是建立一组规则，当用户插入、更新或删除一个数据库表中的记录时，通过参照引用另一个与之有关系的数据库表中的记录来检查对当前表的数据操作是否正确。参照完整性分为更新、插入、删除规则。

要建立这些规则，应先建立数据库表之间的永久关系和清理数据库。

注意：当打开数据库时，选择“数据库”→“清理数据库”命令。如果当前没有打开数据库，则不会出现此命令。

1. 更新规则

更新规则为改动主表中的记录时，子表中的记录将如何处理的规则。更新规则的处理方式有级联、限制、忽略。

级联——用新的关键字值更新子表中的所有相关记录。

限制——若子表中有相关的记录存在，则禁止更新父表中连接字段的值。

忽略——不管子表中是否存在相关记录，都允许更新父表中连接字段的值。

2. 插入规则

当在子表中插入一个新记录或更新一个已存在的记录时，父表对子表的动作产生何种回应。回应方式有两种：限制和忽略。

限制——若父表中不存在匹配的关键字值，则禁止在子表中插入。

忽略——允许插入，不加干涉。

3. 删除规则

删除规则为当父表中的记录被删除时，如何处理子表的规则。删除规则分为：级联、限制、忽略。

级联——当父表中删除记录时，子表中所有相关记录都被删除。

限制——当父表中删除记录时，若子表中存在相关记录，则禁止删除。

忽略——删除父表中的记录时，不管子表是否存在相关记录，都允许删除主表中的记录。

例 6.10 如图 6-20 所示，创建学生、选课、课程三张表的参照完整性。当“学生”表中删除记录时，“选课”表如果有相应学生的选课记录，则禁止删除；当在“课程”表中修改课程号时，“选课”表中的课程号做相应的改动，那么在课程与选课表之间的更新规则应选为“级联”。

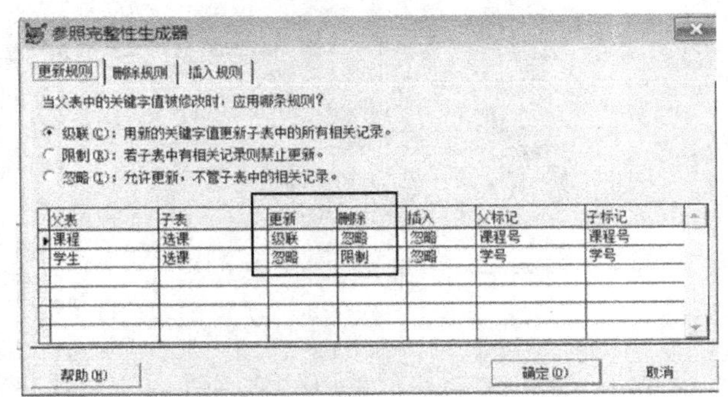

图 6-20 参照完整性设置

操作步骤：

（1）单击“数据库”→“清理数据库”命令清理数据库。

（2）从“数据库”菜单或快捷菜单中选择“编辑参照关系”命令，弹出如图 6-20 所示的对话框，在其中进行设置。

设置参照完整性后，不能再用 INSERT 和 APPEND 方便地插入记录和追加记录，以后只能用 SQL 的 INSERT 命令插入记录。

注意：所谓清理数据库，实际上就是物理删除数据库各个表中逻辑删除的记录。

6.3　视图

6.3.1　视图的概念

视图是从数据库表或视图中导出的“虚表”，视图本身不存放任何数据，它只存放生成这些数据的“定义”。视图是可更新的数据集合，视图兼有表和查询的特点：与查询相类似的地方是，可以用来从一个或多个相关联的表中提取有用信息；与表相类似的地方是，可以用来更新其中的信息，并将更新结果永久保存在磁盘上。视图建立后不以单独的文件存在，它存放在.dbc 文件中。视图既可以按需要查询一个或多个相关表中的数据，又可以更新所使用的基表的数据。

视图是数据库具有的一个特有功能，因此数据库打开时才可使用视图。视图只能创建在某个数据库中。可以使用本地表（自由表或数据库表均可）、其他视图、存储在服务器中的表或远程数据源创建视图，如从 Microsoft SQL Server 或 ODBC 中的数据创建视图，因此视图分为本地视图和远程视图。

本地视图是使用当前数据库中 Visual FoxPro 表建立的视图。远程视图是使用当前数据库之外的数据源创建的视图，如从已安装的 ODBC 数据源列表中选取的数据文件。

6.3.2　创建本地视图

本地视图所依赖的数据都是本地表或视图，创建本地视图可以用视图向导、视图设计器实现。

1．建立视图的方法

打开要创建视图的数据库，选择以下方法之一建立视图：

- 单击“文件”→“新建”命令或□按钮，在弹出的“新建”对话框中选择“视图”单选项，单击右侧的“新建文件”按钮，打开“视图设计器”。如果单击右侧的“向导”按钮，则可根据向导提示步骤进行“字段选取”、“为表建立关系”、“筛选记录”、“排序记录”、“完成”等操作。
- 在“项目管理器”中展开一个数据库，从中选择“本地视图”或“远程视图”，再单击“新建”按钮，即可选用向导或者视图设计器建立视图。
- 单击“数据库”→“新建本地视图”或“新建远程视图”命令，也可以用向导或视图设计器建立视图。
- 打开数据库设计器后右击，在弹出的快捷菜单中选择“新建本地视图”或“新建远程视图”命令创建视图。
- 在命令窗口中执行 CREATE VIEW 命令可以打开视图设计器。

- 用 SQL 语言中的 CREATE VIEW … AS …命令创建查询。

2. 视图设计器的使用

（1）视图设计器的“字段”选项卡。

如图 6-21 所示，在“字段”选项卡中可以指定查询要输出的字段、函数和表达式，方法是：从“可用字段”列表框中选定所需字段，然后单击“添加”按钮或直接双击，该字段便被添加到“选定字段”列表框中。如果需要将全部字段都被选为可查询输出字段，则可单击“全部添加”按钮。

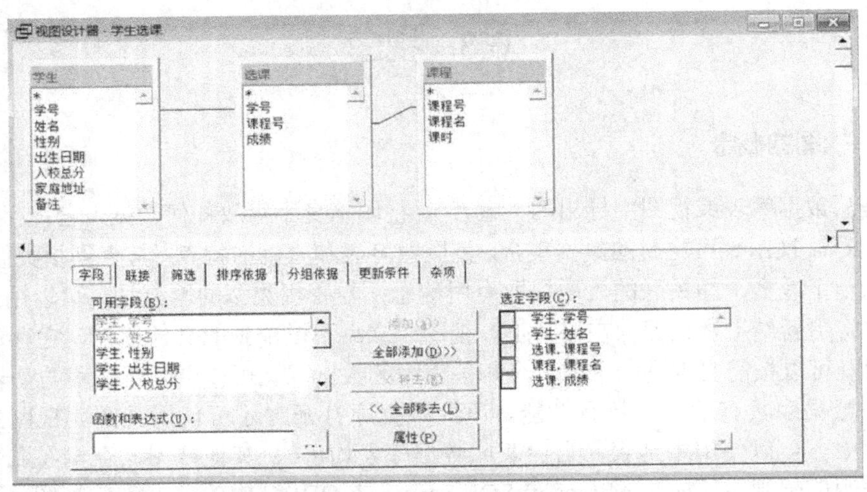

图 6-21 “字段”选项卡

单击“移去”按钮，可从“选定字段”列表框中移去所选字段。在“选定字段”列表框中，可以拖动字段左边的垂直双箭头来调整字段的输出顺序。

如果查询输出的不是单个字段信息，而是由字段构成的一个表达式，则可在“函数和表达式”文本框中输入一个相应的表达式，并为该表达式指定一个易于理解的别名。

（2）视图设计器的“联接”选项卡。

当一个查询是基于多个表时，这些表之间必须是有相同字段的，系统就是根据它们之间的联接条件来提取表中相关联的数据信息。联接条件的类型有以下 4 种：

- Inner Join（内部联接）：只返回完全满足联接条件的记录（系统默认类型）。
- Right Outer Join（右联接）：返回右侧表中的所有记录和左侧表中相匹配的记录。
- Left Outer Join（左联接）：返回左侧表中的所有记录和右侧表中相匹配的记录。
- Full Join（完全联接）：返回两个表中的所有记录的结果集。

如果在查询用到的多个数据库表之间建立过永久关系，查询设计器会将这种关系作为表间的默认联系自动提取联接条件，否则，在新建查询并添加一个以上的表时，系统会弹出“联接条件”对话框，让用户指定联接条件。

下面介绍“联接”选项卡（如图 6-22 所示）中各项的含义。

字段名：用于指定一个作为联接条件的父关联条件。

条件：用于指定一个运算符，比较联接条件左边和右边的值。

值：用于指定一个作为子关联的字段。

逻辑：用于指定各联接条件的关系，包含 AND 和 OR，系统默认逻辑关系为 AND。

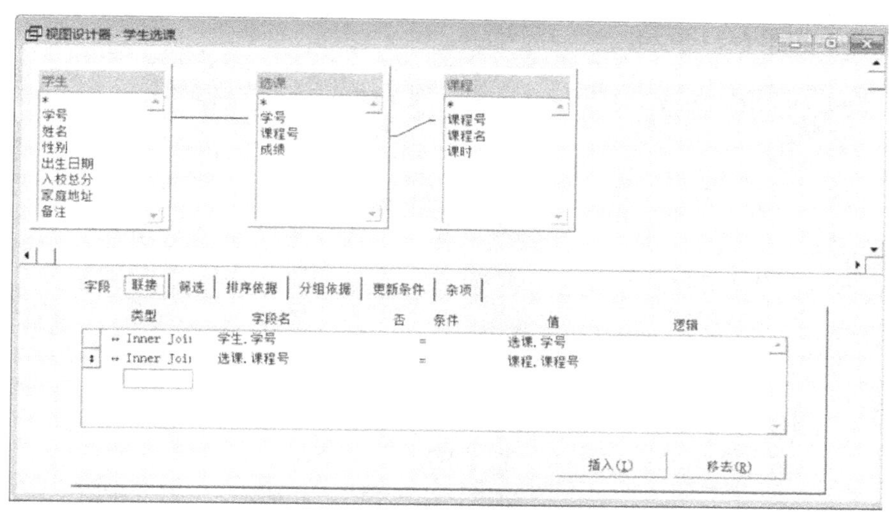

图 6-22　“联接”选项卡

（3）视图设计器的“筛选”选项卡。

查询通常是按某个或某几个条件来进行。在“筛选”选项卡中可以建立筛选条件，以选择查询的条件。如图 6-23 所示是查询“入校总分>=570”的学生的信息。

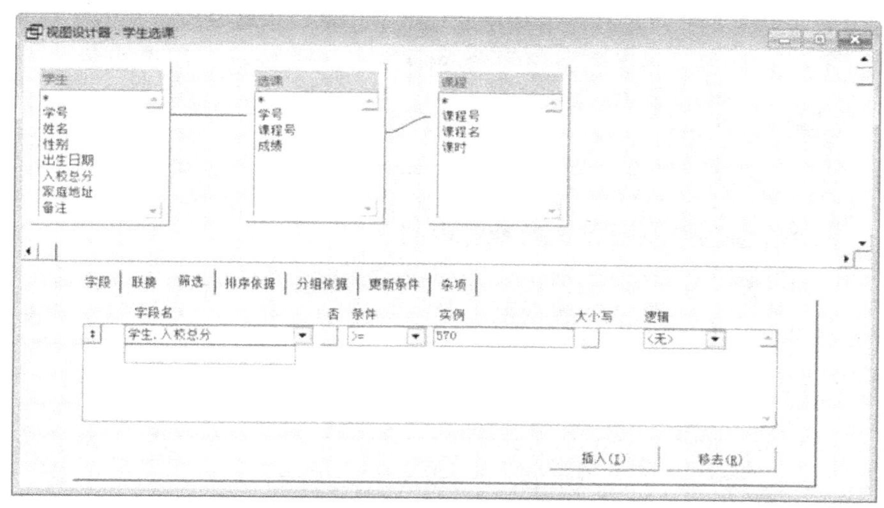

图 6-23　“筛选”选项卡

（4）视图设计器的“排序依据”选项卡。

为便于查看和管理，对于查询得到的数据可以按某种指定的顺序排列或分组排列。

在“排序依据”选项卡中，用户可以指定排序关键字段以及按升序或降序排列，我们设置“排序依据”为学号、升序，如图 6-24 所示。

注意：用户也可以指定两个以上的排序关键字。关键字在“排序条件”列表框中的先后顺序不同，其查询输出结果也不同。用户可以拖动字段左边的垂直双箭头来改变字段的排列顺序。

（5）视图设计器的“分组依据”选项卡。

分组依据就是对查询输出的结果按某字段中相同的数据来分组。我们设置“分组依据”为性别，若要对分组字段限定条件，可单击“满足条件”按钮，在“满足条件”对话框中输入要限定的条件，如图 6-25 所示。

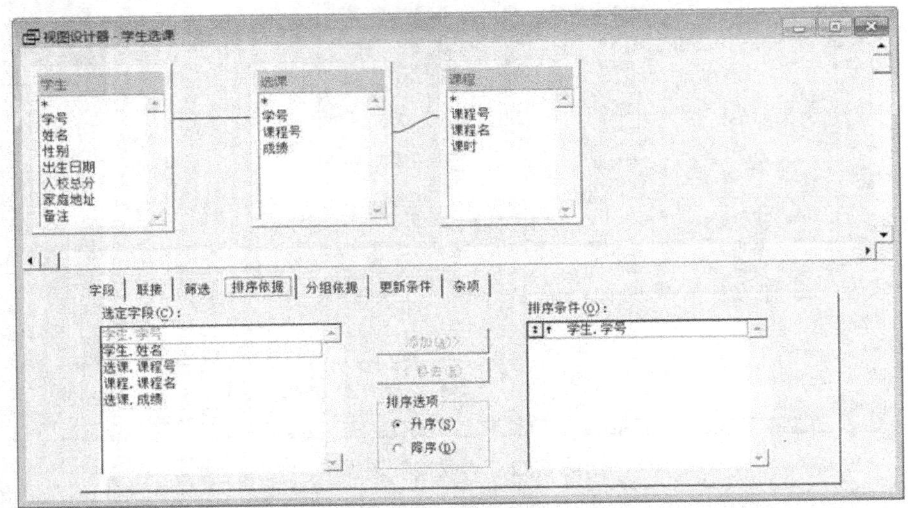

图 6-24 “排序依据”选项卡

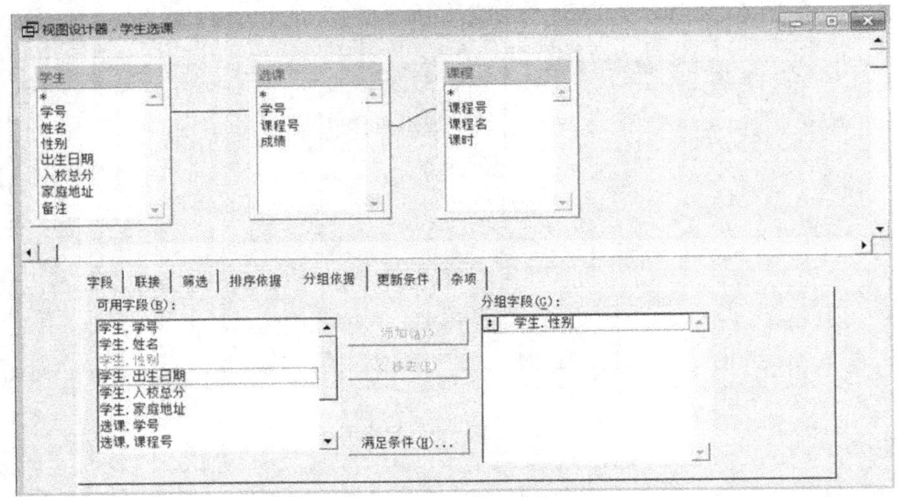

图 6-25 “分组依据”选项卡

（6）视图设计器的“更新条件”选项卡。

在“更新条件”选项卡中，用户可以设置更新属性，以便使用视图来更新数据源，如图 6-26 所示。

下面给出“更新条件”选项卡中各个菜单命令的含义。

表：指定视图可以更新的源表，系统默认可以更新“全部表”的相关字段（指在“字段”选项卡中选择的输出字段）。如果只允许更新上表的数据，则从下拉列表框中选择该表。

字段名：在“字段名”列表框中显示了可更新的源表中的所有相关字段。在字段名左边有两列标记：钥匙符和铅笔符，钥匙符表示该行的字段为关键字段，选取关键字段可使视图中修改的记录与表中的原始记录相匹配。如果源表中有一个主关键字段并且已被选为输出字段，则视图设计器将自动使用这个主关键字段作为视图的关键字段。铅笔符对应的对号表示该行的字段为可更新的字段。

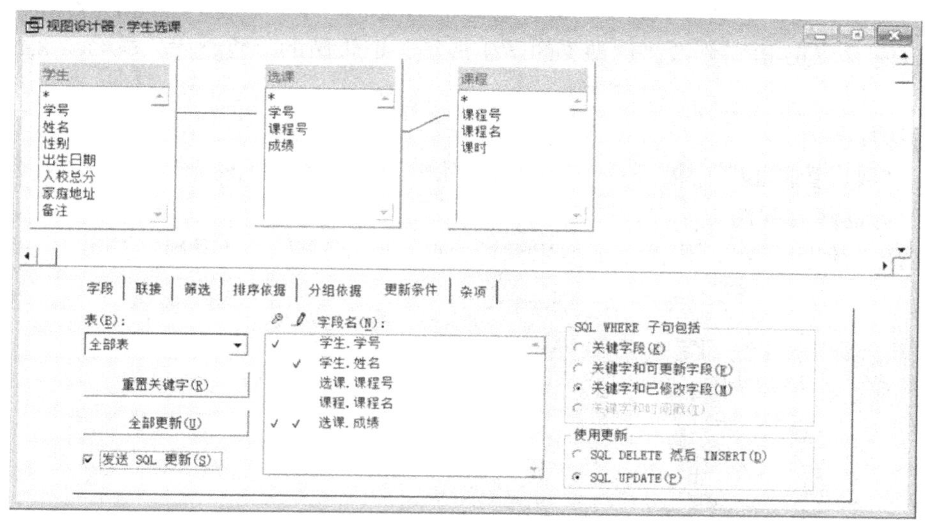

图 6-26　“更新条件”选项卡

重置关键字：可以在改变了关键字段后重新把它们恢复到源表中的初始设置。

全部更新：该按钮可以使表中的所有字段可更新（此时表中需要有已定义的关键字）。

发送 SQL 更新：将视图记录中的修改回送到源表（必须至少有一个关键字段）。

使用更新：用来设置当向源表发送 SQL 更新时的更新方式。一般选择 SQL UPDATE 方式，表示用视图中的更新结果来修改源表的记录。如果选中“SQL DELETE 然后 INSERT”方式，则表示先删除源表中被更新的原记录，再向源表插入更新后的新记录。

SQL WHERE：用来管理多用户访问同一数据时带来的记录更新问题。其工作方式是：记录被提取到视图中后有没有改变，如果数据源中的这些记录被修改，则不允许更新操作。

（7）视图设计器的“杂项”选项卡。

可以选择要输出的记录范围，系统默认将查询得到的结果全部输出，如图 6-27 所示。

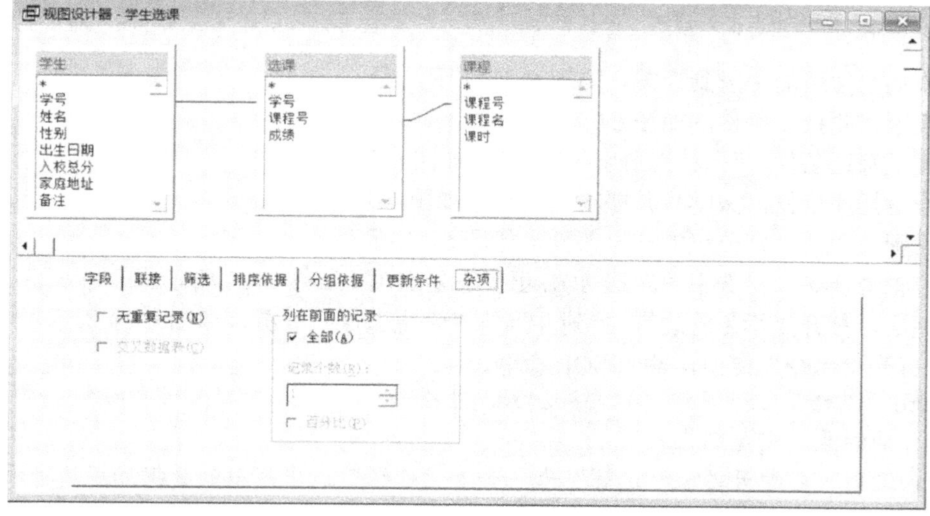

图 6-27　“杂项”选项卡

例 6.11 用视图设计器建立一个统计“入校总分”在 570 分以上（含 570 分）并按学生性别分组的学生选课信息视图，名为“学生选课”，建立的“学生选课”视图运行结果如图 6-28 所示。然后使用 SQL 语句修改“选课”的学生成绩，把张敏的“数据库”成绩由 88 分更新为 90 分。

操作步骤：

1）在“项目管理器”中展开一个数据库，从中选择“本地视图”，再单击“新建”按钮，选择视图设计器建立视图。

2）打开“数据环境”，依次添加要用到的“学生”、“选课”、“课程”三张表，如图 6-29 所示。

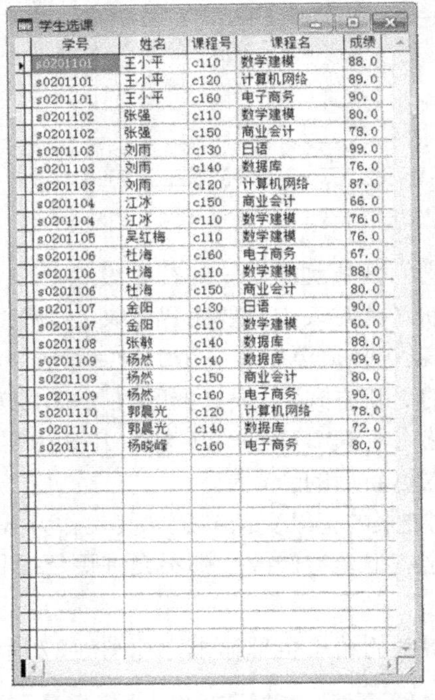

学生选课

学号	姓名	课程号	课程名	成绩
s0201101	王小平	c110	数学建模	88.0
s0201101	王小平	c120	计算机网络	89.0
s0201101	王小平	c160	电子商务	90.0
s0201102	张强	c110	数学建模	80.0
s0201102	张强	c150	商业会计	78.0
s0201103	刘雨	c130	日语	99.0
s0201103	刘雨	c140	数据库	76.0
s0201103	刘雨	c120	计算机网络	87.0
s0201104	江冰	c150	商业会计	66.0
s0201104	江冰	c110	数学建模	76.0
s0201105	吴红梅	c110	数学建模	76.0
s0201106	杜海	c160	电子商务	67.0
s0201106	杜海	c110	数学建模	88.0
s0201106	杜海	c150	商业会计	80.0
s0201107	金阳	c130	日语	90.0
s0201107	金阳	c110	数学建模	60.0
s0201108	张敏	c140	数据库	88.0
s0201109	杨然	c140	数据库	99.9
s0201109	杨然	c150	商业会计	80.0
s0201109	杨然	c160	电子商务	90.0
s0201110	郭晨光	c120	计算机网络	78.0
s0201110	郭晨光	c140	数据库	72.0
s0201111	杨晓峰	c160	电子商务	80.0

图 6-28 “学生选课”视图运行结果

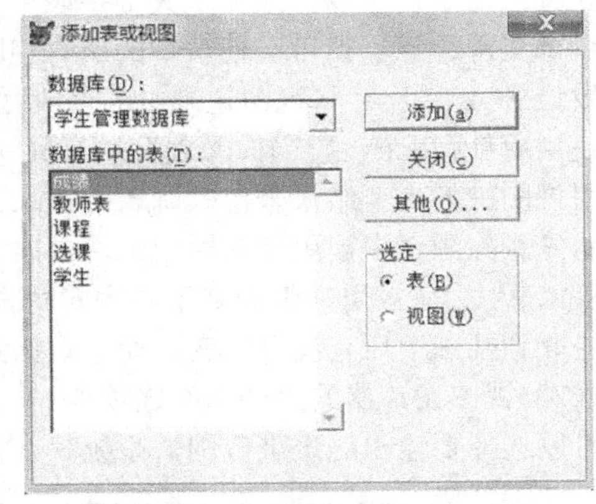

图 6-29 “添加表或视图”对话框

3）添加要使用的字段到视图，如图 6-21 所示。

4）设置“联接”条件，如图 6-22 所示。

5）设置筛选条件，“入校总分>=570 分”，如图 6-23 所示。

6）设置排序依据，按学号升序输出信息，如图 6-24 所示。

7）设置按学生性别分组的分组条件，如图 6-25 所示。

8）设置更新条件，选中“发送 SQL 更新”复选项，如图 6-26 所示。

9）完成，打开“学生管理”，找到并浏览“学生选课”视图，如图 6-28 所示。

10）打开“命令”窗口，输入 SQL 命令：

```
update 学生选课 set 成绩=90 where and 姓名="张敏"and 课程名="数据库"
```

11）完成修改，浏览结果。

注意：此时可以打开源表“选课”表，查看“选课”表中张敏的数据库成绩有没有更新。

6.4 查询

6.4.1 查询的概念

查询是从指定表或视图中提取所需的结果，按要求定向输出结果。使用查询可以方便地查询需要的数据，实现对数据库中数据的浏览、筛选、排序、检索、统计等操作。查询设计器是创建查询的可视化窗口。查询结果可以是一个类似于浏览表时看到的窗口形式，也可以是报表、表、标签和图表等形式。

6.4.2 创建查询

可以从“项目管理器”进入查询设计器，方法是：打开数据库，选择“查询”命令，单击“新建”按钮，弹出“新建”对话框，选择查询文件类型，单击“确定”按钮。“查询设计器”窗口如图 6-30 所示。

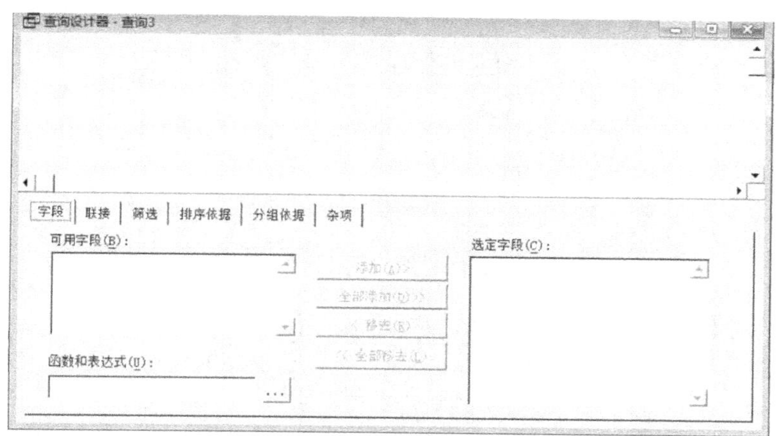

图 6-30 “查询设计器”窗口

进入查询设计器后，系统菜单中将添加一个“查询”菜单项，显示查询工具栏，同时“显示”菜单中的选项有所改变。

在设计器的上部显示的是在查询中用到的数据表，如果数据表间存在关联关系，将显示关联的直线。在设计器的下部有几个选项卡，可以分别对查询的字段、连接、筛选、排序依据、分组依据、杂项进行设置。

（1）设置数据环境。

打开“添加表或视图”对话框，添加查询要用到的数据库及数据库表或视图，如图 6-31 所示。

（2）“字段”选项卡。

通过查询设计器提供的“字段”选项卡可以指定查询的字段及函数和表达式，如图 6-32 所示。

“字段”选项卡中各选项的含义如下：

可用字段：在列表框中给出建立查询时所有可用的字段。

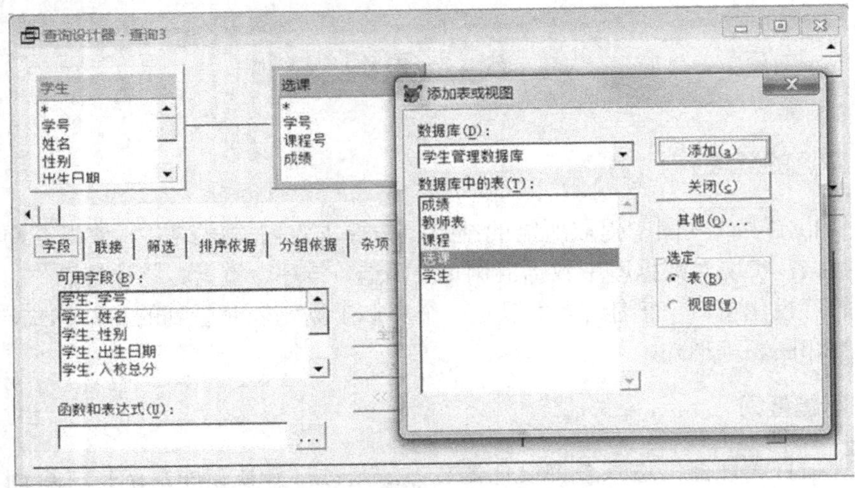

图 6-31　数据环境设置

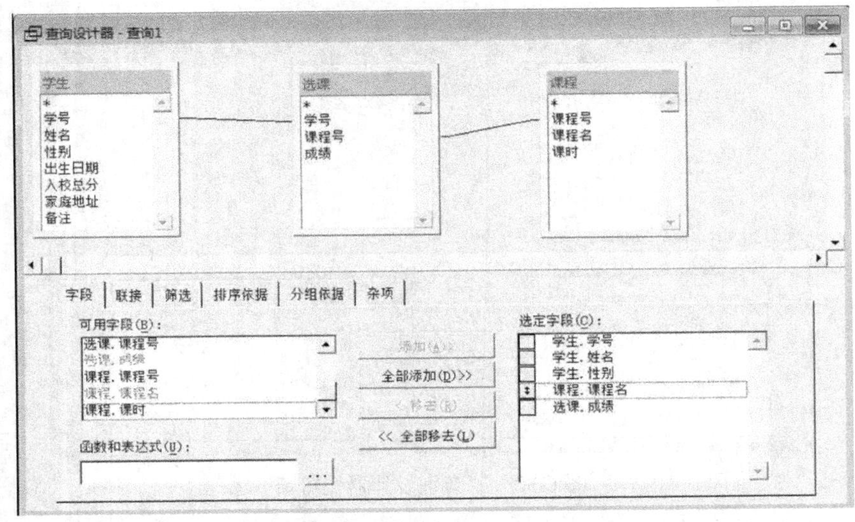

图 6-32　“字段”选项卡

函数和表达式：指定一个函数或表达式。可在文本框中直接输入，也可以单击文本框右边的按钮，在出现的表达式生成器对话框中对函数和表达式进行设定。

选定字段：列出在查询结果中出现的字段、函数和表达式，可以拖动字段左边的垂直双向箭头来调整字段的输出顺序。

“添加”按钮：从“可用字段”列表框或“函数和表达式”列表框中把选定项添加到“选定字段”列表框中。

“全部添加”按钮：把“可用字段”列表框中的所有字段添加到“选定字段”列表框中。

“移去”按钮：从“选定字段”列表框中移去所选项。

“全部移去”按钮：从“选定字段”列表框中移去所有选项。

（3）“联接”选项卡。

“联接”选项卡用来指定联接表达式，如果表之间已设置了联接，则不需要进行此项设置。如果表之间没有建立联接，将会出现“联接条件”对话框，如图 6-33 所示。

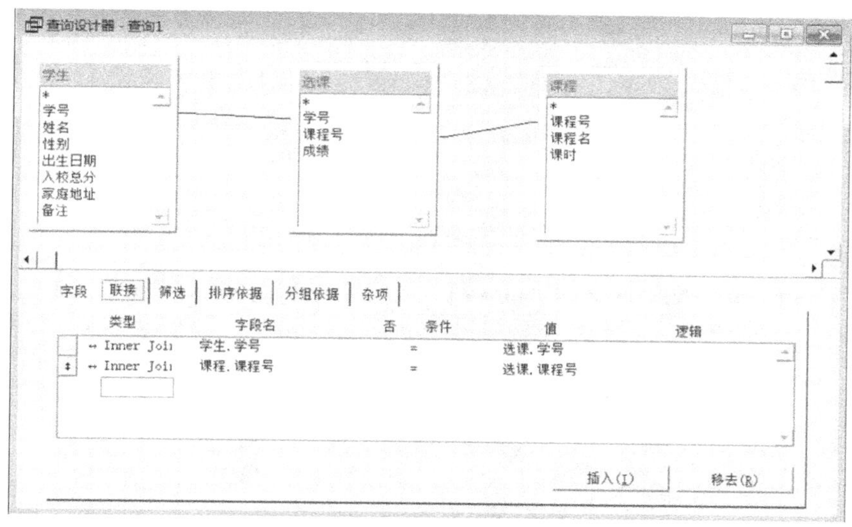

图 6-33 “联接”选项卡

“联接”选项卡中各选项的含义如下：

类型：指定联接的类型。默认联接类型是“内部联接”。

字段名：指定联接条件的第一个字段，可在下拉列表中进行选择。

否：排除与该条件相反的记录。

条件：指定比较类型。

其中“条件”选项的下拉列表框中可选择的命令如下：

- Equal(=)：指定字段与右边的值相等。
- Like：指定字段包含与右边的值相匹配的记录。
- Exactly Like(==)：指定字段必须与右边的值逐字符完全匹配。
- Great Than(>)：指定字段大于右边的值。
- Great Than or Equal To(>=)：指定字段大于或等于右边的值。
- Less Than(<)：指定字段小于右边的值。
- Less Than or Equal To(<=)：指定字段小于或等于右边的值。
- Is NULL：指定字段包含 NULL 值。
- Between：指定字段大于等于右边的低值并小于等于右边的高值。
- In：指定字段必须与右边用逗号相隔的几个值中的一个相匹配。

值：指定联接条件中的其他表和字段。

逻辑：在联接条件中添加 AND 或 OR 条件。

“插入”按钮：在选定联接条件之上添加一个空联接条件。

“移去”按钮：将所选定的联接条件删除。

（4）“筛选”选项卡。

在“筛选”选项卡中可以指定选择记录的条件，如图 6-34 所示。

“筛选”选项卡中各选项的含义如下：

字段名：指定用于筛选条件的字段名。

否：排除与该条件相匹配的记录。

条件：指定比较类型。

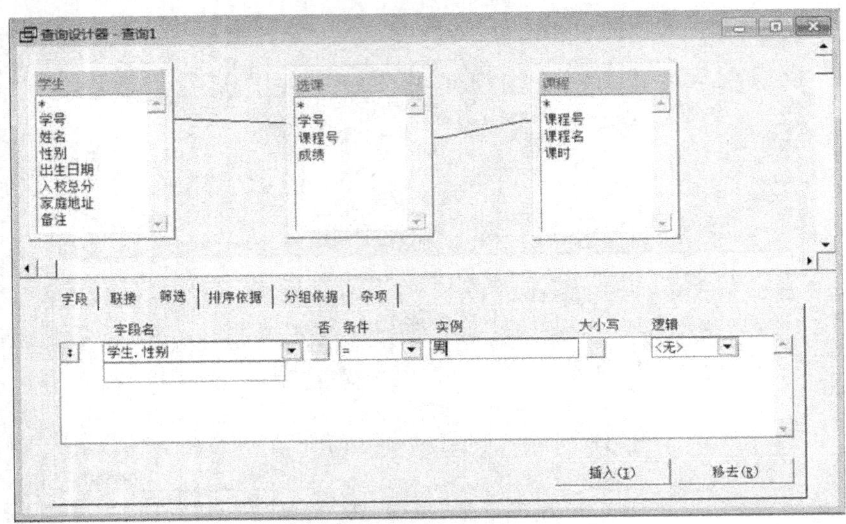

图 6-34 “筛选”选项卡

实例：指定比较条件。

大小写：指定在条件中是否与实例的大小写相匹配。

逻辑：在筛选条件中添加 AND 或 OR 条件。

“插入”按钮：在选定连接条件之上添加一个空的筛选条件。

“移去”按钮：将所选定的筛选条件删除。

（5）“排序依据”选项卡。

在“排序依据”选项卡中可以对输出的记录进行排序，如图 6-35 所示。

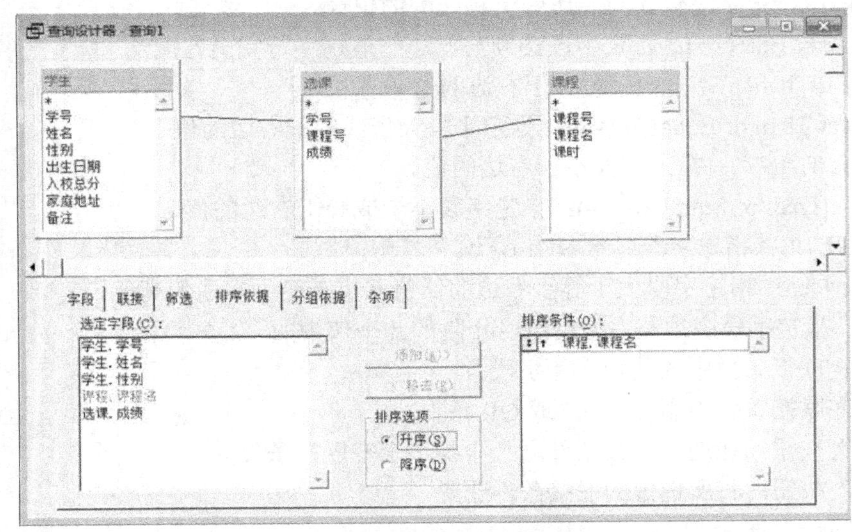

图 6-35 “排序依据”选项卡

“排序依据”选项卡中各选项的含义如下：

选定字段：在列表框中显示输出结果将出现的字段。

排序条件：指定用于排序的字段和表达式，显示在每个字段左侧的箭头指定升序（箭头向上）或降序（箭头向下）。移动垂直双向箭头可以更改字段的排序顺序。

升序：按选定项的值由小到大进行排序。

降序：按选定项的值由大到小进行排序。

“添加”按钮：将列表框选定的字段添加到“排序条件”框中。

“移去”按钮：从“排序条件”列表框中移去选定项。

（6）“分组依据”选项卡。

“分组依据”选项卡可以控制记录的分组，如图 6-36 所示。

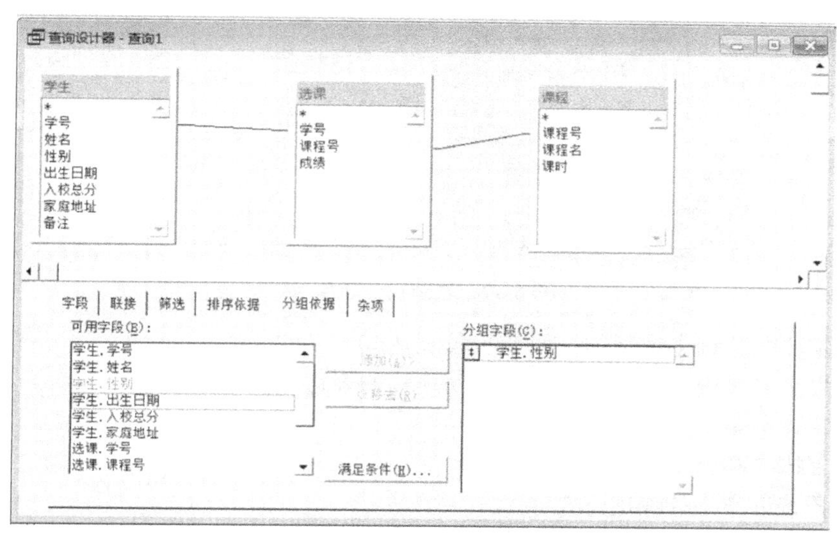

图 6-36 “分组依据”选项卡

“分组依据”选项卡中各选项的含义如下：

可用字段：列出查询表中全部可用的字段和表达式。

分组字段：列出对查询结果进行分组的字段或表达式。可以拖动字段左边的垂直双向箭头更改字段的顺序和分组的层次。

“添加”按钮：向“分组字段”列表框中添加选定项。

“移去”按钮：从“分组字段”列表框中移去选定项。

“满足条件”按钮：显示“满足条件”对话框，指定查询结果中各组应满足的条件。

（7）“杂项”选项卡。

“杂项”选项卡指定是否要对重复的记录进行检索，同时是否对记录的数量做限制，如图 6-37 所示。

“杂项”选项卡中各选项的含义如下：

无重复记录：是否允许有重复记录输出。

交叉数据表：将查询结果送往 Microsoft Graph、报表或一个交叉表格式的数据表中。

列在前面的记录：用于指定查询结果中出现的记录，可指定记录数或百分比。

6.4.3 使用查询

在 Visual FoxPro 中数据表的查询大部分都是通过查询设计器来完成的。使用“查询设计器”创建查询需要经过以下几个步骤：

（1）选择需要从中获取信息的表和视图。

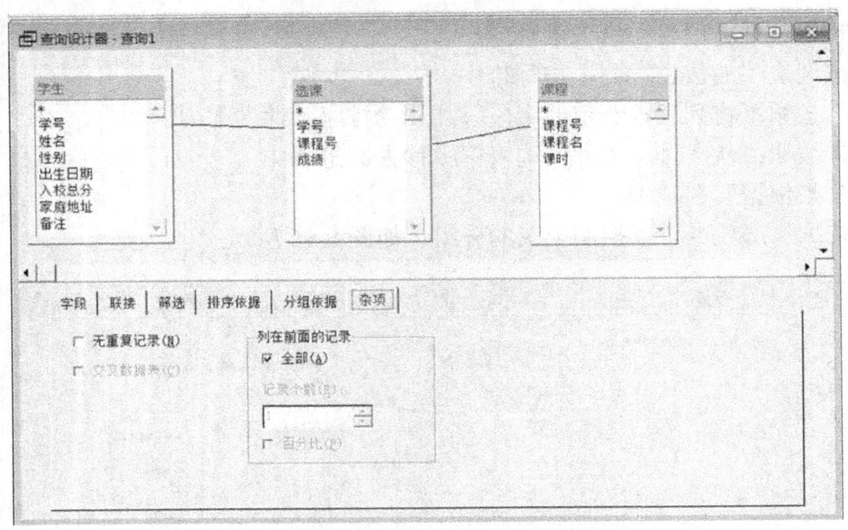

图 6-37 “杂项”选项卡

（2）决定要在查询中出现的字段或字段表达式。

（3）如果是多表查询，需要给出表之间连接的表达式。

（4）指定查询记录的选择条件。

（5）设置排序和分组的选项。

（6）选择查询结果的输出方式。

例 6.12 分课程查询班上所有男同学的考试成绩。其查询结果如图 6-38 所示。

建立“分课程查询成绩”步骤如下：

（1）在“项目管理器”中展开一个数据库后，从中选择“查询”，再单击“新建”按钮，选择查询设计器建立查询。

（2）打开“数据环境”，依次添加要用到的“学生”、“选课”、“课程”三张表，如图 6-39 所示。

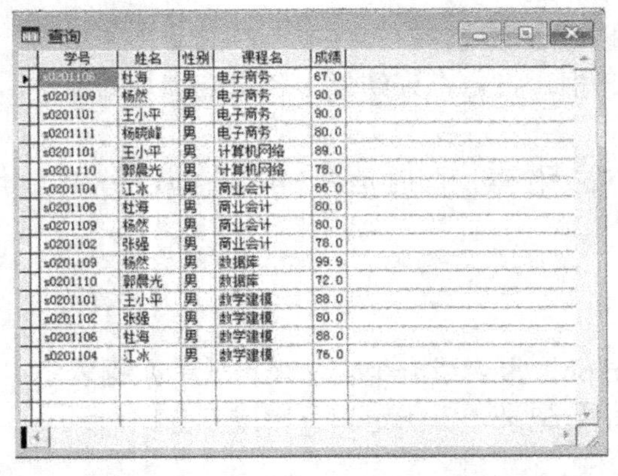

查询

学号	姓名	性别	课程名	成绩
s0201106	杜海	男	电子商务	67.0
s0201109	杨然	男	电子商务	90.0
s0201101	王小平	男	电子商务	90.0
s0201111	杨晓峰	男	电子商务	80.0
s0201101	王小平	男	计算机网络	89.0
s0201110	郭晨光	男	计算机网络	78.0
s0201104	江冰	男	商业会计	86.0
s0201106	杜海	男	商业会计	80.0
s0201109	杨然	男	商业会计	80.0
s0201102	张强	男	商业会计	78.0
s0201109	杨然	男	数据库	99.9
s0201110	郭晨光	男	数据库	72.0
s0201101	王小平	男	数学建模	88.0
s0201102	张强	男	数学建模	80.0
s0201106	杜海	男	数学建模	88.0
s0201104	江冰	男	数学建模	76.0

图 6-38 “分课程查询成绩”查询结果

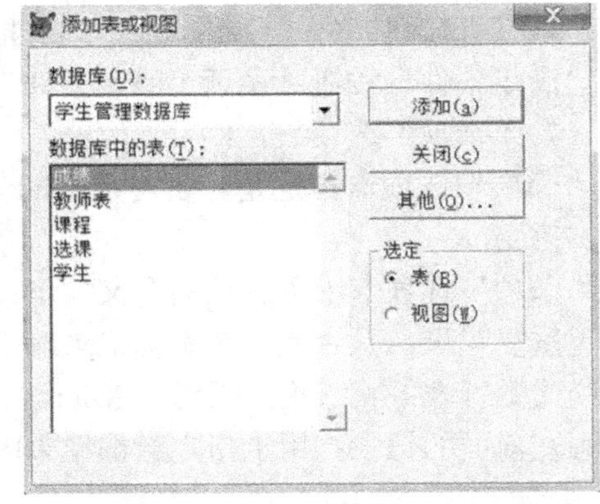

图 6-39 “添加表或视图”对话框

（3）添加要使用的字段到查询，如图 6-32 所示。

（4）设置“联接”条件，如图 6-33 所示。

（5）设置筛选条件，如图 6-34 所示。

（6）设置排序依据，按课程名升序输出信息，如图 6-35 所示。

（7）完成，打开“学生管理”，找到并浏览“分课程查询成绩”查询，如图 6-38 所示。

习题六

一、选择题

1．为了设置两个表之间的数据参照完整性，要求这两个表是（　　）。

A．一个自由表和一个数据库表　　B．两个自由表

C．两个数据库表　　D．没有限制

2．通过指定字段的数据类型和宽度来限制该字段的取值范围，这属于数据完整性的（　　）。

A．字段完整性　　B．域完整性

C．逻辑表达式　　D．参照完整性

3．在创建数据库表结构时，给该表指定了主索引，这属于数据完整性中的（　　）。

A．参照完整性　　B．实体完整性

C．域完整性　　D．用于定义完整性

4．Visual FoxPro 的“参照完整性”中的“插入规则”包括的选择是（　　）。

A．级联和忽略　　B．级联和删除

C．限制和忽略　　D．限制和删除

5．触发器是绑定在数据库表上的表达式，当表中的记录被指定的操作命令修改时，触发器被激活，其中触发器包括（　　）。

A．删除触发器　　B．级联触发器

C．更新触发器　　D．插入触发器

二、填空题

1．在 Visual FoxPro 中建立数据库文件时，数据库文件的扩展名是________。同时会建立一个扩展名为________的数据库备注文件和一个扩展名为________的数据库索引文件。

2．打开数据库设计器的命令是________。

3．数据库表之间的一对多联系可以通过主表的________索引和子表的________索引来实现。

4．在视图和查询中，利用________可以修改数据，利用________可以定向输出数据。

5．查询的设置保存在扩展名为________的查询文件中，而视图的定义则保存在________文件中。

三、问答题

1．什么是数据库？它有哪些特点？由哪些对象组成？

2．数据库表和自由表有哪些异同？

3．什么是视图？什么是查询？它们有哪些特点和区别？

第7章　结构化查询语言 SQL

知识结构图

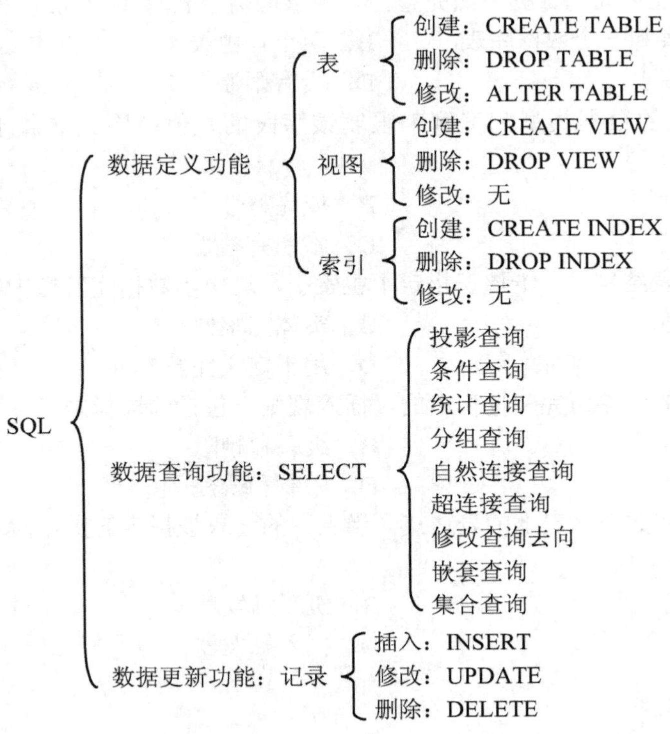

7.1　SQL 概述

7.1.1　SQL 语言简介

SQL（Structured Query Language）是结构化查询语言。它是一种数据库查询和程序设计语言，用于存取数据以及查询、更新和管理关系数据库系统。同时，SQL 也作为数据库脚本文件的扩展名。

SQL 语言结构简洁、功能强大、简单易学，自从 1981 年由 IBM 公司推出以来，SQL 语言得到了广泛应用。如今无论是像 Oracle、Sybase、DB2、Informix、SQL Server 等这些大型的数据库管理系统，还是像 Visual FoxPro、PowerBuilder 这些 PC 上常用的数据库开发系统，都支持 SQL 语言作为查询语言。

SQL 语言的版本包括 SQL-89、SQL-92、SQL-99。

7.1.2　SQL 语言的特点

（1）综合统一。

SQL 语言集数据定义（DDL）、数据操纵（DML）、数据管理（DCL）的功能于一体，语言风格统一，可以独立完成数据库的全部操作。SQL 语言能实现包括定义关系模式、录入数据、建立数据库的查询与更新、维护数据，以及数据库的重新构造、数据库安全性等一系列操作的要求，为数据库应用系统开发者提供了良好的环境。

（2）高度非过程化。

SQL 是非过程化语言，操作过程由系统自动完成。使用它进行数据操作时用户不需要了解存取和选择路径。

（3）面向集合的操作方式。

SQL 采用集合操作方式，所有的操作及查找结果都可以是元组。

（4）以同一种语法结构提供两种使用方式。

SQL 既是自含式语言，也是嵌入式语言。

（5）语言简洁，易学易用。

SQL 语言功能强大，用 9 个动词能完成数据定义、查询、操作等功能，使数据统计变得更方便、直观，如表 7-1 所示。

表 7-1　SQL 语言的 9 个动词

SQL 动词	对应的功能
SELECT	数据查询
CREATE、DROP、ALTER	数据定义
INSERT、UPDATE、DELETE	数据操纵
GRANT、REVOKE	数据控制

7.2　SQL 的数据定义功能

SQL 的数据定义功能包括定义表、视图和索引，如表 7-2 所示。

表 7-2　SQL 语句的数据定义

	创建	删除	修改
表	CREATE TABLE	DROP TABLE	ALTER TABLE
视图	CREATE VIEW	DROP VIEW	无
索引	CREATE INDEX	DROP INDEX	无

7.2.1　创建表

1. 创建表的基本命令

格式：CREATE TABLE <表名>(<字段名 1><字段类型>[(<宽度>[,<小数位数>])][,<字段名 2><字段类型>[(<宽度>[,<小数位数>])]]…)

功能：创建一张<表名>为名的表，并指定表中各字段的名字及类型。

说明：<字段类型>使用的格式如表 7-3 所示。

表 7-3 <字段类型>格式

字段类型	字段宽度	小数位数	说明
C(n)	n	-	字符型（Character），宽度为 n
N(n,d)	n	d	数值型（Numeric），宽度为 n，小数位为 d
F(n,d)	n	d	浮点型（Float），宽度为 n，小数位为 d
I	4	-	整数类型（Integer），系统默认宽度为 4
B(d)	n	d	双精度类型（Double），系统默认宽度为 8，小数位为 d
D	8	-	日期类型（Date），系统默认宽度为 8
T	8	-	日期时间类型（Date Time），系统默认宽度为 8
L	1	-	逻辑类型（Logical），系统默认宽度为 1
Y	8	-	货币类型（Currency），系统默认宽度为 8
M	4	-	备注类型（Memo），系统默认宽度为 4
G	4	-	通用类型（General），系统默认宽度为 4

例 7.1 创建新表“学生 1.dbf”，其结构与“学生.dbf”完全相同。

在命令窗口中输入如下命令：

```
CREATE TABLE 学生 1(学号 C(8),姓名 C(6),性别 C(2),出生日期 D,入校总分 N(5,1),家庭住址 C(10))
  LIST  STRUCTURE
```

2. 创建表的同时定义完整性规律

格式：CREATE TABLE <表名>(<字段名 1><字段类型>[(<宽度>[,<小数位数>])]
[NULL|NOT NULL][PRIMARY KEY][DEFAULT <表达式 1>][CHECK <逻辑表达式 1>] [ERROR <字符串表达式 1>][,<字段名 2><字段类型>[(<宽度>[,<小数位数>])]
[NULL|NOT NULL][PRIMARY KEY][DEFAULT <表达式 2>][CHECK <逻辑表达式 2>][ERROR <字符串表达式 2>],…)

功能：创建一张<表名>为名的表，并指定表中各字段的名字及类型，同时定义字段的完整性规律。

说明：[NULL]定义字段可以为空；[NOT NULL]定义字段不能为空；[PRIMARY KEY<表达式>]定义表的主索引；[DEFAULT<表达式>]定义字段的默认值，默认值的类型与字段类型相同；[CHECK<逻辑表达式>]定义字段的有效规律，必须是一个逻辑表达式；[ERROR<字符串表达式>]定义当表中的记录违反有效规则时系统提出的出错信息，必须是字符串表达式，字符串定界符不能省略。

例 7.2 利用 SQL 命令建立数据库“学生学籍.dbc”，其中包含“学生 2.dbf”，其结构与“学生.dbf”相同。其中，定义“学号”为主关键字。“性别”字段默认值为“男”，并且“性别”字段的有效规则只能输入“男”或“女”，违反规则，系统提示“请输入男或女”。

操作步骤：

（1）创建数据库。

```
CREATE DATABASE 学生学籍
```

（2）SQL 命令建立“学生 2.dbf”表。

```
CREATE TABLE 学生2(学号 C(8) PRIMARY KEY,姓名 C(6),性别 C(2) DEFAULT "男" CHECK(性别="男" OR 性别="女") ERROR "请输入男或女",出生日期 D,入校总分 N(5,1),家庭住址 C(10))
```

（3）查看数据库“学生学籍.dbc”，如图 7-1 所示。

```
MODIFY database 学生学籍
```

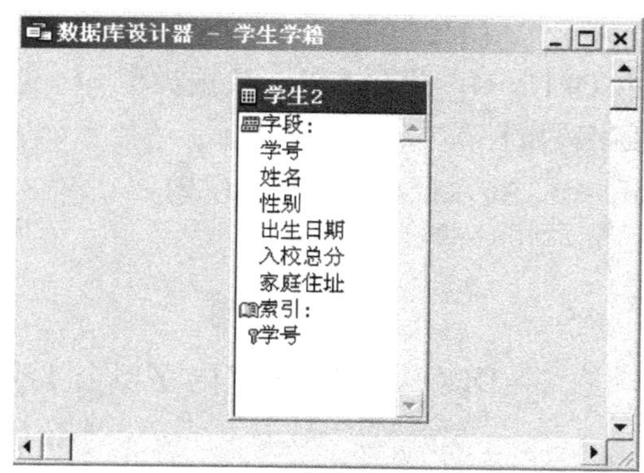

图 7-1　“学生学籍”数据库

（4）查看数据库表“学生 2.dbf”的表结构，如图 7-2 所示。

```
MODIFY STRUCTURE
```

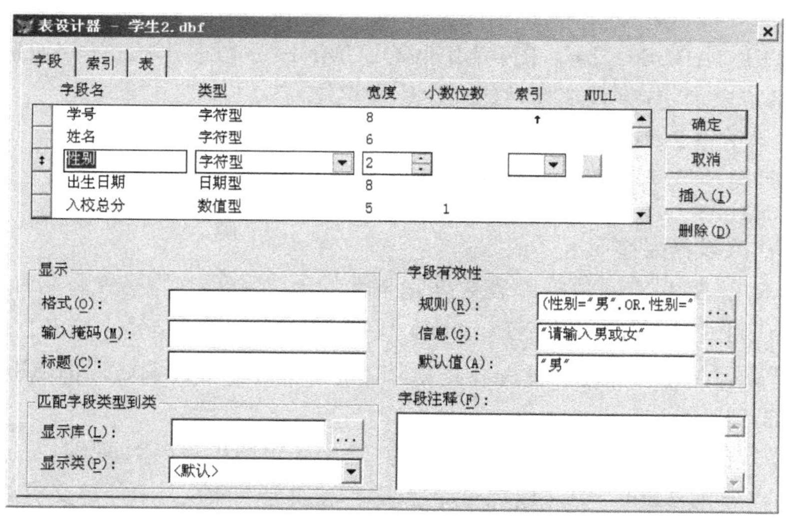

图 7-2　“学生 2”表结构

7.2.2　修改表结构

在 SQL 语句中，使用 ALTER TABLE 命令可以修改自由表和数据库表的结构，包括增加字段、修改字段的名称和数据类型、删除字段。对数据库表而言，使用 ALTER TABLE 命令还能实现增加、修改、删除数据完整性规则。

1．增加字段

格式：ALTER TABLE <表名> [ADD <新字段名 1><数据类型>[(<宽度>[,<小数位数>])]

[ADD <新字段名 2><数据类型>[(<宽度>[,<小数位数>])] …

功能：在指定表中增加新字段，并定义字段数据类型。

例 7.3 在“学生 2.dbf”中增加字段专业名称(C,10)和籍贯(C,8)。

```
ALTER  TABLE 学生 2 ADD 专业名称 C(10) ADD 籍贯 C(8)
LIST  STRUCTURE
```

2. 修改字段

格式：ALTER TABLE <表名> ALTER [COLUMN] <字段名 1><数据类型>[(<宽度>[,<小数位数>]) ALIER [COLUMN] <字段名 2><数据类型>[(<宽度>[,<小数位数>]) …

功能：在指定表中修改字段属性。

例 7.4 在“学生 1.dbf”中，将入校总分改成 N(7,2)。

```
ALTER  TABLE  学生 1  ALTER  入校总分 N(7,2)
LIST  STRUCTURE
```

3. 删除字段

格式：ALTER TABLE <表名> DROP [COLUMN] <字段名 1>[,DROP [COLUMN] <字段名 2>] …

功能：在指定表中删除指定的字段。

例 7.5 在“学生 1.dbf”中，删除“入校总分”字段。

```
ALTER  TABLE 学生 1 DROP 入校总分
LIST  STRUCTURE
```

4. 修改字段名

格式：ALTER TABLE <表名> RNAME [COLUMN] <字段名 1> TO <字段名 2>

功能：在指定表中将<字段名 1>修改成<字段名 2>。

例 7.6 在“学生 2.dbf”中，将“入校总分”改成“入校成绩”。

```
ALTER  TABLE  学生 2  RNAME  入校总分 TO 入校成绩
LIST  STRUCTURE
```

5. 定义和修改数据完整性

使用 ALTER TABLE 实现数据库表数据完整性的定义和修改的格式有两种。

格式 1：ALTER TABLE <表名> ADD [COLUMN] <字段名> [NULL | NOT NULL] [PRIMARY KEY][DEFAULT 表达式][CHECK 逻辑表达式][ERROR 样字符串表达式]

功能：在指定的数据库表中增加新字段，并定义新字段的完整性规则。

例 7.7 在“学生 2.dbf”中，增加一个字段“附加分”N(6,2)，并定义有效性规则是“附加分>0”并且“附加分<入校成绩”。

```
ALTER TABLE 学生 2 ADD 附加分 N(6,2) CHECK  附加分>0  AND  附加分<入校成绩 ERROR
"附加分必须在 0 和入校成绩之间"
```

格式 2：ALTER TABLE <表名> ALTER [COLUMN] <字段名> [NULL | NOT NULL] [PRIMARY KEY] [SET DEFAULT 表达式][SET CHECK 逻辑表达式][ERROR 样字符串表达式]

功能：在指定的数据库表中修改字段的数据完整性规则。

例 7.8 在“学生 2.dbf”中，设置字段“性别”的默认值为女。

```
ALTER TABLE 学生 2 ALTER 性别 SET DEFAULT "女"
```

7.2.3　删除表

格式：DROP TALBE <表名>

功能：删除指定表的结构和内容（包括在此表上建立的索引）。

说明：如果是数据库表，必须先打开相应的数据库。如果只是想删除一个表中的所有记录，则应使用 DELETE 语句。

例 7.9　删除数据库表。

```
OPEND DATABASE 学生学籍
DROP TABLE 学生2
```

7.2.4　视图的定义和删除

1．定义视图

格式：CREATE VIEW <视图名> AS SELECT 查询语句

功能：根据 SELECT 查询语句查询的结果定义一个视图，视图中的字段名将和 SELECT 查询语句中指定的字段名相同。

例 7.10　在数据库"学生学籍.dbc"中定义一个视图 myview，视图中包含男同学的学号、性别和出生日期。

```
OPEN DATABASE 学生学籍
CREATE VIEW myview AS SELECT 学号,姓名,性别,出生日期 FROM 学生 WHERE 性别="男"
```

2．查询视图

查询方法与查询表中的记录是一样的。

例 7.11

```
OPEN DATABASE 学生学籍
SELECT 学号,姓名,性别,出生日期 FROM myview
```

3．删除视图

格式：DROP VIEW <视图名>

功能：删除数据库中指定的视图。

例 7.12

```
OPEND DATABASE 学生学籍
DROP VIEW myview
```

7.3　SQL 的数据查询功能

数据查询是对数据库中的数据按指定的条件和顺序进行检索，在查询窗口中输出结果。数据查询是数据库的核心操作。在 SQL 语言中，查询语言只有一条查询命令，即 SELECT 语句。

7.3.1　基本查询语句

格式：SELECT [ALL|DISTINCT] <字段列表> FROM <表>

功能：无条件查询。

说明：[ALL|DISTINCT]中，ALL 表示显示全部查询记录，包括重复记录；DISTINCT 表示显示无重复结果的记录。没有选择此项系统默认 ALL。

例 7.13 观察比较下面两条语句的查询结果。

```
Select All 学号 from 选课
Select Distinct 学号 from 选课    && 比较结果如图 7-3 所示
```

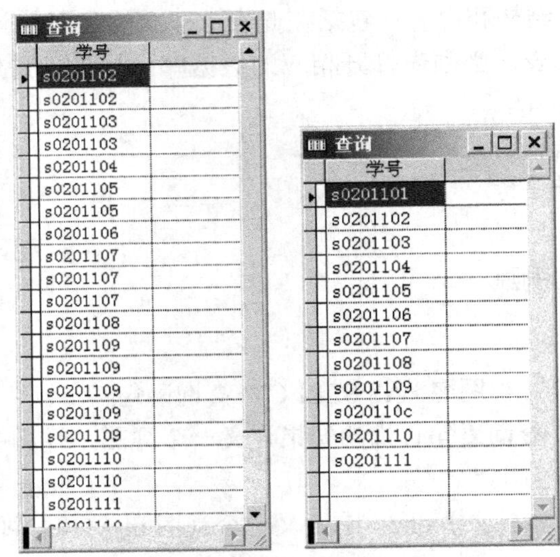

图 7-3 比较两条语句的查询结果

7.3.2 投影查询

投影查询指从表中查询全部列或部分列。

1. 查询部分字段

例 7.14 显示学生.dbf 中所有的学号及与之对应的姓名。

```
SELECT 学号,姓名 FROM 学生
```

2. 查询全部字段

例 7.15 显示学生.dbf 中的所有记录。

```
SELECT * FROM 学生    &&命令中的“*”表示输出显示所有的字段
```

3. 取消重复记录

例 7.16 显示学生.dbf 中所有的学号及与之对应的姓名，同时去除重名。

```
SELECT DISTINCT 学号,姓名 FROM 学生
```

4. 查询经过计算的表达式

例 7.17 显示“选课”表中的所有记录，并将成绩一项乘以 0.7。

```
SELECT 学号,课程号,成绩*0.7 AS 成绩 FROM 选课
```

7.3.3 条件查询

格式：SELECT [ALL|DISTINCT] <字段列表> FROM <表> [WHERE <条件表达式>]

功能：从一个表中查询满足条件的数据。

说明：<条件表达式>由一系列用 AND 或 OR 连接的条件表达式组成（常用运算符如表 7-4 所示），条件表达式的格式有以下几种：

- <字段名 1><关系运算符><字段名 2>
- <字段名><关系运算符><表达式>

- <字段名><关系运算符>ALL(<子查询>)
- <字段名><关系运算符> ANY|SOME(<子查询>)
- <字段名>[NOT] BETWEEN <起始值> AND <终止值>
- [NOT]　EXISTS (<子查询>)
- <字段名>　[NOT]　IN　<值表>
- <字段名>　[NOT]　IN　(<子查询>)
- <字段名>　[NOT]　LINK　<字符表达式>

表 7-4　<条件表达式>中的常用运算符及说明

运算符	说明
ALL	满足子查询中所有值的记录 语法：<字段> <比较符> ALL(<子查询>)
ANY	满足子查询中任意一个值的记录 语法：<字段> <比较符> ANY(<子查询>)
SOME	满足集合中的某一个值，功能和用法与 ANY 相同 语法：<字段> <比较符> SOME <字符表达式>
BETWEEN…AND…	字段的内容在指定范围内，包括上下限 语法：<字段> BETWEEN <下限> AND <上限>
EXISTS	测试子查询中查询结果是否为空，若为空，则返回.F. 语法：EXISTS(<子查询>)
IN	字段内容是否是结果集合或者子查询中的内容 语法：<字段> [NOT] IN <结果集合>　或者　<字段> [NOT] IN(<子查询>)
LIKE	对字符型数据进行字符串比较，提供两种通配符，即下划线“_”和百分号“%”，下划线表示 1 个字符，百分号表示 0 个或多个字符 语法：<字段> LIKE <字符表达式>

注意：SQL 支持的关系运算符有：=、<>、! =、#、==、>、>=、<、<=。

1. 比较大小

例 7.18　显示学生.dbf 中所有男生记录的学号、姓名和性别字段值。

```
SELECT  学号,姓名,性别 FROM 学生 WHERE 性别="男"
```

例 7.19　显示学生.dbf 中入校总分大于 570 分的所有记录的信息。

```
SELECT * FROM 学生 WHERE 入校总分>570
```

例 7.20　显示学生.dbf 中入校总分大于 570 分的所有男生记录的学号、姓名和性别字段值。

```
SELECT 学号,姓名,性别 FROM 学生 WHERE 性别="男".AND.入校总分>570
```

2. 确定范围

例 7.21　显示学生.dbf 中出生日期在 1985 年到 1987 年之间的学生的学号、姓名、出生日期。

```
SELECT 学号,姓名,出生日期 FROM 学生 WHERE 出生日期 BETWEEN {^1985-01-01}.AND.
{^1986-12-31}
```

3. 确定集合

例 7.22　显示学生.dbf 中学号为 s0201103、s0201108、s02011019 的记录。

```
SELECT * FROM 学生 WHERE 学号 IN("s0201303"," s0201208","s0201309")
```

4. 部分匹配

例 7.23 显示学生.dbf 中姓张的学生的学号、姓名、出生日期。

```
SELECT 学号,姓名,出生日期 FROM 学生 WHERE 姓名 LIKE "张%"
```

5. 涉及空值

例 7.24 显示课程表中课程名不为空的记录。

```
SELECT * FROM 课程 WHERE 课程名 IS NOT NULL
```

7.3.4 统计查询

在查询时，经常记录查询出来以后还需要通过计算输出计算结果。SQL 提供了许多统计函数，以增强查询的检索功能，如表 7-5 所示。

表 7-5 SELECT 语句中使用的函数

函数名称	功能
AVG	按列计算平均值
SUM	按列计算值的总和
COUNT	统计记录个数
MAX	求一列中的最大值
MIN	求一列中的最小值

注意： 函数中也可以使用 DISTINCT 或 ALL。如果使用 DISTINCT，则在计算时取消指定列中的重复值。如果不使用 DISTINCT 或 ALL，则取默认值 ALL，不取消重复值。

例 7.25 计算选课表中的最高成绩、最低成绩和平均成绩。

```
SELECT MAX(成绩) AS 最高成绩,MIN(成绩) AS 最低成绩,AVG(成绩) AS 平均成绩 FROM 选课
```

例 7.26 统计学生表中女同学的人数。

```
SELECT COUNT(*) AS 女生人数 FROM 学生 WHERE 性别="女"
&& COUNT(*) 用来统计记录的个数，不允许使用 DISTINCT 来消除相同的记录
```

7.3.5 分组查询

格式：SELECT [ALL | DISTINCT] <字段列表> FROM <表> [WHERE <条件>][GROUP BY <分类字段列表>…][HAVING <过滤条件>]

功能：分组查询指定表中满足条件的记录。

说明：GROUP BY <分类字段列表>表示查询结果可以按照某个字段值或多个字段值的组合进行分组。如果没有对查询结果分组，使用统计函数是对查询结果中的所有记录进行统计，否则使用统计函数是对相同分组的记录进行统计；HAVING <过滤条件>用来限定分组的条件，总是在 GROUP BY 子句后使用，不能单独使用。

例 7.27 从选课.dbf 中查询学生选修同一门课程的人数。

```
SELECT 课程号,COUNT(*) AS 选修该课程的人数 FROM 选课 GROUP BY 课程号
```

例 7.28 从选课.dbf 中查询学生选修同一门，并且人数大于等于三人的课程号和人数。

```
SELECT 课程号,COUNT(*) AS 选修该课程的人数 FROM 选课 GROUP BY 课程号 HAVING 选修该课程的人数>=3
```

7.3.6　查询的排序

格式：SELECT [ALL | DISTINCT] <字段列表> [TOP N [PERCENT]] FROM <表> [WHERE <条件>] [ORDER BY <查询列名 1> [ASC|DESC]][,<查询列名 2> [ASC|DESC]]…]

功能：查询结果按一个或多个查询列的升序或降序进行排序。

说明：TOP N [PERCENT]表示查询满足条件的前面部分的记录。其中 N 是数值表达式，如果没有[PERCENT]，数值表达式是 1～32767 之间的整数，表示前面 N 个记录；如果有[PERCENT]，数值表达式是 0.01～99.99 之间的实数，表示前面百分之 N 的记录。

ORDER BY <查询列名>中的<查询列名>可以是查询列也可以是查询列的序号。

没有[ASC|DESC]]选项，系统默认升序。

例 7.29　从学生.dbf 中查询入校总分大于等于 570 分的学生的学号、姓名、性别和入校总分，并将查询结果按入校总分降序排列。

```
SELECT 学号,姓名,性别,入校总分 FROM 学生 WHERE 入校总分>=570 ORDER BY 入校总分 DESC
```

例 7.30　从选课.dbf 中查询成绩大于等于 80 分的学生的学号、课程号和成绩，查询结果按学号的升序，学号相同按成绩降序排序。

```
SELECT  * FROM  选课 WHERE 成绩>=80 ORDER BY 学号,成绩 DESC
```

例 7.31　从学生表中查询总分最高的 3 个同学和总分最低的后 10%的同学。

```
SELECT  * TOP 3 FROM 学生 ORDER BY 入校总分  DESC
SELECT  * TOP 10 PERCENT FROM 学生 ORDER BY 入校总分
```

7.3.7　内连接查询

查询涉及到多个表时，称为连接查询。连接查询分为内连接查询和外连接查询。内连接查询指多个表中满足连接条件的记录才出现在结果表中的查询。

格式 1：SELECT <字段列表> FROM <表 1> [,<表 2>] [WHERE <连接条件>] AND <查询条件>

格式 2：SELECT <字段列表> FROM <表 1> [INNER] JOIN <表 2> ON <连接条件> [WHERE <查询条件>]

功能：根据<连接条件> 将表 1 和表 2 进行内部连接，查询满足<查询条件>的记录。

说明：常用的连接条件是：表 1.公共字段=表 2.公共字段。

[INNER] 可以省略。

例 7.32　从学生表和选课表中查询学号为 s0201107 或 s0201110 学生的选课情况及成绩，显示其学号、课程号和成绩。

```
*使用第一种格式
SELECT 学生.学号,选课.课程号,选课.成绩 FROM 学生,选课 WHERE 学生.学号=选课.学号 AND
(学生.学号="s0201107".OR.学生.学号="s0201110")    && 注意，AND()中的()不可少
*使用第二种格式
SELECT 学生.学号,选课.课程号,选课.成绩 FROM 学生 JOIN 选课 ON 学生.学号=选课.学号 WHERE
学生.学号="s0201107".OR.学生.学号="s0201110"
```

7.3.8　自连接查询

SQL 中支持一个表与自身进行连接，这种连接称为自连接查询。在自连接查询中必须将

表名定义为别名，在查询用到的字段前用别名进行限定。

定义表别名的语法：<表名>.<别名>

例 7.33 查询入校总分大于“江冰”的入校总分的学生的学号、姓名和入校总分。

```
SELECT a.学号,a.姓名,a.入校总分 FROM 学生 a ,学生 b WHERE a.入校总分>b.入校总分 and
b.姓名="江冰"
```

7.3.9 超连接查询

与内连接不同，它的查询结果首先包含一个表中满足查询条件的记录，然后将表中满足连接条件的记录和另一个表中的记录连接，不满足条件的记录设置为.NULL。

格式：SELECT <字段列表> FROM <表 1> <INNER|LEFT|RIGHT|FULL> JOIN <表 2> ON <连接条件> WHERE <查询条件>

功能：将表 1 和表 2 进行连接，再查询满足条件的记录。

说明：INNER 是内连接；LEFT 是左连接，查询结果包括<表 1>中所有满足<查询条件>的记录和<表 2>中满足<查询条件>及<连接条件>的记录并接成的记录，<表 2>中不满足<连接条件>的记录设置为.NULL；RIGHT 是右连接，查询结果包括<表 2>中所有满足<查询条件>的记录和<表 1>中满足<查询条件>及<连接条件>的记录并接成的记录，<表 1>中不满足<连接条件>的记录设置为.NULL；FULL 是全连接。查询结果包括<表 1>中满足<查询条件>的记录和<表 2>中满足<查询条件>的记录并接成的记录，<表 1>中不满足<连接条件>的记录设置为.NULL，<表 2>中不满足<连接条件>的记录设置为.NULL。

例 7.34 查询学号大于等于 s0201105 的学生的选课信息，要求查询学号、姓名、性别、课程号和成绩。（内连接）

```
SELECT 学生.学号,学生.姓名,学生.性别,选课.课程号,选课.成绩 FROM 学生 INNER JOIN 选课
ON 学生.学号=选课.学号 WHERE 学生.学号>="s0201105"
```

例 7.35 查询学号大于等于 s0201105 的学生的选课信息，要求查询学号、姓名、性别、课程号和成绩，对于没有选课信息的学生也要求显示以上信息。（左连接）

```
SELECT 学生.学号,学生.姓名,学生.性别,选课.课程号,选课.成绩 FROM 学生 LEFT JOIN 选课 ON
学生.学号=选课.学号 WHERE 学生.学号>="s0201105"
```

例 7.36 查询教师号大于等于 t6004 且担任了课程的教师记录，要求查询教师号、姓名、性别、职称和课程号，对于没有担任课程的教师也要求显示以上信息。（右连接）

```
SELECT 教师.教师号,教师.姓名,教师.性别,教师.职称,授课.课程号 FROM 授课 RIGHT JOIN 教
师 ON 教师.教师号=授课.教师号 WHERE 教师.教师号="t6004"
```

7.3.10 修改查询去向

格式：SELECT [ALL | DISTINCT] <字段列表> FROM <表> [WHERE <条件>] [INTO<目标> |TO FILE<文件名>|TO SCREEN| TO PRINTER]

功能：设置 SQL 语句输出去向。

说明：默认 SQL 语句的输出去向是在浏览窗口中显示查询结果。

命令 INTO <目标>子句中的<目标>可以是：

- ARRAY 数组名：将查询结果保存到一个数组中。
- CURSOR<临时表名>：将查询结果保存到一个临时表（只读的.dbf 文件）中。关闭查询相关的表文件，该临时文件自动删除。

- DBF|TABLE <表名>：将查询结果保存到一个永久表中。

TO FILE<文件名>[ADDITIVE]：将查询结果保存到文本文件中。如果带 ADDITIVE 关键字，查询结果以追加方式添加到<文件名>指定的文件，否则以新建或覆盖方式添加到<文件名>指定的文件。

TO SCREEN：将查询结果在屏幕上显示。

TO PRINTER：将查询结果送打印机打印。

例 7.37　显示选修了 c110 课程而没有选修 c120 课程的学生的名单，查询结果保存到 aaa.txt 文本文件中。

```
SELECT 学生.学号,学生.姓名 FROM 学生 WHERE 学生.学号=选课.学号 and 选课.课程号="c110"
AND学生.学号 NOT IN(SELECT选课.学号  FROM  选课  WHERE选课.课程号="c120")TO FILE aaa
```

7.3.11　嵌套查询

在 SQL 语句中，一个 SELECT－FROM－WHERE 语句称为一个查询块。将一个查询块（子查询）嵌套在另一个查询块的 WHERE 条件或 HAVING 子句的条件中的查询称为嵌套查询或子查询。

例 7.38　显示与“江冰”相同性别的学生的名单。

```
SELECT 学号,姓名 FROM 学生 WHERE 性别=(SELECT 性别 FROM 学生  WHERE 姓名="江冰")
```

例 7.39　显示既选修了 c110 课程又选修了 c120 课程的学生的名单。

```
SELECT 学生.学号,学生.姓名 FROM 学生 WHERE 学生.学号=选课.学号 and 选课.课程号="c110"
AND 学生.学号 NOT IN(SELECT 选课.学号 FROM 选课 WHERE 选课.课程号="c120")
```

7.3.12　集合查询

SQL 中的集合查询是指，将多个 SELECT 命令的查询结果合并成一个查询结果。这种集合的并操作是由 UNION 子句实现的，该子句要求参加操作的各个查询结果的字段数目必须相同，对应的数据类型也必须相同。

格式：<SELECT 命令> UNION [ALL] <SELECT 命令>

功能：合并多个 SELECT 语句的查询结果。

说明：使用[ALL]表示结果全部合并。不使用[ALL]，则重复的记录将被自动取掉。

合并的规则是：

- 不能合并子查询的结果。
- 两个 SELECT 命令必须输出同样的列数。
- 两个表相应列的数据类型必须相同，数字和字符不能合并。
- 仅最后一个 SELECT 命令中可以用 ORDER BY 子句，且排序选项必须用数字说明。

例 7.40　查询选修了 c110 或 c160 课程的学生的学号、姓名。

```
SELECT 选课.学号,学生.姓名 FROM 选课,学生 WHERE 选课.学号=学生.学号 AND 选课.课程号=
"c110"UNION SELECT 选课.学号,学生.姓名 FROM 选课,学生 WHERE 选课.学号=学生.学号 AND
选课.课程号="c160"
```

7.4　数据的操纵功能

数据操纵语言一般由 INSERT（插入）、UPDATE（修改）、DELETE（删除）语句组成。

7.4.1 插入记录

格式 1：INSERT INTO <表名> [<字段名表>] VALUES(<表达式表>)

格式 2：INSERT INTO <表名> FROM ARRAY <数组名>|FROM MEMVAR

功能：在指定的表文件末尾追加一条记录。[格式 1]用<表达式表>中的各表达式的值赋值给<字段名表>中相应的各个字段。[格式 2]用数组或内存变量的值赋值给表文件中的各个字段。

说明：如果某些字段名在 INTO 子句中没有出现，则新记录在这些字段名上将取空值（或默认值）。但必须注意的是，在表定义说明了 NOT NULL 的字段名不能取空值。

<字段名表>：指定表文件中的字段，缺省时，按表文件字段的顺序依次赋值。

<表达式表>：指定要追加的记录各个字段的值。

例 7.41 在学生.dbf 的末尾追加一条记录。

```
*用表达式方式追加记录
INSERT  INTO  学生(学号,姓名,性别,出生日期,入校总分,家庭地址)  VALUES  ("s0201111",
"李建国","男",{^1995/09/28},573,"成都玉林路")

*用数组方式追加记录
DIMENSION DATA(6)
DATA(1)="s0201111"
DATA(2)="李建国"
DATA(3)="男"
DATA(4)={09/28/95}
DATA(5)=573
DATA(6)="成都玉林路"
INSERT  INTO  学生  FROM  ARRAY  DATA

*用内存变量方式追加记录
学号="s0201111"
姓名="李建国"
性别="男"
出生日期={09/28/95}
入校总分=573
家庭地址="成都玉林路"
INSERT  INTO  STUD  FROM  MEMVAR
```

7.4.2 修改记录

格式：UPDATE <表文件名> SET <字段名 1>=<表达式>[,<字段名 2>=<表达式>…]
[WHERE <条件>]

功能：修改指定表文件中满足 WHERE 条件子句的数据。

说明：SET <字段名>=<表达式>，用于指定列和修改的值；WHERE <条件>，用于指定满足条件的记录，如果省略 WHERE <条件>子句，则表示表中所有记录。

例 7.42 将选课.dbf 中所有课程号为 c110 的成绩各加 5 分。

```
UPDATE 选课 SET 成绩=成绩+5 WHERE 课程号="c110"
```

7.4.3　删除记录

格式：DELETE FROM <表名> [WHERE <表达式>]

功能：从指定的表中删除满足 WHERE 子句条件的所有记录。如果在 DELETE 语句中没有 WHERE 子句，则该表中的所有记录都将被删除。

说明：如果省略 WHERE <表达式>，则该表中的所有记录都将被删除。注意，这里的删除是指逻辑删除，即在删除的记录前加上一个删除标记“*”。

例 7.43　删除学生.dbf 中所有性别为男的记录。

```
DELETE FROM 学生 WHERE 性别="男"
```

习题七

一、选择题

1．数据库等级考试.dbf 中有“学生”和“成绩”两个数据表：学生（考号 C(6)，姓名 C(6)，性别 C(2)，党团员 L）和成绩（考号 C(6)，笔试成绩 N(3)，设计成绩 N(3)，总分 N(5,1)）。

程序如下：

```
SELECT  TOP 3 学生.考号,学生.姓名,学生.性别,成绩.总分;
FORM 等级考试!学生,成绩 ORDER BY 总分 WHERE  学生.考号=成绩.考号
```

（1）程序的功能是（　　）。

A．查询学生信息，并按总分升序排序

B．查询学生信息，并按总分降序排序

C．查询总分前三名的学生信息，并按总分降序排序

D．查询总分后三名的学生信息，并按总分升序排序

（2）去掉程序中的语句“ORDER BY 总分”，程序运行结果（　　）。

A．不变　　B．改变　　C．不可运行　　D．查询结果不排序

（3）SELECT 后的“学生.考号,学生.姓名,成绩.总分”所对应关系操作是（　　）。

A．投影　　B．连接　　C．选择　　D．合并

2．SELECT SB.名称 AS 设备名,SB.启用日期 FROM SB WHERE YEAR(SB.启用日期)>=1995

（1）程序完成的功能是（　　）。

A．查询 SB.dbf 中 1995 年启用的设备与日期

B．查询 SB.dbf 中 1995 年以前启用的设备与日期

C．查询 SB.dbf 中 1995 年以后启用的设备与日期

D．以上命令有错，不能实现查询

（2）命令中的 AS 设备名，表示（　　）。

A．当前表文件的别名　　B．保存设备名

C．为查询结果命名　　D．为查询结果的列名重新命名

（3）如果将 SQL 命令改写为：SELECT SB.名称,SB.启用日期 FROM SB WHERE SB.启用日期=1995，程序完成的功能是（　　）。

A．查询 SB.dbf 中 1995 年启用的设备名称与日期

B．查询 SB.dbf 中 1995 年以前启用的设备名称与日期

C．查询 SB.dbf 中 1995 年以后启用的设备名称与日期

D．以上命令有错，不能实现查询

3．有数据表 Book1.dbf 和 Book2.dbf，阅读程序：

Book1

部门号	部门名称
40	家用电器部
10	电视录摄像机部
20	电话手机部
30	计算机部

Book2

部门号	商品号	商品名称	单价	数量	产地
20	0110	A牌电话机	200.00	50	深圳
20	0112	B牌手机	2000.00	10	广东
40	0202	A牌电冰箱	3000.00	2	福建
30	1041	B牌计算机	6000.00	10	广东
30	0204	C牌计算机	10000.00	10	上海

```
Clear all
SELECT Book2.部门号,Book1.部门名称,Book2.商品名称,Book2.单价,Book2.数量,Book2.产地 From Book1 inner join Book2 On Book1.部门号=Book2.部门号 Order by Book2.单价 descInto table temp1
Update temp1 set 单价=单价*0.98 Where 单价>=3000
Sele 部门名称,商品名称,数量,单价,产地 From temp1 where 单价>=3000 order by 单价 desc
```

（1）temp1 中末记录对应的部门名称是（　　）。

A．家用电器部　　B．电视录摄像机部

C．电话手机部　　D．计算机部

（2）程序最末一条命令产生的结果中，排在最后的记录对应的产地是（　　）。

A．上海　　B．广东　　C．福建　　D．深圳

（3）temp1 是（　　）。

A．磁盘文件 temp1.dbf　　B．系统临时表

C．屏幕映像　　D．报表文件

4．现有如下数据表文件，执行 SQL 查询命令后请选择正确的结果。

stock

股票代码	股票名称	单价	交易所
700701	清华同方	14.20	上交所
000003	深科技	20.10	深交所
700703	泸天化	10.50	上交所
000004	深发展	15.50	深交所
700705	广电电子	7.80	上交所
000010	万科房产	31.00	深交所

（1）执行“SELECT * FROM STOCK INTO DBF STOCK ORDER BY 单价”后，（　　）。

A．会产生一个按“单价”升序排列的文件，将原来的 stock 文件覆盖

B．会产生一个按“单价”降序排列的文件，将原来的 stock 文件覆盖

C．不产生排列文件，只在屏幕上显示按“单价”升序排序结果

D．系统会提示出错信息

（2）执行“SELECT * FROM STCOK WHERE 单价 BETWEEN 15.00 AND 25.00”，与该语句等价的是（　　）。

A．SELECT * FROM STCOK WHERE 单价<=15.00 AND 单价>=25.00

B．SELECT * FROM STCOK WHERE 单价<15.00 AND 单价>25.00

C．SELECT * FROM STCOK WHERE 单价>15.00 AND 单价<25.00

D．SELECT * FROM STCOK WHERE 单价>=15.00 AND 单价<=25.00

（3）执行“SELECT MAX(单价) INTO ARRAY K FROM STOCK”后，（　　）。

A．K(1) 的内容是 31.00　　B．K(1) 的内容是 7.80

C．K(0) 的内容是 31.00　　D．K(0) 的内容是 7.80

二、简答题

1．SQL 语句有什么特点，包含哪些功能？

2．利用 SQL 语句如何创建表、修改表结构、添加和删除字段？

3．利用 SELECT 语句进行条件查询时，WHERE 子句中可以使用哪些运算符？

4．统计查询能使用哪些库函数？

5．插入、更新一条记录分别使用什么命令实现？

第 8 章　程序设计基础

知识结构图

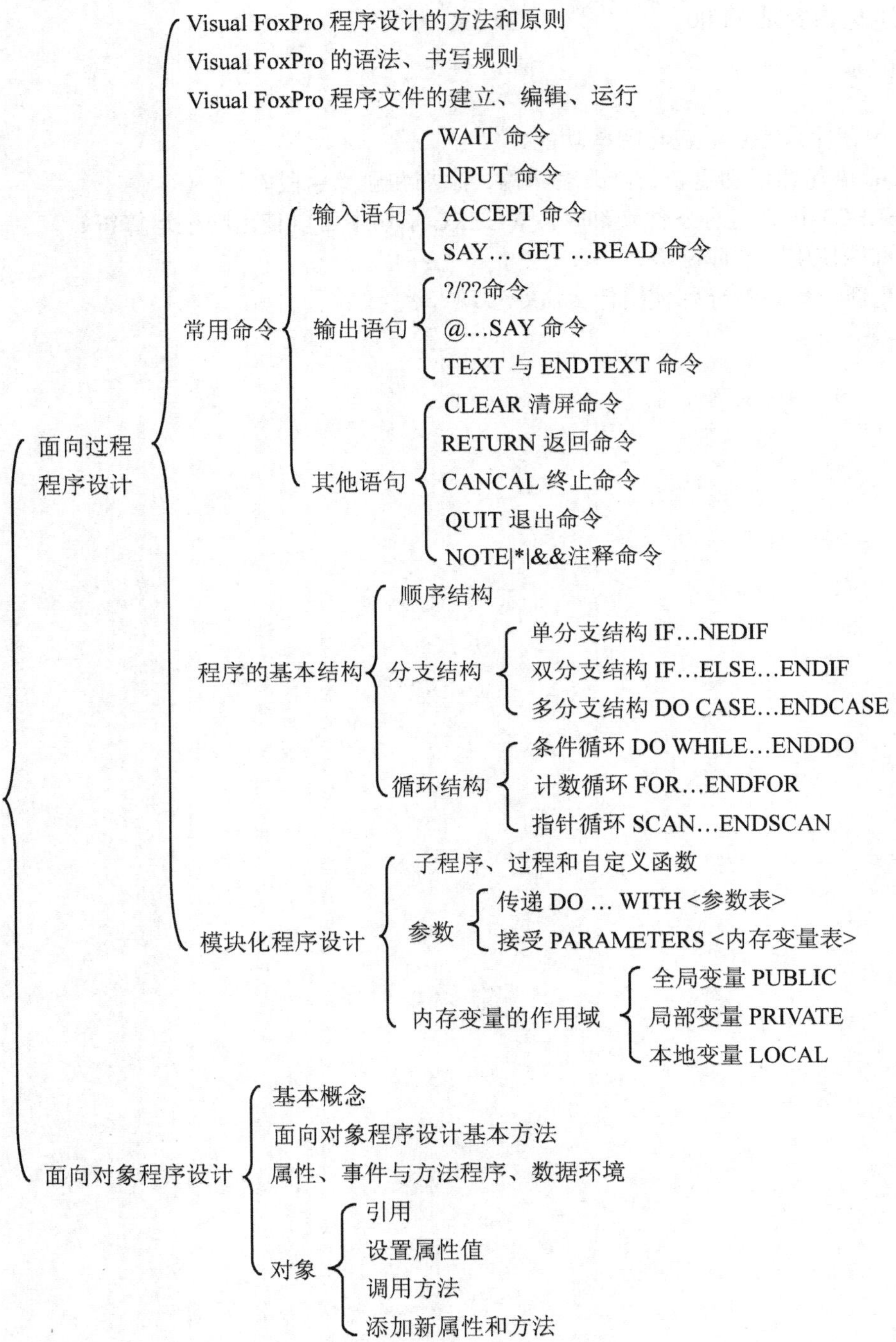

8.1 面向过程程序设计

程序设计包括两种：面向过程程序设计和面向对象程序设计。

面向过程（Procedure Oriented）是一种以过程为中心的编程思想。面向过程也可称之为“面向记录”的编程思想，就是分析出解决问题所需要的步骤，然后用函数把这些步骤一步一步实现，使用的时候一个一个依次调用即可。

Visual FoxPro 系统提供了 3 种工作方式：命令方式、菜单方式、程序文件方式。其中程序文件方式即为面向过程程序设计方式。

Visual FoxPro 系统的程序文件方式是指为了实现某一任务，将若干条 Visual FoxPro 命令和程序控制语句按一定的结构组成命令序列，保存在一个以.prg 为扩展名的命令文件中，该命令文件即为程序文件。程序文件必须通过菜单方式或命令方式进行运行，输出结果。

8.1.1 Visual FoxPro 程序设计的方法和原则

1. Visual FoxPro 程序的语法成分

编写 Visual FoxPro 程序时，Visual FoxPro 系统允许用户在程序中输入以下内容：

（1）命令。Visual FoxPro 中可以执行的命令，如 USE、LIST 等。

（2）函数。Visual FoxPro 系统定义好的能实现特定功能的标准模块，如 SUM()、AVER()等。

（3）交互命令。在程序执行过程中能实现人机对话的命令，如 WAIT、INPUT 等。

（4）语句。一条命令或关键字引导的具有一定功能的文本行。

（5）表达式。由常量、变量及 Visual FoxPro 系统函数构成，实现各种运算的式子，如 X*Y+100、LEN("Visual FoxPro 程序设计语言")。

（6）过程或过程文件。实现特定功能的语句序列。

（7）参数。在调用子程序、过程或函数时传递的数据。

2. 程序的书写原则

（1）程序中每一行只能书写一条命令，每条命令都以回车键结束。

（2）命令较长，可以分行书写，每行用“;”表示在下一行继续书写。

（3）程序中加入“*”，表示以“*”开头起后面的语句都是注释语句。程序尾的注释也可以使用“&&”。使用注释语句是为了提高程序的可读性。

8.1.2 程序文件的建立、编辑与运行

1. 程序文件的建立与编辑

（1）命令方式。

格式：MODIFY COMMAND|FILE [<盘符>][<路径>]<程序文件名>

功能：打开程序编辑窗口，建立编辑指定的程序文件。系统默认扩展名为.prg。

说明：如果不指明[<盘符>][<路径>]，则文件保存在系统的默认路径下。

输入或修改完程序后，关闭编辑窗口或按 Ctrl+M 键可以保存文件并退出编辑窗口，按 Ctrl+Q 或 Esc 键则放弃当前编辑内容。

例 8.1 创建一个程序文件 PROG1.prg，该文件能实现在浏览窗口中显示学生表的功能。

```
Modify Command PROG1     &&新建 PROG1.prg，并打开程序编辑窗口等待输入命令
```

```
Use 学生                        &&在文件编辑窗口中输入
Browse Last                     &&在文件编辑窗口中输入
```

（2）菜单方式。

单击“文件”→“新建”命令，打开“新建”窗口，选择“程序”，单击“新建文件”按钮，即可打开程序编辑窗口，等待输入命令。

程序的保存、退出方式同命令方式相同。

2. 程序文件的运行

程序文件建立后，可以多次执行它。

（1）命令方式。

格式：DO [<盘符>][<路径>]<文件名>

功能：运行指定<盘符>、<路径>下的程序文件，并将运行结果显示在屏幕上。

说明：该命令必须在命令窗口中使用；省略[<盘符>][<路径>]，则表示打开的文件在默认路径下；<文件名>文件被执行时，文件中包含的命令将被依次执行，直到所有命令被执行完才结束。

例 8.2 运行文件 PROG1.prg。

```
DO PROG1
```

（2）菜单方式。

单击“程序”→“运行”命令，弹出“运行”对话框，从“文件”列表框中选择要运行的程序文件，单击“运行”按钮，即启动运行该程序文件。

8.1.3 程序中的常用命令

1. 输入命令

（1）WAIT 命令（等待命令）。

格式：WAIT [<提示信息>][TO <内存变量>] [WINDOW [AT<行,列>] [TIMEOUT 秒数]

功能：显示提示信息，暂停程序执行，直到用户按任意键或单击鼠标时继续执行程序。

说明：<提示信息>，该子句表示提示用户操作的信息。若省略，屏幕显示“键入任意键继续……”，用户按任意键后，程序继续运行。

TO <内存变量>，该子句表示将输入的字符作为字符型数据赋给指定的<内存变量>。若用户是按 Enter 键或单击鼠标，<内存变量>的值为空串。

WINDOW [AT<行,列>]，该子句表示在屏幕上显示一个 WAIT 提示窗口，窗口的位置由<行,列>指定。

TIMEOUT，该子句用来指定在中断 WAIT 命令之前等待键盘或鼠标输入的秒数。该子句必须是 WAIT 命令的最后一个子句，否则出错。

例 8.3 WAIT 命令的 5 种应用。

```
WAIT                                       &&屏幕显示“键入任意键继续……”
WAIT "请用户按任意键"                       &&屏幕显示“请用户按任意键”
WAIT "请用户按任意键" window                &&在屏幕右上角出现提示窗口显示提示语句
WAIT "请用户按任意键" window at 8,12        &&在 8 行 12 列出现提示窗口显示提示语句
WAIT "请用户按任意键" window at 8,12 timeout 3   &&在 8 行 12 列出现提示窗口显示提示
                                                 &&语句，并等待 3 秒钟后自动关闭
```

（2）INPUT 命令（键盘输入命令）。

格式：INPUT [<提示信息>] TO <内存变量>

功能：显示提示语言，然后等待用户从键盘输入数据到指定的内存变量。

说明：输入的数据类型可以是字符型、数值型、逻辑型、日期型和日期时间型等，而且可以是常量、变量、函数或表达式等形式。按回车键结束输入，系统将输入的数据赋值给<内存变量>。

例 8.4　显示学生.dbf 中指定出生日期的学生的全部信息。

```
*打开 PROG2.prg 的编辑窗口
Clear
Use 学生 Exclusive
Input"请输入学生的出生日期:" to x
List For 出生日期=x
```

（3）ACCEPT 命令（键盘输入字符串命令）。

格式：ACCEPT [<提示信息>] TO <内存变量>

功能：显示提示语言，然后等待用户从键盘输入字符型数据到指定的内存变量。

说明：该命令只接受字符型数据，输入的字符串不需要加定界符。

例 8.5　显示学生.dbf 中指定学号的学生的全部信息。

```
*打开 PROG3.prg 的编辑窗口
Clear
Use 学生 Exclusive
Accept "请输入学生学号：" TO y
List For 学号=y
```

（4）SAY… GET …READ 命令（定位输入命令）。

格式：@<行号,列号> SAY <提示信息> GET<变量>

　　READ

功能：在屏幕上或窗口中指定的坐标位置输入数据。

说明：<行号,列号>指屏幕窗口的位置；SAY <提示信息>给出提示信息；GET<变量>取得变量的值，其中<变量>可以是字段变量或内存变量，如果是字段变量，应先打开表文件，如果是内存变量，应先赋值，GET 子句必须使用命令 READ 激活，在带有多个 GET 子句的命令后，必须遇到 READ 命令才能编辑 GET 中的变量，当光标移出这些 GET 变量组成的编辑区时，READ 命令才执行结束。

例 8.6　修改学生.dbf 中第三条记录的学号和出生日期两个字段。

```
*打开 PROG4.prg 的编辑窗口
Set Talk Off
Clear
  Use 学生
  GO 3
  @2,24 SAY "学号"Get 学号
  @4,20 SAY "出生日期" Get 出生日期
  Read
  Display
  Use
  Return
```

2. 输出命令

（1）?/??命令。

格式：?/??<内存变量名表>

功能：显示内存变量、常量或表达式。

说明：?是在光标所在行的下一行开始显示，??则在当前光标位置开始显示。

（2）@…SAY 命令。

格式：@<行,列>SAY<表达式>

功能：按指定的坐标位置在屏幕上输出表达式的值。

说明：输出<表达式>的位置由<行,列>指定，<表达式>的内容可以是数值、字符、内存变量和字段变量。

例 8.7 从键盘输入两个任意正数，求以两数为边长的长方形面积。

```
*打开 PROG5.prg 的编辑窗口
Set Talk Off
Clear
Input "长方形一边的长为：" To  A
Input "长方形另一边的长为：" To  B
S=A*B
@5，10 Say  S
Set Talk On
Return
```

（3）TEXT 与 ENDTEXT 命令。

格式：TEXT
　　<文本信息>
　　ENDTEXT

功能：把 TEXT 与 ENDTEXT 之间的文本信息按书写形式的原样显示在屏幕上。

说明：TEXT 与 ENDTEXT 之间的文本信息可以是一行或多行，可以是字符串或汉字信息。TEXT 与 ENDTEXT 必须成对出现。即使文本信息含有宏替换函数，Visual FoxPro 也不进行替换。

例 8.8 使用 TEXT 与 ENDTEXT 显示信息。

```
*打开 PROG6.prg 的编辑窗口
Clear
TEXT
*******Visual FoxPro 程序设计*******
ENDTEXT
Return
```

3. 其他命令

（1）清屏命令。

格式：CLEAR

功能：清除屏幕上的内容。

（2）返回命令。

格式：RETURN

功能：结束程序执行，返回调用它的上级程序，若无上级程序则返回命令窗口。如果程序中没有 RETURN 语句，则 Visual FoxPro 在程序或过程结束时自动执行该命令。

（3）终止程序文件的执行命令。

格式：CANCAL

功能：终止程序运行，清除所有的私有变量，返回命令窗口，但不关闭打开的数据文件。

（4）退出命令。

格式：QUIT

功能：关闭所有打开的文件，结束程序执行并退出 Visual FoxPro 系统，返回操作系统。

（5）注释命令。

格式：NOTE|*|&& <注释内容>

功能：在程序中加入的说明语句，均为非执行语句。

8.1.4　程序的基本结构

Visual FoxPro 系统的程序有 3 种基本结构：顺序结构、分支结构、循环结构。

1. 顺序结构

如图 8-1 所示，该结构先执行 A 操作，再执行 B 操作。

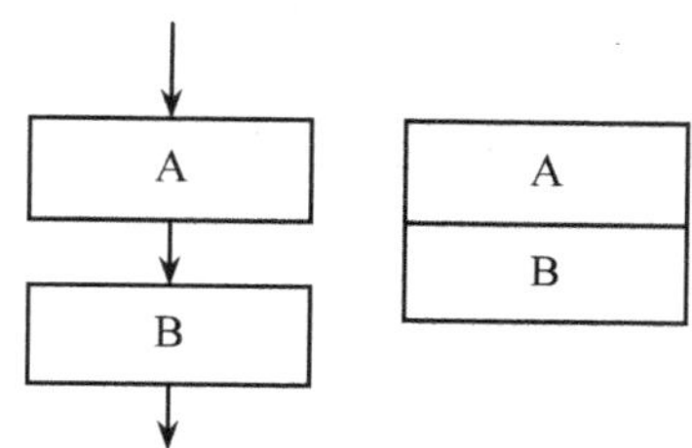

图 8-1　顺序结构中语句执行流程图

顺序结构是程序中最简单、最常用的基本结构。在此结构中，程序中的命令按书写顺序从上至下依次执行，直到最后一条命令或遇到 RETURN 语句。

例 8.9　根据输入半径值计算圆的面积。

```
*打开 PROG7.prg 的编辑窗口
Clear
Input "输入半径值：" TO R
S=PI()*R*R
?"半径是：",R
?"圆面积是：",S
RETURN
```

2. 分支结构

如图 8-2 所示，该结构中 P 代表一个条件，当条件 P 成立时执行 A 操作，否则执行 B 操作。

（1）单向分支。

格式：IF <条件表达式>

　　　　<命令行序列>

　　ENDIF

功能：该语句首先计算<条件表达式>的值，当<条件表达式>的值为真时，执行<命令行序

列>，否则执行 ENDIF 后面的第一条命令。

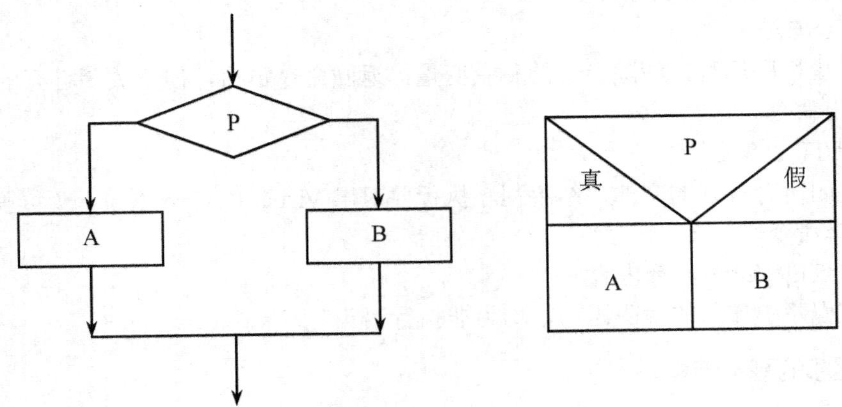

图 8-2　分支结构中语句执行流程图

说明：IF…ENDIF 必须成对出现；<条件表达式>可以是各种表达式或函数的组合，其值必须是逻辑值；<命令行序列>可以由一条或多条命令组成。

注意：IF 语句可以嵌套 IF 语句。

例 8.10　将学生表中学号为 s0201104 的学生的入校总分 570 修改成 575。

```
*打开 PROG8.prg 的编辑窗口
USE 学生 EXCLUSIVE
LIST
WAIT
LOCATE FOR 学号="s0201104"
IF 入校总分=570
  REPLACE 入校总分 WITH 575
ENDIF
LIST
USE
```

（2）双向分支。

格式：IF <条件表达式>
　　　　<命令行序列 1>
　　　ELSE
　　　　<命令行序列 2>
　　　　ENDIF

功能：该语句首先计算<条件表达式>的值，当<条件表达式>的值为真时，执行<命令行序列 1>中的命令，否则执行<命令行序列 2>中的命令。执行完<命令行序列 1>或<命令行序列 2>后都将执行 ENDIF 后面的第一条命令。

例 8.11　编写一密码校验程序（假设密码为 ABC）。

```
*打开 PROG9.prg 的编辑窗口
Set Talk Off
Clear
Accept "请输入您的密码：" To AAA
```

```
If AAA="ABC"
   Clear
   ?"欢迎使用本系统！"
Else
   ?"密码错误！"
    Wait
    Quit
Endif
Set  Talk  On
```

（3）多向分支。

格式：DO CASE

CASE <条件表达式 1>

<命令行序列 1>

CASE <条件表达式 2>

<命令行序列 2>

…

CASE <条件表达式 N>

<命令行序列 N>

[OTHERWISE

<命令行序列 N+1>]

ENDCASE

功能：该语句根据给出的 N 个<条件表达式>的值选择 N+1 个<命令行序列>中的一个执行。当所有 CASE 中<条件表达式>的值都是假时，如果有 OTHERWISE 项，则执行<命令行序列 N+1>，再执行 ENDCASE 后面的第一条命令，否则直接执行 ENDCASE 后面的第一条命令。

说明：DO CASE …ENDCASE 必须成对出现；DO CASE 与第一个 CASE <条件表达式>之间不能有任何命令；在 DO CASE …ENDCASE 命令中，每次最多只能执行一个<命令行序列>，在多个 CASE 的<条件表达式>值为真时，只执行第一个<条件表达式>值为真的<命令行序列>，然后执行 ENDCASE 后面的命令。

例 8.12　假设收入（S）与税率（R）的关系如下表，编程求税金。

$$R\begin{cases}0 & S<1000\\0.05 & 1000\leqslant S<3000\\0.08 & 3000\leqslant S<5000\\0.1 & S\geqslant 5000\end{cases}$$

```
*打开 PROG10.prg 的编辑窗口
Set Talk Off
Clear
Input "请输入收入：" To S
Do Case
Case  S<1000
        R=0
Case  S<3000
        R=0.05
```

```
Case  S<5000
        R=0.08
Otherwise
        R=0.1
Endcase
TAX=S*R
?"税金为：",TAX
Set Talk On
Return
```

3. 循环语句

（1）条件循环语句（如图 8-3 所示）。

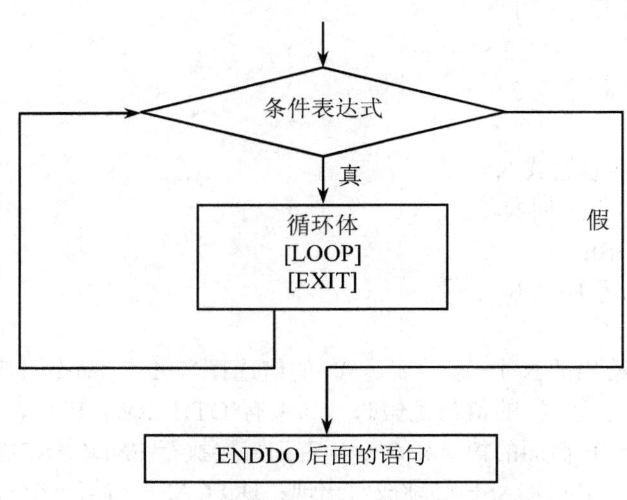

图 8-3 条件循环结构中语句执行流程图

格式：DO WHILE <条件表达式>

<命令序列 1>

[LOOP]

<命令序列 2>

[EXIT]

<命令序列 3>

ENDDO

说明：DO WHIHE…ENDDO 必须成对出现；DO WHILE <条件表达式> 是循环的入口，ENDDO 是循环的出口，中间的命令行是循环体；LOOP 与 EXIT 只能用在循环语句之间，LOOP 是表示强行返回到循环开始语句，EXIT 是表示强行跳出循环，接着执行 ENDDO 后的语句。

例 8.13 编程求 1+2+3+…+100 之和。

```
*打开 PROG11.prg 的编辑窗口
Set Talk Off
Clear
S=0
```

```
I=1
Do While I<=100
    S=S+I
    I=I+1
Enddo
?"1+2+3+…+100=",S
Set Talk On
Return
```

例 8.14　逐条显示“学生学籍”数据库中学生.dbf 中性别为“男”的所有记录。

```
*打开 PROG12.prg 的编辑窗口
Set Talk Off
Clear
Open Database 学生学籍
Use 学生
Do While .NOT. EOF()
  If 性别="男"
     Display
  Endif
  Skip
Enddo
Close Dataase
Set Talk On
Return
```

（2）计数型循环语句（如图 8-4 所示）。

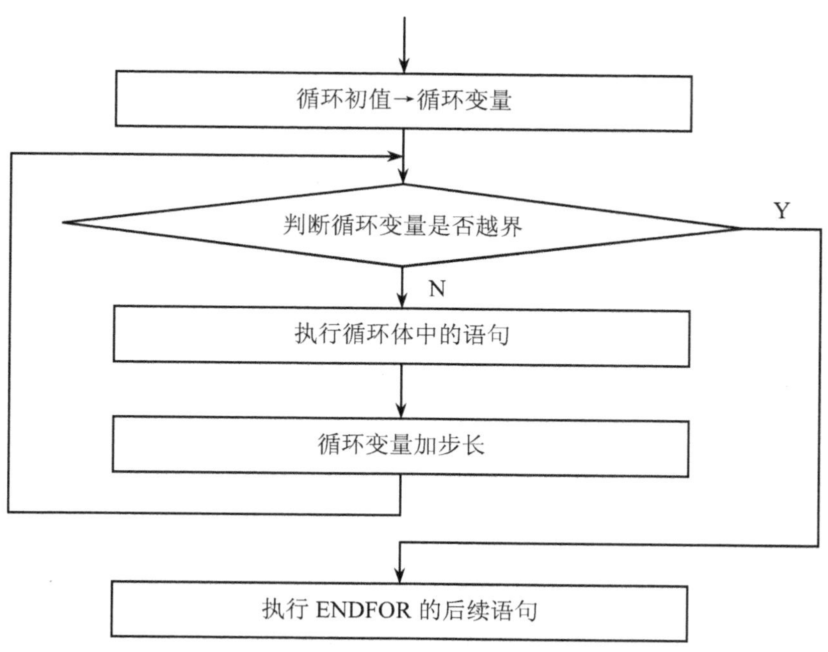

图 8-4　计数循环结构中语句执行流程图

格式：FOR <循环变量>=<初值> TO <终值> [STEP<步长>]
<命令序列 1>
[LOOP]
<命令序列 2>
[EXIT]
<命令序列 3>
ENDFOR|NEXT

功能：通过比较<循环变量>与<终值>来决定是否执行<命令序列>。执行语句时，首先将循环变量初值赋给循环变量，然后将循环变量与循环变量终值比较，当<步长>为正数时，若<循环变量>的值不大于<终值>，执行循环体；当<步长>为负数时，若<循环变量>的值不小于<终值>，执行循环体；一旦遇到 ENDFOR 或 NEXT 语句，<循环变量>的值自动加上步长，然后返回 FOR 语句，重新与<终值>进行比较。直到循环变量超过或小于循环终值时，结束循环。如果没用 STEP 子句，步长的默认值为 1。

说明：步长不能为 0，否则会造成死循环。

例 8.15 计算 S=1+2+3…+100。

```
*打开 PROG13.prg 的编辑窗口
Clear
S=0
For X=1 To 100
  S=S+X
Endfor
?"1+2+3…+100=",S
Return
```

例 8.16 从键盘输入 10 个数，编程找出其中的最大值和最小值。

```
*打开 PROG14.prg 的编辑窗口
Set Talk Off
Clear
Input "请从键盘输入一个数：" To A
Store  A  To  Max,Min
For I=2 To 10
  Input"请从键盘输入一个数：" To A
  If Max<A
    Max=A
  Endif
  IF Min>A
    Min=A
  Endif
Endfor
?"最大值为：" ,Max
?"最小值为：" ,Min
SET TALK ON
RETURN
```

（3）指针型循环控制语句。

指针型循环控制语句，即根据用户设置的表中的当前记录指针决定循环体内语句的执行次数。

格式：SCAN[<范围>][FOR<条件表达式 1>] [WHILE <条件表达式 2>]

　　<命令行序列>

ENDSCAN

功能：该语句主要针对当前表进行循环，用记录指针控制循环次数。执行语句时，首先判断记录指针是否指向末尾。如果函数 EOF()的值为真，则跳出循环，执行 ENDSCAN 后面的命令；否则，判断表中是否有满足 FOR 或 WHILE 条件的记录，若满足条件，则对每个满足条件的记录执行循环体内的语句，直到记录指针指向文件末尾；若不满足条件，则不执行循环语句。

说明：SCAN 与 ENDSCAN 循环语句中隐含了 EOF()和 SKIP 命令处理。当执行 ENDSCAN 时，记录指针自动移到命令指定的下一个记录。

<范围>表示记录范围，默认值为 ALL。

SCAN 语句中也可以使用 LOOP 与 EXIT 语句，使用方法跟前面相同。

例 8.17　输出“学生学籍”数据库中学生.dbf 中所有女生的姓名和家庭地址。

```
*打开 PROG15.prg 的编辑窗口
Set Talk Off
Clear
Open Database 学生学籍
Use 学生
Scan For 性别="女"
   ? 姓名,家庭地址
Endscan
Close Database
Set Talk On
Return
```

（4）多重循环。

多重循环即循环嵌套，是在一个循环结构的循环体中又包含另一个循环。包含循环体的循环称为外循环，被包含的循环称为内循环。循环的层数没有限制。

注意：内、外循环不能相互交叉。

例 8.18　使用两种循环语句输出下三角的乘法口诀表。

```
*打开 PROG16.prg 的编辑窗口
Set Talk Off
Clear
X=1
Do While X<=9        &&使用 while 循环嵌套语句实现
      Y=1
      Do While Y<=X
         S=X*Y
         ??Str(Y,1)+"*"+Str(X,1)+"="+Str(S,2)+"  "
         Y=Y+1
      Enddo
      ?
      X=X+1
Enddo
```

```
Set Talk On

*打开 PROG17.prg 的编辑窗口
Set Talk Off
Clear
For X=1 To 9        &&使用 for 循环嵌套语句实现
    For  Y=1 To X
      S=X*Y
      ??Str(Y,1)+"*"+Str(X,1)+"="+Str(S,2)+" "
    Endfor
    ?
Endfor
Set Talk On
```

8.1.5 模块化程序设计

模块化程序设计方法是将一个大的系统分解成若干个子系统，每个子系统即构成一个程序模块。所谓模块，即是一个相对独立的程序段，它可以为其他模块所调用，也可以去调用其他模块。

将一个应用程序划分成一个个功能相对简单、单一的模块程序，不仅有利于程序的开发，也有利于程序的阅读和维护。Visual FoxPro 系统的模块化在具体实现上提供 3 种形式：子程序、过程和函数。

1. 子程序

子程序也叫外部过程，是以程序文件（.prg）的形式单独存储在磁盘上。子程序只需录入一次，即可被反复调用执行。

（1）子程序的建立。

在 Visual FoxPro 中，子程序的结构与一般的程序文件一样，可以用 MODIFY COMMAND 命令或菜单方法来建立、修改和保存，扩展名为.prg。

子程序与其他程序文件的唯一区别是其末尾或返回处必须有返回语句 RETURN。

格式：RETURN [TO MASTER|TO 程序文件名|表达式]

功能：该命令终止一个程序、过程或用户自定义函数的执行，返回上一级调用程序、最高级调用程序、另外一个程序或命令窗口。

说明：通常执行子程序中的 RETURN 语句，可以自动返回到上级调用程序调用语句的下一条语句继续执行。如果是在最高一级主程序中，则返回命令窗口。

选用[TO MASTER]子句时，则返回最高一级调用程序，即在命令窗口下调用的第一个主程序。

选用[TO 程序文件名]子句，表示程序将转向到指定的程序。

选用[表达式]，表示将[表达式]的值返回调用程序，通常用于自定义函数。

为了区别调用程序和子程序，一般在调用程序中使用 CANCEL 语句为结束语句。在子程序的尾部用 RETURN 语句作为结束语句。

（2）子程序的调用（如图 8-5 所示）。

格式：DO <程序文件名> [WITH 参数表]

功能：执行<程序文件名>的子程序。

说明：[WITH 参数表]子句用来指定传递到子程序的参数，在参数表中列出的参数可以是表达式、内存变量、常量、字段名或用户自定义函数，各参数间用逗号分隔。

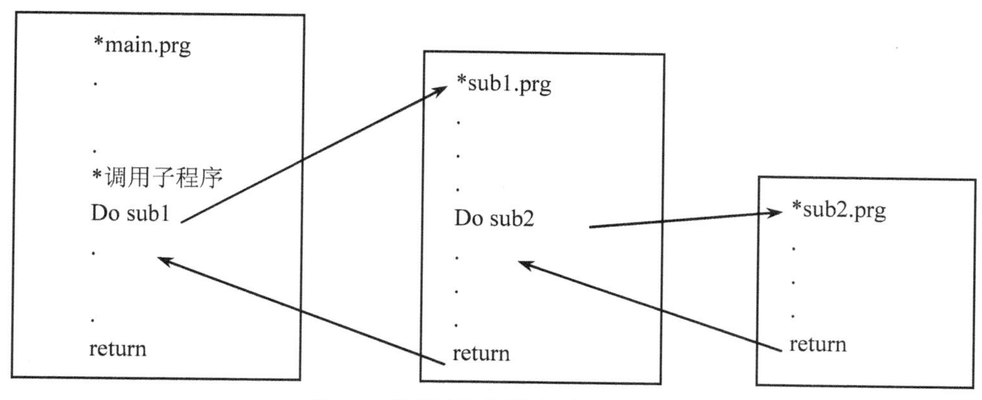

图 8-5　子程序调用执行流程图

（3）参数传递。

在子程序被调用时，有时需要将数据传递到调用的程序中，有时又要将数据从调用程序中传给被调用的子程序，这种数据的传送在 Visual FoxPro 系统中时通过参数传送来实现。

1）参数传递语句。

格式：DO <过程名> WITH <参数表>

功能：将 WITH <参数表>中的数据传递到<过程名>的程序中。

2）接收参数语句。

格式：PARAMETERS <内存变量表>

功能：接收 DO…WITH <参数表>语句传递到 PARAMETERS<内存变量表>中的数据。

说明：<内存变量表>中的变量少于<参数表>的个数，<参数表>中多的取值为.F.。<内存变量表>中的变量多于<参数表>的个数，则系统会提示出错。

参数接收语句中的<内存变量表>称为形参，过程调用 DO 语句的<参数表>称为实参。形参的取值是从上级 DO 语句的实参传递过来的。

例 8.19　使用子程序的参数传递方法，实现从键盘输入两个任意正数，求以两数为边长的长方形的面积。

```
*打开 PROG18.prg 的编辑窗口
Clear
Input "长方形一边的长为：" To A
Input "长方形另一边的长为：" To B
S=0
Do a1 With A,B,S
?"长方形的面积为：",S
Cancel
*打开子程序 a1.prg 的编辑窗口
Parameters A,B,S
S=A*B
Return
```

例 8.20 利用子程序方法求 M!/(N!*(M-N)!)(M>N)。

```
*打开 PROG19.prg 的编辑窗口
Clear
Input "请输入 M: " TO x
Input "请输入 N: " TO y
z=1
Do a2 with x,z
s1=z
?"s1=",s1
z=1
Do a2 with y,z
s2=z
?"s2=",s2
z=1
Do a2 with x-y,z
s3=z
?"s3=",s3
s4=s1/s2*s3
?"s4=",s4
*打开 a2.prg 的编辑窗口
Parameters m,n
 For i=1 TO m
     n=n*i
  Endfor
 Return
```

2. 内存变量的作用域

（1）作用域的概念。

在多模块程序中，内存变量是在整个程序中起作用还是在某个程序块中起作用，常常是需要考虑的问题。因此，我们把内存变量起作用的范围称为内存变量的作用域。Visual FoxPro 系统中根据内存变量的作用域将内存变量分为 3 种类型：全局变量、局部变量和本地变量。

（2）全局变量。

全局变量又称公共变量，是指在所有程序模块中都有效的内存变量。当程序执行完返回到命令窗口时，值仍然保存。

格式：PUBLIC <内存变量表>

功能：将 <内存变量表> 中指定的变量定义为全局内存变量。

说明：全局变量必须先定义后使用。使用 PUBLIC 建立的全局变量，系统为它们赋初值为逻辑假.F.。

<内存变量表> 中使用“,”分隔多个变量。在命令窗口直接使用的内存变量（不必用 PUBLIC 定义）都是全局变量。

在程序中已定义成全局变量的变量也可以在下一级程序中进一步定义成局部变量，但已定义成局部变量的，不能反过来再定义为全局变量。

全局变量在程序执行完后仍然占用内存，不会自动清除，必须使用以下语句进行清除：

```
RELEASE <全局变量>
CLEAR ALL
```

例 8.21 定义两个全局变量和一个全局变量的数组。

```
PUBLIC a,b,c(5)
```

（3）局部变量（私有变量）。

在程序中直接使用（没有通过 PUBLIC 和 LOCAL 命令事先声明）而由系统自动隐含建立的变量都是局部变量。局部变量的作用域是建立它的模块及其下属各层模块，一旦建立它的模块运行结束，这些私有变量将自动清除。

格式：PRIVATE [<内存变量表>][ALL[LIKE|EXCEPT<通配符>]]

功能：声明局部变量并隐藏上级程序中的同名变量。将 <内存变量表> 中所列的内存变量定义为本级程序和下一级程序中专用的局部变量。

（4）本地变量。

本地变量只能在定义它的模块中使用，不能在上层或下层模块中使用。当定义它的模块运行结束时，本地变量自动释放。

格式：LOCAL <内存变量表>

功能：将<内存变量表>指定的变量定义为本地变量。

说明：使用 LOCAL 定义本地变量时，系统自动将它们的初值赋为逻辑假.F.。LOCAL 与 LOCATE 前 4 个字母相同，所以不能缩写。

例 8.22 分析下面程序中变量的作用域。

```
*打开 PROG20.prg 的编辑窗口
PUBLIC x1                    &&建立公共变量 x1
LOCAL  x2                    &&建立本地变量 x2
STORE "f" TO x3              &&建立私有变量 x3
DO proc1
?"主程序中:"                 &&三个变量在主程中都可使用
?"x1=",x1
?"x2=",x2
?"x3=",x3
RETURN
*打开 proc1.prg 的编辑窗口
?"子程序中:"                 &&公共变量和私有变量在子程序中可以使用
?"x1=",x1
?"x3=",x3                    &&思考如果加上“ ?"x2=",x”会出现什么情况
RETURN
```

3. 过程文件

将多个子程序写到一个文件中，这种文件称为过程文件，扩展名为.prg。放在过程文件中的每一个子程序称为一个过程。每个过程都有自己的过程名，以方便区分、调用。

（1）定义过程。

格式：PROCEDURE <过程名>

<命令序列>

[RETURN]

[ENDPROC]

功能：建立一个以<过程名>为名的过程。

说明：一个过程表示有独立功能的子程序。一个过程可以放在过程文件中，也可以直接

放在调用它的程序文件中。

过程中使用[RETURN]语句，可以返回上层程序。

（2）调用过程。

格式：DO <过程名>

功能：调用指定<过程名>的过程。

（3）过程文件的打开。

调用过程文件中的过程时，必须先打开该过程文件。

格式：SET PROCEDURE TO <过程文件名>

功能：打开<过程文件名>的过程文件。

说明：任何时候系统只能打开一个过程文件，当打开一个新的过程文件时，原已打开的过程文件自动关闭。

（4）过程文件的关闭。

格式 1：SET PROCEDURE TO

格式 2：CLOSE PROCEDURE

功能：关闭当前打开的过程文件。

例 8.23 调用 3 个过程的程序。

```
*打开 PROG21.prg 的编辑窗口
Set Talk Off
Set Procedure To A123   &&过程文件必须先打开后使用
A=1
Do A1
Do A2
Do A3
Close Procedure
Set Talk On
Cancel
*打开过程文件 A123.prg 的编辑窗口
Procedure A1
       A=A+1
       ?"A=",A
Return
Procedure A2
       A=A*A
       ?"A=",A
Return
Procedure A3
       A=A*A*A
       ?"A=",A
      Return
```

（5）过程的嵌套调用。

Visual FoxPro 系统中允许一个过程调用第二个过程，第二个过程又可调用第三个过程，……，这种调用关系称为过程的嵌套调用，如图 8-6 所示。

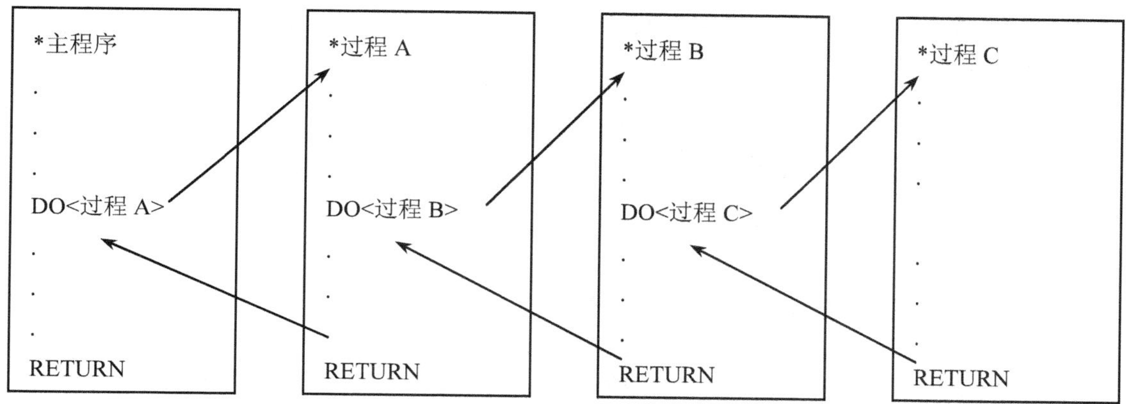

图 8-6　过程的嵌套调用的执行流程

（6）过程的递归调用。

Visual FoxPro 系统中允许递归调用，所谓递归调用，即某一过程直接或间接调用自己。过程直接调用自己称为直接递归（如图 8-7 所示），间接调用自己称为间接递归（如图 8-8 所示）。

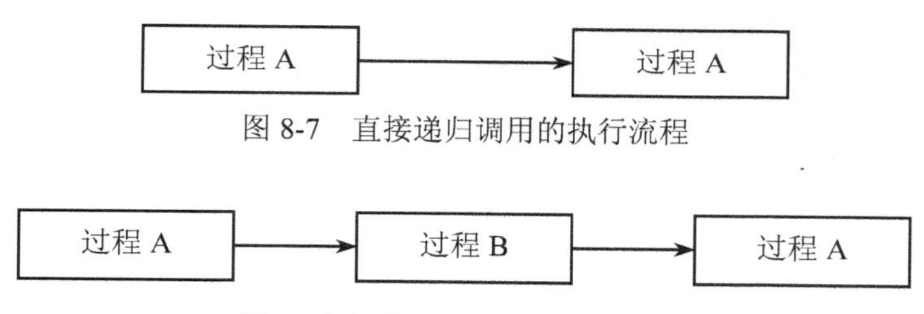

图 8-7　直接递归调用的执行流程

图 8-8　间接递归调用的执行流程

例 8.24　编程用递归方法求 N 的阶乘。

```
*打开 PROG22.prg 的编辑窗口
Set Talk Off
Clear
Input "请输入 N: "To N
Y=1
Do Proce1 With N,Y
?Str(N,2)+"!=",Y
Set  Talk  On

Procedure  Proce1        &&定义过程，并直接放在调用它的程序文件中
  Parameter X,Y
    If  X>1
      Do Proce1 With X-1,Y      && 递归调用
    Y=X*Y
    Endif
  Return
```

4. 自定义函数

Visual FoxPro 系统还支持用户自己定义函数以满足需求。自定义函数和过程一样，可以

以独立的程序文件形式单独存储在磁盘上，也可以放在过程文件或直接放在程序文件中。

（1）定义自定义函数。

格式：FUNCTION <函数名>

RARAMETER <参数表>

<函数体命令序列>

[RETURN <表达式>]

[ENDFUNC]

功能：定义名称为<函数名>的自定义函数。

说明：用户自己定义的<函数名>，不能与系统函数和内存变量同名。

[RETURN <表达式>]子句，用于返回函数值，其中<表达式>的值就是函数的返回值，若缺省，则返回值为.F.。

（2）调用自定义函数。

格式：<函数名>(参数表)

功能：调用<函数名>的自定义函数。

说明：函数不是命令，函数调用只能出现在表达式中。

例 8.25 利用自定义函数计算圆面积。

```
*打开 PROG23.prg 的编辑窗口
Set Talk Off
Clear
Input "请输入圆的半径:" To R
?"圆的面积为:",Area(R)
Set Talk On
Function Area(R)  && 自定义函数 AREA，计算圆面积
    M=Pi()*R*R
    Return (M)
Endfunc
```

8.2 面向对象程序设计

8.2.1 基本概念

面向对象编程（Object Oriented Programming）是一种计算机编程架构。它的一条基本原则是计算机程序由单个能够起到子程序作用的单元或对象组合而成。“面向对象编程”达到了软件工程的三个主要目标，即重用性、灵活性和扩展性。为了实现整体运算，每个对象都能够接收信息、处理数据和向其他对象发送信息。

面向对象的程序设计方法不同于结构化程序设计，用户是按照面向对象的观点来描述问题、分解问题，最后选择一种支持面向对象方法的程序语言来解决问题。

1. 对象（Object）

客观世界里的任何实体都可以被看做是对象。对象就是具有某些特性的具体事物的抽象，例如 Visual FoxPro 系统中的表单（Form）、按钮（CommandButton）等。用户通过对象的属性、事件和方法程序来处理对象。

2. 属性（Property）

所谓属性，就是对象的某种特性和状态。在面向对象程序设计中，每个对象都具有自己的属性，例如 Visual FoxPro 系统中表单的名字（Name）、按钮的标签（Caption）等。

3. 事件（Event）

“事件”是“对象”触发的行为描述，“事件”是预先定义的动作，可以由用户触发。例如鼠标的“单击”（Click）和“双击”（DblClick）或按钮接受焦点（GotFocus）等。也可以由系统触发，例如计时器事件（Timer）等。在对象上触发某个“事件”后会发生什么由编写事件的过程代码来决定。

4. 方法（Method）

方法是表述对象行为的过程，通过具体的程序代码指定对象完成某种功能。当对象执行方法后，就能完成该程序代码对应的功能。如表单的“显示”（Show）方法、“释放”（Release）方法等。

5. 类（Class）

“类”是具有共同属性、共同操作性质的对象的集合。“类”是“对象”的抽象描述，“对象”是“类”的一个具体实例。例如，水果是个抽象的概念，而苹果、梨子就是具体的对象。我们把“水果”看成类，而具体的一个苹果或梨子就是对象。

类可划分为基类（父类）和子类。子类以其基类为起点，具有基类所有的特征。例如，水果是基类，苹果是子类，而具体的红富士、黄元帅等苹果品种又可以看做苹果类的子类。因此，水果、苹果都可以看做红富士、黄元帅的基类。

类具有继承性、封装性、多态性的特征。

（1）继承性。子类可以具有其父类的方法和程序，而且允许用户修改子类已有的属性和方法，或添加新的属性和方法。

（2）封装性。类的内部信息对用户是隐蔽的。在类的引用过程中，用户只能看到界面上的信息（属性、事件、方法），内部信息（数据结构、操作实现、对象间的相互作用）是隐蔽的。对对象数据的操作只能通过对该对象自身的方法进行。

（3）多态性。一些相关联的类包括同名的方法程序，但方法程序的代码不同。运行时可以根据不同的对象、类及触发的事件、控件、焦点确定调用哪种方法程序。

8.2.2　面向对象程序设计基本方法

面向对象程序设计中，对象是基本元件。面向对象程序设计基本方法就是对每个对象进行设定和控制。每个对象可看成是一个封装起来的独立元件，在程序中担负某个特定的任务。

因此，在设计程序时，无需知道对象的内部细节，只需对对象的属性进行设定和控制即可。其中应包含以下几个要点：

- 程序能够达到反映用户意图的目标。
- 为实现这一目标，对象应具备的环境、状态、条件（数据环境）。
- 以这一目标为中心，对象的使用参数及形状，以及为实现某种功能应选用的事件、方法程序，并设置相应的数据环境。
- 作为一个完备的整体所应配备的最佳结构体系。
- 为用户使用方便提供最佳接口、交互式操作界面。

对象和应用程序之间的关系如图 8-9 所示。

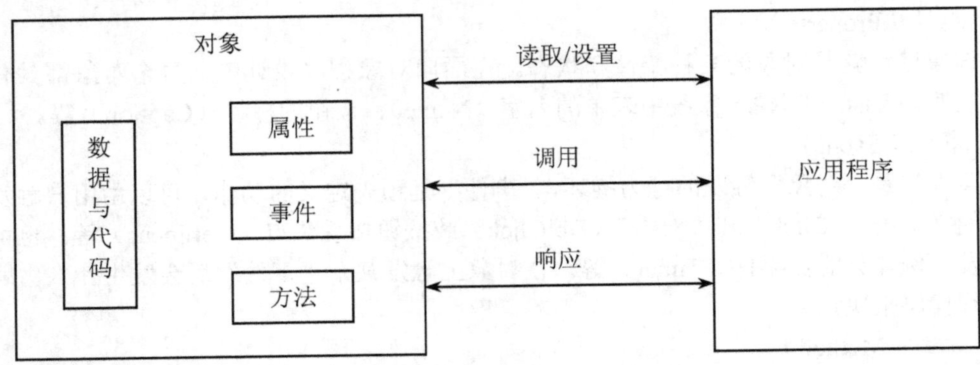

图 8-9 对象和应用程序之间的关系

8.2.3 Visual FoxPro 系统中的类

Visual FoxPro 系统中，类就像一个模板，对象都是由它生成。类定义了对象所具有的属性、事件和方法，从而决定了对象的外观和它的行为，对象可以看成是类的实例。

1. 基类

Visual FoxPro 系统提供了 25 个基类（如表 8-1 所示），用户可以使用基类创建对象或派生出子类。基类分为容器类（可以容纳其他对象）和控件类（不能容纳其他对象），可以生成容器类对象和控件类对象。

表 8-1 Visual FoxPro 的基类

名称	基类	类型	可包含的对象
表单	Form	容器	任何控件、容器和自定义对象
标签	Label	控件	不包含
文本框	Text Box	控件	不包含
命令按钮	Command Button	控件	不包含
命令按钮组	Command Group	容器	命令按钮
编辑框	Edit Box	控件	不包含
复选框	Check Box	控件	不包含
组合框	Combo Box	控件	不包含
列表框	List Box	控件	不包含
选项组	Option Button Group	容器	选项按钮
选项按钮	Option Button	控件	不包含
表格	Grid	容器	栅格、列
标题行	Header	控件	不包含
页	Page	容器	任何控件和容器
页框	Page Frame	容器	页面
微调控制器	Spinner	控件	不包含
计时器	Timer	控件	不包含

续表

名称	基类	类型	可包含的对象
图像	Image	控件	不包含
表单集	Form Set	容器	表单、工具栏
线条	Line	控件	不包含
OLE 绑定控件	OLE bound Control	控件	不包含
OLE 容器控件	OLE Container Control	控件	不包含
空白空间	Separator	控件	不包含
形状	Shape	控件	不包含
工具栏	Tool Bar	容器	任何控件、容器和自定义对象

2. 子类

以某个基类为起点创建的新类称为子类。子类又可再派生子类。子类将继承父类的全部特征。允许用户从自定义类派生子类。

3. 用户自定义类

用户从基类派生出子类，并修改或添加子类的属性、方法，这样的子类称为自定义类。在面向对象程序设计中，创建并设计合适的子类，修改、添加属性，编写、修改事件代码和方法，是程序设计的重要内容，也是提高代码通用性、减少代码的重要手段。

4. 类库

用来存储以可视化方法设计的类集合称为类库，其扩展名为.vcx。一个类库可以包含很多个子类，且这些子类可以是由不同的基类派生的。

8.2.4 Visual FoxPro 系统中的属性、事件和方法程序

1. 属性

Visual FoxPro 中对象的属性可以通过属性窗口设置，也可以通过代码在运行时设置。所有的基类都有最小的属性集，如表 8-2 所示。

表 8-2　Visual FoxPro 基类的最小属性集

属性	说明
Class	该类属于任何一种基类
BaseClass	该类由何种基类派生而来
ClassLibrary	该类从属于哪种类库
ParentClass	对象所基于的类

2. 事件

在面向对象程序设计中，“事件”是对象触发的行为描述，是预先定义的动作，由用户或者系统激活。一个事件有一个事件名，一个事件与一个事件响应程序（方法程序）相关联，当作用在一个对象上的事件发生时，与这个事件相关联的程序就获得一次运行。

每种对象所能识别的事件是固定的，开发者只能为指定的事件指定响应程序，不能为对象添加新的事件，对象的事件只能从其父类中继承。Visual FoxPro 的核心事件集如表 8-3 所示。

表 8-3 Visual FoxPro 的核心事件集

事件	事件被激发后的动作
Init	创建对象
Destroy	从内存中释放对象
Click	用户使用鼠标主按钮单击对象
DblClick	用户使用鼠标主按钮双击对象
RightClick	用户使用鼠标辅按钮单击对象
GotFocus	对象获得焦点，由用户动作引起（如按 Tab 键或单击鼠标主按钮）或者在代码中使用 SetFocus 方法程序引起
LostFocus	对象失去焦点，由用户动作引起（如按 Tab 键或单击鼠标主按钮）或者在代码中使用 SetFocus 方法程序使焦点移到新的对象上
KeyPress	用户按下或释放键
MouseDown	当鼠标指针停在一个对象上时用户按下鼠标按钮
MouseMove	用户在对象上移动鼠标
MouseUp	当鼠标指针停在一个对象上时用户释放鼠标按钮
Valid	事后验证事件，当对象失去焦点前，如果验证表达式的值为假（.F.），则焦点离不开该对象
When	事前验证事件，当对象获得焦点前，如果验证表达式的值为假（.F.），则该对象不能获得焦点

3. 方法程序

方法是对象所能执行的操作，是与对象相关的过程，方法程序是对象能执行的、完成相应任务的操作命令代码的集合。方法可以独立于事件而存在。

Visual FoxPro 系统中常用的方法有 Show（显示方法）、Release（释放方法）、SetFocus（获得焦点方法）等。

8.2.5 Visual FoxPro 系统中对象的操作

1. 引用容器对象

在进行容器类“子类”或“对象”的设计时，往往要引用容器中某一个特定的对象，这就要掌握面向对象的标识方法。

（1）容器类中对象的层次。

容器中的对象仍然可以是一个容器，一般把一个“对象”的直接容器称为“父容器”，不能将一个对象的间接容器错误地视为“父容器”。图 8-10 表示了 Visual FoxPro 可能的一种容器类嵌套的状况。

（2）对象使用的局域名。

每个对象都有一个名字，在给对象命名时，只要保证同一个“父容器”下的各个对象不重名，即对象使用的是局域名，因此不能单独使用对象名来引用对象。

格式：<对象名 1>.<对象名 2>[. …]

说明：<对象名 1>是<对象名 2>的“父容器”，这种格式所表示的是最后一个对象的名字，中间用小圆点“.”分隔。

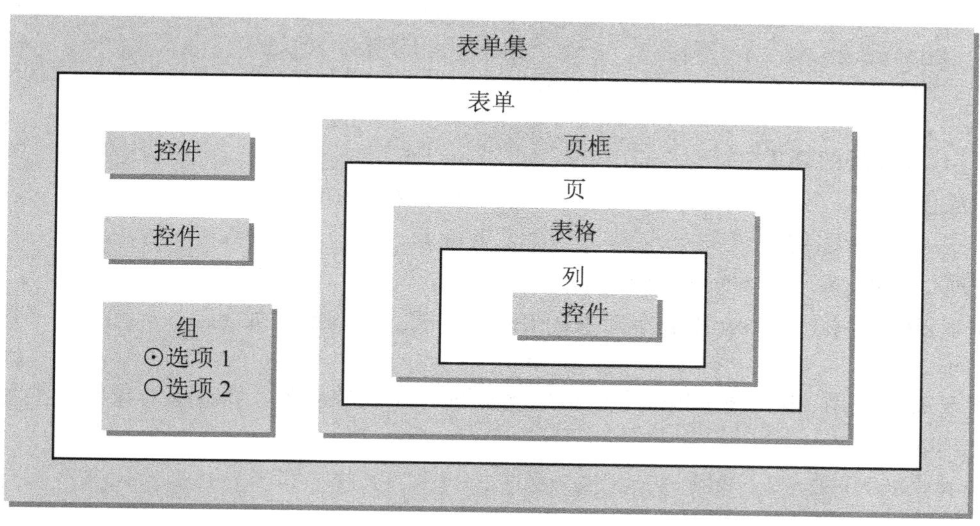

图 8-10　Visual FoxPro 容器类的嵌套

例 8.26　图 8-10 中列容器中的控件名可以表示为：

```
Formset.Form.PageFrame.Page.Grid.Column.Cmd1
```

（3）几个代词的用法。

表 8-4 中的这些代词只能在方法代码或事件代码中使用。

表 8-4　Visual FoxPro 中代词的含义

代词	意义
This	表示对象本身
Parent	表示对象的“父容器”
ThisForm	表示对象所在的表单
ThisFormset	表示对象所在表单所属的表单集

2. 设置对象的属性值

对象创建以后就可以对它的属性进行设置和修改。

格式 1：<对象名>.<属性名>=属性值

格式 2：WITH <对象名>

　　　　<属性名 1>=属性值 1

　　　　<属性名 2>=属性值 2

　　　　…

　　　　<属性名 n>=属性值 n

　　　ENDWITH

说明：对<对象名>的对象的<属性名>设置属性值。如果同一对象同时设置多个属性值则使用格式 2 比较简便。

例 8.27　对表单中的标签 Label1 进行多属性设置。

```
With ThisFrom.Lable1
  .Width=200                 &&Lable1 的宽度设置为 200
```

```
    .Caption="Welcome VF"     &&Lable1 的标签属性设置为"Welcome VF"
    .Fontsize=20              &&Lable1 的字号设置为 20
    .FontName="黑体"           &&Lable1 的字体设置为“黑体”
EndWith
```

3. 对象方法的调用

对象创建后，可以从应用程序的任何位置调用该对象中的方法。

格式：<对象引用>.<方法>

说明：对<对象引用>的对象调用<方法>。

例 8.28 调用显示 form1 表单对象的 Show 方法的代码形式如下：

```
Form1.Show
```

例 8.29 使用 Visual FoxPro 的 FORM 类生成一个表单对象，修改该对象的标签属性，最后释放表单对象。

```
*在命令窗口中输入以下代码
Myform=CreatEobJect("Form")       &&生成一个空白表单
Myform.show                       &&显示表单
Myform.caption="演示"              &&修改表单的标题
Myform.release                    &&使用 release 方法释放表单
```

8.2.6 添加新属性和方法

用户可以使用 Visual FoxPro 系统中的“类设计器”新建类，也可以编辑代码创建类。

1. 使用类设计器创建类

有 3 种方法可以进入“新建类”对话框（如图 8-11 所示）：

（1）直接在命令窗口中键入 CREATE CLASS 命令。

（2）在系统菜单栏中单击“文件”菜单中的“新建”命令，在“新建”对话框中指定文件类型是“类”，单击“新建文件”按钮。

（3）在项目管理器中选择“类”选项卡，单击“新建”按钮。

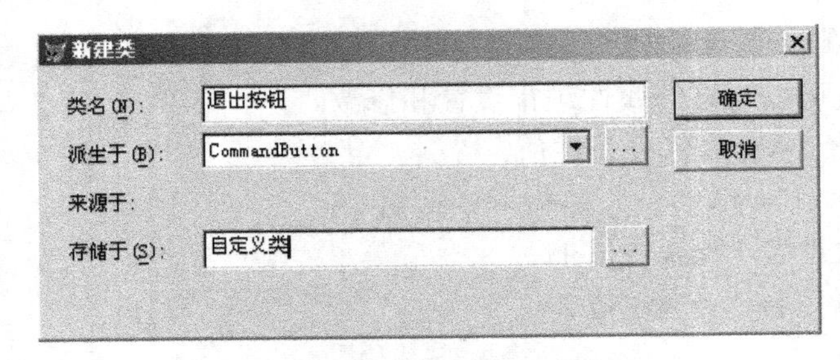

图 8-11 “新建类”对话框

2. 指定子类的名称、父类和存储类的文件名

“新建类”对话框中有 3 个文本框的内容需要用户根据设计确定相应信息。

（1）类名：每一个类都有一个名称，只要按照一般的命名规则给子类取一个名字即可（退出按钮）。

（2）派生于：指定子类的“父类”。在下拉列表框中选择 Visual FoxPro 中相应的基类（CommandButton）即可。

如果需要用一个非基类的类作为子类的“父类”，可以单击“派生于”后面的命令按钮进入“打开”对话框，进行进一步选择，如图 8-12 所示。

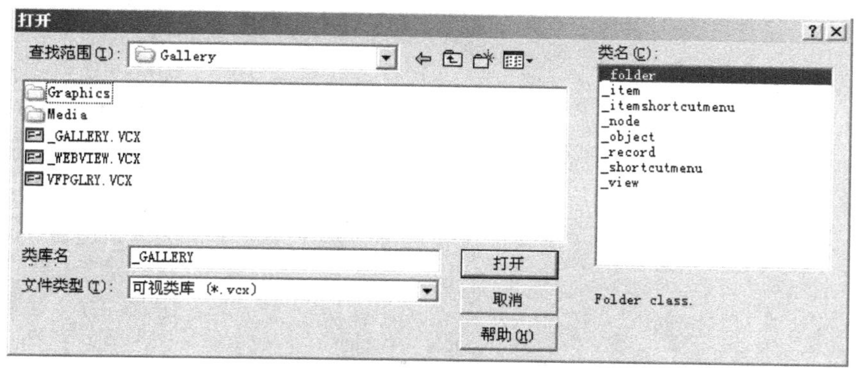

图 8-12　“打开”对话框

左侧窗格用于选择“父类”所在的文件，右侧窗格用于选择“父类”。

（3）存储于：指定子类的存储文件（默认扩展名.vcx），所指定的文件可以存在，也可以不存在。当指定了一个已经存在的类文件时，Visual FoxPro 把新建的类加入该文件，否则 Visual FoxPro 建立一个新的类文件。一般我们都是将相关的类存储在一个文件中，很少将每一个类单独用一个文件存储。这个文本框后的命令按钮也是用于选择子类存储文件，如图 8-13 所示。

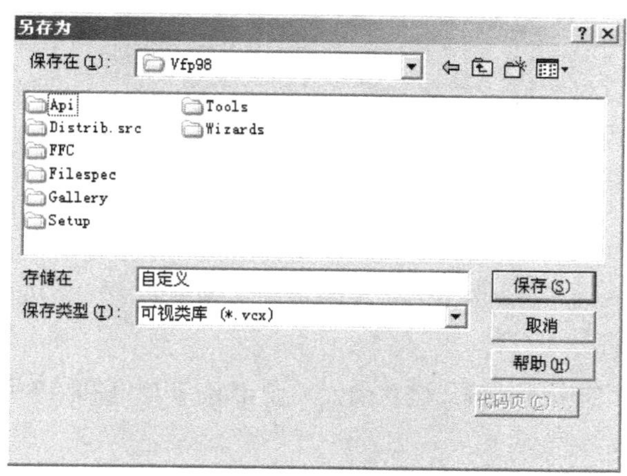

图 8-13　子类存储对话框

完成以上操作后，已经设计出了一个子类，该类与其“父类”具有相同的属性和事件代码，如图 8-14 所示。

3. 设置子类属性

（1）修改子类的属性。

新设计的类“退出按钮”继承了其父类 CommandButton 的全部属性，要重新设置“退出按钮”的属性值，必须进入属性设置窗口，如图 8-15 所示，方法是：将鼠标移到“退出按钮”上并右击，在弹出的快捷键中选择“属性”选项；或者在系统菜单栏中选择“显示”菜单中的“属性”选项。

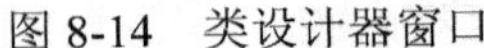
图 8-14 类设计器窗口

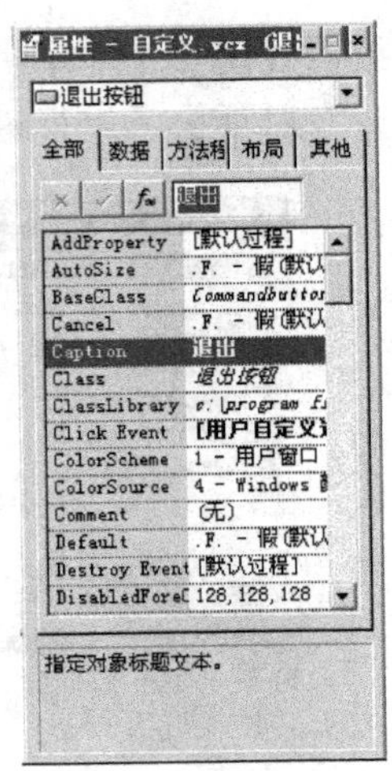

图 8-15 子类的属性设置容器

属性可从“父类”那里获得继承值。这里只设置 ButtonCount 为 4。最常见的属性有 Name（描述类的名称）、Caption（类的标题）、FontName（类所用字体）、FontSize（类所用字号）。

（2）添加新属性。

子类为了某个特殊的需要，还可以在子类中添加新的属性，方法是：选择“类”菜单中的“新建属性”选项，在出现的界面中指定要添加的属性名称，单击“添加”按钮完成新属性的添加工作，如图 8-16 所示。

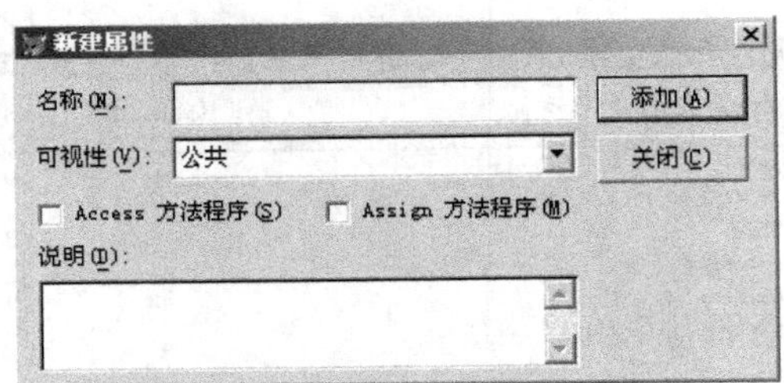

图 8-16 “新建属性”对话框

4. 子类的代码设计

代码设计是类设计工作中的关键，进入类代码设计窗口（如图 8-17 所示）的常用方法有两种：

（1）双击类的图形。

（2）在类上右击，在弹出的快捷菜单中选择“代码”选项。

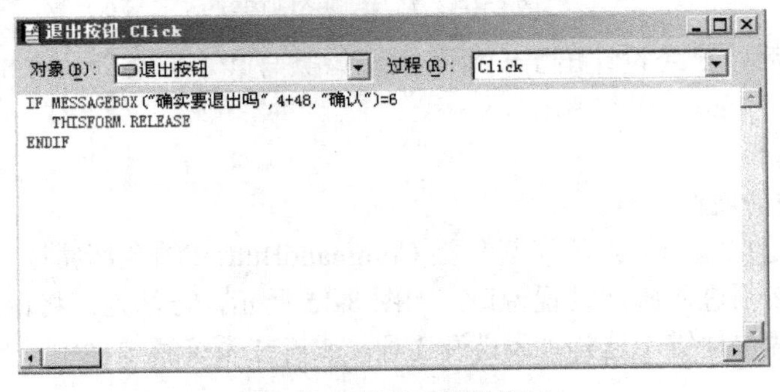

图 8-17 类代码编辑窗口

5. 确定自定义类出现在工具栏的图标

单击“类”→“类信息”命令，弹出“类信息”对话框，如图 8-18 所示。在“工具栏图标”文本框右侧单击“搜寻”按钮查找 ico 图标，然后单击“确定”按钮关闭“类信息”对话框。关闭“类设计器”，自定义类“退出”按钮创建完成。

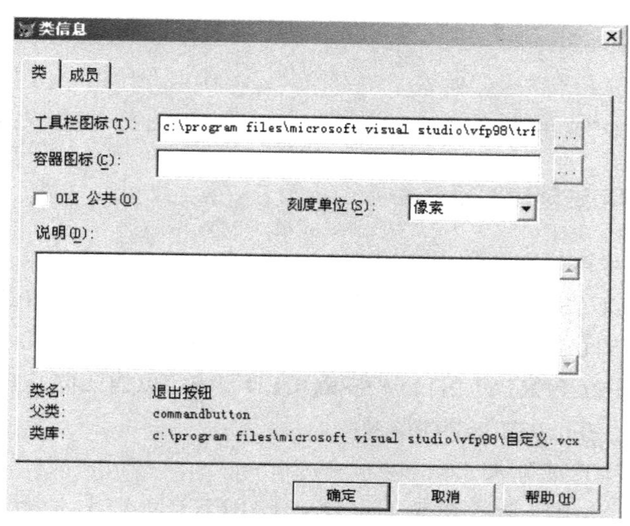

图 8-18　“类信息”对话框

6. 在表单设计器中使用自定义类创建对象

在表单的工具栏中选择自定义类的图标按钮，在表单的适当位置上单击，即可创建一个自定义类的控件。

操作步骤：

（1）新建表单，在表单控件工具栏中单击“查看类”按钮，选择“添加”选项，如图 8-19 所示。

（2）在“打开”对话框中选择前面创建好的“自定义.vcx”文件，如图 8-20 所示。

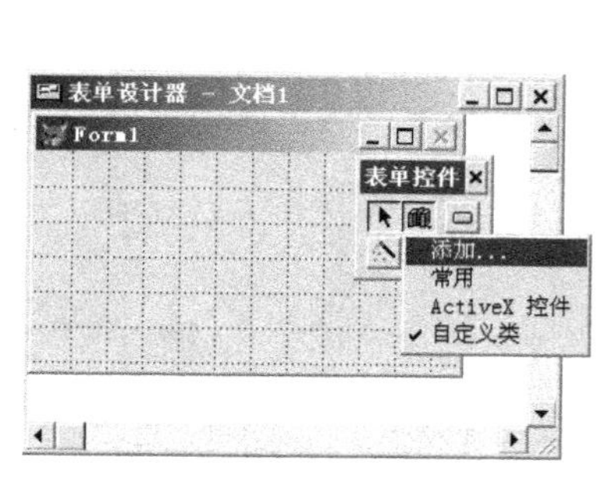

图 8-19　“表单控件”工具栏

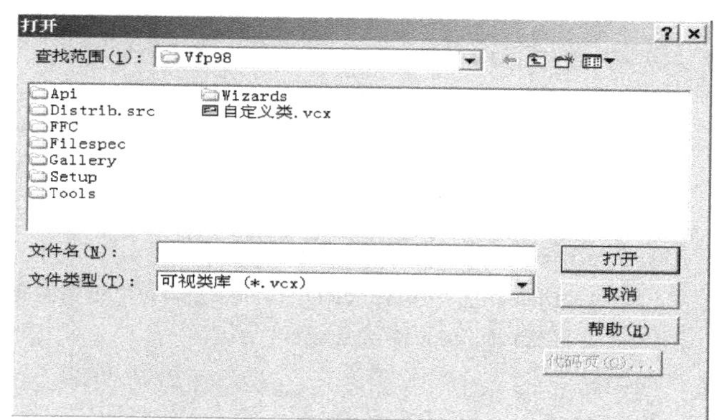

图 8-20　“打开”对话框

（3）在“表单控件”工具栏中单击添加上的“退出按钮”控件，单击表单，则在表单中创建一个“退出按钮”对象，如图 8-21 和图 8-22 所示。

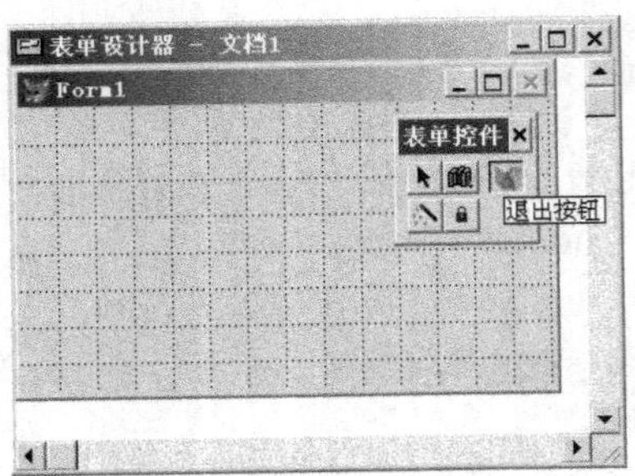

图 8-21 添加“退出按钮”控件

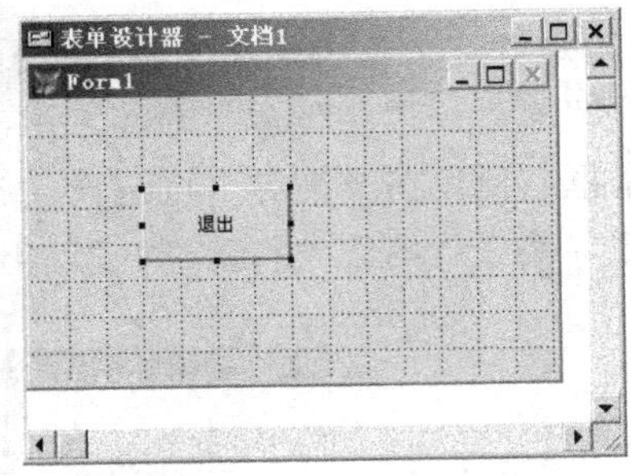

图 8-22 创建“退出按钮”对象

8.2.7 使用编程方法创建类和对象

通过编程的方法也可以在代码中创建类。

格式：DEFINE CLASS CLASSNAME1 AS PARENTCLASS [[OBJECTNAME.]PROPERTYNAME=EXPRESSION…][ADD OBJECT OBJECTNAME AS CLASSNAME2][[WITH PROPERTYLIST]…][PROCEDURE PROCEDURENAME STATEMENT ENDPROCEDURE]ENDDEFINE

功能：由指定父类产生新类。

说明：CLASSNAME1 是新建类的名字，PARENTCLASS 是新建类的父类的名字，OBJECTNAME.PROPERTYNAME=EXPRESSION 是对属性进行赋值，ADD OBJECT OBJECTNAME AS CLASSNAME2 是向类添加对象，CLASSNAME2 是指对象的父类名，WITH PROPERTYLIST 是为添加的对象指定属性并给属性赋值，PROCEDURE PROCEDURENAME STATEMENT ENDPROCEDURE 是为类或子类指定事件或方法的程序代码。

例 8.30 使用代码创建表单类并创建其对象。

```
*打开 PROG24.prg 的编辑窗口
Form1=createobject("newform")
Form1.show
Read events
Define Class Newform As Form
Caption="新的表单"
Height=60
Width=90
Add Object Command1 As Commandbutton With;
    Caption="退出",Top=20,Left=40, Width=60,height=20
Procedure Command1.Click
If Messagebox("是否关闭? ",4+16+0, "对话框窗口")=6
        Thisform.Release
Endif
Endproc
Enddefine
Clear Events
```

8.3　程序调试

程序调试主要用于发现错误、确定出错位置及纠正错误。Visual FoxPro 系统为调试程序提供了功能强大的调试工具，可以帮助用户解决程序错误的问题。

8.3.1　调试工具“调试器”

1. *启动方法*

（1）选择“工具”→“调试器”命令，打开“Visual FoxPro 调试器”窗口，如图 8-23 所示。

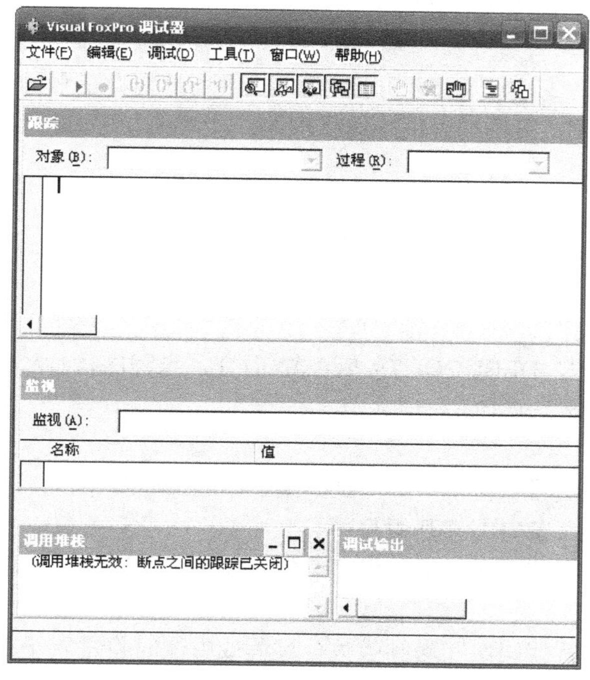

图 8-23　“Visual FoxPro 调试器”窗口

（2）在“命令”窗口中输入 DEBUG 命令，也能打开“Visual FoxPro 调试器”窗口。

2. *“调试器”窗口组成*

“Visual FoxPro 调试器”窗口由 5 个子窗口组成。

（1）“跟踪”窗口。

“跟踪”窗口用于显示正在调试的程序文件。在“Visual FoxPro 调试器”窗口中单击“文件”→“打开”命令，或者单击工具栏中的“打开”按钮，从中选择要调试的文件后，该文件即装入“跟踪”窗口。

在程序调试过程中，“跟踪”窗口左侧将出现一个黄色的⇨箭头，指向当前将运行的程序代码行。

“跟踪”窗口左侧的红色●符号代表当前代码行是程序断点，当执行到该断点时将中断执行。

"跟踪"窗口可为当前调试程序设置显示行号。单击"工具"→"选项"命令，在弹出的"选项"对话框中选择"调试"选项卡，选择"跟踪"单选项和"显示行号"复选框，单击"确定"按钮，"跟踪"窗口中将显示行号。

（2）"监视"窗口。

"监视"窗口用于监视程序调试过程中指定表达式的取值变化。可在监视窗口中进行以下设置：

- 添加监视表达式：在"监视"文本框中输入表达式，按回车键将把监视表达式存入下面的列表框中。
- 编辑监视表达式：双击列表框中的监视表达式即可进行编辑。
- 删除监视表达式：右击列表框中的监视表达式，从弹出的快捷菜单中选择"删除监视"选项，可删除当前监视表达式。

（3）"局部"窗口。

"局部"窗口用于显示给定程序、过程或方法中所有内存变量的名称、类型、当前值、对象及其成员。从"位置"下拉列表框中选择程序、过程或方法，下面的列表框中将显示对应的变量等信息。

（4）"调用堆栈"窗口。

"调用堆栈"窗口用于显示当前处于执行状态的程序、过程和方法名称。如果是子程序，还将显示其父程序名。

（5）"调试输出"窗口。

可在程序中设置一些 DEBUGOUT<表达式>命令，当程序执行到该命令时，将<表达式>的结果输出到"调试输出"窗口。

3. "调试器"菜单

"Visual FoxPro 调试器"窗口中"调试"菜单中的命令如下：

运行：执行"跟踪"窗口中打开的程序。

单步：逐行执行"跟踪"窗口中的程序语句。如果该行语句有调用的函数、过程或方法，将在后台执行。

单步跟踪：逐行执行代码。在遇到函数、过程或方法时将进入子程序并逐行执行。

运行到光标处：从当前行执行到光标处。

继续执行：仅当程序挂起时该命令有效，从"跟踪"窗口的当前行继续执行程序。

跳出：继续执行一个过程中的代码，但不是逐行单步执行。在调用程序中，当走到过程调用的下一行代码时程序执行将重新挂起。

取消：关闭并终止"调试"窗口中执行的程序或表单。

定位修改：终止程序的调试，在代码编辑窗口中打开调试程序。

调速：打开"调整运行速度"对话框，指定代码行之间的执行延迟秒数。

8.3.2 "调试器"的设置

1. 设置断点

在"Visual FoxPro 调试器"窗口中可以设置以下 4 种类型的断点：

（1）在定位处中断。

当程序执行到指定代码行时中断运行。在"跟踪"窗口中找到要设置断点的代码行，双击左侧的灰色区域，或将光标定位到该行后，按 F9 键。设置断点后，该行左端的灰色区域将显示一个红色实心点，这表明在该行已经设置了一个断点。

（2）如果表达式值为真则在定位处中断。

当表达式的值为真时，在定位处停止执行。操作步骤如下：

1）选择“工具”→“断点”命令，弹出“断点”对话框，如图 8-24 所示。

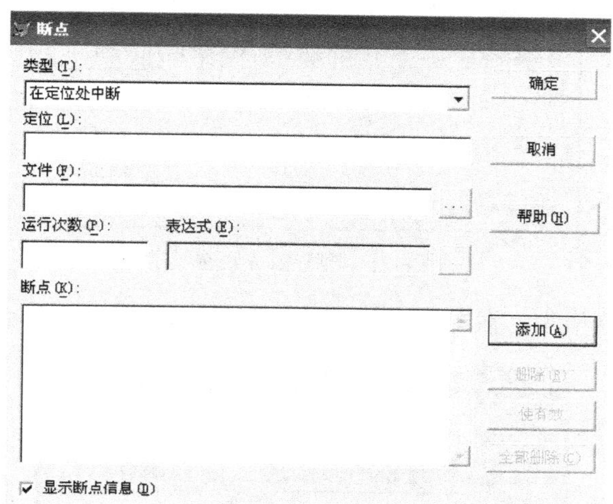

图 8-24　“断点”对话框

2）从“类型”下拉列表框中选择“如果表达式值为真则在定位处中断”选项。

3）在“定位”文本框中输入断点位置，格式为<程序名>,<行号>，也可以直接从“断点”列表框中选择。

4）在“文件”文本框中输入文件名，或者单击…按钮从中选择。

5）在“表达式”文本框中输入相应的表达式，或者单击…按钮，打开“表达式生成器”窗口，从中输入相应的表达式。

6）如果在“定位”文本框中输入的是新断点，单击“添加”按钮，将其添加到“断点”列表框中。

7）单击“确定”按钮。

（3）当表达式值为真时中断。

指定一个表达式，当该表达式的值变成真时中断程序的执行。操作方法参见“如果表达式值为真则在定位处中断”。

（4）当表达式值改变时中断。

指定一个表达式，当表达式的值改变时停止执行。操作方法参见“如果表达式值为真则在定位处中断”。

注意：*用户可以通过从对象列表中选择对象，从过程列表中选择所需方法程序或事件，在“跟踪”窗口中找到特定的代码行。*

2. 移去断点

移去断点的操作方法如下：

（1）在“断点”对话框中，单击“断点”列表框中某断点左侧的复选框可使该断点无效，单击“删除”按钮可删除选定的断点，如图 8-25 所示。

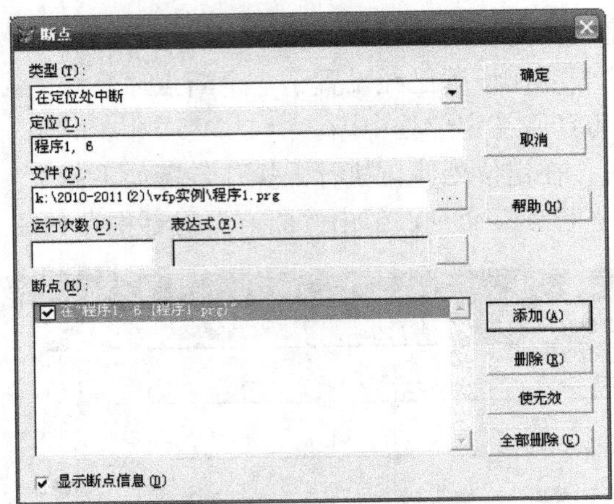

图 8-25　删除选定的断点

（2）在“跟踪”窗口中，双击断点标记可以删除该断点，如图 8-26 所示。

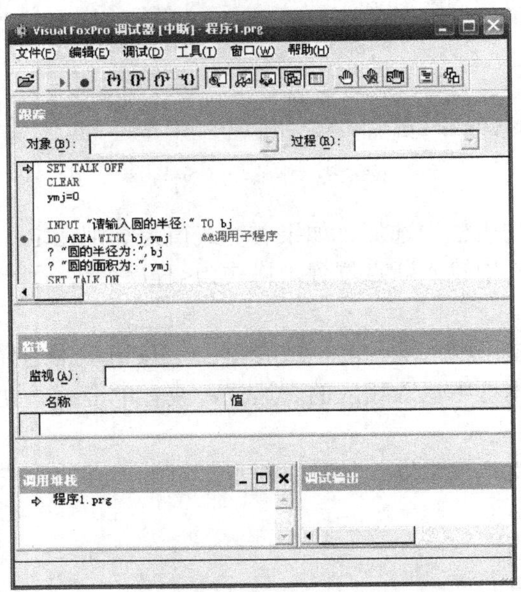

图 8-26　删除断点

3. 查看存储元素的值

（1）在“局部”窗口中查看变量的值。

“局部”窗口会显示调用堆栈上的任意程序、过程或方法程序里所有的变量、数组、对象和对象元素。默认情况下，在“局部”窗口中所显示的是当前执行程序中的变量值，如图 8-27 所示。

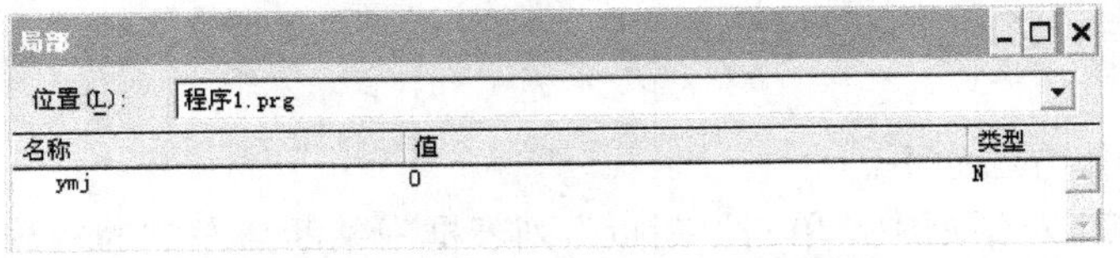

图 8-27　当前执行程序中的变量值

通过在“位置”下拉列表框中选择程序或过程，也可以查看其他程序或过程中的变量值。

（2）在“监视”窗口中查看变量的值。

在“监视”窗口的“监视”文本框中键入任意一个有效的 Visual FoxPro 表达式，然后按回车键，这时该表达式的值和类型就会出现在“监视”窗口的列表框中，如图 8-28 所示。

若要从“监视”窗口中移去某监视项，选择该项，然后按 Del 键；或者从快捷菜单中选择“删除监视”选项。

（3）在“跟踪”窗口中查看变量值。

在“跟踪”窗口中，将光标定位到任何一个变量、数组或属性上，就会出现提示条，并显示它的当前值。

4. 查看事件发生的序列

若要跟踪事件，操作步骤如下：

（1）在调试窗口中选择“工具”→“事件跟踪”命令，弹出“事件跟踪”对话框，如图 8-29 所示。

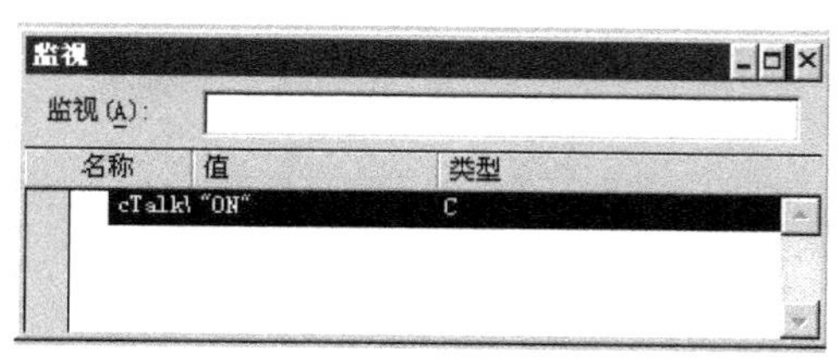

图 8-28　“监视”窗口

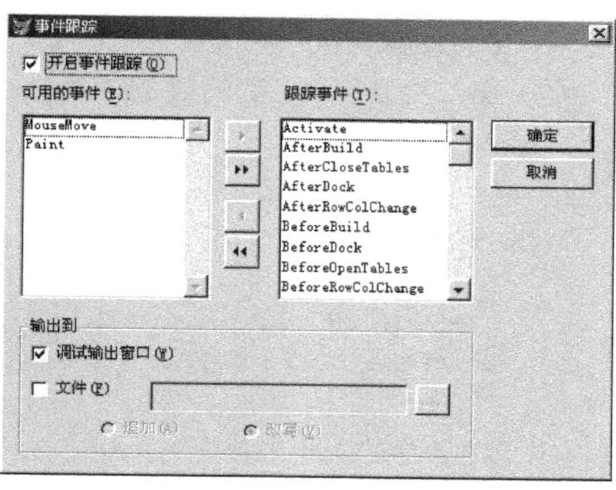

图 8-29　“事件跟踪”对话框

（2）系统默认的跟踪事件为 Visual FoxPro 系统定义的所有事件，用户可以从“跟踪事件”列表框中选择跟踪的事件，并单击中部的左箭头按钮将其加入“可用的事件”列表框中。

（3）选中“开启事件跟踪”复选框，便可激活事件跟踪。

（4）选择“输出到”区域中的可选内容来决定跟踪输出的去向。

习题八

一、选择题

1.
```
&&main.prg
    public x,y
    set proc to kk
    x=20
    y=50
    do a1
    ? x,y
```

```
set proc to
return
*过程文件 kk.prg
proc a1
private x
x=30
local y
do a2
? x,y
return
proc a2
x="kkk"
y="mmm"
return
```

（1）第一次显示 X、Y 的值是（　　）。

A．KKK　30　　B．KKK　.f.

C．KKK　50　　D．30　.f.

（2）第二次显示 X、Y 的值是（　　）。

A．20　50　　B．20　mmm

C．30　50　　D．30　mmm

2.
```
DO JCH WITH 5,F
  ?"F=",F
  PROC JCH
    PARAMETERS N,FAC
    M=1
    FAC=1
    DO WHILE M<N
      FAC=FAC*M
      M=M+1
    ENDDO
  RETURN
```

（1）程序运行结果是（　　）。

A．150　　B．90　　C．60　　D．24

（2）程序中 JCH 是（　　）。

A．变量名　　B．参数名　　C．过程名　　D．数组名

（3）程序中 FAC 是（　　）。

A．变量名　　B．参数名　　C．过程名　　D．数组名

3.
```
*主程序 main.prg
Do sub1 with 'ATER'
*子程序 sub1.prg
PARA   A
USE W&A.S  && ①
DO SUB2 WITH RECN()-1,LEN(A)+1
RETU
*子程序 sub2.prg
```

```
PARA T,K
?T,K  && ②
P=T
DO WHILE K>T
P=P+K
K=K-1
ENDDO
?P  && ③
```

（1）程序运行到①处时，打开的表文件是（　　）。

A．W&A.S　　B．WAS　　C．WATERS　　D．WATER

（2）程序运行到②处时，显示的结果是（　　）。

A．0　5　　B．1　4　　C．0　4　　D．1　5

（3）程序运行到③处时，显示的结果是（　　）。

A．10　　B．15　　C．18　　D．21

4.
```
*主程序 main.prg
CLEAR
SET PROC TO ABC
PUBLIC A1,A2
A1=1
A2=A1+1
A3=RIGHT("INTERNET",3)
DO S1
?A1,A2,A3     && ①
DO S2 WITH A1,A2,A3
RETURN
*过程文件 ABC.PRG
PROC S1
  A1=A1+1
  RETURN
  PROC S2
    PARA A,B,C
    A=A+1
    B=B+1
    C=C+LEFT("EXPLORER",3)
    ?A,B,C     && ②
    DO S3 WITH A,B,C
    RETURN
PROC S3
PARA X,Y,Z
    X=X+1
    Z=Z-Z
    ?X,Y,Z
    Y=Y+1       && ③
    RETURN
```

（1）程序运行时第一个?（语句①处）的屏幕显示结果为（　　）。

A．2 2 net　　B．2 2 int

C．1 2 net　　　　D．1 3 exp

（2）程序运行时第二个?（语句②处）的屏幕显示结果为（　　）。

A．3 3 net　　　　B．3 3 netexp

C．2 3 netrer　　　　D．4 3 exp

（3）程序运行时第三个?（语句③处）的屏幕显示结果为（　　）。

A．2 2 net　　　　B．4 3 netexp

C．4 3 netrer　　　　D．4 3 netexpnetexp

二、简答题

1．编程求 S=1!+2!+…+100!。

2．编程实现，输入一个字符串，分别统计其中的英文字母、空格、数字和其他字符的个数。

3．编程求 1～500 的整数中能被 3、5、7 同时整除的数。

4．简述面向过程程序设计和面向对象程序设计的主要区别。

5．简述对象的属性、事件和方法的区别。

6．Visual FoxPro 中的基类有哪几种？使用这几种基类创建的对象的区别是什么？

第 9 章　表单设计

知识结构图

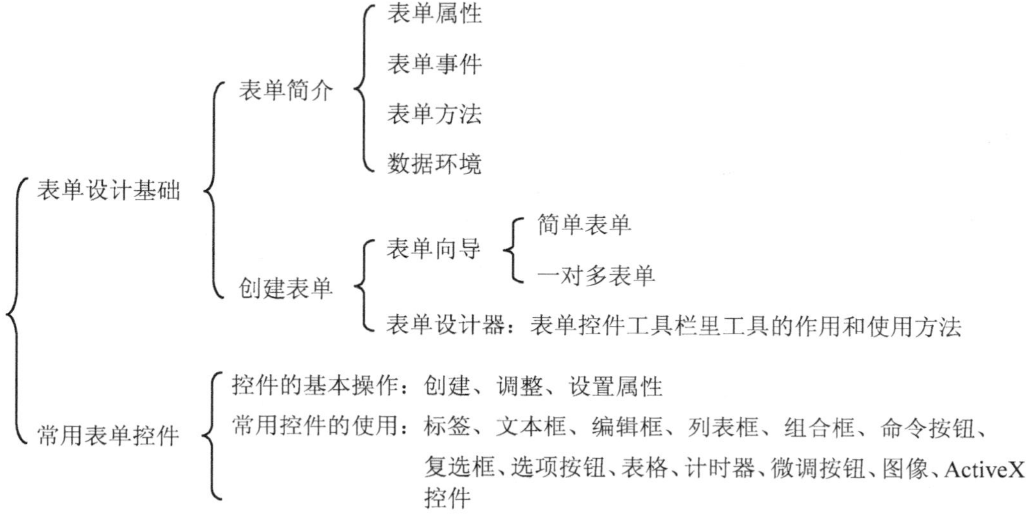

9.1　表单设计基础

9.1.1　表单简介

表单是 Visual FoxPro 中面向对象程序设计的基本工具，通过各种控件为用户提供图形化的交互式操作界面，表单设计充分体现了面向对象程序设计的风格，是 Visual FoxPro 可视化程序设计的精华所在。

一个表单是具有属性、事件、方法程序、数据环境和包含其他控件的容器类对象。它的主要用途就是用来显示或输入数据，完成某种具体的特定功能，构造用户和计算机相互沟通的屏幕界面。

1. 表单控件

表单中的控件有两类：与数据绑定的控件和不与数据绑定的控件。与数据绑定的控件和数据源（表、视图或表和视图的字段或变量等）有关，这类控件需要设置控制源（ControlSource）属性，用户使用与数据绑定的控件可以将输入或选择的数据送到数据源或从数据源取出有关数据。另一类不与数据绑定的控件不需要设置控制源属性，用户对控件输入或选择的值只作为属性设置，该值不保存。表单中的常用控件如表 9-1 所示。

2. 表单属性

表单的属性用于定义表单及其控件的性质、特征，每个表单及其控件都有它的一组属性，通常这些属性的大多数都是相同的。表单及控件的属性可以通过属性窗口在设计时设置，也可以通过编写代码在表单运行时设置。表单和控件中有些属性具有通用性，另外一些属性具有针对性。属性值的不同可使表单或控件具有不同的状态。根据属性对对象影响的不同，可以将对象的属性分为布局属性、修饰属性、状态属性、数据属性、格式属性与其他属性等。

表 9-1 表单常用控件

控件	功能	控件	功能
Label	创建用于显示正文内容的标签	Spinner	创建微调控件
TextBox	创建文本框	Shape	创建用于显示方框、圆或椭圆的 Shape 控件
ListBox	创建列表框	Grid	创建表格
EditBox	创建编辑框	PageFrame	创建包含若干页的页框
ComboBox	创建组合框	Image	创建用于显示.BMP 图片的图像控件
CheckBox	创建复选框	Timer	创建能在一定时间执行代码的定时器
CommandButton	创建命令按钮	Line	创建用于显示水平线、垂直线或斜线的控件
CommandGroup	创建命令按钮组	OLE	创建 OLE 容器控件
OptionButton	创建选项按钮	OLE Bound	创建 OLE 绑定型控件
OptionGroup	创建选项按钮组		

表 9-2 所列的部分属性是具有通用性的属性。

表 9-2 常用表单及控件属性

属性	说明	属性	说明
Caption	指定对象的标题	Alignment	指定对象文本的对齐方式
Name	指定对象的名字	AutoSize	是否自动调整大小以适应内容
Value	指定对象当前的取值	Height	指定屏幕上一个对象的高度
Format	指定对象的输入和输出格式	Width	指定屏幕上一个对象的宽度
InputMask	指定在控件中如何输入和显示数据	Left	对象左边相对于父对象的位置
PasswordChar	指定在文本框中是否使用占位符	Top	对象上边相对于父对象的位置
ReadOnly	指定用户是否可以编辑控件	Movable	运行时表单能否移动
FontName	指定对象文本的字体名	Closable	标题栏中关闭按钮是否有效
FontSize	指定对象文本的字体大小	ControlBox	是否取消标题栏所有的按钮
ForeColor	指定对象中的前景色	MaxButton	指定表单是否有最大化按钮
BackColor	指定对象内部的背景色	MinButton	指定表单是否有最小化按钮
BackStyle	指定对象背景是否透明	WindowState	指定运行时是最大化或最小化
BorderStyle	指定边框样式	Visible	指定对象是可见还是隐藏
AlwaysOnTop	是否处于其他窗口之上	Enabled	指定对象是否可用
AutoCenter	是否在 Visual FoxPro 主窗口内自动居中		

3. 表单事件

表单的事件是表单及其控件可以识别和响应的行为与动作。每个表单及其控件都有多个事件，每个事件都是由系统事先规定的。一个事件对应于一个程序，称为事件过程。事件一旦被触发，系统马上就去执行与该事件对应的过程。如用鼠标对对象的单击操作可触发执行本对象的 Click 事件过程代码，对对象的双击操作则触发本对象的 Dbclick 事件过程代码。待事件过程执行完成后，系统又处于等待某事件发生的状态，这种方式称为事件驱动方式。Visual FoxPro 提供的事件处理机制为用户营造了一个丰富的交互环境。

表单中的常用事件如表 9-3 所示。

表 9-3　常用表单事件

事件	事件的激发	事件	事件的激发
Load	在创建对象之前	GotFocus	对象接收到焦点
Init	当对象创建时（在 Load 之后）	LostFocus	对象失去焦点
Destroy	释放一个对象时	KeyPress	当用户按下或释放一个键时
Unload	释放所有对象后（在 Destroy 之后）	MouseDown	当用户按下鼠标键时
Click	用户鼠标单击对象	MouseMove	当用户移动鼠标到对象时
DblClick	用户鼠标双击对象	MouseUp	当用户释放鼠标时
RightClick	用户鼠标右击对象	Error	当发生错误时
Interactivechang	用户使用键盘和鼠标改变控件值时		

4. 表单方法程序

表单的方法程序是对象能够执行的、完成相应任务的操作命令代码的集合，是 Visual FoxPro 为表单及其控件内定的过程，用以完成特定的操作、方便调用并减轻编程人员的负担。方法程序过程代码由 Visual FoxPro 系统定义，对用户是不可见的，但可以通过代码编辑窗口对其进行增加。

表 9-4 给出了表单中常用的方法程序。

表 9-4　常用表单方法程序

方法程序	用途	方法程序	用途
AddObject	在表单对象中增加一个对象	Move	移动一个对象
Box	在表单对象上画一个矩形	Print	在表单对象上打印一个字符串
Circle	在表单对象上画一段圆弧或一个圆	Pset	给表单上的一个点设置一个指定的颜色
Cls	清除一个表单中的图形和文本	Refresh	重新绘制表单或控件，并更新所有值
Clear	清除控件中的内容	Release	从内存中释放表单或表单集
Draw	重新绘制表单对象	SaveAs	将对象存入.SCX 文件中
Hide	隐藏表单、表单集或控件	Show	显示表单
Line	在表单对象上绘制一条线		

5. 表单数据环境

表单的数据环境是指在创建表单时需要打开的全部表、视图和关系。大部分表单都包括一个数据环境。通过数据环境，将表单和数据库联系起来，在表单上以某种形式将数据表或视图中的数据表示出来。

在表单的数据环境中，可以添加与表单相关的数据表或视图，并设置好表单、控件与数据表或视图中字段的关联，形成一个完整的数据体系。

表 9-5 给出了常用的数据环境属性和与表单及控件的数据源相关的属性。

表 9-5 常用数据环境和数据源的相关属性

属性	说明
AutoOpenTables	控制当运行表单时是否打开数据环境的表或视图，默认为.T.
AutoCloseTables	控制当释放表或表单集时是否关闭表或视图，默认为.T.
InitialSelectedAlias	当运行表单时选定的表或视图
Filter	排除不满足条件的记录
ControlSource	指定与文本框、编辑框、列表框、组合框及表格中的一列等对象建立联系的数据源（某个字段）
CursorSource	指定与临时表相关的表或视图的名称
RecordSource	指定与表格控件建立联系的数据源（某个表或视图）
RecordSourceType	指定与表格控件建立联系的数据源打开的方式（表、别名、SQL 等）
RowSource	指定组合框或列表框的数据源
RowSourceType	指定组合框或列表框的数据源类型
RelationalExpr	指定基于父表中的字段而又与子表中的索引相关的表达式
ParentAlias	指定主表的别名
ChildAlias	指定子表的别名
ChildOrder	为表格控件或关系对象的记录源指定索引标识
OneToMany	指定关系是否为一对多关系

6. 创建表单的一般步骤

在 Visual FoxPro 6.0 中可以通过表单向导和表单设计器设计表单。使用表单向导设计表单时，用户只需要根据系统提示进行简单的操作即可生成具有一定功能的表单。对于具有个性化功能要求的表单，则需要通过表单设计器由用户自行设计表单的每一个细节。

表单的设计过程通常可以分为以下几个步骤实现：

（1）创建一个新表单。

（2）使用表单控件栏为表单添加控件。

（3）通过属性窗口设置表单和控件的属性。

（4）如果表单功能与数据表或视图有关，则为表单添加数据环境。

（5）为表单和控件编写事件方法代码。

9.1.2 创建表单

表单可以属于某个项目，也可以游离于任何项目之外，它是一个特殊的磁盘文件，其扩展名为.scx。在项目管理器中创建的表单自动隶属于该项目。

Visual FoxPro 提供了表单向导、快速表单、表单设计器等表单设计工具来快速创建表单。

1. 利用表单向导创建表单

表单向导是通过使用 Visual FoxPro 系统提供的功能快速生成表单程序的手段，提供了两种表单向导来创建表单：

- 表单向导：可以创建基于一个表的简单表单。
- 一对多表单向导：可以创建基于两个表（按一对多关系链接）的表单。

（1）简单表单向导。

表单向导是一个引导以用户填写表和选取项的方式创建表单的工具。表单向导在其运行过程中给用户提供了比较详细的提示，用户只要按照提示的说明就可以完成相应的操作。因此，“表单向导”的使用并不困难。下面以“学生”表为例，用“表单向导”创建学生基本信息情况表单。

具体步骤如下：

1）单击“文件”→“新建”命令，在弹出的“新建”对话框中选择表单，单击“向导”按钮，弹出“向导选取”对话框，如图 9-1 所示。在其中选择“表单向导”，单击“确定”按钮，创建一个能对一个数据表进行简单操作的表单。

2）在“字段选取”对话框中，首先在“数据库和表”列表框中选择作为数据资源的数据库和表，此处选择表“学生”；然后在“选定字段”列表框中选择将出现在表单中的字段，此处选择“学号”、“姓名”、“入校总分”、“照片”；最后单击“下一步”按钮，如图 9-2 所示。

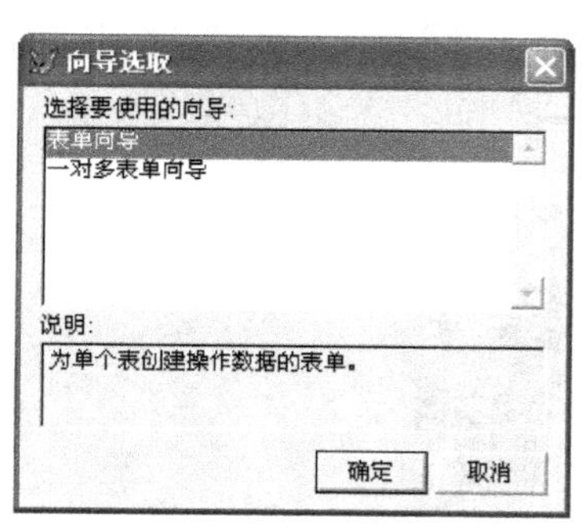

图 9-1　“向导选取”对话框

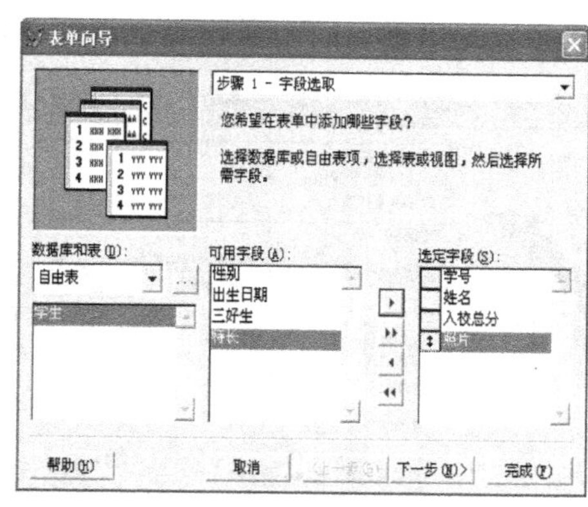

图 9-2　“字段选取”对话框

3）在“表单向导”对话框中，Visual FoxPro 提供了 9 种标准样式和 4 种按钮类型，可任选一种表单样式和按钮类型，此处选择的是“标准式”、“文本按钮”，然后单击“下一步”按钮，如图 9-3 所示。

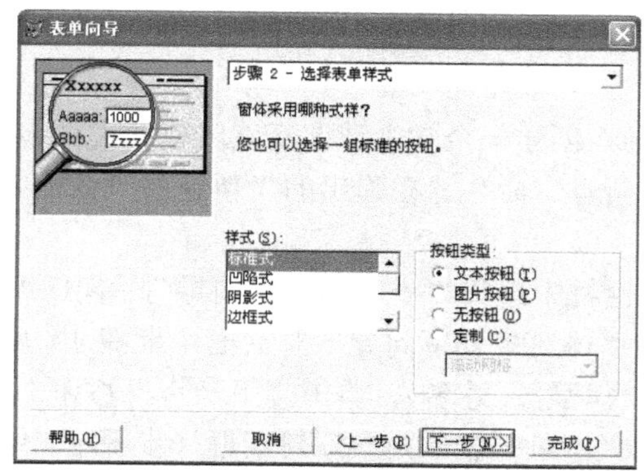

图 9-3　“选择表单样式”对话框

4）在“可用的字段或索引标识”列表框中选择字段“学号”建立索引（如果该表已经按某一字段建立了索引，可以略去本操作，直接进入下一步骤），单击“下一步”按钮，如图 9-4 所示。

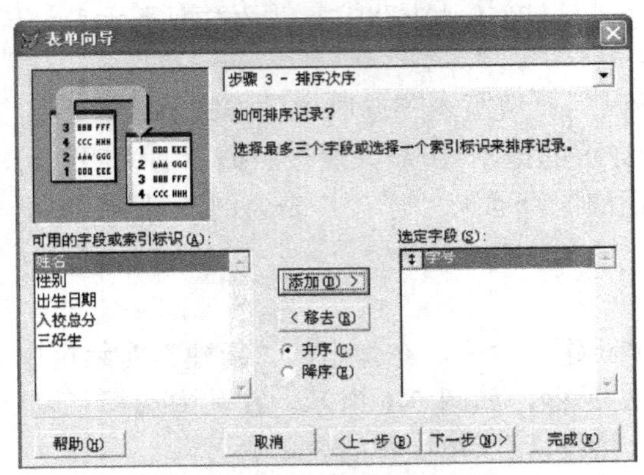

图 9-4 “排序次序”对话框

5）在如图 9-5 所示的“表单向导”界面中，首先在“请键入表单标题”文本框中定义表单标题（例如“学生”），然后对“完成”对话框中的 3 个单选按钮加以选择后完成向导并存盘。在退出表单向导之前，可以单击对话框右下角的“预览”按钮预览表单，如图 9-6 所示。

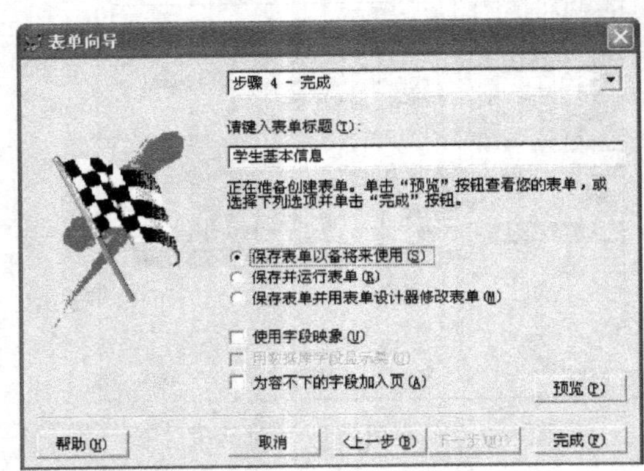

图 9-5 “完成”对话框

图 9-6 “学生基本信息”表单预览效果对话框

在通过回答表单向导的问题所生成的表单中，含有一组标准的记录定位按钮，这组按钮可用以在表单中显示不同的记录（第一个、前一个、下一个、最后一个）、编辑记录、添加记录、删除记录和查找记录等。

（2）一对多表单向导。

利用“一对多表单向导”创建一个学生选课查询表单。具体步骤如下：

1）单击“文件”→“新建”命令，在弹出的“新建”对话框中选择表单，单击“向导”按钮。

2）在“向导选取”对话框中选择“一对多表单向导”，单击“确定”按钮。

3）在如图 9-7 所示的“一对多表单向导”对话框（步骤 1）中选择用于创建表单的父表（“学生”表）及相应字段（学号、姓名），单击“下一步”按钮。

4）在如图 9-8 所示的“一对多表单向导”对话框（步骤 2）中选择用于创建表单的子表（“选课”表）及相应字段（学号、课程号、成绩），单击“下一步”按钮。

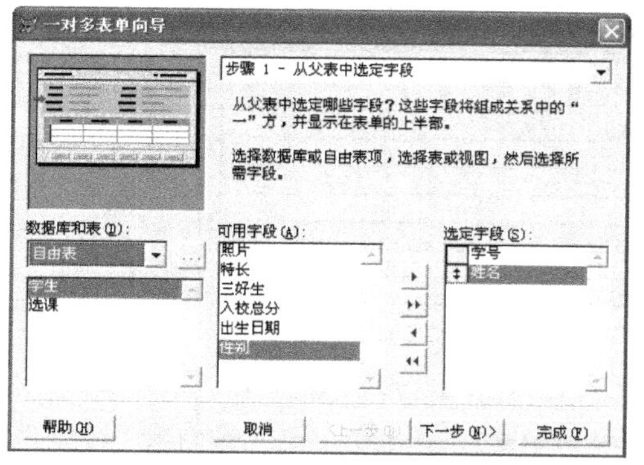

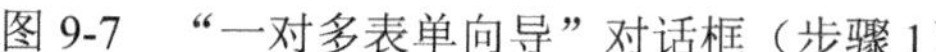

图 9-7　“一对多表单向导”对话框（步骤 1）

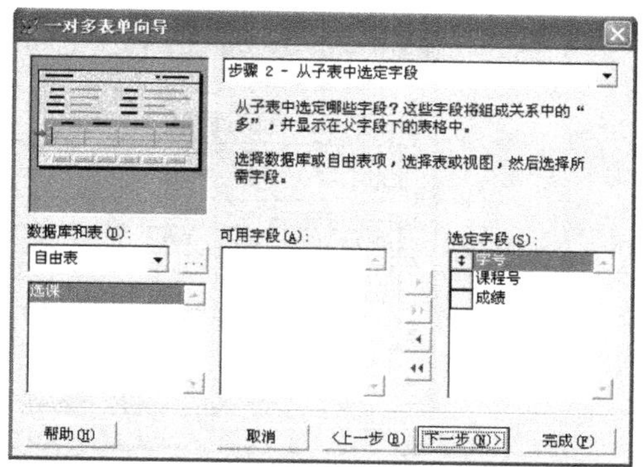

图 9-8　“一对多表单向导”对话框（步骤 2）

5）在如图 9-9 所示的“一对多表单向导”对话框（步骤 3）中建立父表和子表之间的关联，单击“下一步”按钮。

6）选择表单的样式，如图 9-10 所示。

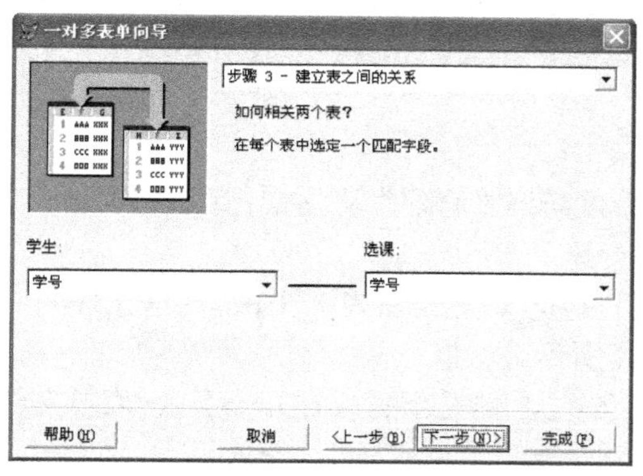

图 9-9　“一对多表单向导”对话框（步骤 3）

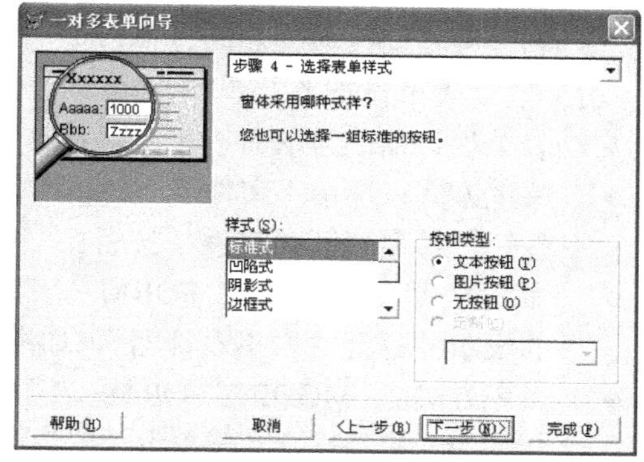

图 9-10　“一对多表单向导”对话框（步骤 4）

7）选择排序依据字段，如图 9-11 所示。

8）在“表单向导”的完成对话框中定义表单的标题“学生选课查询”，完成向导，如图 9-12 所示。

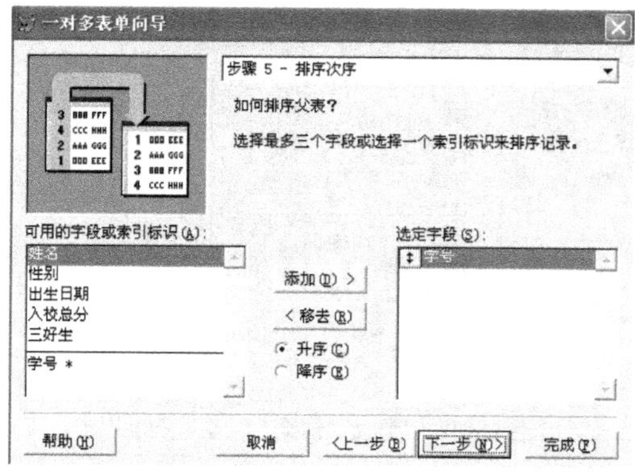

图 9-11　“一对多表单向导”对话框（步骤 5）

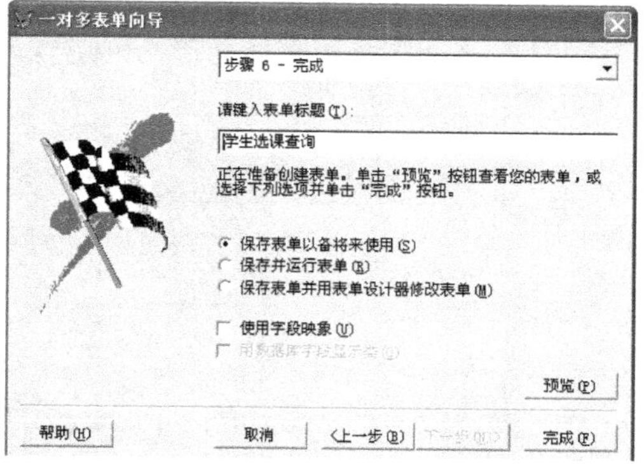

图 9-12　“一对多表单向导”对话框（步骤 6）

9）在退出表单向导之前，单击“预览”按钮预览表单，如图 9-13 所示。

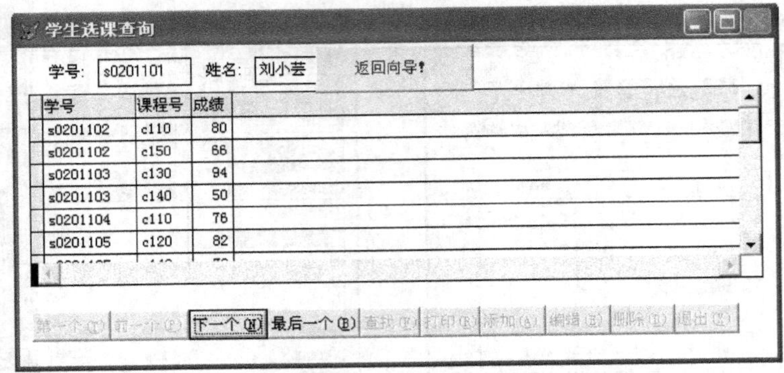

图 9-13　“预览”窗口

2. 利用表单设计器创建表单

利用系统提供的向导创建表单比较简单、快捷，但是设计过程中难以充分发挥设计者的想象。因此，在实际应用中，我们经常借助表单设计器来设计具有个性风格的表单，而不用系统提供的向导。通过表单设计器，设计者可以灵活地在表单中加入不同的控件，并且通过控件的格式得到各种不同风格外观的表单。

（1）启动表单设计器。

启动表单设计器的方法有以下几种：

- 菜单方式：单击“文件”→“新建”命令，弹出“新建”对话框，选中“表单”单选按钮，单击“新建文件”按钮。
- 命令方式 1：CREATE FORM <表单文件名>，功能是新建一个由<表单文件名>命名的表单并打开“表单设计器”，如图 9-14 所示。
- 命令方式 2：MODIFY FORM <表单文件名>，功能是新建或打开一个由<表单文件名>命名的表单并打开“表单设计器”。

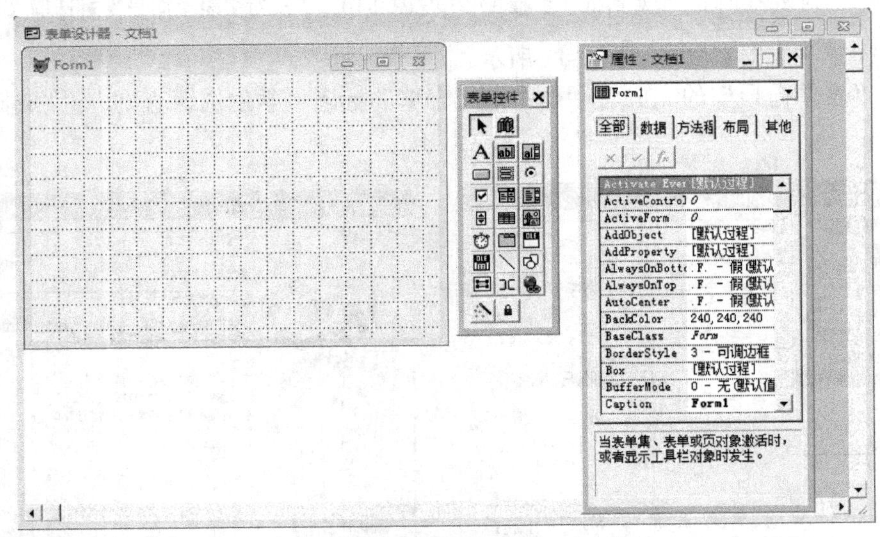

图 9-14　“表单设计器”窗口

在系统默认状态下，打开“表单设计器”时，会同时自动打开“表单控件”工具栏和“属性”窗口。如果“表单控件”工具栏和“属性”窗口未打开，可以选择“显示”→“表单控件工具栏”命令和“属性”命令将它们打开，也可以在表单空白处右击，从弹出的快捷菜单中选择“属性”命令来打开“属性”窗口。

（2）“表单设计器”工具栏。

“表单设计器”工具栏主要用于设置设计模式并控制相关窗口和工具栏的显示，如图 9-15 所示，其各个按钮的功能如表 9-6 所示。

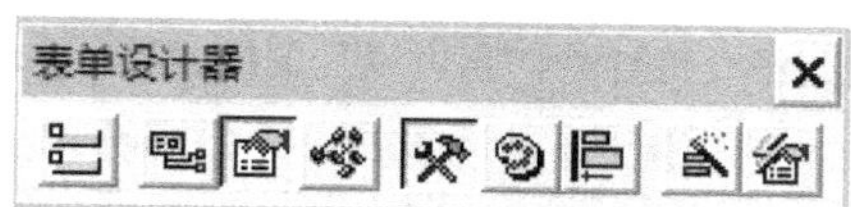

图 9-15　“表单设计器”工具栏

表 9-6　“表单设计器”工具栏各按钮说明

图标	按钮名称	功能
	设键次序	显示表单对象设置的 Tab 键次序
	数据环境	显示数据环境设计器
	属性窗口	显示所选对象的属性窗口
	代码窗口	显示当前对象的代码窗口，以便查看和编辑代码
	表单控件工具栏	显示或隐藏表单控件工具栏
	调色板工具栏	显示或隐藏调色板工具栏
	布局工具栏	显示或隐藏布局工具栏
	表单生成器	运行表单生成器，向表单添加控件
	自动格式	启动“自动格式生成器”对话框

（3）“表单控件”工具栏。

“表单控件”工具栏用于在表单上创建控件，如图 9-16 所示，其各个图标的含义如表 9-7 所示。

图 9-16　“表单控件”工具栏

表 9-7　“表单控件”工具栏各按钮说明

图标	按钮名称	作用
	选定对象	选定对象
	查看类	选择并显示注册的类库
A	标签	创建标签控件
abl	文本框	创建文本框控件，只限于单行文本
	编辑框	创建编辑框控件，可以保存多行文本
	命令按钮	创建命令按钮控件

续表

图标	按钮名称	作用
	命令按钮组	创建命令按钮组控件，它将相关命令组合在一起
	单选按钮	创建选项组控件，用户只能选择多个选项中的一个
	复选框	创建复选框控件，用户可以同时选择多个条件
	组合框	创建组合框控件，它可以是下拉式组合框或下拉式列表框
	列表框	创建列表框控件，它显示一个项目的列表供用户选择
	微调按钮	创建微调控件，可以通过按钮进行数值变化的微调
	表格	创建表格控件，用于在类似电子表格的格子上显示数据
	图像	在表单上显示一个图形图像
	计时器	创建定时器控件，在指定的时间或时间间隔执行某个过程
	页框	显示多页控件
	ActiveX 控件	OLE 容器控件，用于在应用中添加 OLE 对象
	ActiveX 绑定控件	OLE 绑定性控件，用于在应用中添加 OLE 对象
	线条	设计时在表单中画各种类型的直线
	形状	设计时在表单中画各种类型的几何形状
	容器	向当前表单中放置一个容器对象
	分隔符	在工具栏控件之间设置间隔
	超级链接	在表单中实现指向其他页面的超级链接
	生成器锁定	无论向表单中添加什么新控件时都打开一个生成器
	按钮锁定	它使得可在工具栏中只按相应按钮一次而向表单中添加多个同类型的控件

（4）“布局”工具栏。

使用“布局”工具栏可以在表单上对齐调整控件的位置，使表单界面布局更加完美，如图 9-17 所示，其各个按钮的功能如表 9-8 所示。

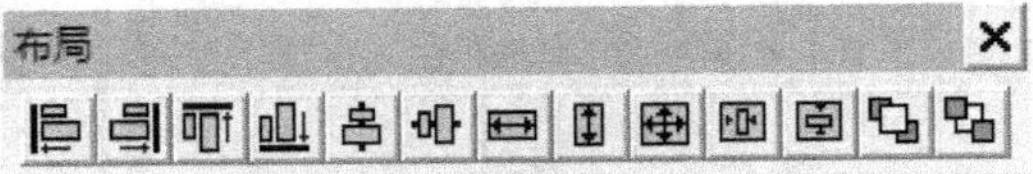

图 9-17 “布局”工具栏

表 9-8 “布局”工具栏各按钮说明

图标	按钮名称	功能
	左边对齐	按最左边界对齐选定控件，当选定多个控件时可用
	右边对齐	按最右边界对齐选定控件，当选定多个控件时可用
	顶边对齐	按最上边界对齐选定控件，当选定多个控件时可用
	底边对齐	按最下边界对齐选定控件，当选定多个控件时可用
	垂直居中对齐	按一垂直轴线对齐选定控件的中心，当选定多个控件时可用

续表

图标	按钮名称	功能
	水平居中对齐	按一水平轴线对齐选定控件的中心，当选定多个控件时可用
	相同宽度	把选定控件的宽度调整到与最宽控件的宽度相同
	相同高度	把选定控件的高度调整到与最高控件的高度相同
	相同大小	把选定控件的尺寸调整到最大控件的尺寸
	垂直居中	按照通过表单中心的垂直轴线对齐选定控件的中心
	水平居中	按照通过表单中心的水平轴线对齐选定控件的中心
	置前	把选定控件放到所有其他控件的前面
	置后	把选定控件放到所有其他控件的后面

（5）“调色板”工具栏。

使用“调色板”工具栏可以设置表单上各控件的颜色，如图 9-18 所示，部分按钮的功能如表 9-9 所示（其他按钮是颜色按钮）。

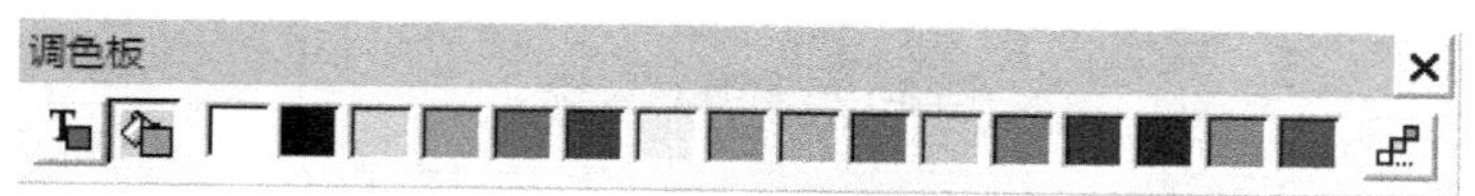

图 9-18　“调色板”工具栏

表 9-9　调色板工具栏部分按钮说明

图标	按钮名称	功能
	前景色	设置控件的默认前景色
	背景色	设置控件的默认背景色
	其他颜色	显示“Windows 颜色”对话框，可定制用户自己的颜色

（6）“属性”窗口。

通过表单设计器的“属性”窗口和“代码”窗口可以对表单及其控件的属性、事件和方法进行设置。“属性”窗口中包含了所有选定的表单或控件、数据环境、临时表、关系的属性、事件和方法程序列表。通过“属性”窗口可以对这些属性值进行设置或更改。

“属性”窗口由对象栏、选项卡、属性设置按钮、属性列表框和属性说明信息框组成，如图 9-19 所示。

1）对象。对象用来标识表单中当前选定的对象。如图 9-19 所示，当前所显示的对象是系统默认的 Form1 对象，它表示可以为 Form1 设置或更改属性。

在对象栏右端还有一个向下的箭头，单击该箭头可以看到一个包含当前表单、表单集和全部控件的列表。用户可在列表中选择表单或控件，这和在表单窗口选定对象的效果是一致的。

2）选项卡。选项卡的作用是按照分类的形式来显示属性、事件、方法程序，当分别单击“全部”、“数据”、“方法程序”、“布局”和“其他”选项卡时将分别显示不同的界面。

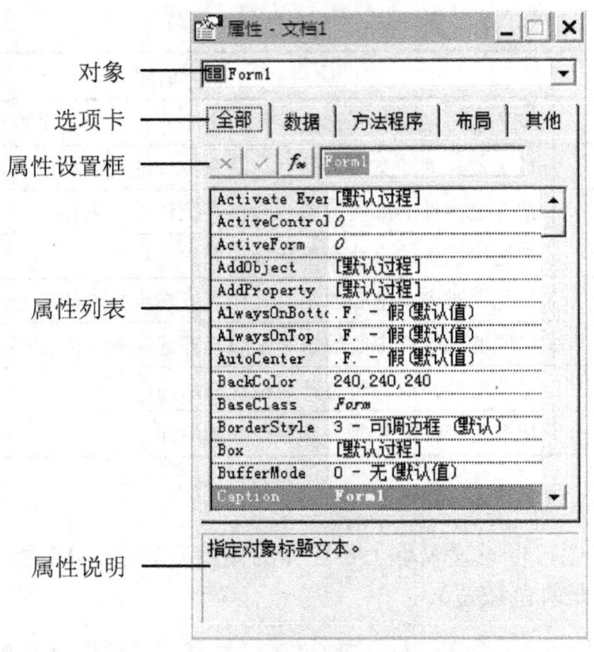

图 9-19 “属性”窗口

各选项卡的具体含义如下：

全部：显示对象所有属性的当前设置以及事件和方法程序的名称。

数据：显示有关对象如何显示或怎样操作数据的属性。

方法程序：显示方法程序和事件。

布局：显示所有的布局属性。

其他：显示其他特殊属性，包括用户自定义属性。

3）属性设置框。

属性设置框用来更改属性列表中的属性值。其中，f_x按钮是“函数”按钮，单击此按钮则可以打开表达式生成器，在表达式生成器中生成的表达式的值将作为属性值；✓按钮是“接受”按钮，单击此按钮就可以确认对某属性的更改；×按钮是“取消”按钮，单击此按钮则会取消更改，恢复属性以前的值。

4）属性列表。

属性列表选项是一个包含两列的列表，它显示了所有可在设计时更改的属性和它们的当前值。对于具有预定值的属性，在属性列表中双击属性名可以遍历所有的可选项。如果要恢复属性原有的默认值，可以在“属性”窗口的属性栏中右击，然后在快捷菜单中选择“重置为默认值”选项。

注意：在属性列表框中以斜体显示的属性值则表明这些属性、事件和方法程序是只读的，用户不能修改；而用户修改过的属性值将以黑体显示。

5）属性说明信息。

在“属性”窗口的下面给出了所选属性的简短说明信息。

（7）代码编辑窗口。

在表单设计器的代码编辑窗口中可为事件或方法程序编写代码。代码编辑窗口包含两个组合框和一个列表框，如图 9-20 所示。其中，对象组合框用于重新确定对象，过程组合框用来确定所需的事件或方法程序，代码则在列表框中输入。

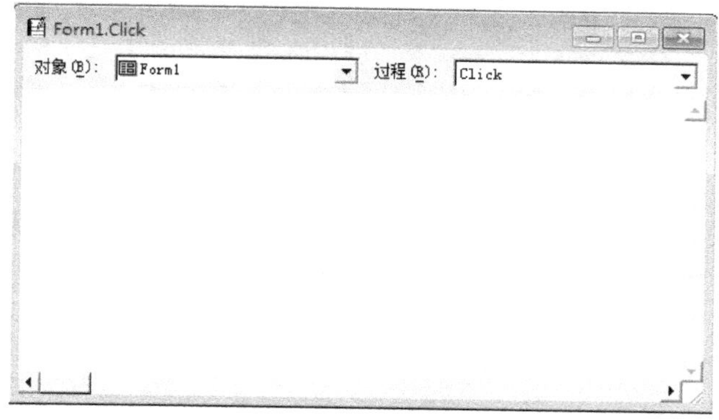

图 9-20　“代码编辑”窗口

打开“代码编辑”窗口的方法有多种：

- 双击表单或控件。
- 选定表单或控件快捷菜单中的“代码”选项。
- 选择“显示”→“代码”命令。
- 双击属性窗口中的事件或方法程序选项。

（8）数据环境设计器。

数据环境定义了表单或报表使用的数据源，包括表、视图和关系。数据环境与表单或报表一起保存并可使用数据环境设计器进行修改。

定义表单或报表的数据环境之后，只要打开或运行该表单或报表文件，Visual FoxPro 就会自动打开它的表或视图，在关闭或释放该文件时也会自动关闭该表或视图。

对于表单或表单控件，Visual FoxPro 把“数据环境”中的全部字段列在“属性”窗口中，构成 ContronSource 属性列表。

打开“表单设计器”后，可用以下方法打开数据环境设计器：

- 选择“显示”→“数据环境”命令。
- 打开表单后右击，并从弹出的快捷菜单中选择“数据环境”选项。

这两种方法实质上完成的是同一个 Visual FoxPro 命令。选择“数据环境”之后，系统显示如图 9-21 所示。

单击“数据环境设计器”窗口，Visual FoxPro 菜单栏上可以弹出一个菜单，这些菜单命令的意义如下：

添加：显示“添加表或视图”对话框，可以将对话框中列出的数据库表、自由表或视图添加到“数据环境”窗口中。

移动：将选取的表或视图从“数据环境”窗口中移去。

浏览：在“浏览”窗口中显示当前“数据环境”窗口中选中的表或视图数据，在“浏览”模式中可以检查或编辑表或视图中的数据。

注意：*在该弹出菜单中“添加”和“移去”命令不会同时出现。*

在右击“数据环境设计器”窗口弹出的快捷菜单中还有“属性”和“代码”选项，这两个选项可分别打开用以处理数据环境对象的数据“属性”窗口和“代码”窗口。

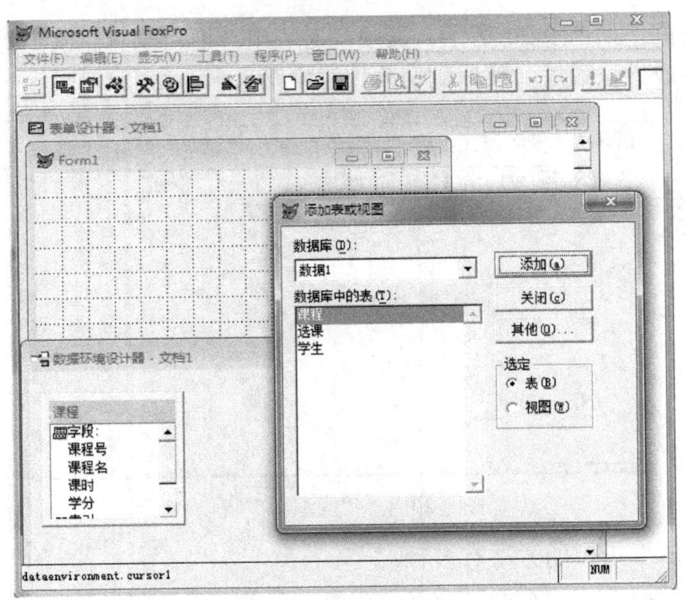

图 9-21 “数据环境设计器”窗口

常用的数据环境属性如下：

AutoCloseTables：当释放表单或表单集时，控制是否关闭表和视图，默认值是“真”。

AutoOpenTables：当运行表单时，控制是否打开数据环境中的表或视图，默认值是“真”。

InitialSelectedAlias：运行表单时选定的表或视图，如果没有指定，在运行时首先加到“数据环境”中的临时表最先被选中。

数据环境设计器中的表如果具有在数据库中设置的永久关系，这些关系就会自动添加到数据环境中。如果表中没有永久关系，可以在数据环境设计器中设置这些关系。

在数据环境设计器中设置关系时可采用直观的拖动方式，即将字段从主表拖动到相关表中相匹配的索引标识上；也可以将字段直接从主表拖动到相关表中的字段上。如果相关表没有与之对应的索引标识，系统将提示是否创建该索引标识。

例如在数据环境设计器中以“学号”字段建立了一个关系之后，在表之间将有一条连线指出这个关系，如图 9-22 所示。

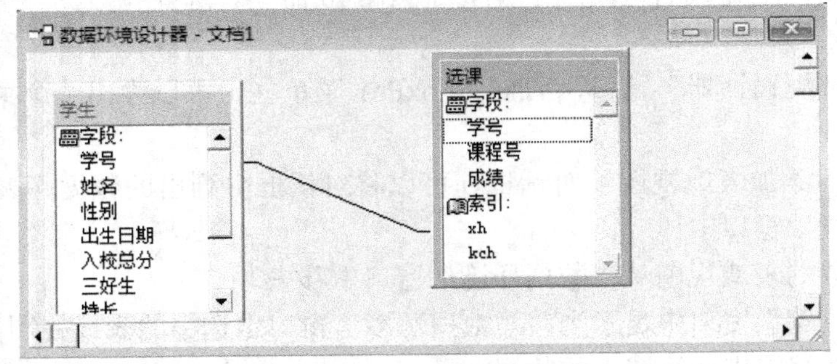

图 9-22 设置关系

用户可以直接将字段、表或视图从“数据环境设计器”中拖动到表单，拖动成功会创建相应的控件。如果拖到表单上的字段的数据类型为字符型，系统将产生一个文本框控件；如果是备注型，系统将产生一个编辑框控件；如果是表或视图，系统将产生一个表格控件。这种拖动的方式，既快速又简单，特别是不易出错。

例如，在数据环境中将“学生”表和“选课”表分别选中，直接拖到表单中分别形成两个表格控件，表格的大小可以进行适当的拖动调整，表格中所有的数据源设置均采用系统默认设置，其运行结果使两表状态信息保持一致。鼠标单击学生表格中的任意一名学生，在选课表格中就会显示该学生的所有选课信息，如图 9-23 所示。

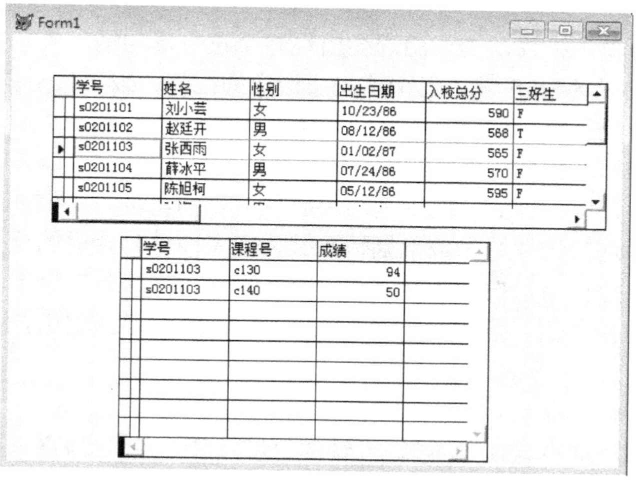

Form1

学号	姓名	性别	出生日期	入校总分	三好生
s0201101	刘小芸	女	10/23/86	590	F
s0201102	赵廷开	男	08/12/86	568	T
s0201103	张西雨	女	01/02/87	565	F
s0201104	薛冰平	男	07/24/86	570	F
s0201105	陈旭柯	女	05/12/86	595	F

学号	课程号	成绩
s0201103	c130	94
s0201103	c140	50

图 9-23　利用数据环境生成的表单

如果要编辑关系的属性，可以从“属性”窗口的“名称”列表框中选择要编辑的关系，或者选择关系（单击线条即可），然后用鼠标右击弹出快捷菜单，选择“属性”选项，弹出“属性”对话框，即可进行属性设置。

关系的属性对应于 SET RELATION 和 SET SKIP 命令中的子句和关键字。RelationExpr 属性的默认设置为主关键字字段的名称。如果相关表是以表达式作为索引的，就必须将 RelationExpr 属性设置为这个表达式。如果关系不是一对多关系，则必须将属性 OneToMany 设置为“假”。这相当于使用 SET RELATION 命令时不发出 SET SKIP 命令。

如果关系是一对多关系，必须将关系的属性 OneToMany 设置为“真”，这相当于使用 SET RELATION 命令时同时发出 SET SKIP 命令。浏览父表时，在浏览完表中所有的相关记录之前，记录指针一直停留在同一记录上。

9.2 常用表单控件

在 Visual FoxPro 系统中，用户可以使用“表单控件”工具栏中的 25 个可视表单控件来构造表单。

9.2.1 控件的基本操作

表单控件的基本操作包括创建控件、调整控件和设置控件属性等。

1. 创建控件

在“表单控件”工具栏中，只要单击其中的某一个按钮（该按钮呈凹陷状，代表选取了一个表单控件），然后单击表单窗口内的某处，就会在该处产生一个选定的表单控件，这种方法产生的控件大小是系统默认的；另外也可以在单击“表单控件”工具栏中的按钮后，在表单选定位置按下鼠标左键在表单上拖动，可生成一个大小合适的控件。

2. 调整控件

调整控件包括在表单上选定控件，调整控件的大小、位置、删除和剪贴控件等。

选定控件：在表单窗口中的所有操作都是针对当前对象的，在对控件进行操作前，应先选定控件。

选定单个控件：单击控件，控件四周会出现八个正方形句柄，表示控件已被选定。

选定多个控件：按下 Shift 键，逐个单击要选定的控件；或者按下鼠标按钮拖曳，使屏幕上出现一个虚线框，放开鼠标按键后，圈在其中的控件即被选定。

取消选定：单击已选控件的外部某处。

调整控件大小：选定控件后，拖曳其四周出现的句柄，可改变控件的大小。

调整控件位置：选定控件后，按下鼠标左键，拖曳控件到合适的位置。

删除控件：选定控件后，按 Del 键或选择“编辑”→“清除”命令。

剪贴控件：选定控件后，利用“编辑”菜单或“快捷”菜单中的剪切、复制和粘贴命令实现。

3. 设置控件属性

当一个控件创建好后，会在“属性”窗口的对象栏中看到该对象的名字（系统默认）。在选定控件（单击控件或在“属性”窗口的下拉列表框中选取）后，可对其设置属性。对不同的控件来说，有一些属性是用户需要设置的，而另外一些属性是用户可以不设置的，使用系统给定的默认值。

9.2.2 常用控件

1. 标签控件（Label）

标签控件主要用于显示一段固定的文本信息字符串，它没有数据源，把要显示的字符串直接赋予标签的“标题”（Caption）属性即可。标签控件是按一定格式显示在表单上的文本信息，用来显示表单中的各种说明和提示。用标签显示的文本信息一般很短，如果文本信息很长，一行显示不了时，可以通过设置标签控件的 WordWrap 属性值为.T.来多行显示文本信息。

标签控件的主要属性有：标签的大小（Height、Width）、颜色（BackColor、ForeColor）、显示信息的内容（Caption）、字体（FontName）、字号（FontSize）等。

例 9.1 设计一个登录界面表单（表单 01.scx），如图 9-24 所示。

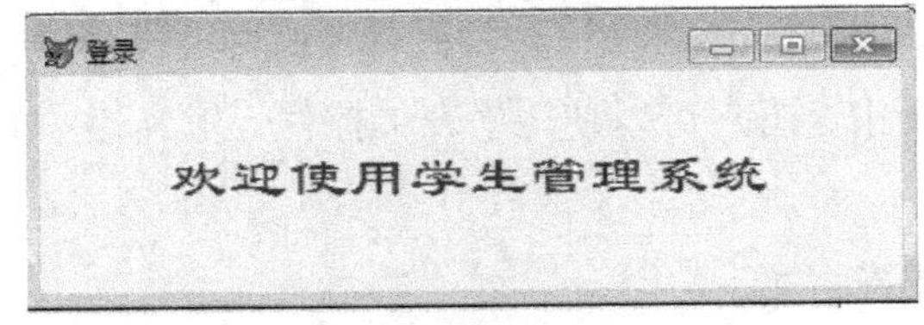

图 9-24 表单 01.scx 运行界面

操作步骤：

（1）在 Visual FoxPro 系统中，单击“文件”→“新建”命令，弹出“新建”对话框。

（2）在其中选择“表单”，再单击“新建文件”按钮，进入“表单设计器”窗口，如图 9-25 所示。

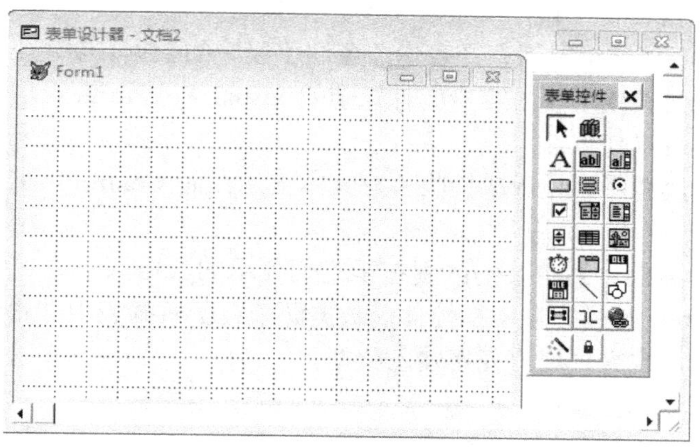

图 9-25　“表单设计器”窗口

（3）在“表单控件”工具栏中单击“标签”控件按钮，在表单合适的位置上拖放或单击添加一个标签控件，如图 9-26 所示。

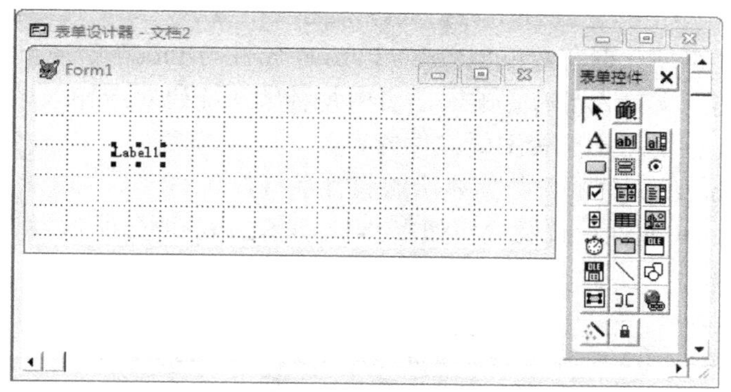

图 9-26　在表单中添加一个“标签”控件

（4）在“属性”窗口中分别为表单和控件设置属性值，如表 9-10 所示。

表 9-10　“表单 01”表单和控件主要属性设置及说明

对象名	属性名	属性值	说明
Form1	Caption	登录	设置表单标题
Label1	Caption	欢迎使用学生管理系统	第一个标签的内容
Label1	Autosize	.T.	是否根据标签文本自动调整标签大小
Label1	Fontsize	30	第一个标签文本字号大小

注意：当表单或控件的 Name 属性未定义时，系统会自动给一个默认名，如表单名：Form1、Label1、Text1、Command1 等。

（5）保存表单。当表单及控件属性定义完成后，可选择“文件”→“保存”命令，弹出“另存为”对话框，在其中可选择表单文件的保存位置和文件名（本例中表单文件命名为“表单 01”）。

（6）执行表单。选择“表单”→“执行表单”命令。

2. 文本框控件（Text）

文本框允许用户在表单上输入或查看文本，文本框一般包含一行文本。文本框是一类基本控件，它允许用户添加或编辑保存在表中非备注字段中的数据。创建一个文本框，从中可以编辑内存变量、数组元素或字段内容。所有标准的 Visual FoxPro 编辑功能，如剪切、复制和粘贴，在文本框中都可以使用。

文本框的 Value 属性用于显示或接收单行文本信息，而 ControlSource 用于显示或编辑对应变量或字段的值。

文本框控件与标签控件最主要的区别在于它们使用的数据源不同。标签控件的数据源来自于标签控件的 Caption 属性，文本框控件的数据源来自于数据表中非备注型、通用型字段的其他字段和内存变量，也允许用户直接输入数据。

文本框控件的主要属性有：

- ControlSource：文本框的数据源。
- Value：文本框的当前值。
- Format：用于指定某个控件的 Value 属性的输入输出格式，指定整个输入区域的特性，可以组合使用多个格式代码。
- InputMask：用于指定控件中数据的输入掩码和显示方式，掩码格式用于更方便更清楚地显示字符型数据和数值型数据。Format 属性与 InputMask 属性形成对照，前者对输入区域的所有输入都有影响，后者中每种输入掩码对应输入域中的一个输入项。
- ReadOnly：指定用户能否编辑控件内容。
- PasswordChar：文件框内数据显示的隐含字符。

文本框中的 Format 属性设置及说明如表 9-11 所示，InputMask 属性设置及说明如表 9-12 所示。

表 9-11 “文本框”中的 Format 属性设置及说明

设置值	说明
!	将字母字符转换为大写，只对字符数据有效，只用于文本框
$	显示货币符号，只用于数值型数据或货币型数据
^	使用科学记数法显示数值型数据
A	只允许字母字符（不允许空格或标点符号）
D	使用当前的 SET DATE 格式
E	以英国日期格式编辑日期型数据
K	当控件具有焦点时选择所有文本
L	在文本框中显示前导零，而不是空格。只对数值型数据有效
M	包括向后兼容的功能
R	显示文本框的格式掩码，该掩码在文本框的 InputMask 属性中指定
T	删除输入字段的前导空格和结尾空格
YS	显示短日期格式的日期值，该日期格式通过“Windows 控制面板”的短日期设置定义
YL	显示长日期格式的日期值，该日期格式通过“Windows 控制面板”的长日期设置定义

表 9-12　InputMask 属性设置及说明

设置值	说明
X	可输入任何字符
9	可输入数字和正负符号
#	可输入数字、空格和正负符号
$	在某一固定位置显示（由 SET CURRENCY 命令指定的）当前货币符号
$$	货币符号显示时不与数字分开
*	在值的左侧显示星号
.	句点分隔符指定小数点的位置
,	逗号用于分隔小数点左边的整数部分

例 9.2　设计一个如图 9-27 所示的登录界面表单（表单 02.scx），要求输入学号和密码，密码限定 4 位，允许字母和数据混合输入，输入密码时只显示占位符“*”。

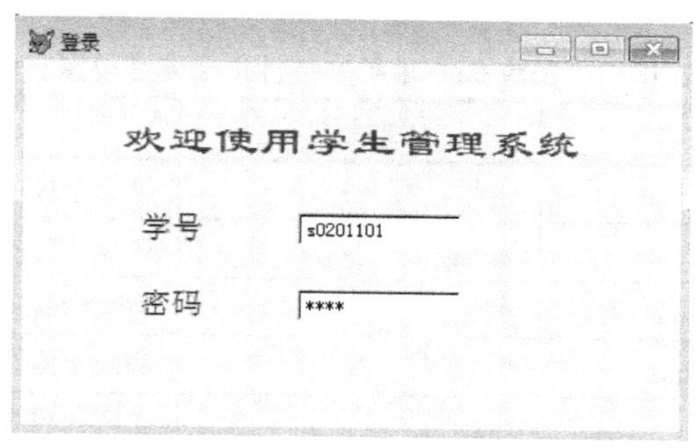

图 9-27　表单 02.scx 运行界面

操作步骤：

（1）选择“文件”→“打开”命令，弹出“打开”对话框，在其中确定文件类型为表单，然后在列出的表单中选择文件“表单 01”，进入“表单设计器”窗口。

（2）在表单中添加两个“标签”控件（Label2、Label3）和两个“文本框”控件（Text1、Text2），并调整表单的大小和各控件的位置及大小，如图 9-28 所示。

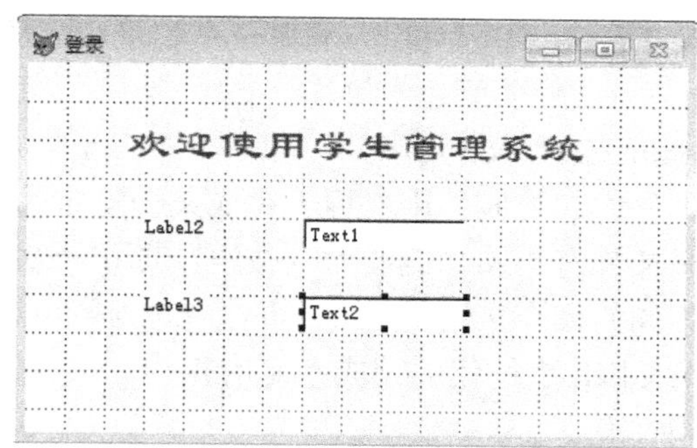

图 9-28　添加控件

（3）选择“显示”→“数据环境”命令，出现“数据环境设计器”窗口，添加“学生.dbf”，

并在属性框中设置好文本框的数据，如图 9-29 所示。

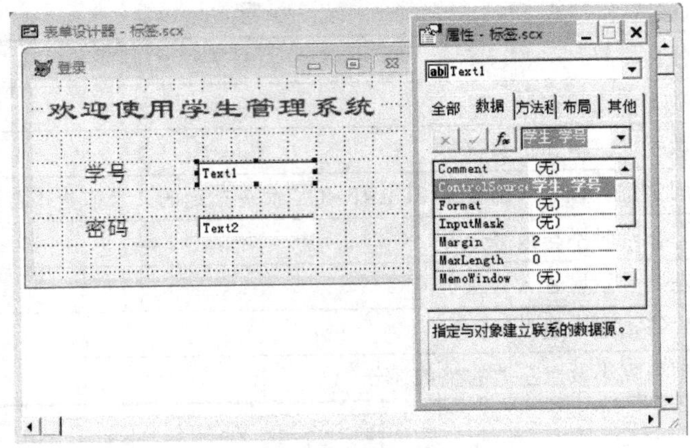

图 9-29　设置“文本框”属性

（4）在“属性”窗口中设置控件的字号和字体，新增控件的主要属性设置如表 9-13 所示。

表 9-13　“表单 02”表单和控件主要属性设置及说明

对象名	属性名	属性值	说明
Label2	Caption	学号	第二个标签的内容
Label3	Caption	密码	第三个标签的内容
Text1	ControlSource	学生.学号	第一个文本框数据源
Text2	PasswordChar	*	输入密码时显示“*”
Text2	InputMask	xxxx	密码长度是 4 位，由数字和字符组成

注意：当数据表在“数据环境设计器”中打开时，几个与数据环境有关的属性（如 AutoOpenTables、AutoCloseTables、CursorSource 等）就自动地赋予其值。

（5）保存表单。选择“文件”→“保存”命令，弹出“另存为”对话框，在其中可选择表单文件的保存位置和文件名（本例中表单文件命名为“表单 02”）。

（6）执行表单。选择“表单”→“执行表单”命令。

在本例中，也可以不设置 Text1 的 ControlSource 属性，由用户直接输入。如果设置了该属性，修改 Text1 的值会保存在表“学生.dbf”的第一个记录中（相当于修改了第一条记录的“学号”字段的值）。

3. 命令按钮控件（CommandButton）

命令按钮控件在应用程序中起控制作用，用于完成某一特定的操作。在设计系统程序时，程序设计者经常在表单中添加具有不同功能的命令按钮，供用户选择各种不同的操作。只要将完成不同操作的代码存入不同的命令按钮的 Click 事件中，当表单运行时，用户单击某一命令按钮，将触发该命令按钮的 Click 事件代码完成指定的操作。

命令按钮控件的主要属性有：

- Caption：命令按钮标题。
- Fontsize：命令按钮标题的字号。
- Fontname：命令按钮标题的字体。

另外，需要为命令按钮设置 Click（单击）事件、Rightclick（右击）事件等。

例 9.3　设计一个如图 9-30 所示的登录界面表单（表单 03.scx），输入学号和密码后单击“确定”按钮，如果输入正确则显示“欢迎使用学生管理系统”消息窗口；否则，清空密码文本框，焦点停留在该文本框里。如果单击“退出”按钮，弹出“确认”对话框，选择“是”或“否”决定是退出窗口还是继续运行，如图 9-31 所示。

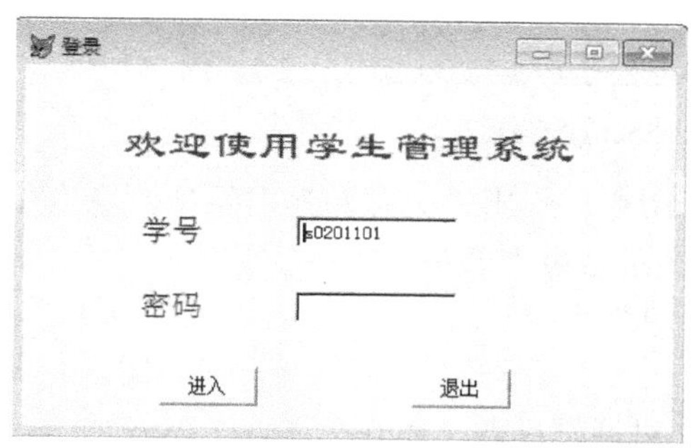

图 9-30　表单 03.scx 运行界面

图 9-31　“确认”对话框

假设本系统由学号 s0201101 操作，密码为 1234。

操作步骤：

（1）选择“文件”→“打开”命令，弹出“打开”对话框，在其中确定文件类型为表单，然后在列出的表单中选择文件“表单 02”，进入“表单设计器”窗口。

（2）在表单中添加两个“文本框”控件（Text1、Text2），并调整它们的大小及位置。

（3）选择“显示”→“数据环境”命令，出现“数据环境设计器”窗口，添加“学生.dbf”，并在属性框中设置好文本框的数据，如表 9-14 所示。

表 9-14　“表单 03”控件主要属性设置及说明

对象名	属性名	属性值	说明
Command1	Caption	进入	第一个命令按钮的标题
Command2	Caption	退出	第二个命令按钮的标题

（4）双击“进入”按钮，打开“代码编辑”窗口，为命令按钮 Command1 编写 Click 事件代码，如图 9-32 所示。

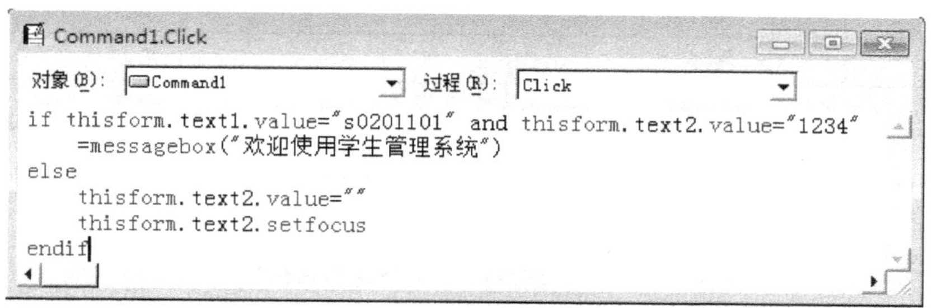

图 9-32　Click 事件代码编写窗口

（5）双击“退出”按钮，打开“代码编辑”窗口，为命令按钮 Command2 编写 Click 事件代码，如图 9-33 所示。

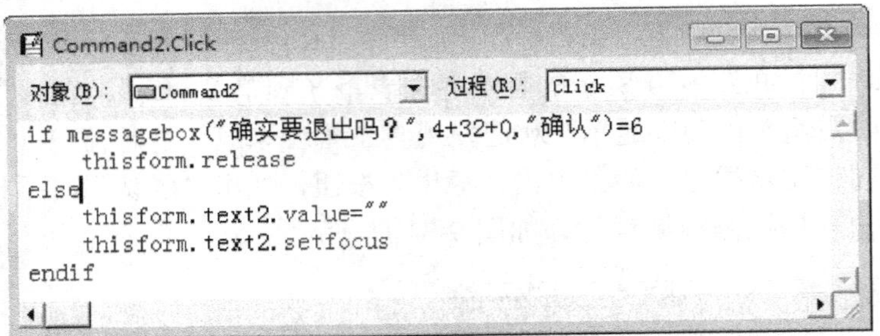

```
if messagebox("确实要退出吗？",4+32+0,"确认")=6
    thisform.release
else
    thisform.text2.value=""
    thisform.text2.setfocus
endif
```

图 9-33　Click 事件代码编写窗口

（6）保存表单。选择“文件”→“保存”命令，弹出“另存为”对话框，在其中可选择表单文件的保存位置和文件名（本例中表单文件命名为“表单 03”）。

（7）执行表单。选择“表单”→“执行表单”命令。

下面简单介绍 MessageBox()函数。

格式：MessageBox(信息字串[,对话框类型[,对话框标题文本]])

说明：“信息字串”是指显示在对话框中的文本；“对话框类型”指定因对话框功能要求的按钮和图标，由按钮个数+对话框中显示的图标+默认按钮三组代码组成，各代码的含义如表 9-15 至表 9-17 所示；“对话框标题文本”指对话框标题，若省略，则显示为 Microsoft Visual FoxPro；返回值为数值，值所代表的含义如表 9-18 所示。

表 9-15　对话框按钮

值	对话框按钮
0	只有“确认”按钮
1	“确认”和“取消”按钮
2	“放弃”、“重试”和“忽略”按钮
3	“是”、“否”和“取消”按钮
4	“是”和“否”按钮
5	“重试”和“取消”按钮

表 9-16　对话框图标

值	对话框图标
16	“停止”图标
32	“问号”图标
48	“惊叹号”图标
64	“信息（i）”图标

表 9-17　对话框默认按钮

值	对话框默认按钮
0	第一按钮
256	第二按钮
512	第三按钮

表 9-18　对话框返回值

返回值	按钮	返回值	按钮
1	确认	5	忽略
2	取消	6	是
3	放弃	7	否
4	重试		

例如，“对话框类型”为 3+48+256，就指定了对话框的以下特征：

- 有“是”、“否”和“取消”按钮。
- 信息框显示“惊叹号”图标。
- 第二按钮重试为默认按钮。

4. 列表框（List）

列表框用于显示供用户选择的列表项。当列表很多，不能同时显示时，列表可以滚动。列表框不允许用户输入新值。

列表框的主要属性如表 9-19 所示。其中 RowSourceType 的具体设置值如表 9-20 所示。另外，还可以用 AddItem 和 RemoveItem 方法向列表框中添加和删除数据项。

表 9-19　列表框控件的主要属性

属性名	说明	属性名	说明
RowSource	列表框数据的来源	List	用来存取列表框中数据条目的字符串数组等，如 List(3,2)表示列表框中的第 3 个条目的第 2 列
RowSourceType	列表框数据源的类型（具体设置值如表 9-20 所示）	ListCount	指定列表框中的数据条目的数目
ControlSource	设置用户在列表框中选取值的数据表字段	ListIndex	选中项在列表中的个数
ColumnCount	指定列表框的列数	Selected	判断列表框中的某个条目是否为选定状态。选定为.T.，否则为.F.

表 9-20　RowSourceType 属性的设置值

属性值	说明
0	空，默认值。在程序运行时，可通过方法 AddItem 和 RemoveItem 添加或移去列表框条目
1	值。通过 RowSource 属性手工指定具体列表框条目
2	别名。将表中的字段值作为列表框的条目，ColumnCount 属性指定要取的字段数目
3	SQL 语句。将 SQL SELECT 查询语句的执行结果作为条目的数据源
4	查询（.qpr）。将.qpr 文件执行的结果作为条目的数据源
5	数组。将数组的内容作为条目的数据源
6	字段。将表中的一个或多个字段作为数据源
7	文件。将某个驱动器和目录下的文件名作为列表框条目的数据源
8	结构。将表中的字段名作为列表框条目的数据源，由 RowSource 属性指定表
9	弹出式菜单。将弹出式菜单作为列表框条目的数据源

例 9.4 设计一个如图 9-34 所示的学生信息浏览界面表单（表单 04.scx），从列表框中单击学生姓名，下方的 5 个文本框显示对应学生的相关信息。

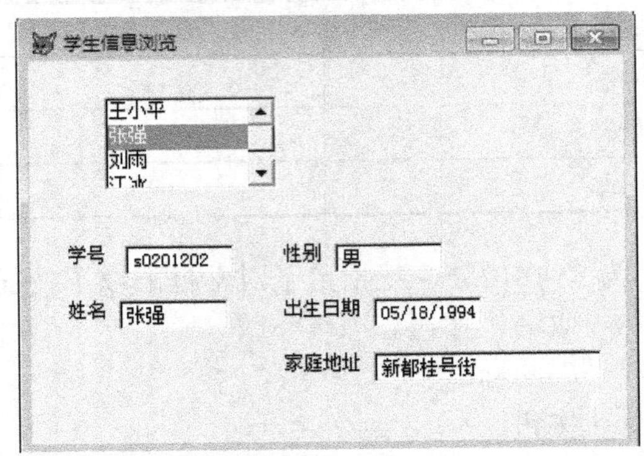

图 9-34 表单 04.scx 运行界面

操作步骤：

（1）在 Visual FoxPro 系统中，选择“文件”→“新建”命令，弹出“新建”对话框，在其中选择“表单”，再单击“新建文件”按钮，进入“表单设计器”窗口。

（2）选择“显示”→“数据环境”命令，出现“数据环境设计器”窗口，添加“学生.dbf”，如图 9-35 所示。

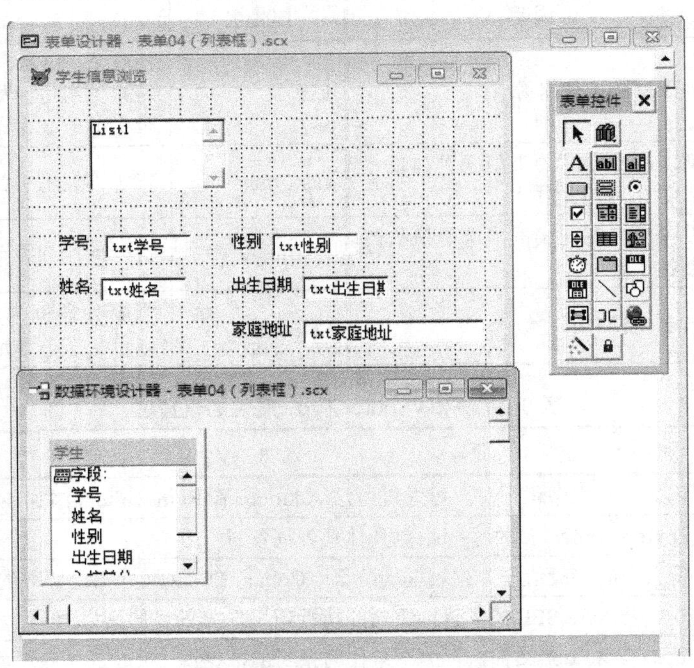

图 9-35 在“数据环境设计”窗口中添加“学生”表

（3）将“数据环境设计器”中“学生”表的学号、姓名、性别、出生日期、家庭地址分别拖放到表单里，并调整它们的位置和大小。

（4）在表单上添加一个“列表框”控件（List1），调整大小和位置，并设置主要属性，如表 9-21 所示。

表 9-21　“学生信息浏览”表单 List1 控件主要属性设置及说明

对象名	属性名	属性值	说明
List1	RowSourceType	6-字段	设置列表框的数据源类型
List1	RowSource	学生.姓名	设置列表框的数据源

（5）为 List1 控件编写 Click 事件代码，如图 9-36 所示。

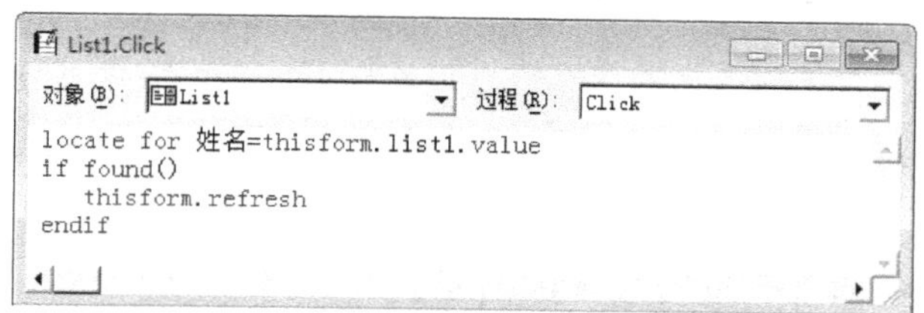

图 9-36　Click 事件代码编辑窗口

（6）保存并运行表单。

例 9.5　设计一个如图 9-37 所示的界面，表单（表单 05.scx）运行时，List1 列表框自动显示 3 条记录，在文本框中输入任意文本，如果和列表框中的内容不同，单击“加入”按钮，该内容会加入到列表框，否则不添加；在列表框中选中一条数据，单击“移出”按钮，该数据被删除；在列表框中直接双击某条数据，将双击的数据删除。

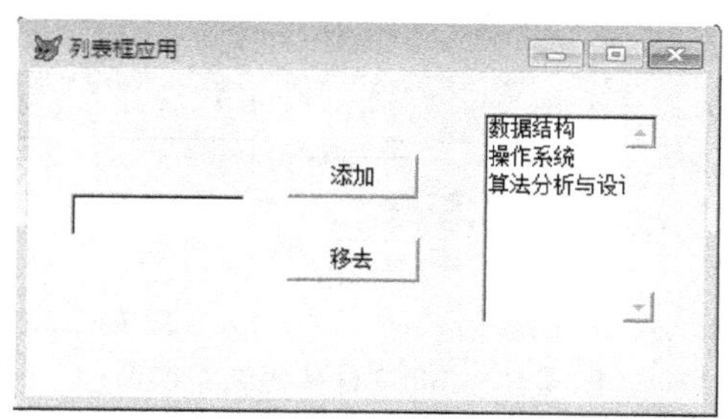

图 9-37　表单 05.scx 运行界面

操作步骤：

（1）在 Visual FoxPro 系统中，单击“文件”→“新建”命令，弹出“新建”对话框，在其中选择“表单”，再单击“新建文件”按钮，进入“表单设计器”窗口。

（2）在表单中添加一个文本框（Text1）控件、两个命令按钮（Command1、Command2）控件、一个列表框（List1）控件，调整大小和位置，并设置主要属性如表 9-22 所示。

表 9-22　“列表框应用”表单控件主要属性设置及说明

对象名	属性名	属性值	说明
Form1	Caption	列表框应用	设置表单标题栏标题
Command1	Caption	添加	设置第一个命令按钮标题
Command2	Caption	移去	设置第一个命令按钮标题

（3）编写事件代码。

Command1 的 Click 事件代码如图 9-38 所示。

```
Command1.Click
对象(B): Command1    过程(R): Click
kcm=thisform.text1.value
IF !empty(kcm)
    no=.t.
    FOR i=1 to thisform.list1.listcount
        IF thisform.list1.list(i)=kcm &&如果文本框中输入的内容和列表框中已存在的内容相同，则不添加
            no=.f.
        ENDIF
    endfor
        IF no
            thisform.list1.additem(kcm)
            thisform.refresh
        ENDIF
ENDIF
```

图 9-38　Click 事件代码编写窗口

Command2 的 Click 事件代码如图 9-39 所示。

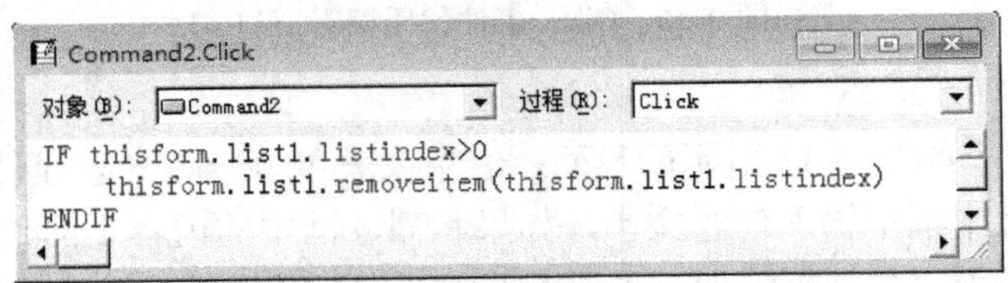

图 9-39　Click 事件代码编写窗口

List1 的 Init 事件代码如图 9-40 所示。

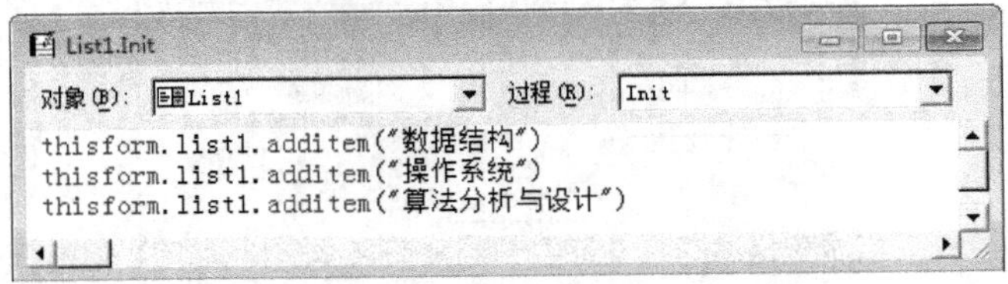

图 9-40　Init 事件代码编写窗口

List1 的 Dbclick 事件代码如图 9-41 所示。

图 9-41　DbClick 事件代码编写窗口

（4）在表单上添加一个“列表框”控件（List1），调整大小和位置。

（5）保存并运行表单。

5. 编辑框控件（Edit）

在编辑框中允许用户编辑长字段或备注字段文本，允许自动换行并能用方向键、PageUp 和 PageDown 键以及滚动条来浏览文本。

编辑框的属性与文本框的大致相同，另外还有 ReadOnly（能否对编辑框中的文本进行编辑，默认为.F.）和 ScrollBars（决定编辑框是否有滚动条，当值为 0 时没有滚动条，当值为 2

时有垂直滚动条，是默认值，在编辑框中未提供水平滚动条）。

例 9.6　设计一个学生特长浏览表单（表单 06.scx），如图 9-42 所示。当在文本框中输入姓名并按回车键时，在特长编辑框内显示此学生的特长，并允许编辑特长信息。

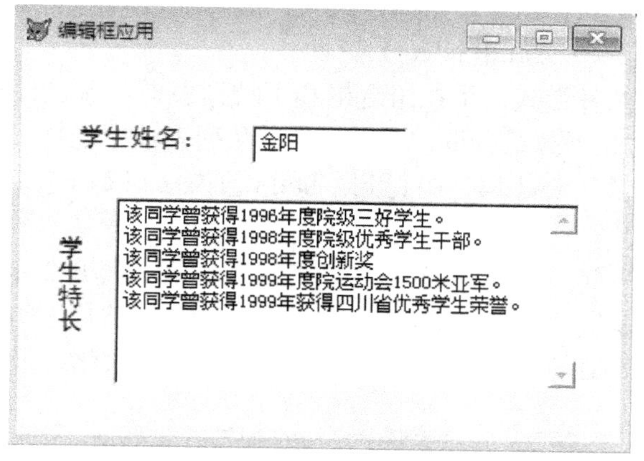

图 9-42　表单 06.scx 运行界面

操作步骤：

（1）在 Visual FoxPro 系统中，单击“文件”→“新建”命令，弹出“新建”对话框，在其中选择“表单”，再单击“新建文件”按钮，进入“表单设计器”窗口。

（2）选择“显示”→“数据环境”命令，出现“数据环境设计器”窗口，添加“学生.dbf”。

（3）在表单中添加两个标签（Label1、Label2）控件、一个文本框（Text1）控件、一个编辑框（Edit）控件，调整大小和位置，并设置主要属性如表 9-23 所示。

表 9-23　“编辑框应用”表单控件主要属性设置及说明

对象名	属性名	属性值	说明
Form1	Caption	编辑框应用	设置表单标题栏标题
Label1	Caption	学生姓名	设置第一个标签控件显示内容
Label2	Caption	学生特长	设置第二个标签控件显示内容
Label2	WordWrap	.T.	设置第二个标签控件显示内容沿纵向扩展
Edit1	ControlSource	学生.特长	编辑框数据源

（4）编写控件事件代码。

Edit1 控件的 LostFocus 事件代码如图 9-43 所示。

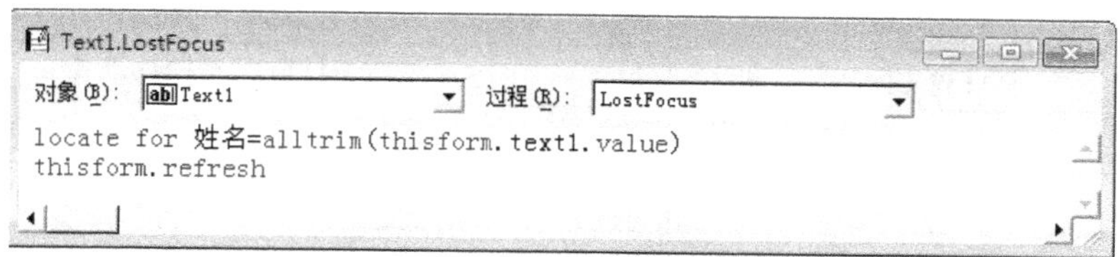

图 9-43　LostFocus 事件代码

（5）保存并运行表单。

6. 组合框控件（Combobox）

“组合框”兼有编辑框和列表框的功能，主要用于从列表项中选取数据并显示在编辑窗口中。“组合框”的主要属性与列表框的类似。“组合框”与“列表框”的主要区别是：

- “组合框”通常只显示一个条目，其他的条目通过单击下拉箭头显示。
- “组合框”无多选（MultiSelect）属性。
- “组合框”有两种形式：下拉组合框和下拉列表框，通过设置 Style 属性进行选择：Style 值为 0 时是下拉组合框，用户既可以从列表框中选择，也可以在编辑框中编辑，其编辑内容可以从 text 属性中得到；Style 值为 2 时是下拉列表框，用户只能从列表中选择。

例 9.7 设计如图 9-44 所示的“学生信息浏览”表单（表单 07.scx），用户可以从组合框中选取学生姓名，也可以自行输入姓名，当输入的姓名不存在时，弹出“无此学生”信息窗口，并退出窗口。该表单自动在主窗口内居中，不能移动，无最大化、最小化按钮。

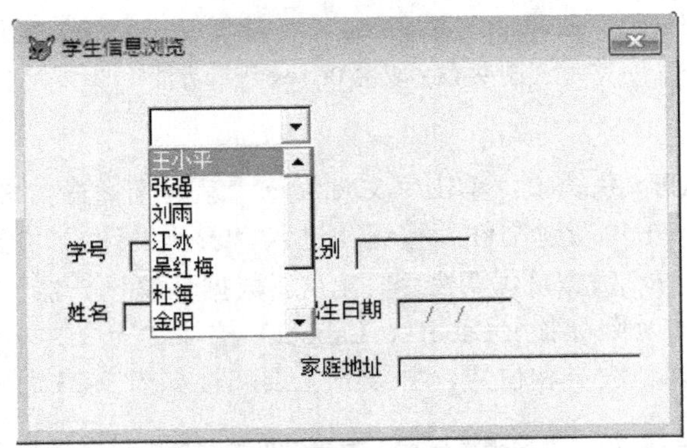

图 9-44　表单 07.scx 运行界面

操作步骤：

（1）打开“表单 04.scx”表单文件，选择 List1 控件，按 Delete 键删除。

（2）添加一个“组合框”（Combo1），调整其位置和大小。

（3）设置表单及控件的主要属性如表 9-24 所示。

表 9-24　“表单 07.scx”表单和控件主要属性设置及说明

对象名	属性名	属性值	说明
Form1	AutoCenter	.T.	在主窗口内自动居中
Form1	MaxButton	.F.	无最大化按钮
Form1	MinButton	.F.	无最小化按钮
Form1	Movable	.F.	用户不能移动窗口
Combo1	RowSourceType	6-字段	第一个组合框的数据源类型
Combo1	RowSource	学生.姓名	第一个组合框的数据源

（4）打开“代码编辑”窗口，编写表单和控件的事件代码。

为表单（Form1）编写 Init 事件代码，如图 9-45 所示。

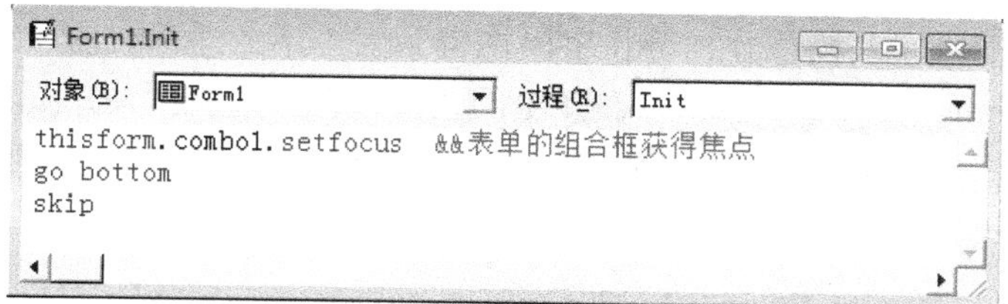

图 9-45　Init 事件代码编写窗口

为“组合框”控件 Combo1 编写 Click 事件代码：

```
Thisform.refresh
```

为“组合框”控件 Combo1 编写 LostFocus 事件代码，如图 9-46 所示。

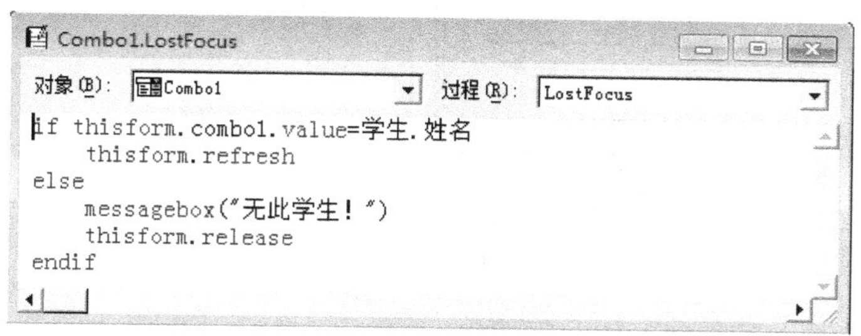

图 9-46　LostFocus 事件代码编写窗口

（5）保存并运行表单。

7. *命令按钮组控件*（CommandGroup）

命令按钮组控件是把一些命令按钮组合在一起，作为一个控件管理。每一个命令按钮有各自的属性、事件和方法，使用时需要独立地操作每一个指定的命令按钮。在应用程序开发中，经常使用一组命令按钮来执行记录的查阅。

命令按钮控件的主要属性是 ButtonCount（命令按钮数），其他属性与单个命令按钮的相同。

例 9.8　设计如图 9-47 所示的“学生信息数据操作”表单（表单 08.scx）。

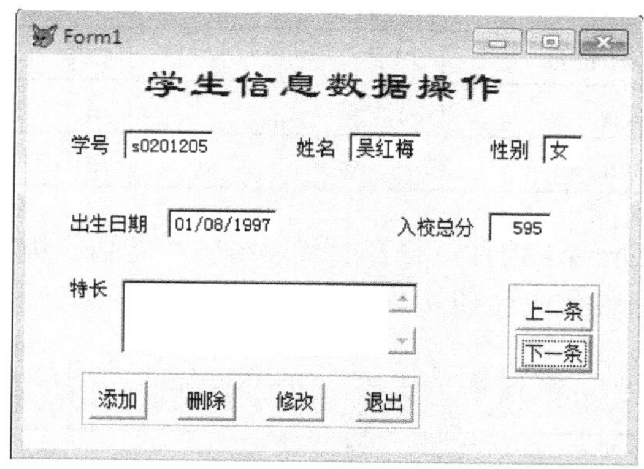

图 9-47　表单 08.scx 运行界面

操作步骤：

（1）在表单中创建一个“标签”控件和两个“命令按钮组”控件，并选择好位置和大小。

（2）设置好控件的字体和字号。

（3）打开“数据环境设计器”，添加“学生”数据表。分别将“学生”数据表中的学号、姓名、性别、出生年月、入校总分、特长字段拖曳到表单中的适当位置。

（4）右击 CommandGroup1 控件，在弹出的快捷菜单中选择“生成器”，即可打开“命令组生成器”对话框，如图 9-48 所示，设置 CommandGroup1 控件的相关属性。CommandGroup2 的相关属性也可依此方法设置。

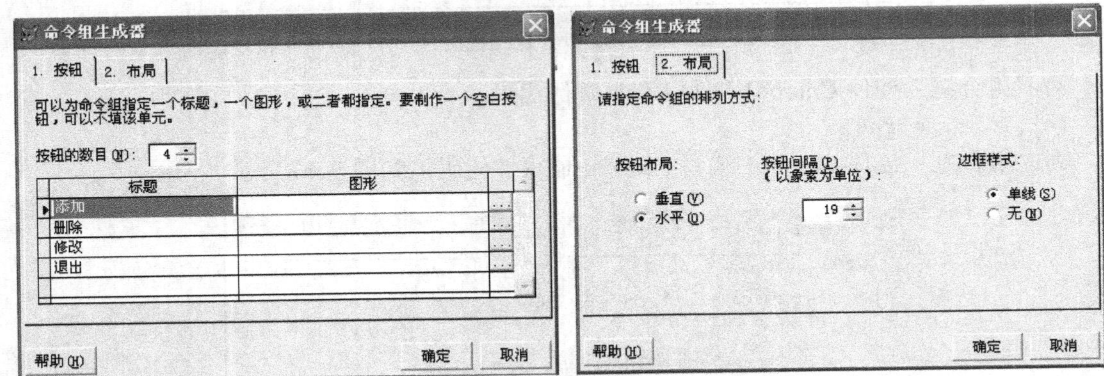

图 9-48 “命令组生成器”对话框

（5）表单控件的主要属性如表 9-25 所示。

表 9-25 “学生信息数据操作”表单和控件主要属性设置及说明

对象名	属性名	属性值	说明
Label1	Caption	学生信息数据操作	标签的内容
CommandGroup1	ButtonCount	4	设置命令按钮组有 4 个按钮
Command1	Caption	添加	第一个命令按钮标题
Command2	Caption	删除	第二个命令按钮标题
Command3	Caption	修改	第三个命令按钮标题
Command4	Caption	退出	第四个命令按钮标题
CommandGroup2	ButtonCount	2	设置命令按钮组有两个按钮
Command1	Caption	上一条	第一个命令按钮标题
Command2	Caption	下一条	第二个命令按钮标题

（6）双击 CommandGroup1 控件，打开“代码编辑”窗口，编写事件代码。Command1 的 Click 事件代码如图 9-49 所示。

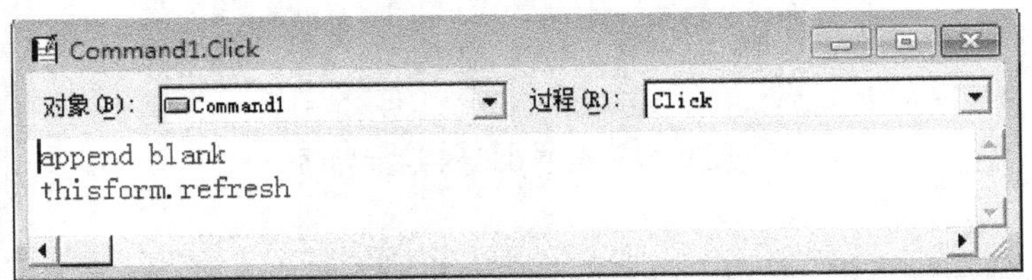

```
append blank
thisform.refresh
```

图 9-49 CommandGroup1 的 Command1 控件的 Click 事件代码

Command2 的 Click 事件代码如图 9-50 所示。

```
Command2.Click
对象(B): Command2    过程(R): Click
if messagebox("确实要删除本记录吗？",1+64+256,"提示")=1
   delete
   pack
   thisform.refresh
else
   release thisform
endif
```

图 9-50　CommandGroup1 的 Command2 控件的 Click 事件代码

Command3 的 Click 事件代码如图 9-51 所示。

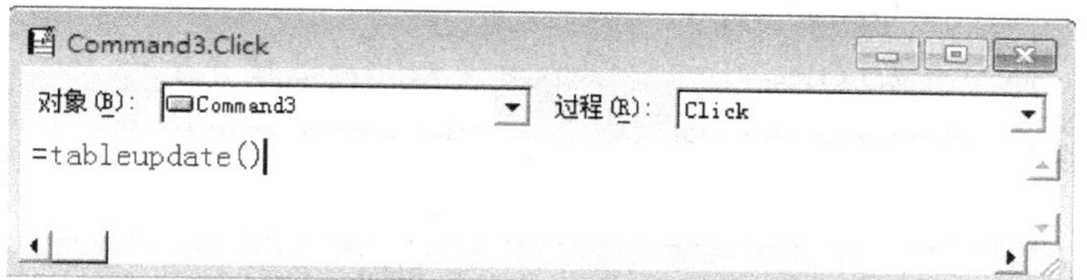

```
Command3.Click
对象(B): Command3    过程(R): Click
=tableupdate()
```

图 9-51　CommandGroup1 的 Command3 控件的 Click 事件代码

Command4 的 Click 事件代码如图 9-52 所示。

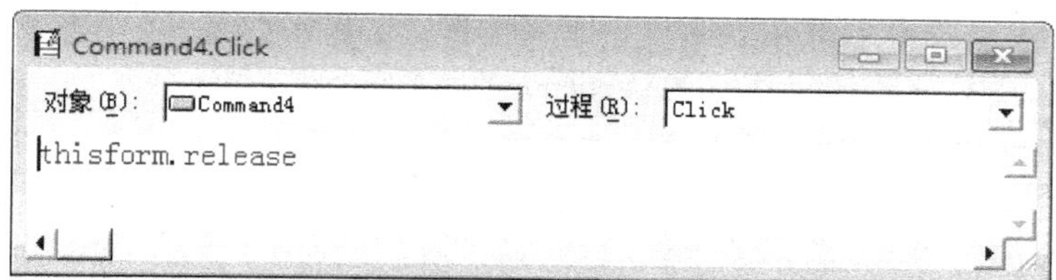

```
Command4.Click
对象(B): Command4    过程(R): Click
thisform.release
```

图 9-52　CommandGroup1 的 Command4 控件的 Click 事件代码

双击 CommandGroup2 控件，编写代码。

Command1 的 Click 事件代码如图 9-53 所示。

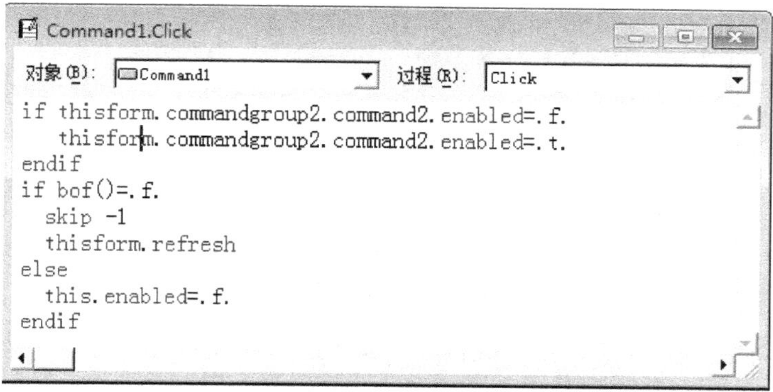

```
Command1.Click
对象(B): Command1    过程(R): Click
if thisform.commandgroup2.command2.enabled=.f.
   thisform.commandgroup2.command2.enabled=.t.
endif
if bof()=.f.
  skip -1
  thisform.refresh
else
  this.enabled=.f.
endif
```

图 9-53　CommandGroup2 的 Command1 控件的 Click 事件代码

Command2 的 Click 事件代码如图 9-54 所示。

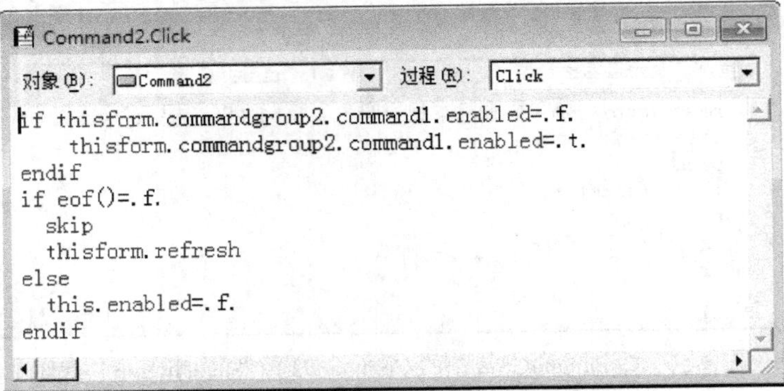

图 9-54　CommandGroup2 的 Command2 控件的 Click 事件代码

8. 选项按钮组控件（Optiongroup）

选项按钮组又称为单选按钮，用户只能从多个选项中选择一个，当选中其中某一个选项时，先前选中的选项自动取消。选项按钮组的主要属性如表 9-26 所示。

表 9-26　选项按钮组控件的主要属性

属性名	说明
ButtonCount	选项按钮的个数
ControlSource	与选项按钮建立联系的数据源
Value	指定选项按钮组中哪个按钮被选中，当它为数值型时，Value 值为 0 时，表示选项组未被选中；Value 的属性值为 N，就表示第 N 个选项按钮被选中；当它为字符型时，Value 的属性值等于选项按钮的 Caption 属性值的那个按钮被选中
Buttons	存取选项按钮中每个选项按钮的数组

例 9.9　设计如图 9-55 所示的“选项按钮组控件”表单（表单 09.scx）。表单运行时，4 个单选项均处于未选中状态，当单击某种颜色的选项时，标签颜色随之变化。

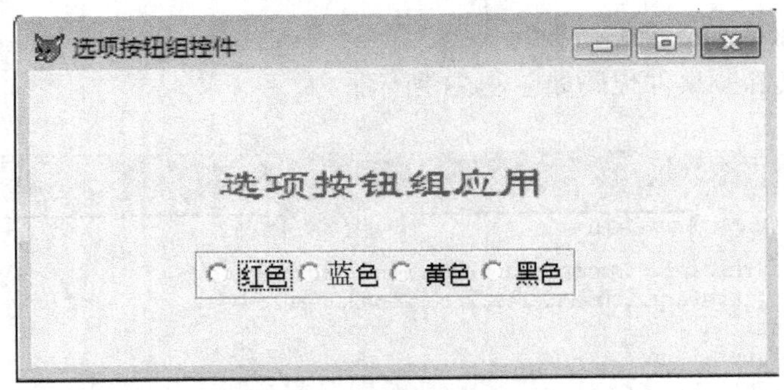

图 9-55　表单 09.scx 运行界面

操作步骤：

（1）在表单中创建一个“标签”控件和一个“选项按钮组”控件，并选择好位置和大小。

（2）设置好控件的字体和字号。

（3）右击 Optiongroup1 控件，选择“生成器”，在弹出的对话框中设置其相关属性，如图 9-56 所示。

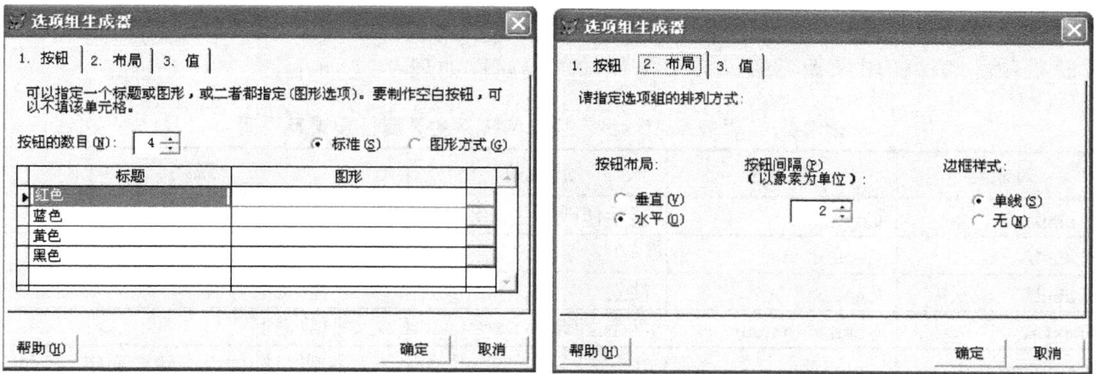

图 9-56　“选项组生成器”对话框

（4）双击 Optiongroup1 控件，在打开的“代码编辑”窗口里编写 Click 代码，如图 9-57 所示。

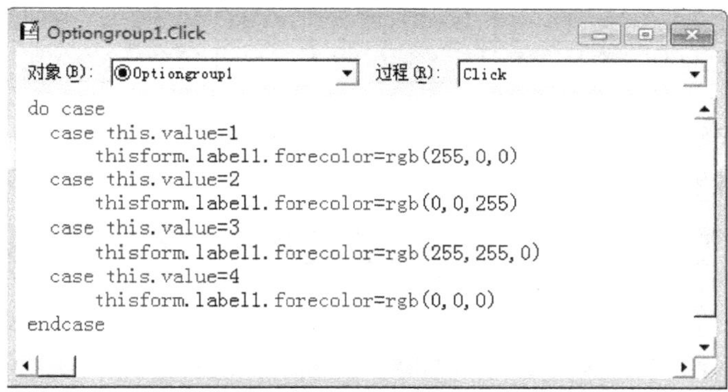

图 9-57　Optiongroup1 的 Click 事件代码

例 9.10　设计如图 9-58 所示的表单（表单 10.scx），可显示和修改学生性别。

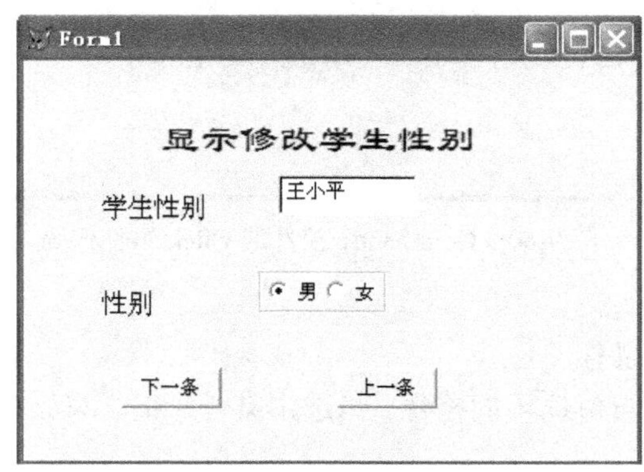

图 9-58　表单 10.scx 运行界面

操作步骤：

（1）在表单中创建 3 个“标签”控件、一个“选项按钮组”控件和两个命令按钮控件，并选择好位置和大小。

（2）设置好控件的字体和字号。

（3）打开“数据环境设计器”，添加“学生.dbf”数据表，并在属性框中设置好文本框的数据源和选项按钮组的数据源。表单控件的主要属性如表 9-27 所示。

表 9-27　“表单 10.scx”表单和控件主要属性设置及说明

对象名	属性名	属性值	说明
Label1	Caption	显示修改学生性别	第一个标签的内容
Label2	Caption	学生姓名	第二个标签的内容
Label3	Caption	性别	第三个标签的内容
Text1	ControlSource	学生.姓名	文本框数据源
Optiongroup1	AutoSize	.T.	选项按钮组控件大小随内容定
Optiongroup1	ButtonCount	2	选项按钮组中的按钮个数
Optiongroup1	ControlSource	学生.姓名	选项按钮组数据源
Option1	Caption	男	选项按钮组中第一个按钮标签
Option2	Caption	女	选项按钮组中第二个按钮标签
Command1	Caption	上一条	第一个命令按钮的标题
Command2	Caption	下一条	第二个命令按钮的标题

（4）打开“代码编辑”窗口，为两个命令按钮添加 Click 事件。其中“上一条”按钮的 Click 事件代码如图 9-59 所示，“下一条”按钮的 Click 事件代码如图 9-60 所示。

图 9-59　Command1 控件的 Click 事件代码

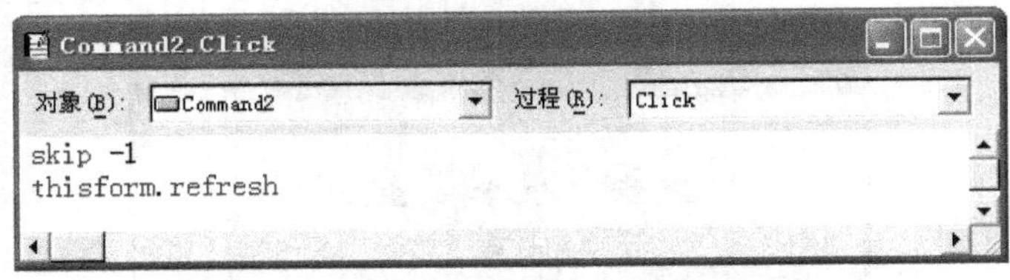

图 9-60　Command2 控件的 Click 事件代码

（5）保存并运行表单。

9. 复选框控件（CheckBox）

复选框是只有两个逻辑值选项的控件。当选定某一项时，与该项对应的复选框中会出现一个对号。

复选框的主要属性有：

- Caption：用于指定显示在复选框右边的文字。
- Value：“复选框”当前的状态。Value 属性有 3 种状态：Value 属性值为 0（或逻辑值为.F.）时，表示没有选中复选框；当 Value 属性值为 1（或逻辑值为.T.）时，表示选中了复选框；当 Value 属性值为 2（或 NULL）时，复选框显示灰色，不能用。若复选框的值与数据表的内容有关，还需要设置数据源。

例 9.11　设计如图 9-61 所示的学生成绩查询表单（表单 11.scx），当单击“学生成绩查询”按钮时，可以查看学生成绩，如果选择了“复制”复选框，则将查询结果输出到打印机。

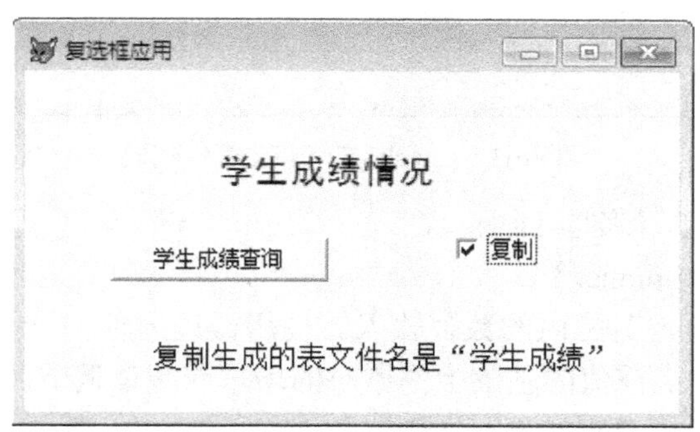

图 9-61　表单 11.scx 运行界面

操作步骤：

（1）新建一个表单，在表单上添加两个“标签”（Label1、Label2）、一个“按钮”（Comamnd1）、一个“复选框”（Check1），并调整各控件的大小和位置。

（2）在“属性”窗口中设置表单和各控件的属性，主要属性如表 9-28 所示。

表 9-28　“表单 11.scx”表单和控件主要属性设置及说明

对象名	属性名	属性值	说明
Form1	Caption	复选框应用	表单标题栏名称
Label1	Caption	学生成绩情况	第一个标签的标题
Label2	Caption	复制生成的表文件名是“学生成绩”	第二个标签的标题
Label2	visible	.F.	第二个标签是否显示
Command1	Caption	学生成绩查询	按钮的标题
Check1	Caption	复制	复选框标题

（3）双击 Command1 控件，编写 Click 事件代码如图 9-62 所示。

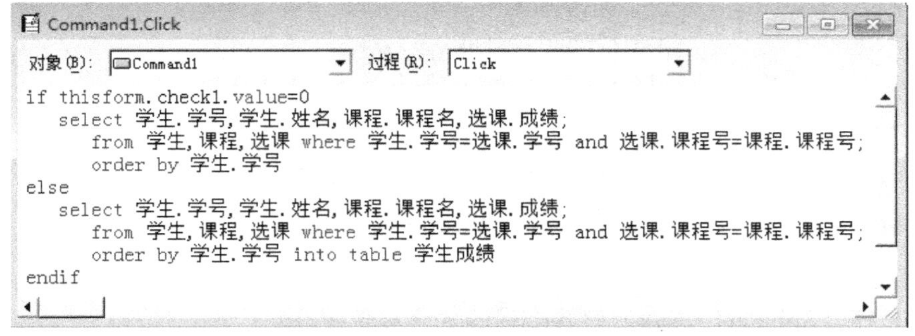


```
if thisform.check1.value=0
   select 学生.学号,学生.姓名,课程.课程名,选课.成绩;
      from 学生,课程,选课 where 学生.学号=选课.学号 and 选课.课程号=课程.课程号;
      order by 学生.学号
else
   select 学生.学号,学生.姓名,课程.课程名,选课.成绩;
      from 学生,课程,选课 where 学生.学号=选课.学号 and 选课.课程号=课程.课程号;
      order by 学生.学号 into table 学生成绩
endif
```

图 9-62　Command1 的 Click 事件代码

（4）双击 Check1 控件，编写 Click 事件代码如图 9-63 所示。

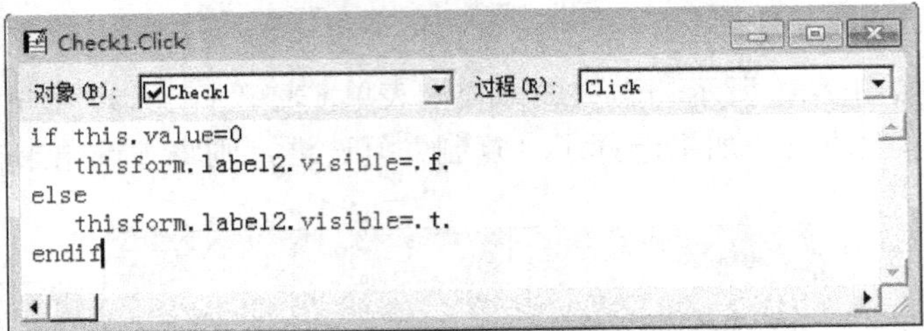

图 9-63　Check1 的 Click 事件代码

（5）保存并运行表单（表单 11.scx）。

10. 微调按钮控件（Spinner）

微调按钮用于接受给定范围内的数值输入。使用微调控件，一方面可以代替键盘输入接受一值；另一方面可以在当前值的基础上作微小的增量或减量调节。

微调按钮的主要属性如表 9-29 所示。

表 9-29　微调按钮控件的主要属性

属性名	说明
ControlSource	设置用户在列表框中选取值的数据表字段
Increment	微调量
SpinnerHighValue	微调按钮单击向上箭头可达到的最大值
SpinnerLowValue	微调按钮单击向下箭头可达到的最小值
KeyboardHighValue	微调按钮允许键盘输入的最大值
KeyboardLowValue	微调按钮允许键盘输入的最小值

例 9.12　设计如图 9-64 所示的课时调整表单（表单 12.scx）。当在列表框中选定课程名称后，在微调按钮中显示课时并允许用户修改。

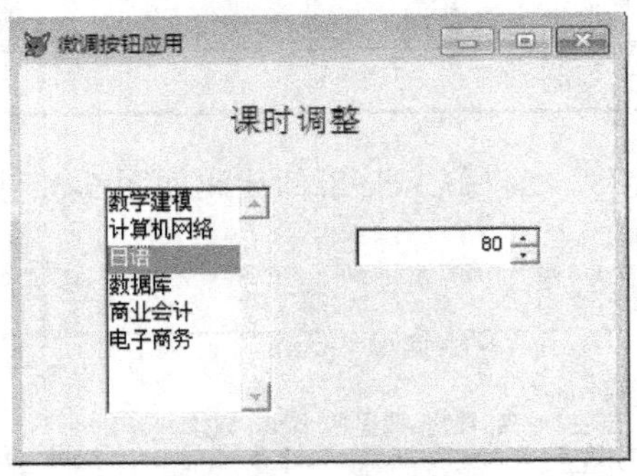

图 9-64　表单 12.scx 运行界面

操作步骤：

（1）新建一个表单，在表单上添加一个“标签”（Label1）、一个“列表框”（List1）、一个“微调”按钮（Spinner1），并调整各控件的大小和位置。

（2）在“属性”窗口中设置表单和各控件的属性，主要属性如表 9-30 所示。

（3）双击 List1 控件，编写 Click 事件代码：

```
thisform.spinner1.value=课程.课时
```

表 9-30　“表单 12.scx”表单和控件主要属性设置及说明

对象名	属性名	属性值	说明
Form1	Caption	微调按钮应用	表单标题栏名称
Label1	Caption	课时调整	第一个标签的标题
List1	RowSourceType	6-字段	列表框的数据源类型
List1	RowSource	课程.课程名	列表框的数据源
Spinner1	SpinnerHighValue	200	微调按钮单击向上的最大值
Spinner1	SpinnerLowerValue	0	微调按钮单击向下的最小值
Spinner1	Increment	1	微调按钮单击微调量

（4）双击 Spinner1 控件，编写 InteractiveChange 事件代码：

```
replace 课程.课时 with this.value
```

注意：Interactivechang 事件是指用户使用键盘和鼠标改变控件值时引发的事件。

（5）保存并运行表单（表单 12.scx）。

11．计时器控件（Timer）

计时器控件是利用系统时钟来控制某些具有规律性的周期任务的定时操作。计时器控件的典型应用是检查系统时钟，决定是否到了某个程序执行的时间。计时器控件在表单运行时是不可见的。

计时器的主要属性有：

- Enabled：控制计时器开关。
- Interval：定义两次计时器控件触发的时间间隔，以毫秒计。

例 9.13　设计一个显示计算机系统时间的表单（表单 13.scx），如图 9-65 所示。

图 9-65　表单 13.scx 运行界面

操作步骤：

（1）新建一个表单，在表单上添加一个“标签”（Label1）控件、一个计时器（Timer）控件，并调整各控件的大小和位置。

（2）在“属性”窗口中设置属性，主要属性如表 9-31 所示。

表 9-31　“表单 13.scx”表单和控件主要属性设置及说明

对象名	属性名	属性值	说明
Form1	Caption	计时器应用	表单标题栏名称
Label1	Fontsize	36	标签的字号
Label1	AutoSize	.T.	自动根据内容调整控件大小
Timer	Interval	60	计时器事件的间隔以 60 毫秒为单位

（3）双击“计时器”控件，在“代码编辑”窗口中编写 Timer 事件：

```
thisform.label1.caption=time()
```

（4）保存并运行表单 13.scx。

例 9.14 修改表单 03.scx 的登录界面，要求“欢迎使用学生管理系统”由右向左移动。

操作步骤：

（1）打开“表单 03.scx”，添加一个“计时器”（Timer）控件。

（2）设置“计时器”（Timer）控件的属性 Interval 为 60（时间间隔是 1 秒）。

（3）双击“计时器”（Timer）控件，在“代码编辑”窗口中编写 Timer 事件，如图 9-66 所示。

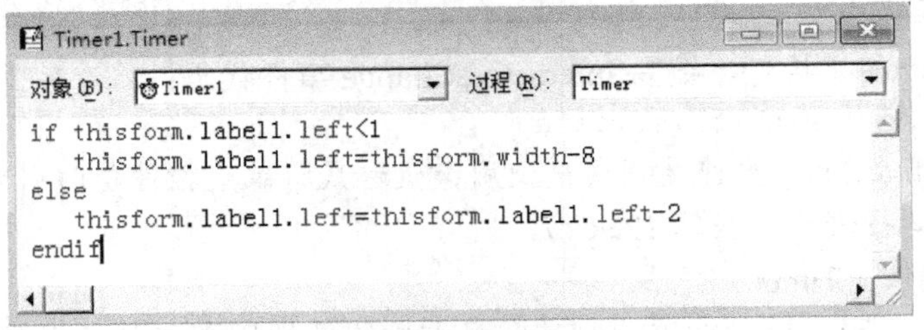

图 9-66 Timer 事件代码

代码命令的含义是：如果当前表单的标签 2（☆☆欢迎使用☆☆）距表单左边的距离小于 1，则标签的左边距为表单的宽度-8，否则标签 2 的左边距等于标签 2 的左边距-2。这组命令的功能是使标签在表单内的同一水平线上从右向左以一定的速度（时间间隔由定时器的 Interval 属性值决定）反复来回移动。

（4）保存并运行表单 14.scx。

12. 图像控件（Image）

图像控件允许在表单中显示图片。图像控件可以在程序运行的动态过程中加以改变。

图像的主要属性有：

- Picture：要显示的图片。
- Stretch：图片的显示方式，有 3 种：当 Stretch 属性为 0 时，将把图像的超出部分裁剪掉；当 Stretch 属性为 1 时，等比例填充；当 Stretch 属性为 2 时，变比例填充。

例 9.15 设计如图 9-67 所示的图片表单（本例中除设置了图像控件的图片外，还设置了表单背景图案）。

图 9-67 “图像应用”表单运行界面

操作步骤：

（1）在表单中创建一个图像控件，并选择好位置和大小。

（2）设置好控件的字体和字号。表单控件的主要属性如表 9-32 所示。

表 9-32　“图片封面”表单和控件主要属性设置及说明

对象名	属性名	属性值	说明
Form1	Caption	图像控件应用	设置表单标题
Form1	Picture	（一幅图片）（花朵）	设置表单背景图案
Image1	Picture	（一幅图片）（企鹅）	设置图像控件显示的图片

（3）给表单命名为“图像应用”后运行表单。

13. 表格控件（Grid）

表格是将数据以表格形式表示出来的一种控件、容器。表格提供了一个全屏幕输入输出数据表记录的方式，它也是一个以行列的方式显示数据的容器控件。一个表格控件包含一些列控件（在默认的情况下为文本框控件），每个列控件能容纳一个列标题和列控件。表格控件能在表单或页面中显示并操作行和列中的数据，“表格”控件可以用于创建一对多的表单，用文本框显示父记录，用表格显示子记录，当用户浏览父表中的记录时，表格将显示与之相对应的子记录。表格控件的主要属性如表 9-33 所示。

表 9-33　表格控件的主要属性

属性名	说明	属性名	说明
ColumnCount	表格的列数	LinkMaster	父表名称
Caption	表格各列的标题	RelationalExpr	关联表达式，通过在父表字段与子表中的索引建立关联关系来连接这两个表
RecordSourceType	表格控件数据源类型	ChildOrder	子表的主控索引标识
RecordSource	表格的数据源	ControlSource	各列的数据源

当 RecordSourceType 属性值为“0-表”时，是打开表；当 RecordSourceType 属性值为“1-别名”时，表格取已打开表字段的内容。

创建表格有两种方法：一种是通过各控件分别设置创建，另一种是使用表格生成器创建。下面介绍第一种方法。

例 9.16　设计如图 9-68 所示的表单（表单 16.scx），当单击左侧表格中的某个学生时，右侧表格显示该学生的选课成绩信息。

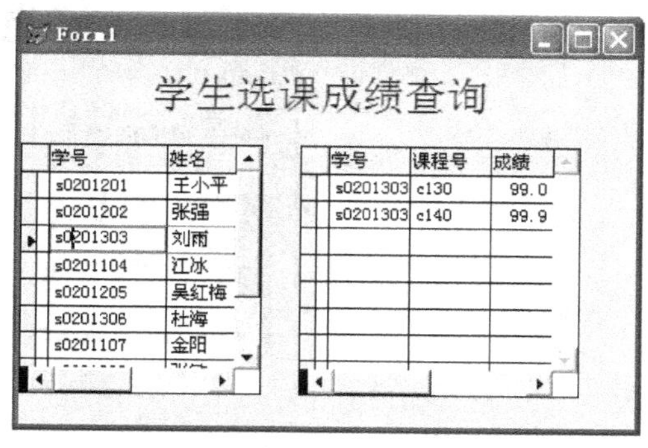

图 9-68　表单 16.scx 运行界面

操作步骤：

（1）在表单中创建一个标签控件和两个表格控件，并选择好位置和大小。

（2）设置好控件的字体和字号。

（3）打开“数据环境设计器”，添加“学生.dbf”数据表和“选课.dbf”数据表。

（4）右击 Grid1 控件，选择“生成器”，在弹出的“表格生成器”对话框中设置其属性，如图 9-69 所示。

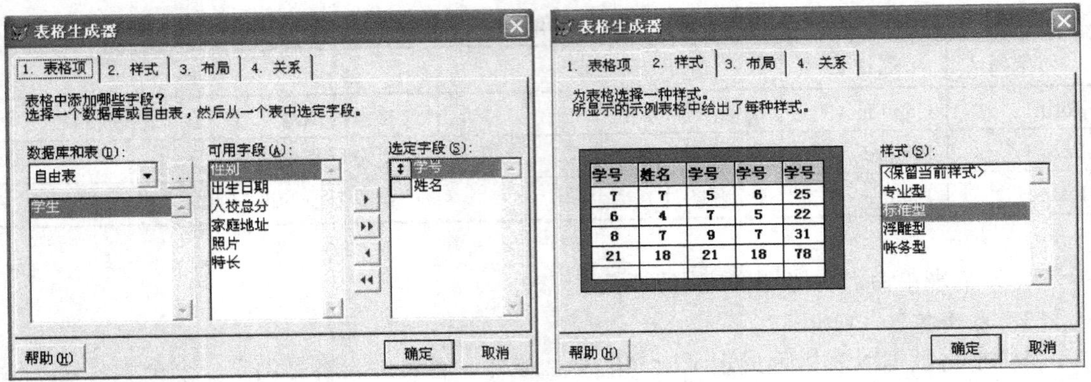

（a）“表格项”选项卡　　（b）“样式”选项卡

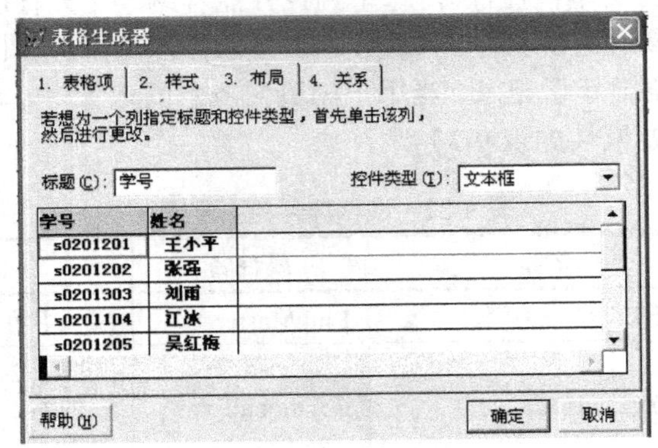

（c）“布局”选项卡

图 9-69 “表格生成器”对话框

（5）右击 Grid2 控件，选择“生成器”，在弹出的“表格生成器”对话框中设置其属性，其中“表格项”、“样式”、“布局”选项卡的设置参照 Grid1，“关系”选项卡如图 9-70 所示。

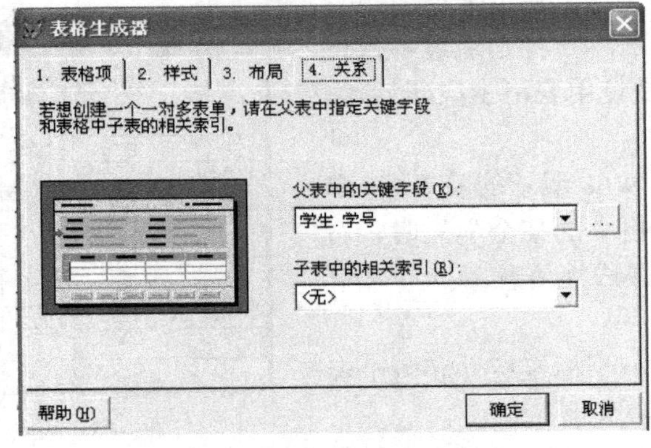

图 9-70 “关系”选项卡

（6）设置好表格中的各属性。表单控件的主要属性如表 9-34 所示。

表 9-34 “学生选课成绩查询”表单和控件主要属性设置及说明

对象名	属性名	属性值	说明
Label1	Caption	学生选课成绩查询	标签的内容
Grid1	ColumnCount	2	表格 1 列数
Grid1	LinkMaster	学生	父表名
Grid1	RecordSourceType	1-别名	表格 1 数据源类型
Grid1	RecordSource	学生	表格 1 数据源
Column1	ControlSource	学生.学号	表格 1 第一列的数据源
Column2	ControlSource	学生.姓名	表格 1 第二列的数据源
Grid2	ColumnCount	3	表格 2 列数
Grid2	LinkMaster	学生	父表名
Grid2	RecordSourceType	1-别名	表格 2 数据源类型
Grid2	RecordSource	选课	表格 2 数据源
Column1	ControlSource	选课.学号	表格 1 第一列的数据源
Column2	ControlSource	选课.课程号	表格 1 第二列的数据源
Column3	ControlSource	选课.成绩	表格 1 第三列的数据源

（7）保存并运行表单。

例 9.17 设计一个学生选课成绩查询表单（表单 17.scx），在文本框内输入学生姓名后，在表格中显示该学生选课名称和成绩，如图 9-71 所示。

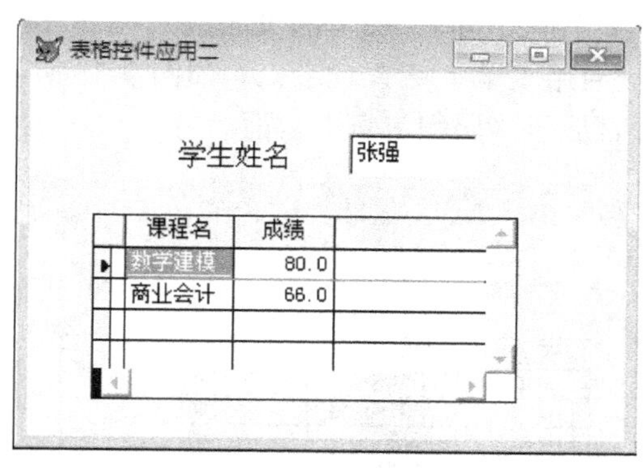

图 9-71 “表单 17.scx”运行界面

操作步骤：

（1）在表单中创建一个标签控件（Label1）、一个文本框控件（Text1）和一个表格控件（Grid1），并调整各控件的大小和位置。

（2）设置表单控件的主要属性如表 9-35 所示。

（3）双击 Text1 控件，在打开的“代码编辑”窗口中编写 LostFocus 事件代码，如图 9-72 所示。

（4）保存并运行表单。

表 9-35 “学生选课成绩查询”表单和控件主要属性设置及说明

对象名	属性名	属性值	说明
Form1	Caption	表格控件应用二	设置表单标题
Label1	Caption	学生姓名	第一个标签的内容
Grid1	ColumnCount	2	表格列数
Grid1	RecordSource	""	在查询之前表格的内容为空
Grid1	RecordSourceType	SQL 说明	表格数据源类型

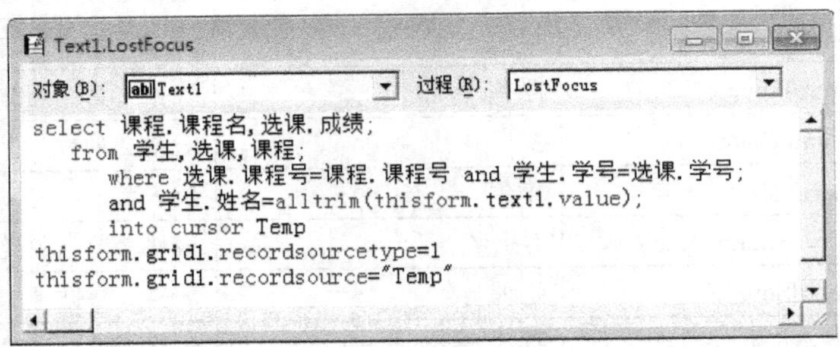

图 9-72 Text1 控件的 LostFocus 事件代码

14. 页框控件（PageFrame）

页框控件实际上是选项卡界面。在表单中，一个页框可以有两个以上的页面，它们共同占有表单中的一块区域。在某一时刻只有一个活动页面，而只有活动页面中的控件才是可见的，可以用鼠标单击需要的页面来激活这个页面。表单中的页框是一个容器控件，它可以容纳多个页面，在每个页面中又可以包含容器控件或其他控件。

页框控件的主要属性有：PageCount（页框的页面数）、Caption（页框的每一页标题）等。

例 9.18 设计一个页框应用表单（表单 18.scx），如图 9-73 所示，表单中的页框控件包含 3 个页面，当表单初次运行时显示“课程信息”页面。

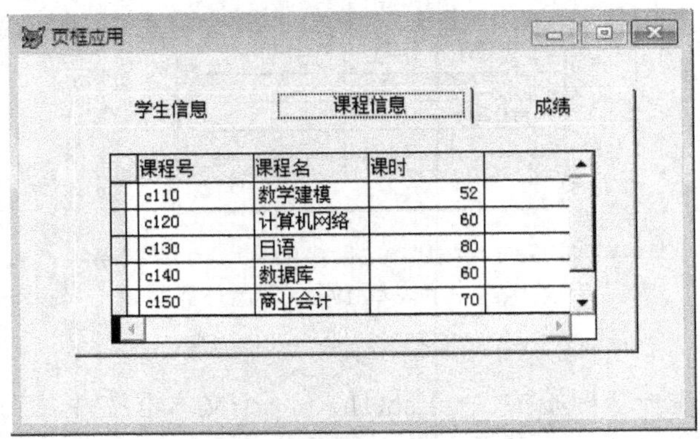

图 9-73 “表单 18.scx”运行界面

操作步骤：

（1）在表单中创建一个页框控件（PageFrane1），并调整各控件的大小和位置。

（2）设置表单控件的主要属性如表 9-36 所示。

表 9-36　“表单 18.scx”表单和控件主要属性设置及说明

对象名	属性名	属性值	说明
Form1	Caption	页框应用	设置表单标题
PageFrame1	PageCount	3	设置三页页框
Page1	Caption	学生表	第一个页面标题
Page2	Caption	教师表	第二个页面标题
Page3	Caption	课程表	第三个页面标题

（3）打开“数据环境设计器”窗口，添加“学生.dbf”、“课程.dbf”、“成绩.dbf”3 个表。

（4）在“数据环境设计器”窗口中，将学生表拖至页框的第一页中，并调整其大小及位置；将课程表拖至页框的第二页中，并调整其大小及位置；将成绩表拖至页框的第三页中，并调整其大小及位置。

（5）保存并运行表单。

15. ActiveX 控件和 ActiveX 绑定控件

例 9.19　设计一个 OLE 对象表单（表单 19.scx），如图 9-74 所示。当表单运行时，自动打开 PowerPoint 幻灯片，在幻灯片中可以进行编辑操作。

操作步骤：

（1）在表单中创建一个 OLE 控件（ActiveX 控件 OleControl），在随后弹出的“插入对象”对话框中选择“Microsoft PowerPoint 幻灯片”，并设置控件的大小和位置。

（2）设置 ActiveX 控件的 AutoActivate 属性为“1-获得焦点”。

（3）保存并运行表单。

ActiveX 绑定控件与 OLE 容器控件一样，可向应用程序中添加 OLE 对象，它又称为 OLE 绑定控件。与 OLE 容器控件不同的是，OLE 绑定型控件绑定在一个通用型字段上。绑定型控件是表单或报表上的一种控件，其中的内容与后端的表或查询中的某一字段相关联。

例 9.20　设计一个显示学生照片的表单（表单 20.scx），如图 9-75 所示。

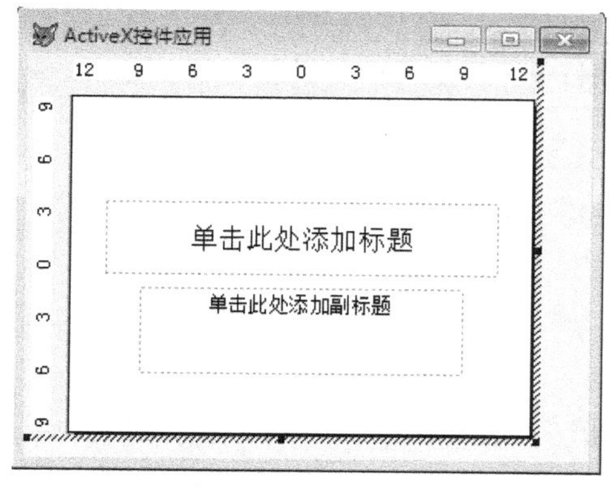

图 9-74　“表单 19.scx”运行界面

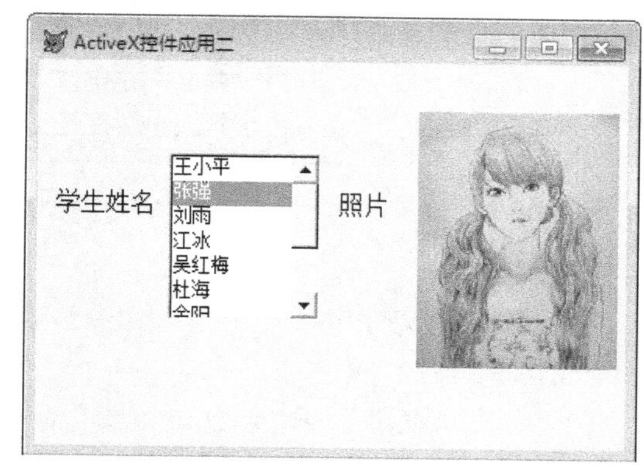

图 9-75　“表单 20.scx”运行界面

操作步骤：

（1）在表单中创建一个标签控件（Label1）、一个列表框（List1）、一个 OLE 绑定控件（ActiveX 控件 OleBoundControl），并设置控件的大小和位置。

（2）表单控件的主要属性如表 9-37 所示。

表 9-37 “表单 20.scx”表单和控件主要属性设置及说明

对象名	属性名	属性值	说明
Form1	Caption	ActiveX 绑定应用	设置表单标题
Label1	Caption	学生姓名	第一个标签的内容
Label2	Caption	照片	第二个标签的内容
List1	RowSourcetype	6-字段	列表框数据源类型
List1	RowSource	学生.姓名	列表框数据源
Oleboundcontrol1	ControlSource	学生.照片	ActiveX 绑定控件数据源
Oleboundcontrol1	Stretch	1-等比填充	对图像进行尺寸调整

（3）编写 List1 的 Click 事件代码：

```
Thisfrom.refresh
```

（4）保存并运行表单。

16. 表单集控件（FormSet）

“表单集”控件是容器对象，是一个或多个相关表单的集合，在一个表单集中可以同时显示多个表单窗口，从而设计出多窗口的应用程序。

例 9.21 设计一个显示学生照片的表单（表单 21.scx），如图 9-76 所示。

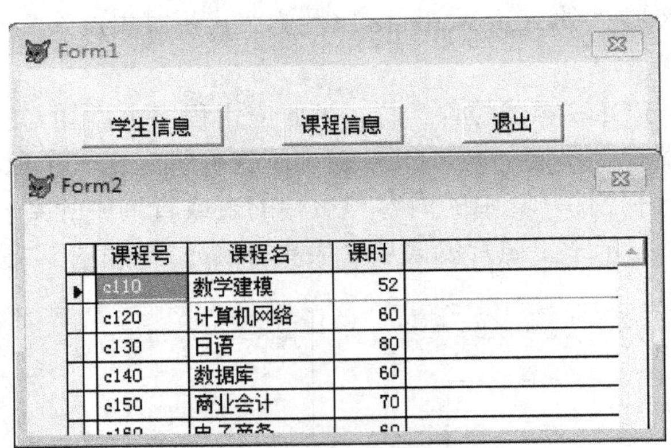

图 9-76 “表单 21.scx”运行界面

操作步骤：

（1）单击“文件”→“新建”命令，在弹出的“新建”对话框中选择“表单”，自动生成一个表单 Form1。

（2）单击“表单”→“创建表单集”命令，激活“表单”菜单中的“添加新表单”命令，再单击“添加新表单”命令，向表单集中增加表单 Form2。

（3）打开“数据环境设计器”，添加表“学生.scx”和“课程.scx”。

（4）在表单 Form1 中添加“命令按钮”控件（Command1、Command2、Command3），在表单 Form2 中添加一个“表格”控件（Grid1），并设置控件的位置和大小。

（5）设置表单控件的主要属性如表 9-38 所示。

表 9-38 “表单 21.scx”表单和控件主要属性设置及说明

对象名	属性名	属性值	说明
Form1.command1	Caption	学生信息	设置表单标题
Form1.command2	Caption	课程信息	第一个标签的内容
Form1.command3	Caption	退出	第二个标签的内容

（6）编写事件代码。

Command1 的 Click 事件代码如图 9-77 所示。

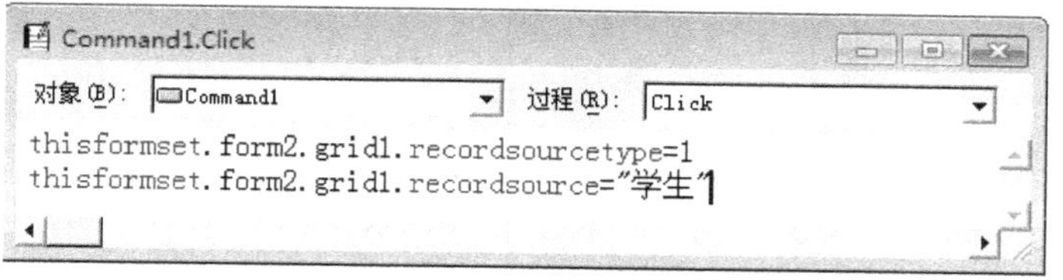

图 9-77 Command1 的 Click 事件代码

Command2 的 Click 事件代码如图 9-78 所示。

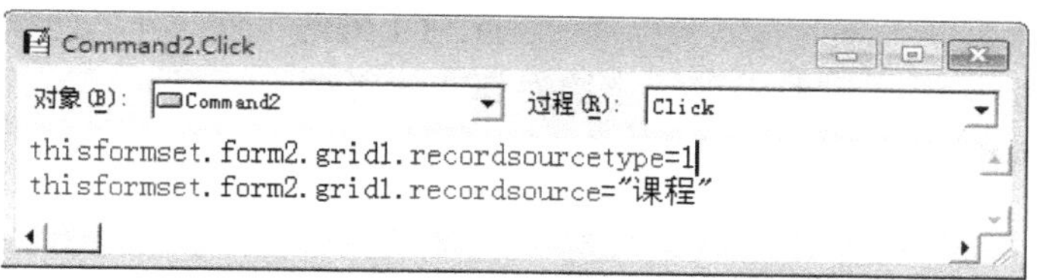

图 9-78 Command2 的 Click 事件代码

Command3 的 Click 事件代码如图 9-79 所示。

图 9-79 Command3 的 Click 事件代码

（7）保存并运行表单。

习题九

一、选择题

1．不可以作为文本框数据源的是（　　）。

A．数值型字段　　B．逻辑型字段

C．字符型字段　　D．备注型字段

2．代码 thisform.text1.setfocus 表示该表单上的（　　）。

A．标签 text1 获得焦点　　B．文本框 text1 获得焦点
C．标签 text1 失去焦点　　D．文本框 text1 失去焦点

3．下列（　　）不是表单创建中的步骤。
A．添加控件　　B．创建数据表
C．设置属性　　D．配制方法程序

4．要使得命令按钮有效，应设置该命令按钮的（　　）。
A．Visible 属性值为.T.　　B．Visible 属性值为.F.
C．Enabled 属性值为.T.　　D．Enabled 属性值为.F.

5．在 Visual FoxPro 中描述对象行为的过程称为（　　）。
A．属性　　B．方法
C．程序　　D．类

6．在 Visual FoxPro 中表单是指（　　）。
A．数据库中的各个表的清单　　B．一个表中各个记录的清单
C．窗口界面　　D．数据库查询的列表

7．如果运行一个表单，以下事件首先被触发的是（　　）。
A．LOAD　　B．ERROR
C．INIT　　D．CLICK

8．在下列属性中，（　　）是每一个控件都有的属性。
A．CAPTION　　B．CONTROLSOURCE
C．NAME　　D．PICTURE

9．下列控件中，（　　）是输出类控件。
A．文本框　　B．微调按钮
C．标签　　D．编辑框

10．将文本框的 PASSWORDCHAR 属性值设置为星号“*”，那么当在文本框中输入“计算机”时，文本框中显示的是（　　）。
A．计算机　　B．***
C．******　　D．错误设置，无法输入

11．关闭表单的代码是 THISFORM.RELEASE，其中 RELEASE 是表单对象的（　　）。
A．方法　　B．属性　　C．事件　　D．标题

12．阅读下面的 CLICK 事件代码：

```
XH=THISFORM.TEXT1.VALUE
XM= THISFORM.TEXT2.VALUE
INSERT  INTO  XJJBXX(学号,姓名)  VALUES(XH,XM)
THISFORM.TEXT1.VALUE=''
THISFORM.TEXT2.VALUE=''
```

（1）该 CLICK 事件的作用是（　　）。
A．添加一条记录到表文件中　　B．删除表文件中的一条记录
C．替换表文件的一条记录　　D．查询表文件中满足条件的记录

（2）事件中“THISFORM.TEXT1.VALUE=''”命令的作用是（　　）。
A．将文本框的内容设为 NULL 值　　B．清除文本框中的内容
C．将按钮的内容设为 NULL 值　　D．清除按钮的内容

13．对象的属性用于描述（　　）。

A．对象的特征　　B．对象的行为

C．对象的引用　　D．对象的事件

14．在表单运行过程中，刷新表单应使用（　　）方法。

A．Cls　　B．Release

C．Refresh　　D．Hide

15．在表单对象的引用中，关键字 ThisForm 表示（　　）。

A．当前对象　　B．当前表单

C．当前表单集　　D．当前对象的上一级对象

16．从表单数据环境的数据表中将一个数值型字段拖放到表单时，在表单中将添加的控件是（　　）。

A．标签与文本框　　B．复选框与标签

C．文本框与列表框　　D．标签与列表框

17．下列几组对象中，均为容器类的是（　　）。

A．文本框、表单　　B．页框、命令按钮组

C．标签、表单　　D．列表框、文本框

18．文本框和微调控件都不具有（　　）属性。

A．Name　　B．Increment

C．Value　　D．Caption

19．（　　）控件在表单运行过程中无法显示。

A．文本框　　B．命令按钮

C．计时器　　D．表格

20．在当前表单的命令按钮 Cmd1 的 Click 事件代码中，将表单中标签 Label1 的标题修改为“计算机考试”的命令是（　　）。

A．This.Caption="计算机考试"

B．ThisForm.Label1.Caption="计算机考试"

C．This.Parent.Caption="计算机考试"

D．ThisForm.Cmd1.Caption="计算机考试"

21．在下列控件中，只能作为输出数据用的控件是（　　）。

A．标签　　B．编辑框

C．文本框　　D．组合框

22．关于对象的 Click 事件，下列叙述正确的是（　　）。

A．用鼠标双击对象时引发　　B．用鼠标单击对象时引发

C．用鼠标右键双击对象时引发　　D．用鼠标右键单击对象时引发

23．关于对象的 InterActiveChange 事件，下列叙述正确的是（　　）。

A．当用户使用鼠标或键盘改变了对象的值时会引发

B．用鼠标单击对象时引发

C．当对象激活时引发

D．用鼠标右键单击对象时引发

24．对象的属性是指（　　）。

A．对象所具有的行为
B．对象所具有的动作
C．对象所具有的特征和状态
D．对象所具有的继承性

25．下列关于事件的描述，不正确的是（　　）。

A．事件可以由系统产生
B．事件是对象可以识别的用户或系统的动作
C．事件可以由用户的操作产生
D．事件就是方法

26．用来确定控件是否起作用的属性是（　　）。

A．Enabled
B．Default
C．Caption
D．Visible

27．Visual FoxPro 中可执行的表单文件的扩展名是（　　）。

A．SCT
B．SCX
C．SPR
D．SPT

28．下列关于表单数据环境的叙述中，错误的是（　　）。

A．表单运行时自动打开其数据环境中的表
B．数据环境是表单的容器
C．可以在数据环境中建立表之间的关系
D．可以在数据环境中加入视图

29．绑定型控件是指其内容与表、视图或查询中的字段或内存变量相关联的控件。当某个控件被绑定到一个字段时，移动记录指针后如果字段的值发生变化，则该控件的（　　）属性的值也随之发生变化。

A．Control
B．Name
C．Caption
D．Value

30．表单的 NAME 属性是指（　　）。

A．显示在表单标题栏中的名称
B．运行表单程序时的程序名
C．保存表单时的文件名
D．引用表单对象时的名称

二、填空题

1．当表单被读入内存来调用时，首先触发 Load 事件，然后触发________事件。

2．在 Visual FoxPro 中，运行表单 MyForm.SCX 的命令是________。

3．在 Visual FoxPro 中，为了实现单击 Command1 按钮来退出表单（将表单从内存中释放掉），则 Command1 按钮的 Click 事件代码应为________。

4．设置一个命令按钮组控件包括 3 个按钮，可将其________属性设置为 3。

5．表单 Form1 中有一个包含 5 个选项按钮的选项按钮组 OptionGroup1，表单运行后，用户选中第二个选项按钮，则选项按钮组 OptionGroup1 的 Value 属性的值为________。

6．指定对象的名字应使用________属性。

7．如果要在一定的时间间隔执行某项操作，就使用________控件。

8．要使表单上的字幕滚动，应为计时器控件添加________事件过程代码。

9．在表单设计器中设计表单时，如果从“数据环境设计器”中将表拖放到表单中，则表单中将会增加一个________对象；如果从“数据环境设计器”中将某表的逻辑型字段拖放到表单中，则表单中将会增加一个________对象。

10．表单中所有对象的属性设置和程序代码都保存在与表单同名的________文件中，该文

件能用文本编辑器打开。

三、简答题

1．可以通过哪些方式设置表单的属性？怎样设置？
2．简述表单的设计过程。
3．表单中控件的基本操作包括哪些？
4. 表单设计中，经常要用到对话框，在使用 MessageBox()函数时，主要应设置哪些内容？
5．使用单选按钮和复选框有什么区别？
6．在设计表格控件时，应主要关注哪些属性？

第 10 章　报表设计与应用

知识结构图

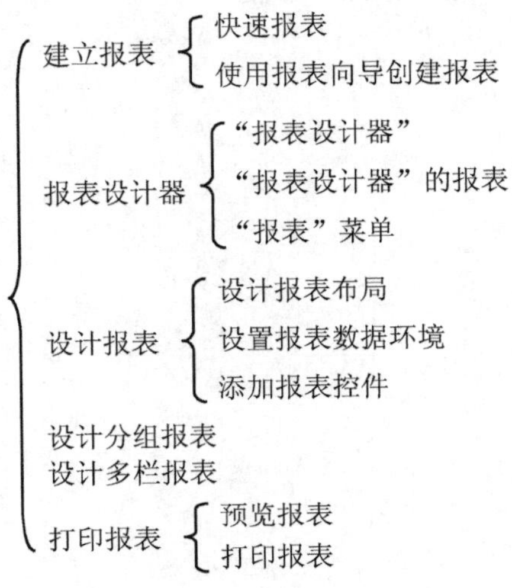

报表与标签主要以打印方式为用户提供信息，也为在打印文档中显示并且总结数据提供灵活的途径。在实际应用中常常需要把数据打印出来加以分析或报送，所以报表在数据库管理信息系统中占据极其重要的地位。在日常工作中，利用 Visual FoxPro 可在打印文档中显示或打印报表和标签，总结特定的数据。报表由数据源和布局两个基本部分组成。数据源通常指数据库中的表、视图或查询等，布局则定义报表的打印格式。报表文件的扩展名是.fpx。

10.1　报表设计基础

在 Visual FoxPro 中，报表是输出数据库中的数据时最常用的输出形式。在开发应用系统时，需要输出大量报表。借助于报表设计器，可以所见即所得地完成报表的设计。设计报表通常包括数据源和布局两部分内容，并根据报表的数据源来设计报表的布局。

本章主要介绍如何定义和设计报表，并给出一个报表设计的实例。

10.1.1　报表的常规布局

创建报表之前，首先应确定报表的基本布局。报表由表格组成，而表格种类繁多，如图 10-1 所示。表 10-1 给出了报表的常规布局说明。

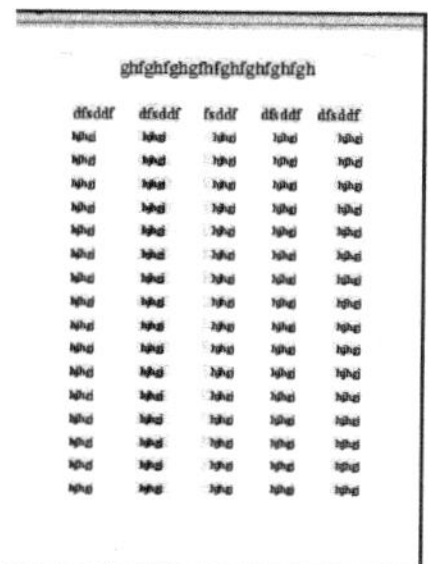

列报表

行报表

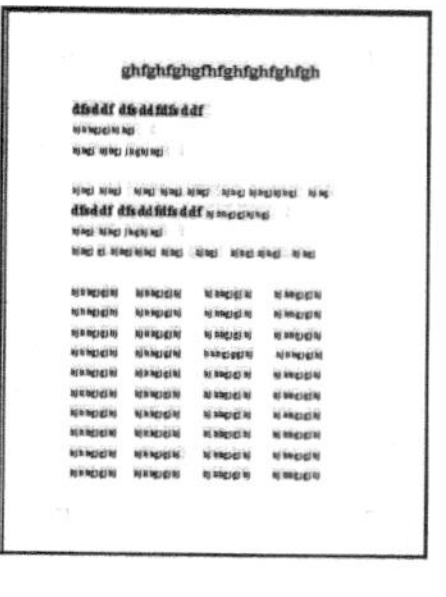

一对多报表

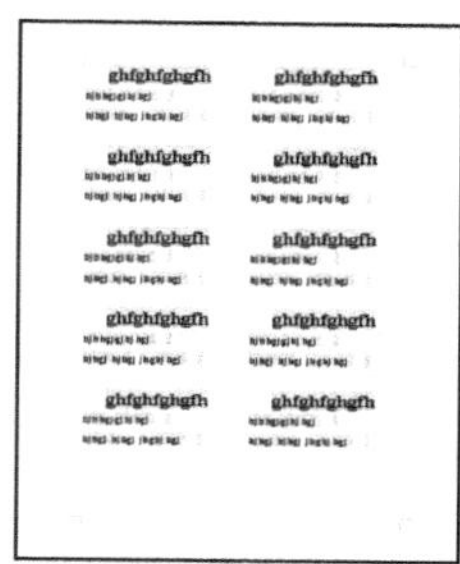

多栏报表

图 10-1　报表的几种常规布局

表 10-1　报表的常规布局

常规布局	说明	示例
列报表	每行一记录，每列一字段	分组/总计报表、财政报表、存货清单、销售总结
行报表	每行一个字段，在一侧竖放	列表
一对多报表	一条记录或一对多关系	发票、会计报表
多栏报表	页面多栏，记录分栏依次排放	电话号码簿、名片

10.1.2　报表设计的步骤

报表包括两个基本组成部分：数据源和布局。数据源通常是数据库中的表，也可以是视图、查询或临时表。报表定义了报表的打印格式。只要定义了一个表、一个视图或查询后，便可以创建报表。

在 Visual FoxPro 中，报表设计通常包括以下 4 个步骤：

（1）决定要创建的报表类型。

（2）创建报表文件。

（3）修改和定制布局文件。

（4）预览和打印报表。

10.1.3　创建报表文件

报表文件用于存储报表的详细说明，记录了报表中的数据源、各元素在页面上的位置等信息。

Visual FoxPro 提供了 3 种方法来创建报表：

- 用报表向导创建简单的单表或多表报表。
- 用“快速报表”从单表中创建一个简单报表。
- 用“报表设计器”修改已有的报表或创建空白的报表。

以上方法所创建的报表文件都可以用“报表设计器”进行修改。“报表向导”是创建报表的最简单途径，它自动提供很多“报表设计器”的定制功能；“快速报表”是创建简单报表的最快速的方法；如果直接在“报表设计器”内创建报表，“报表设计器”将提供一个空白报表。

10.2 创建简单报表

10.2.1 创建空白报表

创建报表的方法有以下 3 种：

方法 1：用“文件”→“新建”→“报表”→“新建文件”菜单命令。

方法 2：CREATE REPORT [<报表文件名> [.FRX]]

功能：创建报表文件。

说明：若省略<报表文件名>，则 Visual FoxPro 以“报表 1.FRX”为默认文件名。

方法 3：在“项目管理器”中选择“文档”→“报表”→“新建”命令。

只要使用上述 3 种方法之一，即可在屏幕上打开一个“报表设计器”，同时系统菜单添加了一个“报表”菜单。默认情况下还同时打开“报表设计器”和“报表控件”工具栏，如图 10-2 所示。

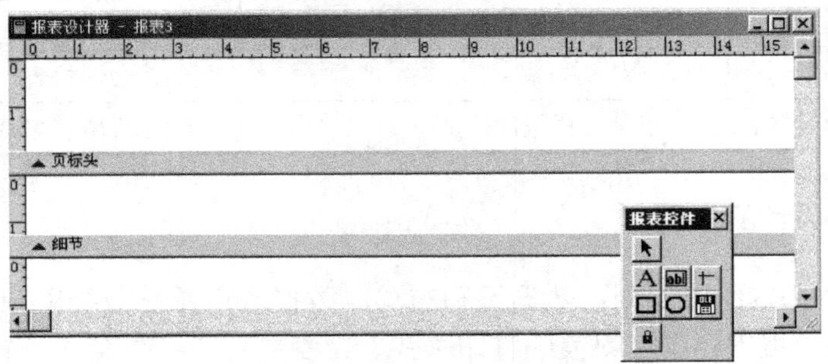

图 10-2 报表设计器

此时创建的报表是一个空白报表。如果用户对设计报表的步骤已经很熟悉，则可以立即在空白报表上着手设计符合自己需要的报表。

10.2.2 创建快速报表

“快速报表”是创建报表最为快速的方法，用户只需要在其中选择基本的报表组件，Visual FoxPro 就会根据所选择的布局自动创建简单的报表，但生成的布局偏于简单。一般可以先利用快速报表创建简单布局，再用报表设计器进行修改和完善，以得到较满意的报表，这样可以大大提高报表设计的效率。

创建一个快速报表的操作步骤如下：

（1）选择“文件”→“新建”命令。

（2）在“新建”对话框中选择“报表”，单击“新建文件”按钮，打开“报表设计器”窗口。

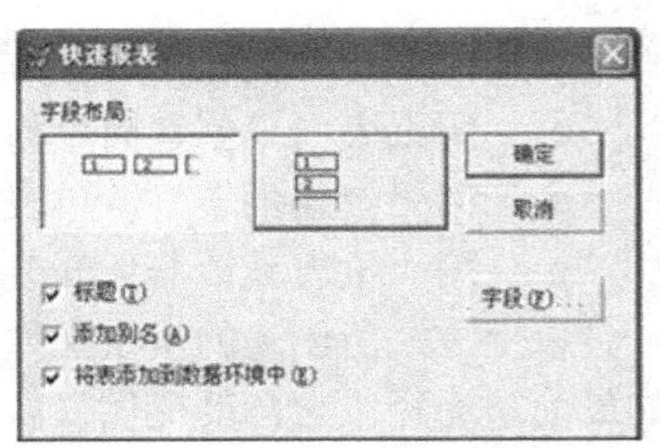

图 10-3 “快速报表”对话框

（3）选择“报表”→“快速报表”选项，如果没有打开的数据源（表），系统将弹出“打开”对话框，从中选定要使用的表。本例中，选定“学生”表，然后单击“确定”按钮，弹出如图 10-3 所示的“快速报表”对话框。在对话框中可以为报表选择所需要的字段、字段布局以及标题和别名选项。对话框的上方有两个大按钮，左边的是按行布局，右边的是按列布局。

（4）选择行布局，单击“确定”按钮，用户在“快速报表”中选中的选项反映在“报表设计器”的报表中，如图 10-4 所示。

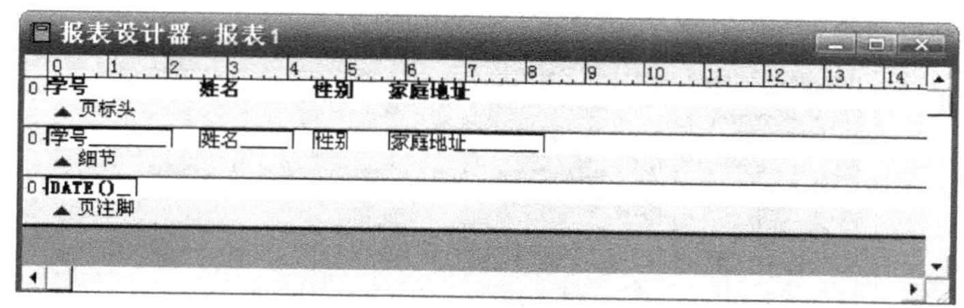

图 10-4　“学生”表的快速报表

（5）右击，在弹出的快捷菜单中选择“预览”选项，在“预览”窗口中可以看到快速报表的结果，如图 10-5 所示。

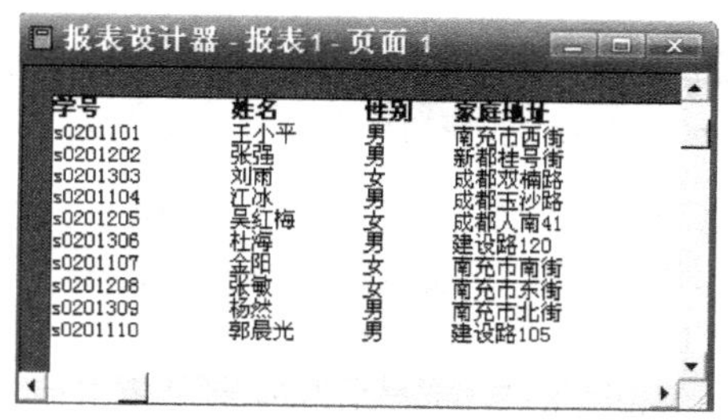

图 10-5　快速报表预览

（6）选择“文件”→“保存”命令保存报表，文件名为“学生基本信息报表.frx”。

10.2.3　用报表向导创建报表

使用前面介绍的“快速报表”的方法可以在“报表生成器”里快速生成一个初具规模的报表。此外，Visual FoxPro 还提供了一个“报表向导”的功能，使用户能够在系统的简单提示下创建一个报表，操作步骤如下：

（1）打开“向导选取”对话框。

菜单方式 1：单击“文件”→“新建”→“报表向导”命令。

菜单方式 2：单击“工具”→“向导”→“报表”命令。

这时，屏幕上会显示一个“向导选取”对话框，如图 10-6 所示。

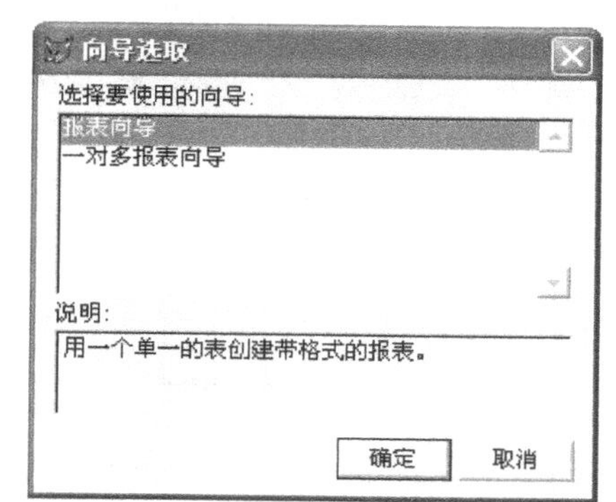

图 10-6　“向导选取”对话框

（2）对话框中的“报表向导”是使用一个表创建一个带格式的报表，其报表的数据环境是单一的表文件；“一对多报表向导”则是创建一个包含父表和子表记录内容的报表，即报表的数据环境有两个表，表之间建立了父表与子表的关系。在这里选择“报表向导”。选择向导类型后，单击“确定”按钮，系统进入到报表向导的步骤 1。

步骤 1：字段选取。屏幕显示的对话框如图 10-7 所示。若当前未打开任何数据库或表，则对话框中的“数据库和表”列表框显示为“自由表”。此时可单击“数据库与表”右边的按钮打开一个“打开”对话框，在该对话框里选择打开一个表文件，系统将在图 10-7 所示的“数据库和表”列表框里显示对应的数据库文件及其所包含的表文件。

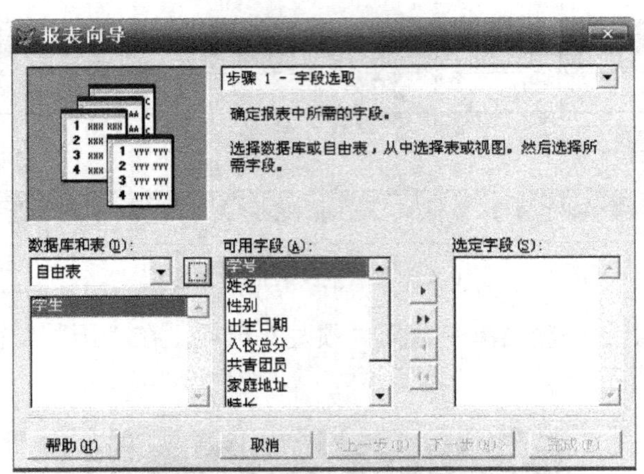

图 10-7 报表向导步骤 1：字段选取

在“数据库和表”列表框中选定表后（如为“学生.dbf”），此时“可用字段”列表框列出了该表文件所有的可用字段，用户可部分或全部选择到右面的“选定字段”列表框中。

步骤 2：分组记录。此时暂不进行分组，单击“下一步”按钮直接进入下一步操作。

步骤 3：选择报表样式。在报表向导的第 3 步做的工作主要是设计报表的外观。一共有 5 种样式供选择：经营式、账务式、简报式、带区式和随意式。报表的方向也分为两类：纵向与横向。选择样式时，对话框的左上端将显示样式的最终结果，选择方向时也有类似的效果，如图 10-8 所示。

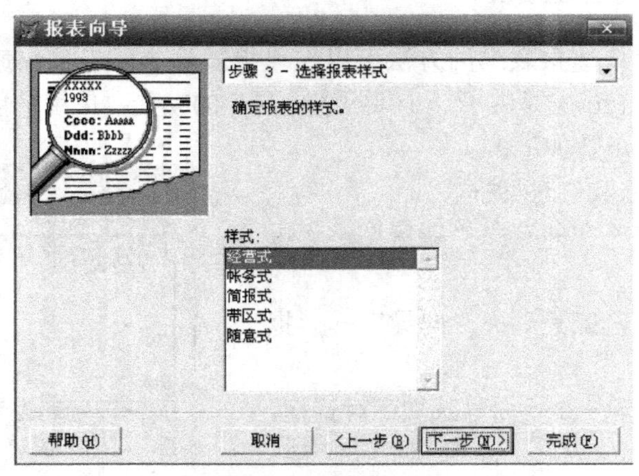

图 10-8 报表向导步骤 3：选择报表样式

步骤 4：定义报表。定义报表就是设置打印页面是按行布局还是按列布局，并可定义行数和列数，还可以选择打印方向：横向或纵向，如图 10-9 所示。此处按默认设置进入下一步。

步骤 5：排序记录。在报表向导步骤 5 中所要做的工作是在表里选定排序的索引字段。通用型或备注型字段不能作为排序字段。例如，选定“部门编号”字段作为排序字段，再选择“升序”单选按钮，生成的报表按照部门编号升序顺序输出记录的内容，如图 10-10 所示。

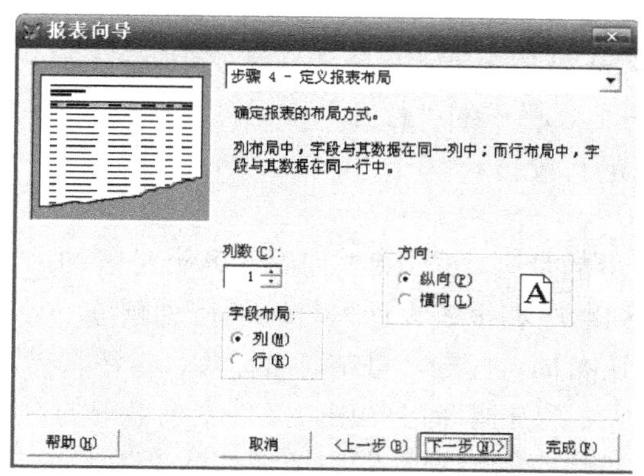

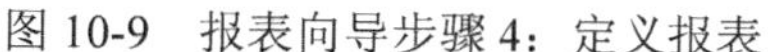
图 10-9　报表向导步骤 4：定义报表

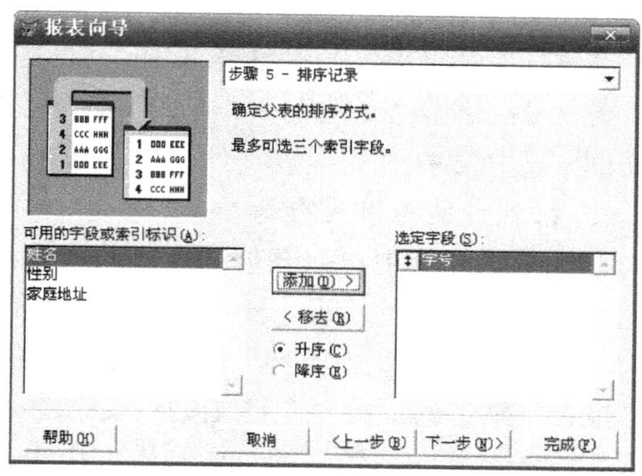

图 10-10　报表向导步骤 5：排序记录

步骤 6：完成。选定排序字段后，单击“下一步”按钮，系统进入到报表向导的步骤 6“完成”，如图 10-11 所示。在此，用户可以定义报表的标题、预览报表，并可选择一些其他选项。例如，有些字段内容太长，可选择对话框的“对不能容纳的字段进行折行处理”复选框，让系统对长行数据进行折行处理。可用“预览”按钮查看报表向导的设计结果，如图 10-12 所示。

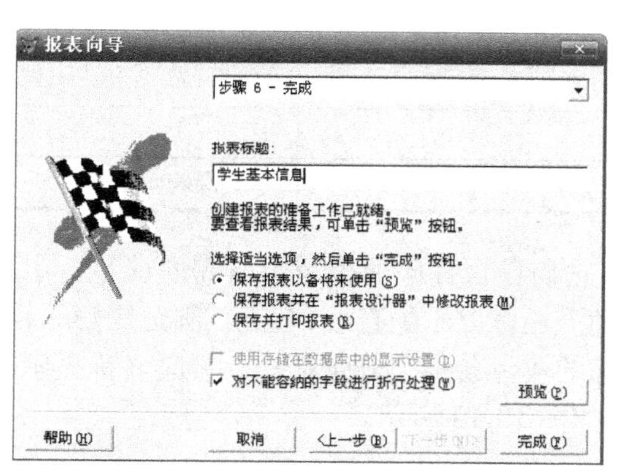

图 10-11　报表向导步骤 6：完成

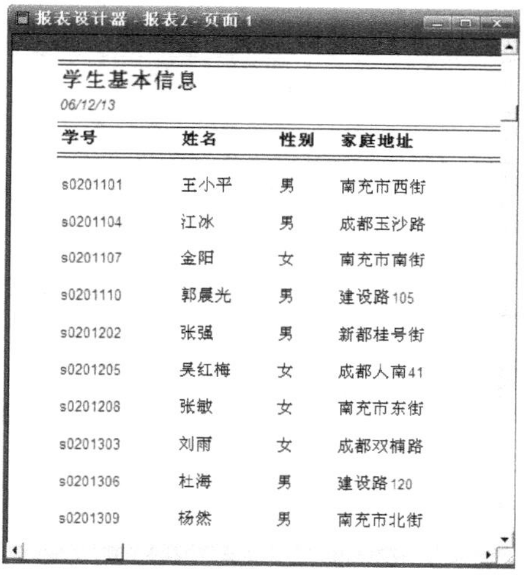

学号	姓名	性别	家庭地址
s0201101	王小平	男	南充市西街
s0201104	江冰	男	成都玉沙路
s0201107	金阳	女	南充市南街
s0201110	郭晨光	男	建设路105
s0201202	张强	男	新都桂号街
s0201205	吴红梅	女	成都人南41
s0201208	张敏	女	南充市东街
s0201303	刘雨	女	成都双楠路
s0201306	杜海	男	建设路120
s0201309	杨然	男	南充市北街

图 10-12　报表预览

至此，“报表向导”完成了所有的工作，并生成了一个报表。

10.3　报表设计器

10.3.1　报表设计器的基本环境

使用“报表设计器”创建报表文件，目的是把要打印的数据组织成令人满意的格式。用报表向导和快速报表创建报表文件，可以简单、快速地完成设计，但不能满足内容和样式丰富的报表的需要。因此，用报表向导和快速报表设计的报表还需要使用报表设计器进行再设计，当然也可以用报表设计器从空白报表开始重新设计一个新报表。

要修改一个已经存在的报表，首先应在报表设计器中打开它，常用的打开方法有以下两种：

方法 1：MODIFY　REPORT　[<报表文件名>]

方法 2：单击“文件”→“打开”命令或单击工具栏中的“打开”按钮，在弹出的“打开”对话框中选择要打开的报表文件，然后单击“确定”按钮。

1. 报表带区与报表布局

在报表设计器中，报表被划分成若干不同类型的带区。表 10-2 列出了各类带区的名称、功能及使用时输出的情况，表中各带区名称的排列顺序和报表设计器带区的排列顺序一致。页标头、细节、页注脚三个带区是报表设计器的默认布局；标题、总结、组标头、组注脚带区是用“报表”菜单的下拉菜单产生的；表中的列标头、列注脚带区是用“文件”菜单中的“页面设置”命令设置的。当打印页面列数大于 1 时，就会在报表设计器中增加这两个带区。

表 10-2　报表带区的功能及重复输出情况

名称	功能	输出情况
标题	输出整个报表的文本标题	每个报表一次
页标头	在报表每页抬头说明下面细节区内容	每页一次
列标头	每列内容的说明	每列一次
组标头	分组内容的说明	每组一次
细节	输出表文件的数据	每记录一次
组注脚	对分组内容的注释和数值统计	每组一次
列注脚	对分列内容的注释和数值统计	每列一次
页注脚	每页尾部的注释	每页一次
总结	整个报表数值字段的统计值	每个报表一次

在报表设计器的带区中可以插入各种控件，它们包含打印的报表中所需的标签、字段、变量和表达式。若要增强报表的视觉效果和可读性，还可以添加直线、矩形、圆角矩形等控件，也可以包含图片/OLE 绑定型控件。每一带区底部的灰色条称为分隔符栏。带区名称显示于靠近箭头的栏中，此箭头指示该带区位于栏之上，如图 10-13 所示。

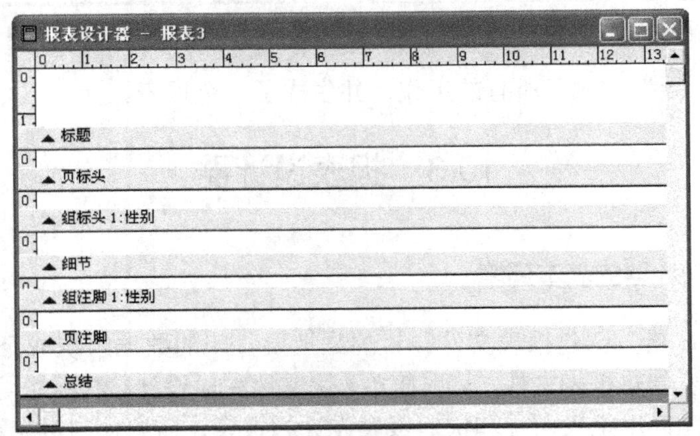

图 10-13　报表带区

2. 调整带区大小

在报表设计器中可以修改每个带区的大小和特征，方法是：用鼠标左键按住相应的分隔符栏，将带区栏拖动到适当高度。

注意： 不能使带区高度小于布局中控件的高度。可以先增加带区高度，把控件移进带区内后，再减小带区高度。

3. 标尺

报表设计器的最上面和最左面设有标尺，可以在带区中精确地定位对象的垂直和水平位置。将标尺和“显示”菜单中的“显示位置”命令一起使用可以帮助定位对象。标尺刻度的默认度量单位是英寸或厘米。若要将标尺刻度更改为像素，可以通过“格式”菜单中的“设置网格刻度”命令实现。

10.3.2　设置报表的数据环境

报表是依赖于数据源提供数据的，若要控制报表的数据源，可以定义一个与报表一起存储的数据环境，或者每次运行报表时在代码中激活指定的数据源。打开报表数据环境设计器窗口的方法有如下几种：

方法 1：右击报表带区空白处，在弹出的快捷菜单中选择“数据环境”命令。

方法 2：单击“显示”→“数据环境”命令。

方法 3：在报表设计器图标工具栏中单击“数据环境”按钮。

右击数据环境设计器的窗口区域，在弹出的快捷菜单中选择“添加”命令，弹出“打开”对话框，可以选择和添加表文件、视图等到数据环境中。

若需要对表设置索引，则应在该表添加到数据环境设计器之前在表设计器中为表建立索引，然后在数据环境设计器之外进行设置（如“SET ORDER TO <索引标识>”命令或在数据工作期中指定），或者在数据环境设计器中设置。

操作步骤：

（1）在数据环境设计器中右击该表，选择“属性”命令。

（2）在“属性”窗口的“数据”选项卡中选定 Order 属性，然后在索引列表中选定一个索引，如图 10-14 所示。

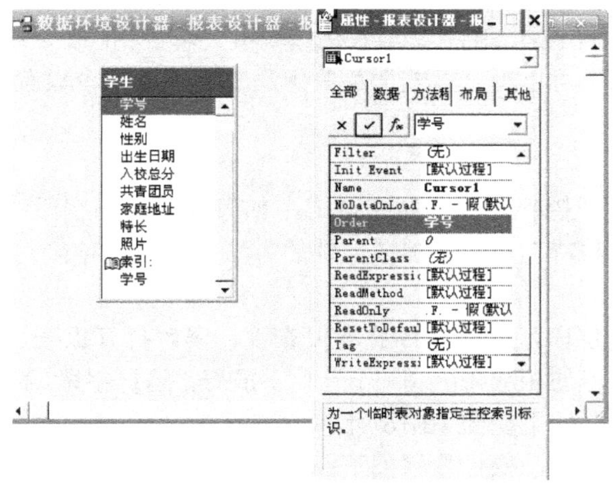

图 10-14　数据环境设计器

10.3.3 报表控件

1. “报表控件”工具栏

可以使用“报表控件”工具栏在报表上创建控件。当打开报表设计器时，自动显示此工具栏，如图 10-15 所示。然后单击需要的控件按钮，把鼠标指针移到报表上，再用左键拖动到适当大小来放置控件。

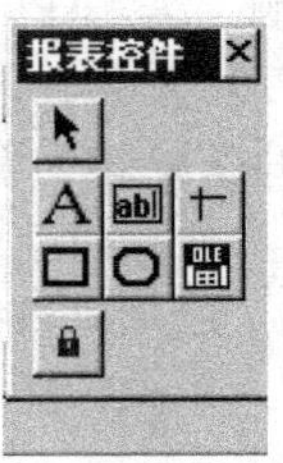

图 10-15 “报表控件”工具栏

报表控件的名称和功能如下：

标签：“报表控件”工具栏中的字母“A”图标，在报表带区中添加文本标签。

域控件：用字母“ab|”表示的图标，用来输出报表中各种类型的数据。

线条：用两条交叉线表示的图标，画报表中的线段。

矩形：矩形框表示的图标，在报表中画矩形框和报表的边界。

圆角矩形：形状是圆角矩形的图标，可在报表中画圆、椭圆、圆角矩形等。

图片/ActiveX 绑定控件：以 OLE 标识的图标，在报表中添加位图或者通用字段。

如果用户在报表上设置了控件，可以双击报表上的该控件，即可在弹出的对话框中设置和修改其属性。

2. 添加标签控件

标签控件在报表中的使用是相当广泛的。例如，每一个字段前都加上一段说明性文字、报表一般都有标题等，这些说明性文字或标题文本就是使用标签控件来完成的。

若要往报表里添加标签控件，则在“报表控件”工具栏中单击 A 按钮，然后在报表中的指定位置上单击，此时鼠标将变为一个竖条，表示可在当前位置上输入文本。用户可以在文本编辑区内随意进行编辑，例如使用回车键添加行，或者使用“编辑”菜单中的命令剪切、复制和粘贴文本。

在激活标签控件后，可以用“格式”菜单中的“字体”命令设置标签字符的字体、字形、大小和颜色。

3. 添加域控件

在报表中可以使用域控件显示一些表达式，如表或视图的字段、内存变量及其之间的运算值等，这是域控件的独特功能。添加域控件的方法有以下几种：

（1）添加字段。

从数据环境中添加字段，方法是：启动报表设计器，打开报表，在数据环境设计器中将选定字段拖到报表设计器的相应带区（细节带区）放开，这样字段就被拖放到了布局上，再适当调整细节带区的高度，结果如图 10-16 所示。

从工具栏中添加表字段，操作步骤如下：

1）单击“报表控件”工具栏中的域控件按钮。

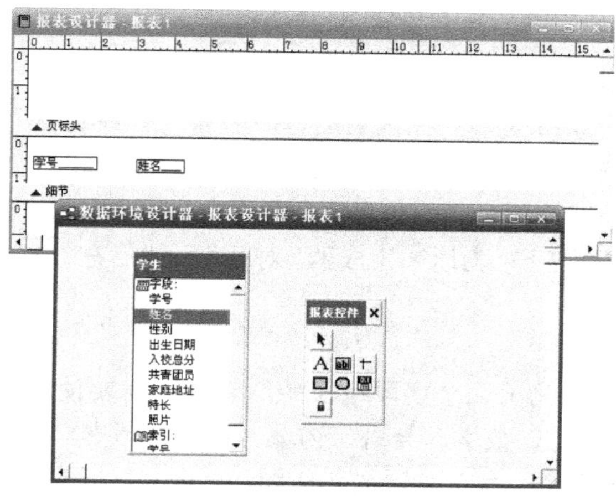

图 10-16　向报表中添加字段

2）在报表设计器的相应带区拖出一个矩形框。

3）在弹出的“报表表达式”对话框（如图 10-17 所示）中单击“表达式”文本框右侧的按钮，弹出“表达式生成器”对话框。

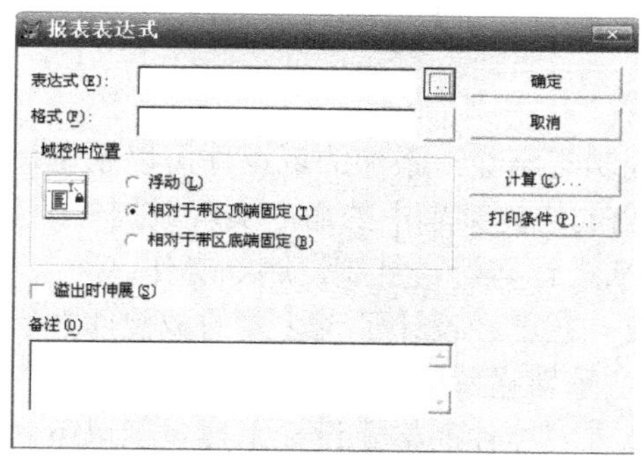

图 10-17　“报表表达式”对话框

4）在“字段”列表框中双击字段名，将自动把该字段添加到“报表字段的表达式”文本框中，如图 10-18 所示（如果“字段”列表框为空，则应向数据环境添加表或视图），然后单击“确定”按钮。

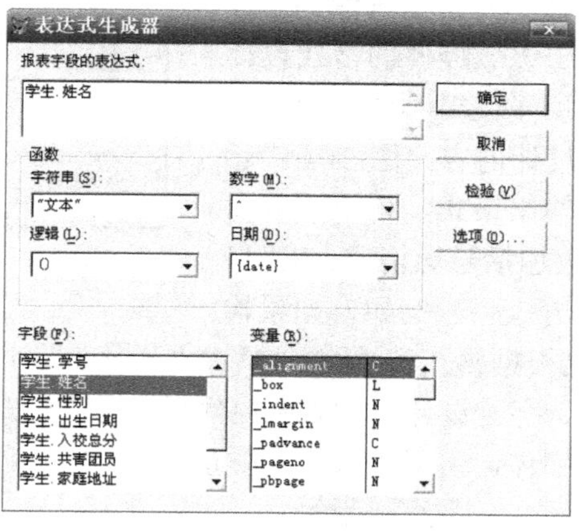

图 10-18　“表达式生成器”对话框

5）在“报表表达式”对话框中单击“确定”按钮。

（2）输出系统变量。

在域控件中可以使用系统变量，在报表运行时获得一些统计信息。例如，在每页的“页注脚”带区输出页码使用的就是系统变量_pageno。其设计步骤和表字段的一样，在“页注脚”带区合适的位置加入一个域控件后，可在“报表表达式”对话框的“表达式”文本框中逐个输入系统变量的字符，也可以打开“表达式生成器”对话框，然后在“变量”列表框中选择_pageno选项。

（3）输出函数和表达式。

如果要在一个域控件中输出几个字段运算的结果，则需要使用函数和表达式。例如，在“成绩.dbf”表文件中有语文、数学、英语、物理、化学、历史六个数值型字段，但没有总分字段。若要在报表中输出每个人六门功课的总成绩，可在“页标头”带区的相应位置设计一个“总分”标签，在紧挨着“总分”标签下方的“细节”带区设计一个域控件，在这个域控件的“表达式生成器”对话框中双击“字段”列表框中的“成绩.语文”，输入“+”号，再对“成绩.数学”和“成绩.英语”等重复这样的操作，最后使对话框的“报表字段的表达式”文本框显示为：成绩.语文+成绩.数学+成绩.英语+成绩.物理+成绩.化学+成绩.历史，设计完成后，在报表预览时可看到每个同学六门课程的总分。

4．域控件的编辑

域控件的编辑有以下内容：

（1）域控件的剪切、复制与删除。添加的域控件可以用鼠标单击激活，可以按Del键删除；可以通过右击域控件弹出的快捷菜单中的命令实现域控件的剪切、复制、粘贴。带区中所有控件都可以用上面的方法来进行剪切、复制、删除操作。

（2）域控件表达式修改。在已经设计了表达式的域控件之后，可以用鼠标双击再次打开它的“报表表达式”对话框，重新设置它的表达式。

（3）域控件的格式设计。域控件的格式设计主要包括以下内容：

- 溢出时伸展。在“报表表达式”对话框中有一个“溢出时伸展”复选框。若选择了它，当字段值的宽度超过了域控件的设计宽度时，报表运行时会自动增加一行来输出；否则，会截去超出的字符。
- 域控件的格式对话框。在“报表表达式”对话框中单击“格式”文本框右侧的□按钮，会出现一个关于该域控件的格式设计界面，如图10-19所示。对不同类型的字段，有不同格式的设计内容，图10-19示例的是数值型字段输出格式，可设计数值数据的左对齐、负数加括号等格式。在“格式”文本框中是输出掩码，例如，如果输出数据是85.00，则根据格式符“***,***.**”，报表的实际输出是“***,*85.00”。

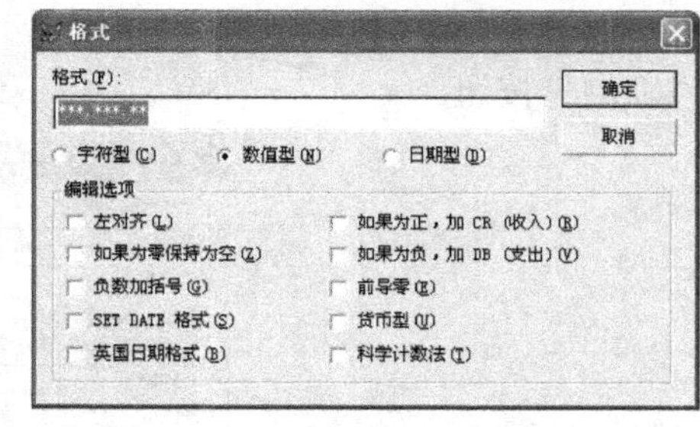

图10-19 “域控件”字符数据的格式

- 域控件数据的字体、字号设计。激活域控件后，用“格式”菜单中的“字体”命令设计域控件中数据的字体、字形、大小和颜色。“格式”菜单中还有其他的格式设计命令，如对齐、水平间距、垂直间距等。

5. 线条、矩形、圆角矩形控件设计

要使报表打印输出时具有表格的外观，可用线条、矩形、圆角矩形等来进行装饰。

（1）添加控件。

单击“报表控件”工具栏中的“线条”（矩形、圆角矩形）控件，然后在带区中相应的位置进行拖动，即可生成相应图形。

（2）调整。

若该控件的形状、大小不合适，可以进行以下调整：

- 调整大小。用鼠标左键拖动其边缘，可调整大小，按 Shift+键盘方向键可以微调。
- 调整线条粗细及样式。选中控件，从“格式”菜单的“绘图笔”子菜单中选择相应线条粗细及样式。
- 调整填充样式。选中控件，从“格式”菜单的“填充”子菜单中选择相应填充样式。
- 双击该控件，弹出相应对话框，可以进行详细设置。

6. 添加 OLE 对象

（1）在“报表控件”工具栏中单击“图片/ActiveX 绑定控件”按钮。

（2）在报表设计器的相应带区中拖放出一个矩形框。

（3）在弹出的“报表图片”对话框中，选择“图片来源”区域中的“字段”，插入一个通用型字段；若选择“图片来源”区域中的“文件”，则可以插入不变的 OLE 图片对象。

10.3.4 报表控件的调整与控制

1. 调整控件大小

对于创建的报表上已经存在的控件，可以更改它们在报表上的位置和尺寸。

（1）移动一个控件。选择控件，在控件四周会出现多个控点，按住这个控件并把它拖动到“报表”带区中新的位置上。

（2）选择多个控件。用鼠标左键在控件周围拖动，画出选择框，这时选择控点将显示在每个控件周围。当它们被选中后，可以作为一组内容来移动、复制或删除。若要移动、复制或删除的控件不相邻，在选择第二个及以后的控件时按住 Shift 键即可。

（3）将控件组合在一起。选择想作为一组处理的多个控件，然后选择“格式”→“分组”命令，这时选择控点将移到整个组之外，可以把该组控件作为一个单元处理。

（4）对一组控件取消组定义。选择一组控件，然后选择“格式”→“取消组”命令，这时选定的控点将显示在组内的每一个控件周围。

（5）调整控件的大小。选择要调整的控件，这时在该控件四周出现控点，然后拖动选定的控点直到所需的大小。

（6）匹配多个控件的大小。选择想使其具有同样大小的一些控件，然后选择“格式”→“大小”命令，选择适当的选项来匹配宽度、高度或大小，控件将按照需要进行调整。

2. 复制和删除报表控件

与 Windows 中文件或文件夹的操作类似：先选定，然后使用“编辑”菜单或右键快捷菜单中的命令进行复制、粘贴和删除。

3. 对齐控件

选中要对齐的控件，再从“格式”菜单中的“对齐”子菜单中选择适当的对齐选项，如“左对齐”、“垂直居中对齐”或“水平居中对齐”等。Visual FoxPro 使用与所选对齐方向最近的控件作为固定参照控件，完成所选控件的对齐。也可以使用“布局”工具栏完成控件的对齐。

4. 调整控件的位置

使用状态条或网格可以将控件放置在报表页面上的特定位置。默认情况下，控件根据网格对齐其位置。可以选择关掉对齐功能，显示或隐藏网格线。网格线可以帮助用户按照所需布局放置控件。

（1）将控件放置在特定的位置：选择“显示”→“显示位置”命令，选中一个控件，然后使用状态栏中的位置信息将该控件移动到特定位置。

（2）人工对齐控件：选择“格式”→“清除对齐格线”命令。

（3）显示网格线：选择“显示”→“网格线”命令，网格将在报表带区中显示（在输出的报表内不显示）。

（4）更改网格的度量单位：选择“格式”→“设置网格刻度”命令。

10.4 报表的打印输出

10.4.1 页面设置

设计报表时还要考虑页面外观，如页边距、纸张类型、布局等，这些设置都可以在“页面设置”对话框中进行。

选择“文件”→“页面设置”命令打开“页面设置”对话框，如图 10-20 所示。在其中可以对报表的打印页面进行布局。

（1）分栏。在“页面设置”对话框中，系统默认报表页面的列数是 1，表示报表输出记录不分栏。若设置列数大于 1，则记录分栏输出，此时通过“打印顺序”左边的按钮可以设置记录输出的顺序。以列数设置为 2 为例，若选择左边的大按钮，则记录在第一栏输完后再在第二栏输出；若单击“打印顺序”右侧的按钮，记录的输出方式是第一栏输出 1，3，5，…条记录，第二栏输出 2，4，6，…条记录。

（2）左页边距。改变“左页边距”的值，页面布局将按新的页边距设置。

（3）纸张的大小与布局方向。单击“打印设置”按钮，弹出如图 10-21 所示的“打印设置”对话框，在此可以更改纸张大小和纸张的方向。

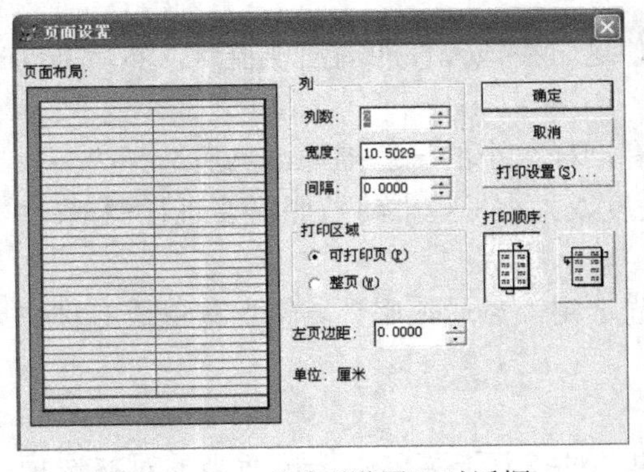

图 10-20 “页面设置”对话框

图 10-21 “打印设置”对话框

10.4.2　预览结果

通过预览报表，不用打印就能看到它的页面外观。

操作步骤：

（1）从右键快捷菜单或“显示”菜单中选择“预览”命令，出现“打印预览”工具栏，如图 10-22 所示。

图 10-22　打印预览工具栏

（2）在“打印预览”工具栏中单击“上一页”或“前一页”按钮来切换页面。

（3）若要更改报表图像的大小，单击“缩放报表”按钮。

（4）若要打印报表，单击“打印报表”按钮。

（5）若要返回到设计状态，单击“关闭预览”按钮。

10.4.3　打印报表

报表设计器按数据源中记录出现的顺序处理记录。在打印一个报表文件之前，应确认数据源中的数据已进行了正确的排序。

打印报表的操作步骤如下：

（1）从右键快捷菜单或“文件”菜单中选择“打印”命令，弹出“打印”对话框，如图 10-23 所示。

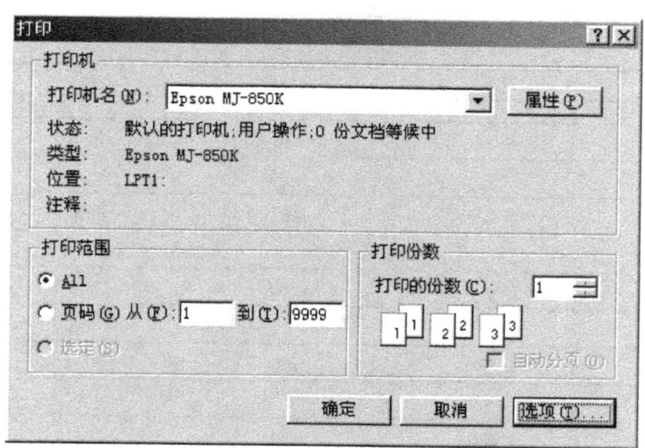

图 10-23　“打印”对话框

（2）设置合适的打印机、打印范围和打印份数等项目。

（3）单击“确定”按钮，Visual FoxPro 就会把报表发送到打印机上。

也可以在命令窗口中使用命令来打印报表。

格式：REPORT FORM <报表格式文件名> [PREVIEW] [To PRINTER]

说明：[PREVIEW]为预览；[To PRINTER]为输出到打印机。

10.5 报表设计示例

前面系统介绍了 Visual FoxPro 中报表设计的工具及其使用方法，下面以学生选课报表设计为例进一步综合说明报表设计的方法和过程。

1. 数据库中的数据

在“学生选课”数据库中，有学生.dbf 和选课.dbf 两张表，如图 10-24 所示。

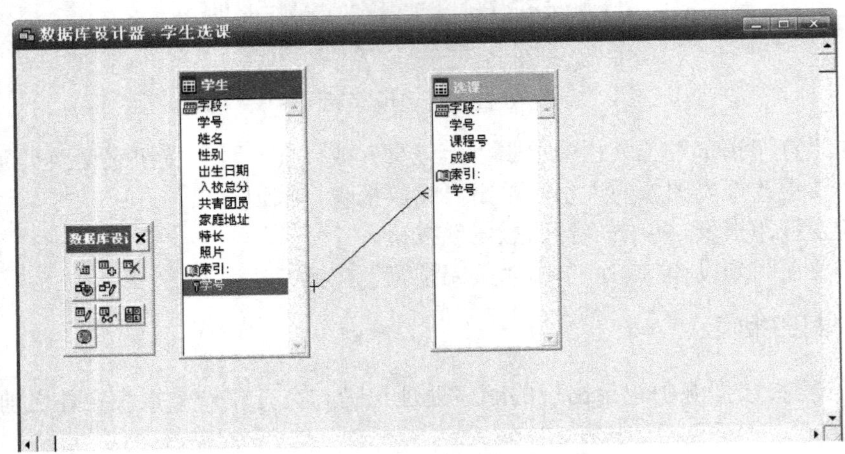

图 10-24 “学生选课”数据库

现要求设计如图 10-25 所示格式的报表。

学生选课表

制作日期： 07/02/13

学号	姓名	课程号	成绩
s0201101	王小平	c110	86.0
s0201101	王小平	c120	89.0
s0201104	江冰	c110	76.0
s0201107	金阳	c130	90.0
s0201110	郭晨光	c120	78.0
s0201110	郭晨光	c140	72.0
s0201110	郭晨光	c160	90.0
s0201202	张强	c110	80.0
s0201202	张强	c150	66.0

图 10-25 报表预览屏幕显示信息

2. 新建报表

单击工具栏中的“新建”按钮，在弹出的对话框中选择“报表”→“新建文件”，建立一个空白报表并打开报表设计器。

3. 设置报表数据源

（1）右击报表空白处，在弹出的快捷菜单中选择“数据环境”选项，打开数据环境设计器。

（2）在“数据环境设计器”中右击，选择“添加”选项，在磁盘上查找并分别加入两个数据表：学生.dbf 和选课.dbf。

（3）在数据环境设计器中右击“学生”表，选择“属性”选项；在“属性”窗口的“数据”选项卡中选定 Order 属性，在索引列表中选定索引“学号”。用同样的方法设置“选课”的索引为“学号”。

数据环境设计器中出现如图 10-26 所示的关系。

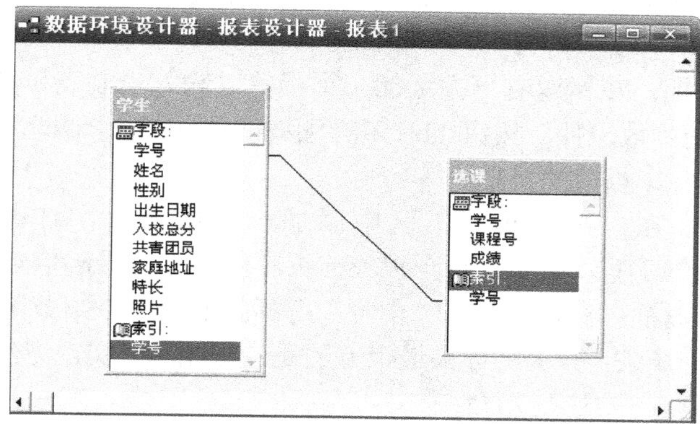

图 10-26　在数据环境设计器中设置表与表之间的关系

4. 向报表中添加数据表字段和页标头

（1）用鼠标左键分别将“学生”表中的“学号”、“姓名”字段和“选课”表中的“课程号”、“成绩”字段分别拖放到报表的“细节”区。

（2）单击报表工具栏中的 A 按钮，再单击报表“页标头”区中的适当位置，输入“学号”、“姓名”、“课程号”、“成绩”，结果如图 10-27 所示。

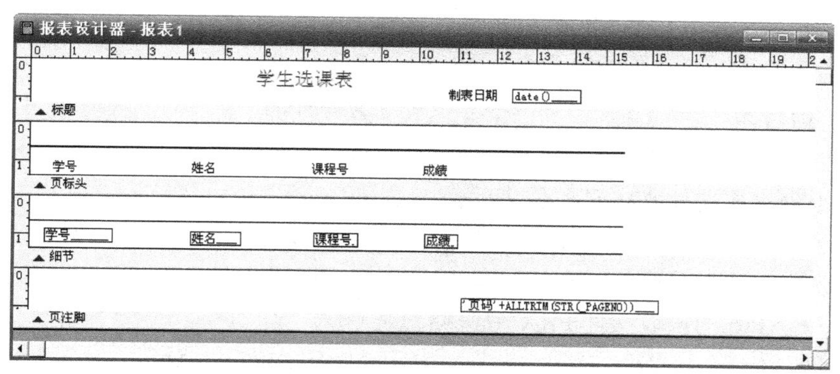

图 10-27　完成设计的报表设计器

5. 标题和页注脚的添加及线条的修饰

（1）增加标题带区：单击“报表”→“标题/总结”命令，弹出“标题/总结”对话框，如图 10-28 所示。在其中勾选“标题带区”复选项，单击“确定”按钮后即在报表最上方增加了标题带区。

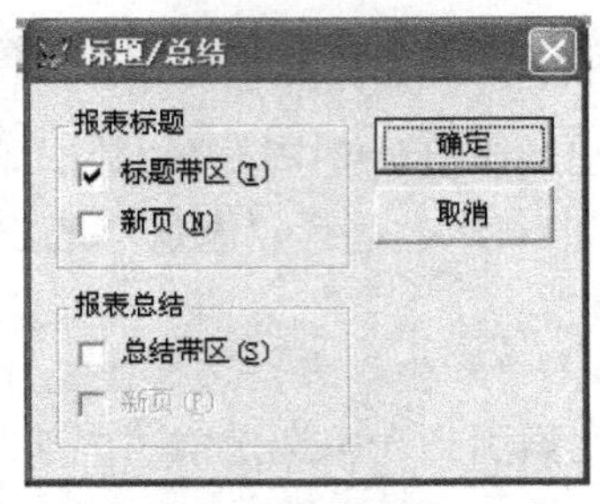

图 10-28 “标题/总结”对话框

（2）添加标题：在标题带区中间添加标签，设置字号为“四号”，输入“学生选课表”作为报表标题。

（3）添加制表日期：在标题右下方增加一个标签，输入“制表日期”；在它的后面，通过单击报表工具栏中的“域控件”按钮 ab|打开“报表表达式”对话框，在“表达式”文本框中输入 DATE()，用于打印当前的日期。

（4）添加页号：在“页注脚”带区中添加一个域控件，打印表达式为“'页码'+ALLTRIM(STR(_PAGENO))”，用于在每个报表的页脚部分打印页码信息。

（5）添加水平分隔框：在页标头中“学号”等标签的上下、细节区中“学号”等域控件的上下各增加一根水平线条，其中页标头最上方的是一根粗线。实现方法是：选中该线条，选择“格式”→“绘图笔”→“2 磅”命令。

6. 保存与预览

将设计好的报表取名为“学生选课报表.frx”并进行保存。右击设计器的空白处，单击“预览”按钮，显示结果如图 10-25 所示。

习题十

一、选择题

1．报表的数据源可以是（　　）。

A．表或视图　　B．表或查询

C．表、查询或视图　　D．表或其他报表

2．调用报表格式文件 PP1 预览报表的命令是（　　）。

A．REPORT FROM PP1 PREVIEW　　B．DO FORM PP1 PREVIEW

C．REPORT FORM PP1 PREVIEW　　D．DO FORM PP1 PREVIEW

3．Visual FoxPro 的报表文件.FRX 中保存的是（　　）。

A．打印报表的预览格式　　B．已经生成的完整报表

C．报表的格式和数据　　D．报表设计格式的定义

4．为了在报表中打印当前时间，这时应该插入一个（　　）。

A．表达式控件　　B．域控件

C．标签控件　　D．文本控件

5．使用报表向导定义报表时，定义报表布局的选项是（　　）。

A．列数、方向、字段布局　　B．列数、行数、字段布局

C．行数、方向、字段布局　　D．列数、行数、方向

二、简答题

1．报表在应用程序中的主要作用是什么？
2．在 Visual FoxPro 中有几种创建报表的方式？
3．报表的设计工具和设计步骤有哪些？
4．报表的原则有哪些？建立报表有几种方法？各类报表应用的典型范围分别是什么？
5．报表设计器中的带区有哪几类？请说明它们在每一页出现的打印范围和频率。
6．报表中可以使用的控件有哪些？怎样添加控件？
7．什么是“数据环境”，它起到了什么作用？什么是“数据源”，它起到了什么作用？
8．试比较表单的“数据环境”和报表的“数据环境”的异同。
9．域控件可以输出几种数据？
10．通过什么手段可以精确调整控件的位置？

第 11 章　菜单设计

知识结构图

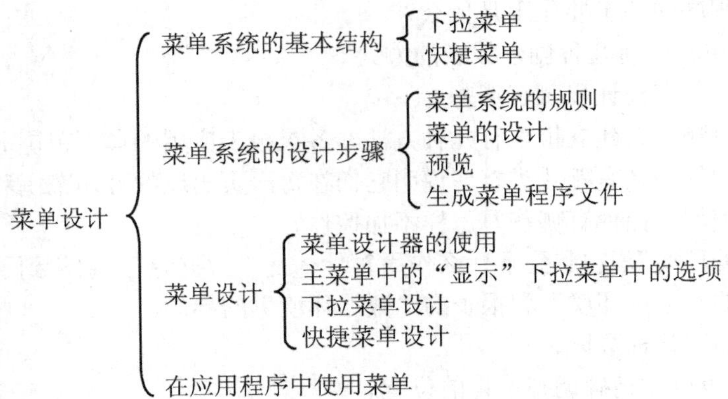

11.1　菜单系统的基本结构

Visual FoxPro 的菜单有下拉菜单和快捷菜单两类。

1. 下拉菜单

如同 Windows 菜单一样，Visual FoxPro 的下拉菜单是一个树形结构，列出了一个应用系统的整个功能框架，如图 11-1 所示。

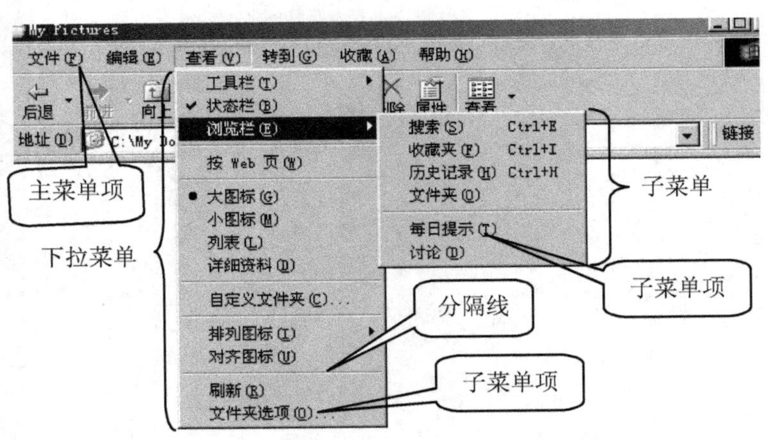

图 11-1　下拉菜单结构

菜单按层次可分为：

- 菜单栏：这是最上面的一层。菜单栏中的每一项称为主菜单项，主菜单项的显示名称是菜单标题，例如“文件”、“编辑”等。单击主菜单项可以执行一个命令或过程，也可以打开一个下拉菜单。

- 下拉菜单：单击主菜单项可以打开一个下拉菜单，下拉菜单中包含若干菜单项。在下拉菜单中，可以用分隔线对逻辑或功能紧密相关的菜单项进行分组，方便用户使用。菜单项也可以对应一个命令或程序，也可以是子菜单。
- 子菜单：在下拉菜单中用鼠标或键盘移动到带有右向箭头▶的下拉菜单项时，会自动弹出子菜单。子菜单可以对应一个命令或程序，也可以对应另一个子菜单，从而形成多级菜单系统。

2. 快捷菜单

快捷菜单只有弹出式，一般配属于某个界面对象，如表单、命令窗口等。当右击界面对象时，就会弹出一个包含与处理对象有关的功能命令的快捷菜单。如图 11-2 所示为在命令窗口中右击时弹出的快捷菜单。

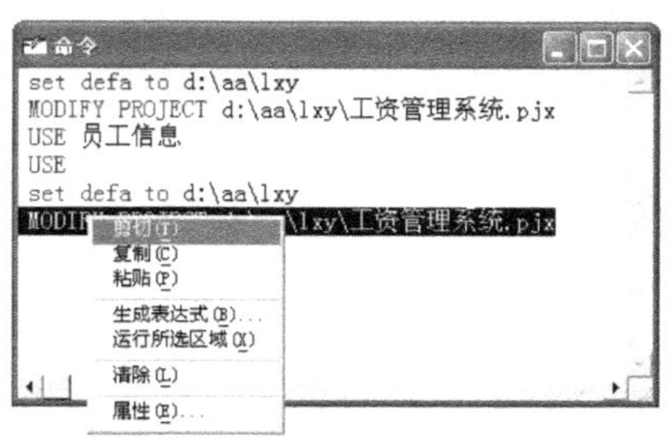

图 11-2　快捷菜单

11.2　菜单系统的设计步骤

不管应用程序的规模有多大，打算使用的菜单多么复杂，创建一个完整的菜单系统都需要以下步骤：

（1）规划系统，确定需要哪些菜单、菜单出现在界面的位置以及哪几个菜单要有子菜单等。

（2）利用“菜单设计器”创建菜单及子菜单。

（3）指定菜单所要执行的任务，例如显示表单或对话框等。另外，如果需要，还可以包含初始化代码和清理代码。初始化代码在定义菜单系统之前执行，其中包含的代码用于打开文件和声明变量，或将菜单系统保存到堆栈中，以便以后进行恢复。清理代码中包含的代码在菜单定义代码之后执行，用于选择菜单和菜单项可用或者不可用。

（4）单击“预览”按钮，预览整个菜单系统。

（5）选择“菜单”→“生成”命令，生成菜单程序并运行某菜单程序，对菜单系统进行测试。

（6）选择“程序”→“执行”命令，然后执行已生成的.MPR 程序。

1. 菜单系统的规划

在设计菜单系统时，需要考虑以下规则：

- 按照用户思考问题的方法和完成任务的方法来规划和组织菜单的层次系统，设计相应的菜单和菜单项，而不是按应用程序的层次组织系统。
- 给每个菜单确定一个有意义的菜单标题。按照估计的菜单项使用频率、逻辑顺序或字母顺序组织菜单项，或者干脆按照字母顺序或拼音顺序组织，以方便用户使用。
- 按功能将同一菜单中的菜单项分组，并用分隔线分隔。
- 适当地创建子菜单，以减少和限制菜单项的数目。
- 为菜单、菜单项设置键盘快捷键。
- 使用能够准确描述菜单项的文字。
- 为用户着想，针对一些常用功能设计必要的快捷菜单。

应用程序的易用性与界面友好性在一定程度上取决于菜单系统的质量。好的设计能很好地体现设计者的意图，易于为用户所接受和掌握。因此，遵循菜单系统的设计原则，花费一定的时间仔细规划菜单，对应用系统的成功具有重要作用。

2. 使用菜单设计器

菜单的设计用“菜单设计器”来实现。“菜单设计器”是 Visual FoxPro 提供的可视化菜单设计工具，既可以定制已有的 Visual FoxPro 菜单系统，也可以开发用户自己的菜单系统。

打开菜单设计器的方法有以下几种：

方法 1：单击“常用”工具栏中的“新建”按钮，从“文件类型”列表框中选择“菜单”，然后单击“新建文件”按钮，弹出“新建菜单”对话框，如图 11-3 所示。

方法 2：通过“文件”菜单打开。

方法 3：从项目管理器中选择“菜单”，然后单击“新建”按钮。

方法 4：使用命令“MODIFY MENU <菜单名>”打开菜单设计器窗口，进而创建文件名为<菜单名>、扩展名为.MNX 的菜单文件。

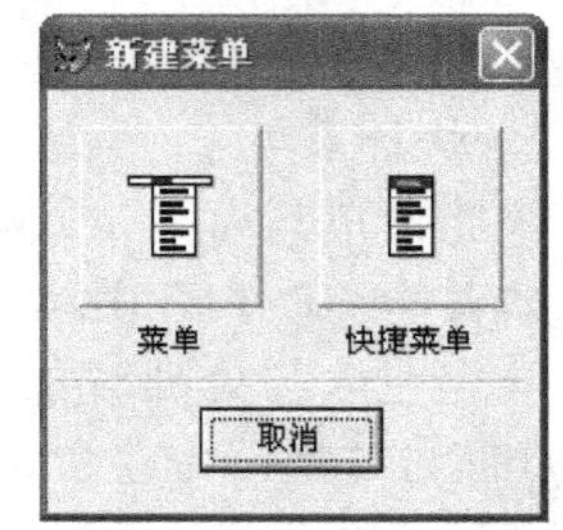

图 11-3 “新建菜单”对话框

在 Visual FoxPro 中可以创建下拉菜单（普通菜单）和快捷菜单两种形式的菜单。在图 11-3 所示的对话框中，单击“菜单”或“快捷菜单”按钮，打开菜单设计器，即可创建下拉菜单和快捷菜单。

在设计下拉菜单时，如果希望以 Visual FoxPro 菜单为模板创建自己的菜单，可从“菜单”菜单中选择“快速菜单”选项，如图 11-4 所示。

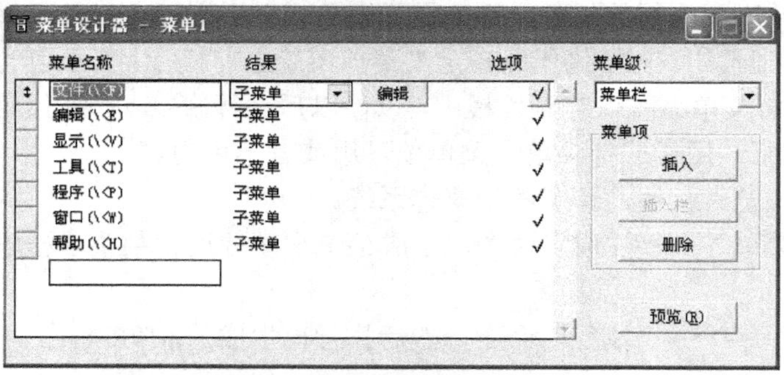

图 11-4 生成的快速菜单

根据菜单设计的规划，在菜单设计器中实现菜单系统，按需要编写初始化代码和清理代码等。

3. 预览

在设计菜单时，可随时利用“预览”按钮观察所设计的菜单和子菜单，此时不能执行菜单代码。

4. 生成菜单程序文件

当通过菜单设计器完成菜单设计后，系统只生成了菜单文件（.MNX），而.MNX 文件是不能直接运行的。若要生成菜单程序文件（.MPR），应选择“菜单”菜单中的“生成”选项。如果用户通过项目管理器生成菜单，则应当在项目管理器中选择“连编”或“运行”，系统将自动生成菜单程序。

11.3　菜单设计

11.3.1　菜单设计器的使用

菜单设计器如图 11-5 所示，下面简单介绍其组成部分。

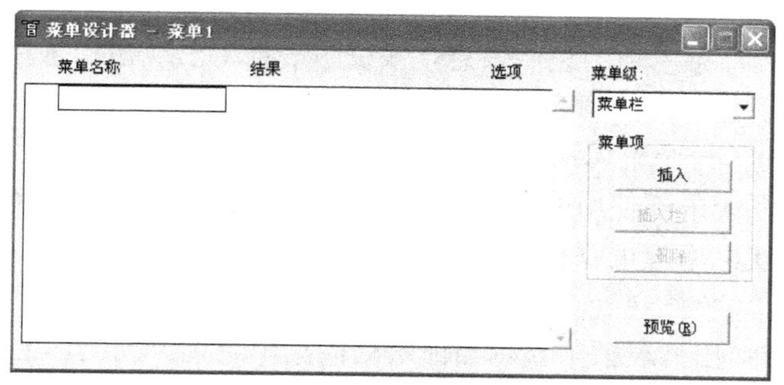

图 11-5　菜单设计器

（1）菜单名称：在此输入菜单的提示字符串。如果要为某菜单项加入热键，在预设定为热键的字母前面加上一个反斜杠和小于符号（\<)。如果不用这样的符号，那么菜单提示字符本身的第一个字母被自动当作热键的定义。此外，每个提示文本框的前面有一个小方块按钮，用鼠标拖动它可以上下改变当前菜单项在菜单列表中的位置。

（2）结果：用于选定子菜单命令，结果框中共有 4 个选项：命令、填充名称、子菜单和过程，这些选项用于确定当选择该菜单项时是打开一个子菜单还是执行一个命令或过程。

（3）“选项”按钮：单击该按钮将弹出“提示选项”对话框，如图 11-6 所示。

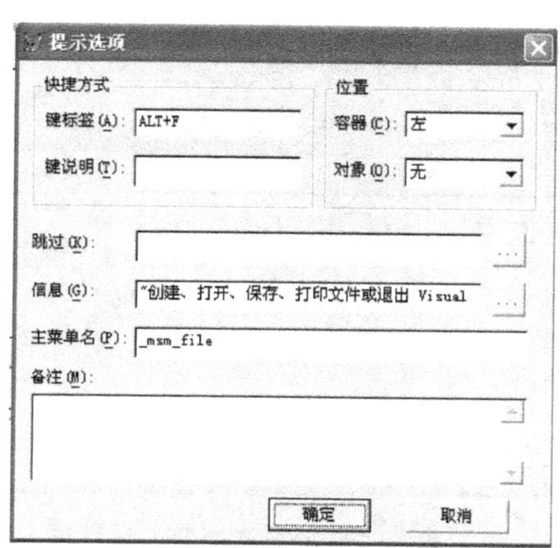

图 11-6　“提示选项”对话框

利用“提示选项”对话框可以设置用户定义的菜单系统中各菜单项的属性。该对话框主要有以下几个选项：

- “快捷方式”区：用于指定菜单或菜单项的快捷键，菜单项的选择分成以下 3 种：
  - 用鼠标选择菜单。
  - 定义访问键，如“编辑”菜单项，用 Alt+E 键选择。

- ➢ 定义快捷方式。设置快捷键的方法是：选择“键标签”中的“按下要定义的键”，再按下指定的快捷键，如 Ctrl+S 键，可以通过修改“键说明”来改变该菜单在应用程序中显示的内容。选中“键标签”中的文档，可以通过按其他键来修改快捷键。
- 跳过：属于选择逻辑设计。在文本框中输入一个逻辑表达式，如果该表达式为“.T.”，表示当前菜单项不能被选中（呈灰色显示）；如果该表达式为“.F.”，表示该菜单项可以选中。
- 信息：用来设计菜单项的说明信息，该说明信息将出现在状态栏中。注意，输入的信息必须加上引号。
- 主菜单名：对于一个菜单系统来说，菜单栏中每一个主菜单项都有一个提示和一个该主菜单项的系统内部使用的名称。如果用户不指定，则系统随机给定一个唯一的名称。为了编程方便，用户可以指定主菜单项的系统名称。
- 备注：为菜单编写一些说明信息，主要供阅读程序时使用。

（4）菜单级：在弹出列表框中显示当前所处的菜单级别。当菜单的层次较多时利用这项功能可以得知当前的位置，并可方便地从子菜单返回到上面任意一级菜单。

（5）“预览”按钮：使用该按钮可观察所设计的菜单的外观。

（6）“插入”按钮：规定在当前菜单项的前面插入一新的菜单项。

（7）“删除”按钮：使用该按钮可以删除当前的菜单项。

11.3.2 主菜单中“显示”下拉菜单中的选项

当菜单设计窗口处于活动状态时，在系统菜单条上将出现“菜单”项，并在“显示”菜单中也新增加两个选项，如图 11-7 所示。“菜单”项中各个选项的含义十分清楚，下面主要介绍“显示”菜单中的两个新增选项。

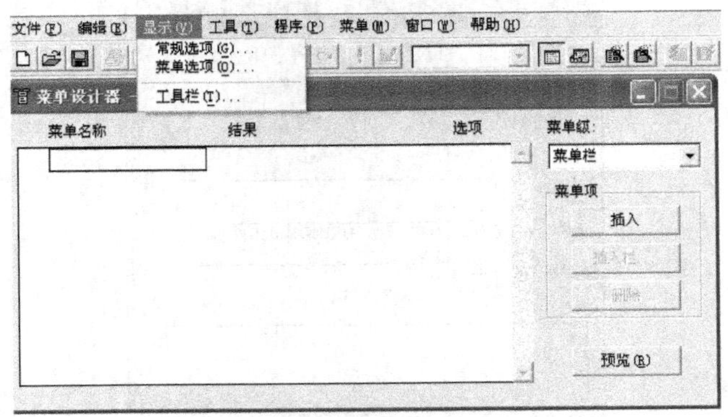

图 11-7 “显示”菜单选项对话框

1. “常规选项”对话框

当用户选择“显示”菜单中的“常规选项”时，将弹出“常规选项”对话框，如图 11-8 所示。

该对话框用于为整个菜单系统输入代码，主要由以下几部分组成：

（1）“过程”编辑框：在此输入菜单过程的代码。

（2）“编辑”按钮：单击此按钮，将打开一个编辑窗口，输入菜单过程的代码。

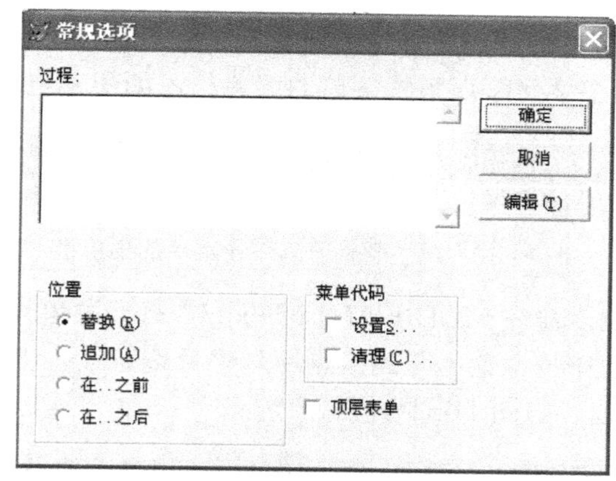

图 11-8　“常规选项”对话框

（3）“位置”区：包括如下 4 个选项按钮：

- 替换：将现有的菜单系统替换成新的用户定义的菜单系统。
- 追加：将用户定义的菜单附加在现有菜单的后面。
- 在…之前：将用户定义的菜单插入到指定菜单的前面。
- 在…之后：将用户定义的菜单插入到指定菜单的后面。

（4）菜单代码：包含两个复选框：

- 设置：选中这一选项，打开一个编辑窗口，从中可以为菜单系统加入一段初始化代码。若要进入打开的编辑窗口，单击“确定”按钮关闭“常规选项”对话框。
- 清理：选中这一选项，打开一个编辑窗口，从中可以为菜单系统加入一段结束代码。若要进入打开的编辑窗口，单击“确定”按钮关闭对话框。

（5）顶层表单：如果选定该复选框，则允许该菜单在顶层表单中使用；如果未选定，则只允许在 Visual FoxPro 页框中使用该菜单。

2. “菜单选项”对话框

选择“显示”菜单中的“菜单选项”时，将弹出“菜单选项”对话框，如图 11-9 所示。该对话框用于为菜单栏（顶层菜单）或各子菜单项输入代码，它包括以下几个选项：

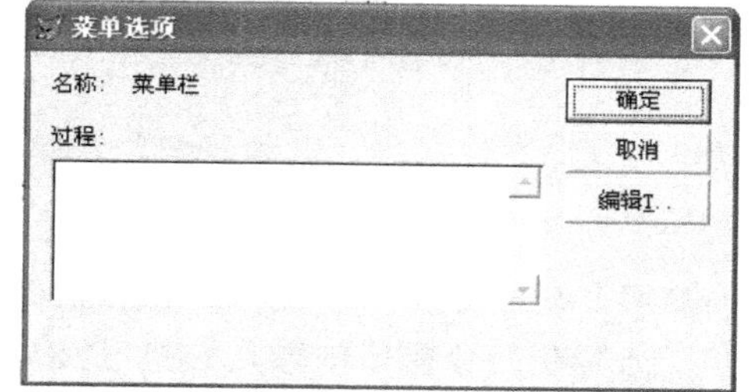

图 11-9　“菜单选项”对话框

（1）名称：显示菜单的名称。

（2）“过程”编辑框：用于输入或显示菜单的过程代码。

（3）“编辑”按钮：单击该按钮将打开一个文本编辑窗口，要进入打开的代码编辑窗口，应单击“确定”按钮关闭“菜单选项”对话框。

11.3.3　下拉菜单设计

下面通过若干实例说明使大家能对下拉菜单的基本设计方法有一个全局把握。这些实例内容包括下拉菜单的基本设计过程；子菜单、菜单项设计（包括定义子菜单、命令和过程）；利用“显示”菜单的“常规选项”对话框将系统菜单加入用户菜单的方法；将系统菜单项加入用户下拉菜单中。

1. 设计下拉菜单

例 11.1 设计一个学生学籍管理系统菜单的菜单栏，如图 11-10 所示。

图 11-10 学生学籍管理系统菜单的菜单栏

（1）在命令窗口中输入命令 MODIFY MENU xjgl，打开菜单设计器。

（2）在“菜单名称”中依次输入“建数据库”、“查询统计”、“系统维护”、“打印输出”、“退出系统”5 个菜单标题，如图 11-11 所示。

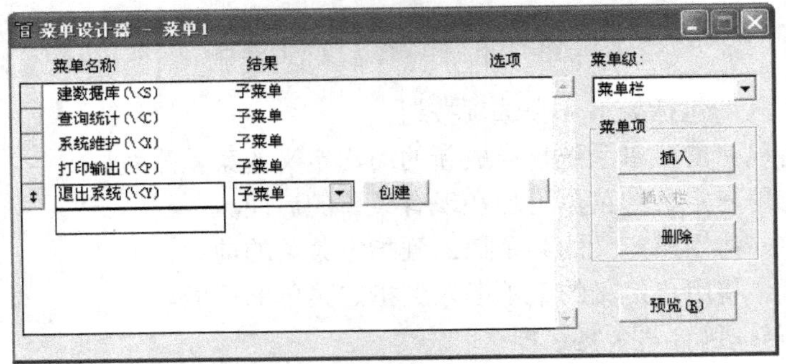

图 11-11 菜单设计器

（3）按 Ctrl + W 键保存菜单。单击“菜单”菜单中的“生成”命令，弹出“生成菜单”对话框，如图 11-12 所示，然后单击“生成”按钮。

图 11-12 “生成菜单”对话框

（4）在命令窗口中输入并执行命令 DO xjgl.mpr，则系统菜单改为用户定义的菜单。

（5）在命令窗口中输入 SET SYSMENU TO DEFAULT，则恢复为系统菜单。

例 11.2 修改 XJGL.MNX，要求单击“建数据库”菜单标题显示一个下拉菜单，如图 11-13 所示。单击“创建数据表”，弹出 JSJB.SCX 表单，并设计快捷键为 Ctrl + T；单击“创建数据库”，弹出 JSJK.SCX 表单；单击“退出系统”菜单标题，恢复到系统默认的菜单。

图 11-13 学生学籍管理系统菜单

（1）执行命令 MODIFY MENU XJGL，打开菜单设计器。

（2）为“建数据库”创建下拉菜单，选择菜单名称“建数据库”所在行的“结果”，选择“子菜单”，单击“创建”按钮，切换到子菜单的设计窗口，建立下拉菜单的两个选项：“创建数据表”和“创建数据库”，如图 11-14 所示。

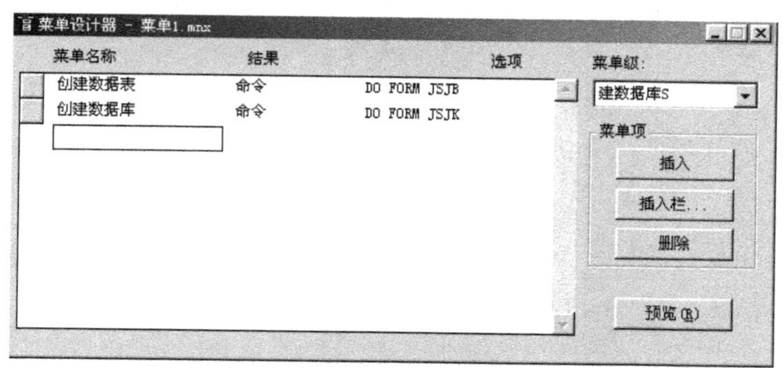

图 11-14　“建数据库”下拉菜单设计

（3）为“创建数据表”定义快捷键。单击“创建数据表”行中的选项按钮□，弹出如图 11-15 所示的“提示选项”对话框，在“键标签”中用鼠标选中文字“按下要定义的键”，按 Ctrl + T 键，再单击“确定”按钮返回菜单设计器，如图 11-16 所示。

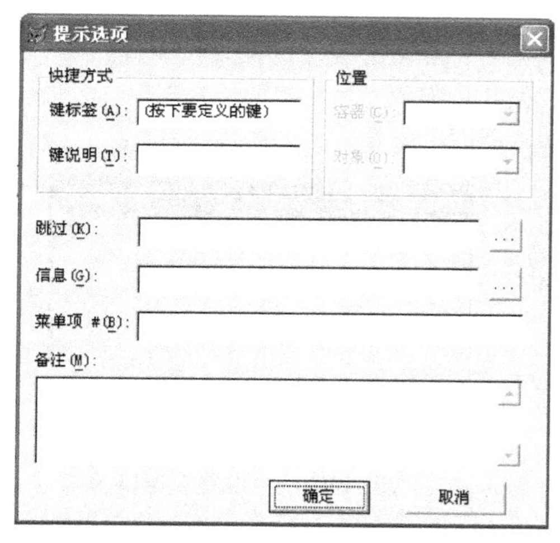

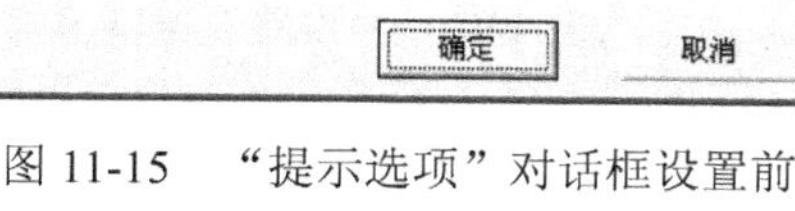

图 11-15　“提示选项”对话框设置前

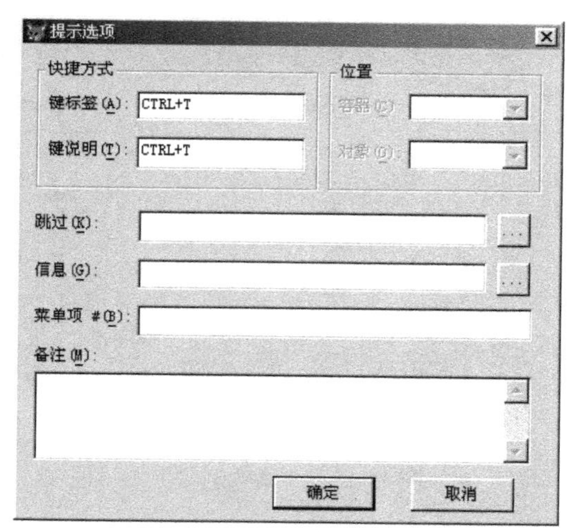

图 11-16　“提示选项”对话框设置后

（4）在“菜单级”中选择“菜单栏”，选择“退出”行中“结果”列表中的“过程”，单击“创建”按钮，在“过程”编辑框中输入以下代码：

```
USE
SET SYSMENU TO DEFAULT
```

（5）保存菜单，生成菜单，运行菜单，单击用户菜单退出，则恢复系统菜单的显示。

2. 将系统菜单引入用户菜单

在“显示”下拉菜单的“常规选项”对话框的“位置”区域有“替换”、“追加”、“在…之前”、“在…之后”4 个单选按钮。

通过对选项的设置能够实现将全部系统菜单、部分系统菜单及系统下拉菜单中的菜单项加入到用户菜单中，从而将 Visual FoxPro 的许多功能直接引入到用户系统中，以简化编程，提高应用系统的功能。

例 11.3　将系统的“编辑”菜单引入用户菜单主菜单中，如图 11-17 所示。

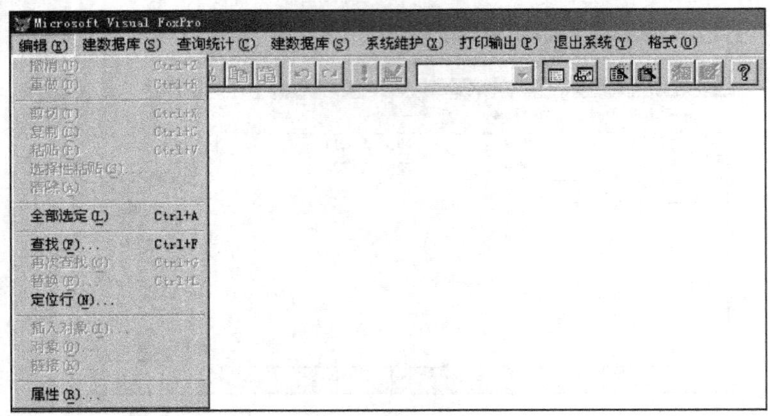

图 11-17 将系统的“编辑”菜单引入用户菜单

（1）在命令窗口中输入并执行命令 MODIFY MENU xjgl，打开菜单生成器。选择“显示”菜单中的“常规选项”，选中“位置”中的“追加”单选按钮，选中“设置”复选框，单击“确定”按钮，如图 11-18 和图 11-19 所示，在“设置”窗口中输入 SET SYSMENU TO _MSM_EDIT。

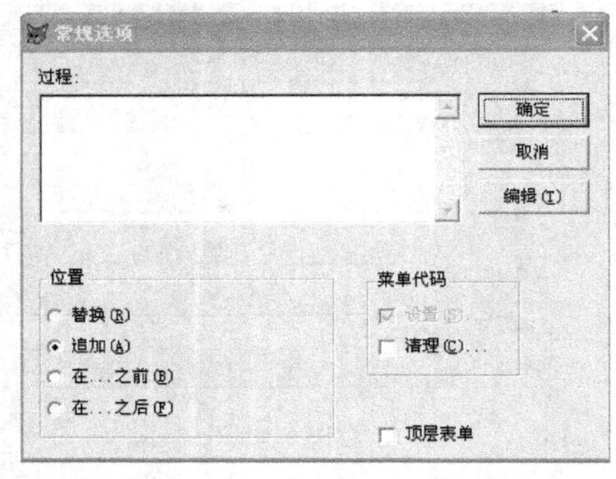

图 11-18 “常规选项”对话框

图 11-19 “设置”窗口

（2）生成并保存菜单，执行命令 DO xjgl.mpr 运行菜单。

例 11.4 将“复制”、“粘贴”菜单项加入到 XJGL 菜单的“建数据库”下拉菜单中，如图 11-20 所示。

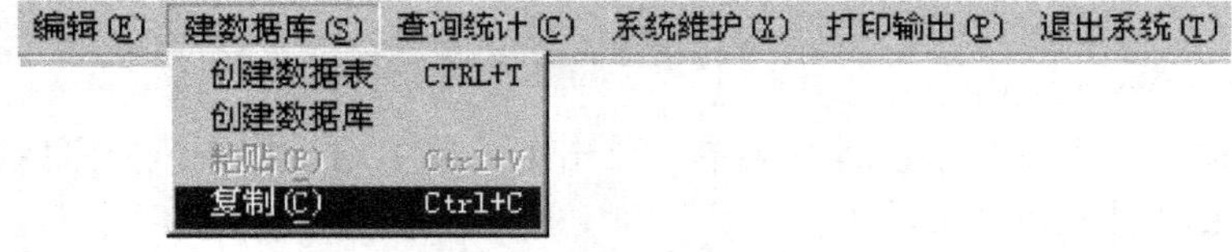

图 11-20 将“复制”、“粘贴”菜单项加入到 XJGL 菜单

（1）在命令窗口中输入并执行命令 MODIFY MENU XJGL，打开菜单设计器，单击“建数据库”行中的“编辑”按钮。

（2）在子菜单设计窗口中，单击“插入栏”按钮，在“插入系统菜单栏”对话框中选择“复制”，单击“插入”按钮，再选择“粘贴”，单击“插入”按钮，单击“关闭”按钮，即可将“复制”和“粘贴”两个菜单项插入到用户菜单中，如图 11-21 所示，保存菜单。

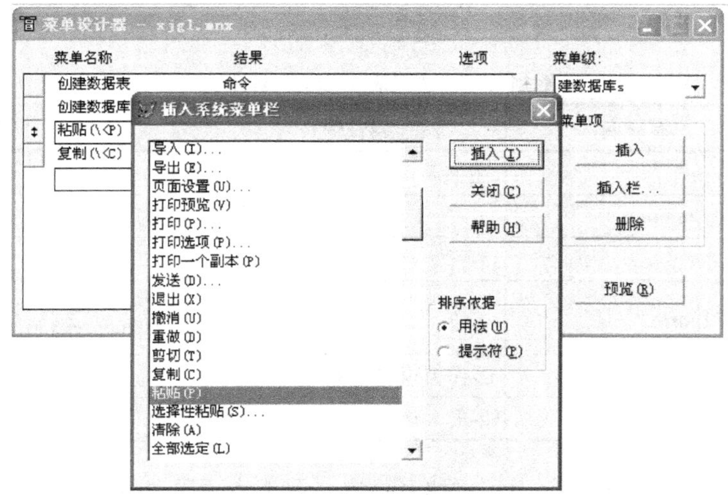

图 11-21　插入系统菜单栏

11.3.4　快捷菜单设计

快捷菜单是单击右键才出现的菜单。菜单设计器只提供生成快捷菜单的结构，快捷菜单的运行需要从属于某个界面对象（如表单），并需要编程来实现。

例 11.5　为表单上的某文本框建立一个具有“撤消”、“剪切”、“复制”、“粘贴”和“清除”功能的快捷菜单。

（1）打开“快捷菜单设计器”窗口，单击“插入栏”按钮，弹出“插入系统菜单栏”对话框。

（2）在其中先后选定“撤消”、“剪切”、“复制”、“粘贴”和“清除”选项，然后单击“插入”按钮，将它们一一插入。

（3）在“撤消”和“剪切”之间插入“\<”菜单项。

（4）打开“常规选项”对话框，选择“设置”复选框，在“设置”代码编辑窗口中输入：

```
PARAMETERS mRef
```

选择“清除”复选框，在“清除”代码编辑窗口中输入：

```
Release popups  popmenu01.mnx      && 这是本快捷菜单准备存盘的名字
```

（5）保存菜单为菜单定义文件 popmenu01.mnx 和 popmenu01.mnt。

（6）单击系统菜单“菜单”中的“生成”菜单项，生成菜单程序 popmenu01.mpr。

（7）打开某个已有表单，选择一个文本框，添加该文本框的 RightClick 事件代码如下：

```
DO  popmenu01.mpr  with THIS
```

（8）运行表单，在表单窗口的文本框中右击，出现快捷菜单。

11.4　在应用程序中使用菜单

在一个完整的数据库应用系统中，把设计好的菜单加入到表单中是通过单击菜单中的菜单项来调用已有的表单。下面通过实例来介绍如何把菜单加入到已有的表单中。

例 11.6　把 11.3 节中设计的菜单 xjgl.MNX 加到表单中。

（1）新建一个表单，将此表单保存为“主控表单.scx”。表单的属性设置如表 11-1 所示。

表 11-1 “主控表单.scx”属性设置

对象名	属性名	属性值	说明
Form1	Caption	主控表单	
Form1	alwaysontop	.t.	该窗口一直在顶层显示
Form1	borderstyle	3-可调整边框	
Form1	MDIForm	.f.	此表单不是一个包含在 MDI 多文档界面的主窗口中的表单
Form1	showwindow	2-作为顶层表单	
Form1	windowstate	2-最大化	

（2）双击表单，在 init 事件中添加如下代码，用于为顶层表单添加系统菜单：

```
public lcfile
lcfile=SYS(2003)      && 取得当前目录
do lcfile+"\ xjgl.mpr" with thisform,.t.
this.show
```

（3）在表单的 QueryUnload 事件中添加如下代码，用于确认用户的退出系统操作，清除系统环境以及挂起的事件，以便于能够退出 Visual FoxPro 系统环境。

```
  IF this.Tag="1"
    IF MESSAGEBOX("确定退出吗？",4+32,"提示信息")=6
     CLOSE ALL
     RELEASE ALL
     CLEAR EVENTS
    ELSE
     NODEFAULT
    ENDIF
Endif
```

（4）在命令窗口中输入并执行命令 MODIFY MENU xjgl，打开菜单生成器。选择“显示”菜单中的“常规选项”，在弹出的对话框中选中“位置”中的“替换”单选按钮，再选中“顶层表单”复选框，如图 11-22 所示。

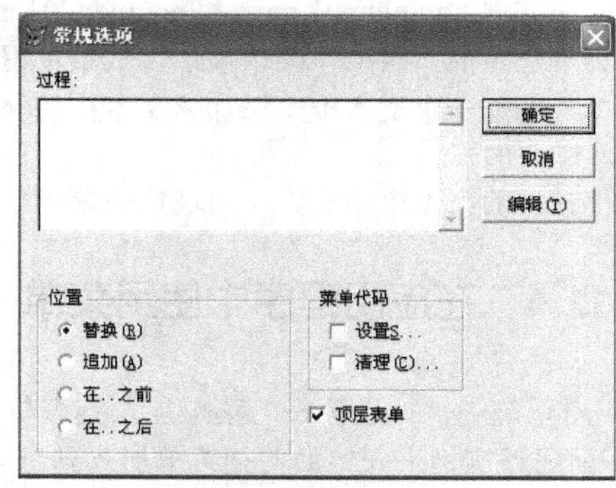

图 11-22 “常规选项”对话框

（5）运行表单，在表单窗口中会出现所设计的下拉菜单。

习题十一

1．菜单在应用系统中的作用是什么？
2．如何创建菜单系统？菜单设计的基本步骤是什么？
3．用户可为菜单项设置几种类型？根据是什么？
4．菜单的“常规选项”和“菜单选项”的作用是什么？
5．菜单项的任务由什么定义？如何定义快捷键？

第 12 章　应用系统的开发

知识结构图

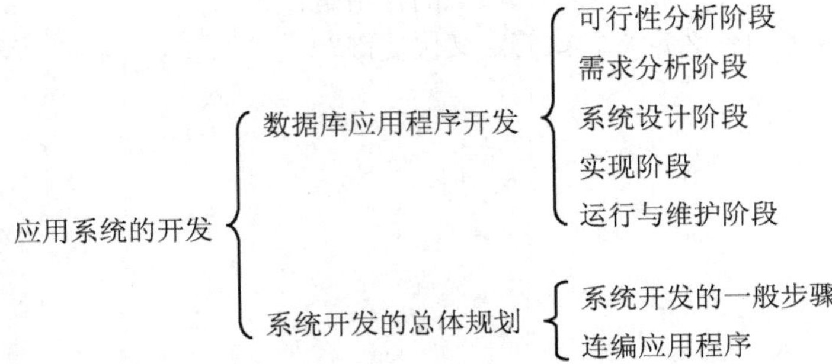

前面各章介绍了在 Visual FoxPro 中进行程序设计和开发数据库的基本概念与方法，本章通过开发一个工资管理系统的全过程将前面所学的知识串起来，以达到全面掌握、综合应用全书知识的目的。

12.1　数据库设计

如果使用较好的数据库设计过程，则能迅速、高效地创建一个设计完善的数据库，为访问所需信息提供方便。在设计时打好坚实的基础，设计出结构合理的数据库，将会节省日后整理数据库所需的时间，并能更快地得到精确的结果。

12.1.1　数据库设计步骤

数据库应用系统与其他计算机应用系统相比，一般都具有数据量庞大、数据保存时间长、数据关联比较复杂、用户要求多样化等特点。设计数据库的目的实质上是设计出满足实际应用需求的实际关系模型。

1. 设计原则

为了合理组织数据，应遵从以下基本设计原则：

（1）关系数据库的设计应遵从概念单一化“一事一地”的原则。一个表描述一个实体或实体间的一种联系。避免设计大而复杂的表，首先分离那些需要作为单个主题而独立保存的信息，然后通过 Visual FoxPro 确定这些主题之间有何联系，以便在需要时把正确的信息组合在一起，通过将不同的信息分散在不同的表中可以使数据的组织工作和维护工作变得更简单，同时也易于保证建立的应用程序具有较高的性能。

例如，在 student 表中只存放有关学生的基本情况信息，包括学号、姓名、性别等，而有关学生选修课成绩的信息则存放在 score 表中，相应课程的信息则存放在 course 表中，而不是将这些数据统统放在一起。

（2）避免在表之间出现重复字段的原则。除了保证表中有反映与其他表之间存在联系的外部关键字之外，尽量避免在表之间出现重复字段。这样做的目的是使数据冗余度尽量小，防止在插入、删除和更新时造成数据的不一致。例如，在 student 表中有学生的姓名字段，那么在 score 表中就不应该再出现姓名字段了。如果需要查询学生的姓名，可以建立两个表之间的联系来找到。

（3）表中的字段必须是原始数据和基本数据元素的原则。

表中不应包括通过计算可以得到的“二次数据”或多项数据的组合。能够通过计算从其他字段值推导出来的字段也尽量要避免出现。

例如，在 student 表中包括出生日期字段，此时在该表中就不应该再包括年龄字段。如果需要用到年龄数据时，可以通过简单的计算得到准确的年龄数据。

（4）用外部关键字保证有关联的表之间的联系的原则。表之间关联依靠外部关键字来维系，使得表具有合理的结构，不仅存储了所需要的实体信息，而且反映出实体之间客观存在的联系，最终设计出满足应用需求的实际关系模型。

2. 设计步骤

利用 Visual FoxPro 来开发数据库应用系统，可以按照以下步骤来设计：

（1）需求分析。确定建立数据库的目的，这有助于确定数据库保存哪些信息。

（2）确定需要的表。可以着手把需求信息划分成各个独立的实体，例如学生、成绩、课程、选课等。每个实体都可以设计为数据库中的一个表。

（3）确定需要的字段。确定在每个表中要保存哪些字段。通过对这些字段的显示或计算应能够得到所有需求信息。

（4）确定联系。对每个表进行分析，确定一个表中的数据和其他表中的数据有何联系。必要时，可在表中加入字段或创建一个新表来明确联系。

（5）设计求精。对设计进一步分析，查找其中的错误。创建表，在表中加入几个示例数据记录，看能否从表中得到想要的结果，需要时可以调整设计。

在初始设计时，难免会发生错误或遗漏数据，这只是一个初步方案，以后可以对设计方案进一步完善。完成初步设计后，可以利用示例数据对表单、报表的原型进行测试。Visual FoxPro 很容易在创建数据库时对原设计方案进行修改，可是在数据库中载入了大量数据或连编表单和报表之后，再要修改这些表就困难多了，正因为如此，在连编应用程序之前应确保设计方案已经考虑得比较合理。

12.1.2　数据库设计过程

1. 需求分析

用户需求主要包括以下 3 个方面：

（1）信息需求。用户要从数据库获得的信息内容。信息需求定义了数据库应用系统应该提供的所有信息，注意描述清楚系统中数据的数据类型。

（2）处理需求。即需要对数据完成什么处理功能及处理的方式。处理需求定义了系统的数据处理的操作，应注意操作执行的场合、频率、操作对数据的影响等。

（3）安全性和完整性要求。定义信息需求和处理需求的同时必须相应地确定安全性、完整性约束。要与数据库的使用人员多交流，尽管收集资料阶段的工作非常繁锁，但必须耐心细致地了解现行业务处理流程，收集全部数据资料，如报表、合同、档案、单据、计划等，所有这些信息在后面的设计步骤中都要用到。

2. 确定需要的表

确定数据库中表是数据库设计过程中技巧性最强的一步，因为根据用户想从数据库中得到的结果（包括要打印的报表、要使用的表单、要数据库回答的问题）不一定能得到如何设计表结构的线索，还需要分析对数据库系统的要求，推敲那些需要数据库回答的问题。分析的过程是对所收集到的数据进行抽象的过程，抽象是对实际事物或事件的人为处理，抽取共同的本质特性。

仔细研究需要从数据库中提取的信息，遵从概念单一化“一事一地”的原则，即一个表描述一个实体或实体间的一种联系，并把这些信息分成各种基本实体。

3. 确定所需字段

确定字段时需要注意的问题如下：

（1）每个字段直接和表的实体相关。首先必须确保一个表中的每个字段直接描述该表的实体，如果多个表中重复同样的信息，应删除不必要的字段，然后表示表之间的联系，确定描述另一个实体的字段是否为该表的外部关键字。

（2）以最小的逻辑单位存储信息。表中的字段必须是基本数据元素，而不是多项数据的组合，如果一个字段中结合了多种数据，将会很难获取单独的数据，应尽量把信息分解成比较小的逻辑单位，如学号、姓名、性别、出生日期、专业描述，应创建不同的字段来描述。

（3）表中的字段必须是原始数据。在通常情况下必须把计算结果存储在表中，对于可推导得到或需要计算的数据，要看结果时可进行计算得到。例如，需要学生的年龄数据，而“学生”表中只有出生日期字段，这时需要计算得到年龄。用今天的日期-出生日期即可，表达式为："年龄=year(date())-year(出生日期)"。

（4）确定主关键字字段。关系型数据库管理系统能够迅速查找存储在多个独立表中的数据并组合这些信息。为使其有效工作，数据库的每个表都必须有一个或一组字段可以唯一确定存储在表中的每个记录，即主关键字。

Visual FoxPro 利用主关键字迅速关联多个表中的数据，不允许在主关键字字段中有重复值或空值。常使用唯一的标识作为这样的字段，如在学生管理系统中，把学号、课程号分别指定为学生表和课程表的主关键字字段。

4. 确定联系

设计数据库的目的实质上是设计出满足实际应用需求的实际关系模型。确定联系的目的是使表的结构合理，不仅存储了所需要的实体信息，而且反映出实体之间客观存在的关联。

前面各个步骤已经把数据分配到了各个表。因为有些输出需要从几个表中得到信息，为了使 Visual FoxPro 能够将这些表中的内容重新组合，得到有意义的信息，就需要确定外部关键字。例如，在学生管理系统中，“学号”是 student 表中的主关键字，同时它也是 score 表的一个字段，在数据库术语中，score 表中的“学号”字段称为“外部关键字”，因为它是另外一个表的主关键字。

因此，需要分析各个表所代表的实体之间存在的联系。要建立两个表的联系，可以把其中一个表的主关键字添加到另一个表中，使两个表都有该字段。具体做法如下：

（1）一对多联系。一对多联系是关系型数据库中最普遍的联系，在一对多联系中，表 1 中的一个记录在表 2 中可以有多个记录与之相对应，但表 2 中的一个记录最多只能有一个表 1 中的记录与之对应。要建立这样的联系，就要把“一方”的主关键字字段添加到“多方”的表中。在联系中“一方”用主关键字或候选索引关键字，而“多方”使用普通索引关键字。

例如，在学生管理系统中，学生数据库中的 student 表与 score 表之间就存在一对多联系。

（2）多对多联系。在多对多关系中，表 1 中的一个记录在表 2 中可以对应多个记录，而表 2 中的一个记录在表 1 中也可以对应多个记录。在这种情况下，需要改变数据库的设计。

例如，在学生管理系统中，在 course 表中包括多门课程，对于 course 表中的每条记录，在 student 表中可以有多个记录与之对应，同样，每个学生也可以选修多门课程，因此 student 表与 course 表之间存在“多对多”联系。

为了避免数据重复存储，又要保持多对多联系，解决方法是创建第三个表。把多对多的联系分解成两个一对多联系。所创建的第三个表包含两个表的主关键字，在两个表之间起着纽带的作用，称之为“纽带表”。

纽带表不一定需要自己的主关键字，如果需要，应当将它所联系的两个表的主关键字作为组合关键字指定为主关键字。

（3）一对一联系。如果存在一对一联系的表，应考虑一下是否可以把这些字段合并到一个表中。

如果两个表有同样的实体，可在两个表中使用同样的主关键字字段，如 student 表和 Reader 表的主关键字字段都是学号。

如果两个表有不同的实体及不同的主关键字，选择其中一个表，把它的主关键字字段放到另一个表中作为外部关键字字段，以此建立一对一关系。

5. 设计求精

数据库设计在每一个具体阶段的后期都要经过用户确认。如果不能满足应用要求，则要返回到前面一个或几个阶段进行修改和调整。整个设计过程实际上是一个不断返回修改、调整的迭代过程。

通过前面各个步骤确定了所需要的表、字段和联系之后，应该回过头来研究一下设计方案，检查可能存在的缺陷和需要改进的地方，这些缺陷可能会使数据难以使用和维护。需要检查的几个方面如下：

（1）是否遗忘了字段、是否有需要的性质没包括进去。如果它们不属于已创建的表，就需要另外创建一个表。

（2）是否存在大量空白字段。此现象通常意味着这些字段属于另一个表。

（3）是否有包含了同样字段的表。将与同一实体有关的所有信息合并入一个表中，也可能需要另外增加字段。

（4）表中是否带有大量并不属于某实体的字段。例如，一个表中既包含学生信息，又包含有关课程信息的字段。必须修改设计，确保每个表包括的字段只与一个实体有关。

（5）是否在某个表中重复输入了同样的信息。如果是，需要将该表分成两个一对多关系的表。

（6）是否为每个表选择了合适的主关键字。在使用这个主关键字查找具体记录时，它是否很容易记忆和输入。要确保主关键字段的值不会出现重复。

（7）是否有字段很多而记录却很少的表，而且许多记录中的字段值为空。如果有，就要考虑重新设计该表，使它的字段减少，记录增多。

经过反复修改之后，就可以开发数据库应用系统的原型了。

12.2 应用系统开发的步骤

一般来说，一个应用软件的开发过程要经历 6 个阶段：可行性研究、需求分析、系统设计、实现、测试、运行与维护。每个阶段都有明确的任务，并产生一定的文档送给下一个阶段，下一个阶段再在前一个阶段所提供的文档的基础上继续工作，这 6 个阶段相互衔接。

12.2.1 可行性分析阶段

可行性研究的目的就是用最小的代价在尽可能短的时间内确定问题是否能够解决。进行可行性研究的目的不是解决问题，而是确定问题是否值得去解决。怎样达到这个目的呢？一般来说，至少应从以下 3 个方面来研究每种解法的可行性：

（1）技术可行性：利用现有的技术能否实现这个系统。

（2）经济可行性：这个系统的经济效益能否超过它的开发成本。

（3）操作可行性：系统的操作方式在这个用户组织内是否行得通。

分析员应该为每个可行的解法制定一个粗略的实现进度。可行性研究最根本的任务是对以后的行动方针提出建议。

12.2.2 需求分析阶段

当可行性分析得出结论，系统可以进行开发后，开发人员必须首先明确用户的要求，即充分理解用户对软件系统最终能完成的功能及系统可靠性、处理时间、应用范围、简易程序等具体指标的要求，并将用户的要求以书面形式表达出来。因此明确用户的要求是分析阶段的基本任务。用户和软件设计人员都要有代表参加这一阶段的工作，详细地进行分析，经双方充分讨论和酝酿后达成协议，并产生系统说明书。

12.2.3 系统设计阶段

在明确了系统"做什么"之后，接下来就要考虑"怎么做"，设计阶段就是解决这个问题。这个阶段的基本任务就是在系统说明书的基础上建立软件系统的结构，包括数据结构和模块结构，并说明每个模块的输入、输出以及应完成的功能。数据结构说明书给出程序用到的数据结构。

系统设计阶段通常分为以下几个步骤：

（1）数据库设计。

数据库设计就是设计程序所需的数据的类型、格式、长度和组织方式。因为数据库应用系统主要是处理大量的数据，所以数据库设计也上升为一项独立的开发活动，成为数据库应用系统中最受关注的中心问题。数据库设计性能的优劣将直接影响整个数据库应用中数据的一致性、系统的性能和执行效率。

数据库的设计过程如图 12-1 所示。

（2）总体设计。

数据库设计完成后，就可以设计应用程序了。按照传统的软件开发方法，开发一个应用程序应该遵循"分析—设计—编码—测试"的步骤。分析的任务是弄清楚程序"做什么"，即明确程序的需求。设计是为了实现"怎么做"，它可以分为两步：第一步称为概要设计，用于确定程序的总体结构；第二步称为详细设计，目的是决定每个模块的内部逻辑过程。编码阶段的任务是使设计的内容能够通过某种计算机语言在计算机上实现。最后是测试，以保证程序的质量。

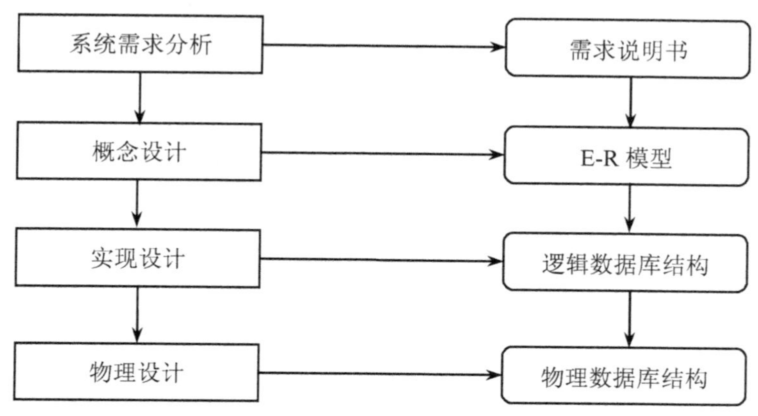

图 12-1 数据库的设计过程和每步产生的文档

12.2.4 实现阶段

实现阶段的任务是将前一阶段的需求和构思用 Windows 下具体的程序来实现，它又可分为以下几个步骤：

（1）菜单设计。

菜单设计的大量工作都在菜单设计器中完成，在那里可创建实际菜单、子菜单和菜单选项，如图 12-2 所示。

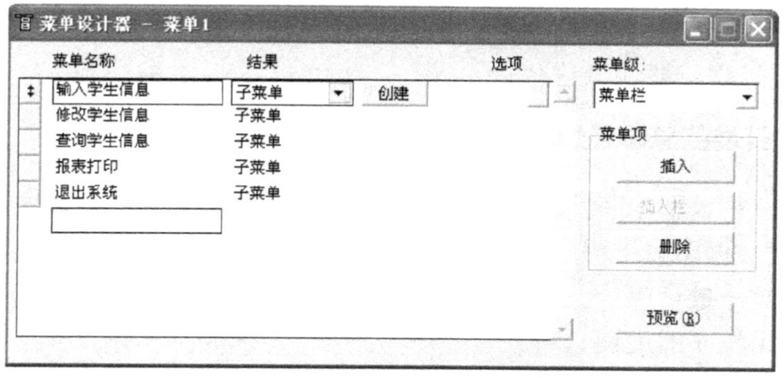

图 12-2 “教务管理系统”菜单项的设计

（2）界面设计。

界面设计即设计用户和系统的输入/输出接口，其主要工作是确定用户需要向系统输入或输出哪些数据，以及用什么方式和格式输入或输出。在设计输入接口时应注意两点：一是良好的输入格式，设计一个清晰直观的输入格式，给用户创造一个良好的工作环境；二是减少数据的重复输入，这样既可提高输入效率，又可避免数据的二义性。

（3）控件属性设计。

这个步骤将设置对象的属性，包括表单和表单中其他控件的属性。属性的设置不仅可以改变一些控件的特征（如标题、字体、字号、背景色等），还可以修改程序的行为。

（4）添加程序代码。

编写 Visual FoxPro 应用程序代码时，必须理解 Visual FoxPro 事件驱动编程模式下的编程方法。在设计一个 Visual FoxPro 程序时，注意力应该集中在程序运行时所发生的事件上。在具体编制某一事件过程的处理代码时，可以应用传统的结构化编程技术，采用顺序、分支、循环和子程序这 4 种结构来实现。

（5）系统安全性设计。

安全性设计要求程序员尽量考虑到系统在运行时可能发生的各种意外情况，包括非法数据的录入、操作错误的发生等。在程序中设置各种错误陷阱，捕获错误信息，并采取相应措施确保程序安全运行，避免程序运行时跳出、死机等现象的发生。

（6）调试程序。

编程阶段的工作结果应该是不含语法错误的程序。为了排除程序的语法错误，当一个程序编写完毕后，应该对它进行测试，即进行编译或运行，以发现程序的语法错误。

12.2.5 测试阶段

测试阶段的主要任务是验证编写的程序是否满足系统的要求，同时发现程序中存在的各种错误并排除这些错误，因此测试的过程也是查找错误和排除错误的过程。测试分为模块测试和联合测试两个阶段，也称为单元测试和集成测试。

12.2.6 运行与维护阶段

软件开发成功以后要投入运行，并应该在运行过程中不断对其进行维护，根据用户的需求进行必要的功能扩充和修改。

以上 6 个阶段是一个软件系统的基本开发过程，每个阶段的工作都直接影响着整个系统的质量。衡量一个系统性能优劣的重要标志是系统工程的可靠性、易维护性、易理解性和运行效率，所以在开发过程中要注意这些。

12.2.7 系统开发的总体规划

Visual FoxPro 是数据库开发软件，学习它的最终目的是开发一个数据库应用系统，下面就来具体介绍开发数据库应用程序的方法和步骤。

1. 系统开发的一般步骤

（1）开发应用程序的过程。

1）设计数据库，主要是确定当前数据库系统的功能需求。

2）创建数据库，主要包括建立表、视图和它们之间的关系。

3）建立用户界面和事物处理文件，包括建立表单、菜单、工具栏、查询、报表等应用文件。

4）测试，用以发现问题，从而回到前几步中进行修正。

5）建立应用程序。

以上各步之间并不是孤立的，在顺序上也没有绝对的先后。

（2）用项目管理器组织应用系统。一个典型的数据库应用程序由数据库结构、用户界面、查询选项和报表等组成。在设计应用程序时，应仔细设计每个组件应提供的功能以及与其他组件之间的关系。此外，还需要提供查询和报表输出功能，允许用户从数据中选取信息，一个简单的应用系统框图如图 12-3 所示。

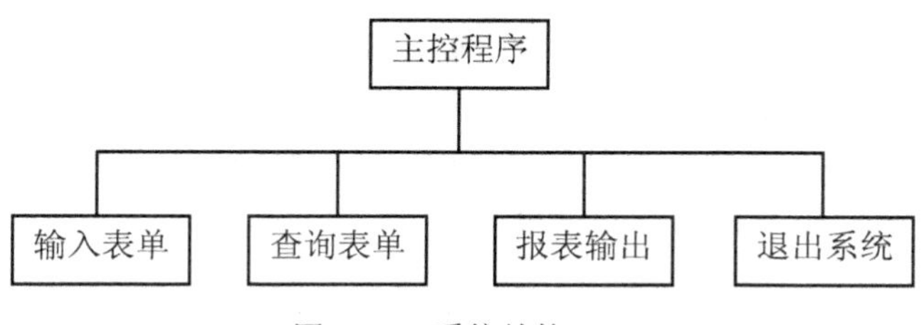

图 12-3 系统结构

使用 Visual FoxPro 6.0 创建面向对象的事件驱动应用程序时，可以每次只建立一部分组件。这种模块化构造应用程序的方法可以使开发者在每完成一个组件后就对其进行检验。完成了所有的功能组件之后，就可以进行应用程序的集成和连编了。

项目管理器是 Visual FoxPro 6.0 开发人员的工作平台。下面以一个简单的“学生管理信息系统”为例来说明应用程序的组织与生成。用项目管理器组织应用系统的步骤如下：

1）创建或打开已有的“教务管理系统”项目。

2）将已经开发好的各个模块或部件通过项目管理器添加到“教务管理系统”项目中。

3）在项目管理器中自下而上地调试各个模块。

（3）加入项目信息。选择“项目”→“项目信息”命令，或者在项目管理器上右击，从弹出的快捷菜单中选择“项目信息”命令，打开如图 12-4 所示的“项目信息”对话框。

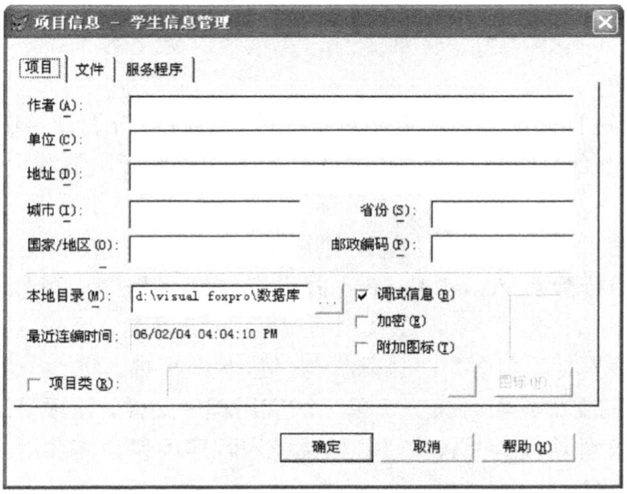

图 12-4 “项目信息”对话框

在“项目”选项卡中可以输入以下信息：

- 开发者的信息，如姓名、地址等。
- 定位项目的主目录。
- 通过复选框选择在应用程序文件中是否包含调试信息。这对程序的调试有很大帮助，但是会增加程序的大小，因此在交付用户之前进行最后连编时应该清除此复选框。
- 是否对应用程序进行加密。Visual FoxPro 6.0 可以对应用程序进行加密，要想对应用程序反求源代码是非常困难的。

- 通过“附加图标”复选框指定是否为生成的文件选择自己的图标。如果选中该复选框，则可以单击“图标”按钮打开对话框，指定当应用程序处于最小化时使用什么图标。

“项目信息”对话框的“文件”选项卡如图 12-5 所示，用户可以一次性查看添加到项目管理器中的所有文件，而且无论文件处在什么位置。文件按文件名的字母顺序排列，单击各个栏目的标题栏可以改变显示的排列方式，如单击“类型”标题栏则按类型排列。设置完成后单击“确定”按钮关闭“项目信息”对话框。

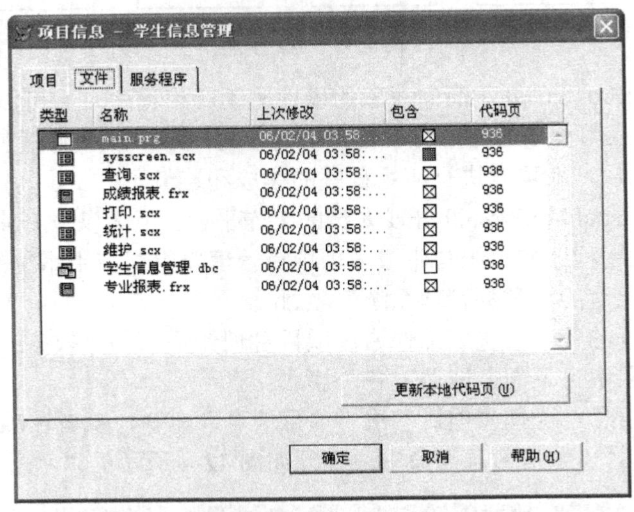

图 12-5 “项目信息”对话框的“文件”选项卡

2. 连编应用程序

对各个模块分别进行调试之后，需要对整个项目进行联合调试并编译，往往利用项目管理器将应用程序的各个部分组织起来，用集成化的方法建立应用系统项目，在 Visual FoxPro 中称为连编项目。

（1）设置文件的“排除”与“包含”。刚刚添加的数据库文件左侧有一个排除符号∅，表示此文件从项目中排除。Visual FoxPro 假设表在应用程序中可以被修改，所以默认为“排除”。

1）文件的“排除”与“包含”。“排除”与“包含”相对。将一个项目编译成一个应用程序时，所有项目包含的文件将组合为一个单一的应用程序文件。在项目连编之后，那些在项目中标记为“包含”的文件将变为只读文件。如果应用程序中包含需要用户修改的文件，则必须将该文件标记为“排除”。

添加到项目中的文件，如表，需要录入数据，即经常会被用户修改。在这种情况下，应该将这些文件添加到项目中，并将文件标记为“排除”。排除文件仍然是应用程序的一部分，因此 Visual FoxPro 仍可跟踪，将它们看成项目的一部分。但是这些文件没有在应用程序的文件中编译，所以用户可以更新它们。

2）将标记为“排除”的文件设置成“包含”的操作。

①在项目管理器中设置：要将标记为“排除”的文件设置成“包含”，应在选定文件之后右击，从弹出的快捷菜单中选择“包含”命令，如图 12-6 所示。

②在主菜单的“项目”下拉菜单中也可以进行同样的操作。反之，选定没有排除符号的

文件，快捷菜单中将出现“排除”命令。

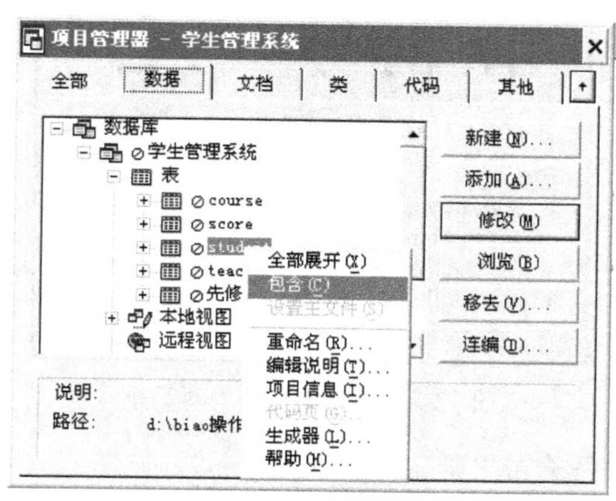

图 12-6 设置为包含

③在“项目信息”对话框的“文件”选项卡中设置：单击选定文件“包含”栏中的标记，带×的表示包含，空的表示排除。

（2）设置主程序。主程序是整个应用程序的入口点，主程序的任务是设置应用程序的起始点、初始化环境、显示初始的用户界面、控制事件循环，当退出应用程序时，恢复原始的开发环境。

当用户运行应用程序时，将首先启动主程序文件，然后主文件再依次调用所需要的应用程序及其他组件。所有应用程序必须包含一个主程序文件。

设置主程序的方法有以下两种：

- 在项目管理器中选中要设置的主程序文件，从“项目”菜单或快捷菜单中选择“设置主文件”选项。由于项目管理器将应用程序的主文件自动设置为“包含”，在编译完应用程序之后，该文件作为只读文件处理。
- 在“项目信息”对话框的“文件”选项卡中选中要设置的主程序文件后右击，在弹出的快捷菜单中选择“设置主文件”命令。在这种情况下，只有把文件设置为“包含”之后才会激活“设置主文件”选项。

（3）连编项目。对项目进行测试的目的是对程序中的引用进行校验，同时检查所有的程序组件是否可用。通过重新连编项目 Visual FoxPro 会分析文件夹的引用，然后重新编译过期的文件。

连编项目是让 Visual FoxPro 系统对项目的整体性进行测试的方法，此过程的最终结果是将所有在项目中引用的文件，除了那些标记为排除的文件以外，合成为一个应用程序文件。最后需要将程序软件、数据文件以及其他排除的项目文件一起交给最终用户使用。

在项目管理器中进行项目连编的具体步骤如下：

1）选中设置为主程序的文件，单击“连编”按钮，弹出“连编选项”对话框，如图 12-7 所示。

2）选中“重新连编项目”单选按钮。如果选择“显示错误”复选框，可以立刻查看错误文件。这些错误收集在当前目录的一个<项目名称>.exe 文件中，编译错误的数量显示在状态栏中。如果没有选择“重新编译全部文件”复选框，只会重新编译上次连编后修改过的文件。当向项目中添加组件后，应该重复此项目的连编。

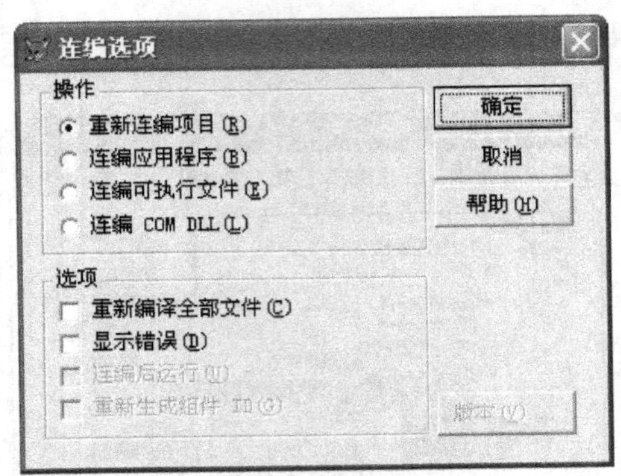

图 12-7 “连编选项”对话框

3）选择了所需的选项后单击“确定”按钮。

注意：该操作等同于通过命令窗口执行 BUILD PROJECT<项目名>命令。

如果在项目连编过程中发生错误，必须修正或排除错误，并且应反复进行“重新连编项目”，直至连编成功。

（4）连编应用程序。连编项目获得成功之后，在建立应用程序之前应该先运行该项目。可以在项目管理器中选中主程序，然后单击“运行”按钮；或者在“命令”窗口中执行带有主程序名字的 DO 命令，如 DO main.prg。

如果程序运行正确，则最终连编结果有以下两种文件形式：

- 应用程序文件（.app）：需要在 Visual FoxPro 环境下运行。
- 可执行文件（.exe）：可以在 Windows 环境下直接运行。

连编应用程序的操作步骤如下：

1）在项目管理器中，单击“连编”按钮。

2）如果在“连编选项”对话框中选择“连编应用程序”单选按钮，则生成一个.app 文件；如果选择“连编可执行文件”单选按钮，则生成一个.exe 文件。

3）选择所需要的其他选项并单击“确定”按钮。

连编应用程序的命令是 build app 或 build exe。

例如，要从项目“学生管理系统.pjx”连编一个应用程序“教务管理系统.app”，应在命令窗口中输入：

```
Build app 学生管理系统 from 教务管理系统
```

或

```
Build exe 学生管理系统 from 教务管理系统
```

（5）运行应用程序。

1）运行.app 应用程序。运行.app 文件首先需要启动 Visual FoxPro 6.0，然后选择“程序”→“运行”命令，选择要执行的应用程序；或者在“命令”窗口中输入 DO 和应用程序文件名。

2）运行可执行.exe 文件。生成的.exe 应用程序文件既可以像步骤 1）一样在 Visual FoxPro 6.0 中运行，也可以在 Windows 中双击该.exe 文件的图标运行。

12.3　数据库应用系统开发

12.3.1　"教务管理系统"功能分析

教务管理系统的主要功能是：可以录入编辑学生信息及成绩信息；可实现学生选修的课程设计、成绩统计；各类检索信息的显示和打印。系统功能描述如图 12-8 所示。

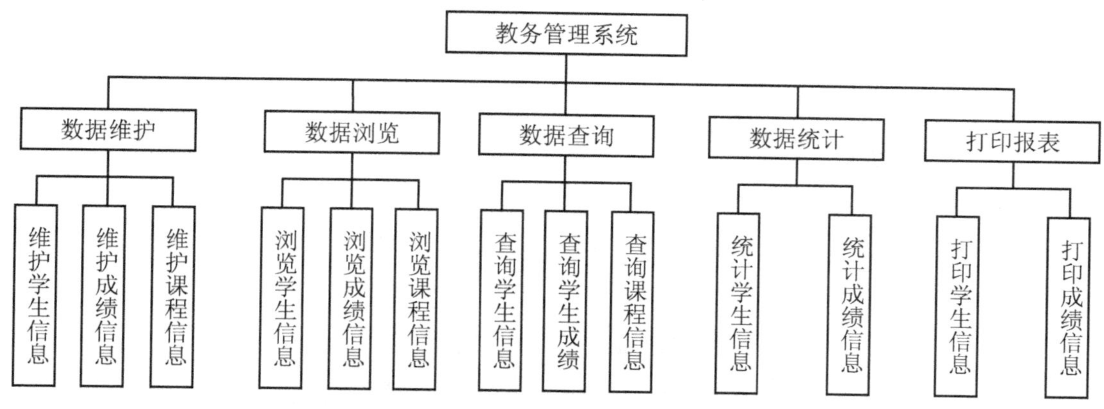

图 12-8　教务管理系统结构

12.3.2　系统结构

1. *数据库结构*

数据库：教务管理.dbc

表：student.dbf(按学号主索引)

　　score.dbf(学号普通索引,课程号普通索引)

　　course.dbf (按课程编号主索引,教师编号普通索引)

　　teacher.dbf(按教师编号主索引)

2. *表单*

系统登录表单：start.scx

主表单：main_form.scx

数据维护表单：

　　维护学生信息表单：edit_stu.scx

　　维护成绩信息表单：edit_score.scx

　　维护课程信息表单：edit_course.scx

　　维护教师信息表单：edit_teacher.scx

数据浏览表单：

　　浏览学生信息表单：browse_stu.scx

　　浏览成绩信息表单：browse_score.scx

　　浏览课程信息表单：browse_course.scx

　　浏览教师信息表单：browse_ teacher.scx

数据查询表单：

查询学生信息表单：search_stu.scx

查询成绩信息表单：search_score.scx

查询课程信息表单：search_course.scx

查询教师信息表单：search_ teacher.scx

3. 菜单和报表

菜单：主菜单 main.mnx

报表：教务信息报表 report_JW.frx

4. 主程序

主程序：Main.prg

12.3.3 部分程序模块的实现

1. 登录表单

登录表单的界面如图 12-9 所示，主要功能是用户身份验证，只有提供正确的用户名和密码才能进入此系统。

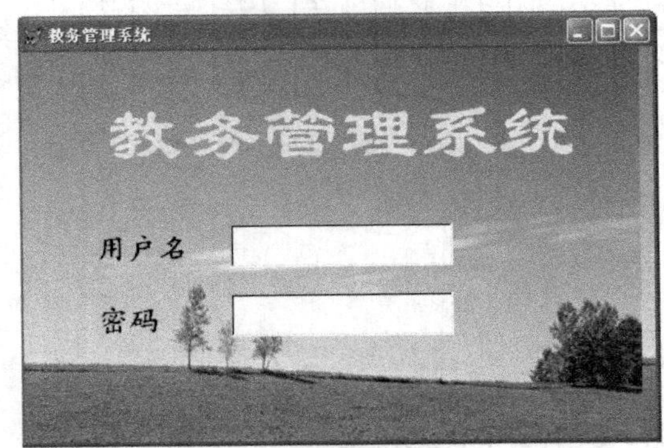

图 12-9 登录表单

2. 主表单

主表单 main_form 是系统工作界面，它被登录表单调用并为菜单 main.mnx，如图 12-10 所示。

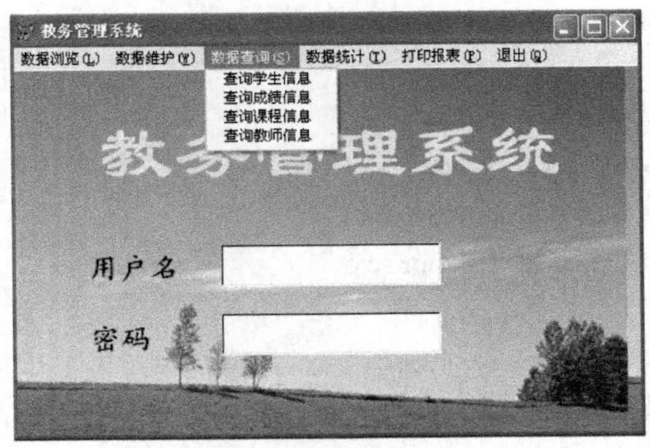

图 12-10 系统主菜单

（1）设置表单的属性。

Caption：教务管理系统

Name：form1

Autocenter：.T.

ShowWindow：2-作为顶层表单

AlwaysOnTop：.T.

（2）主表单的 Load 事件代码。

```
Do main1.mpr with this
```

3. *数据维护表单*

实现数据维护功能包括 3 个表单：维护学生信息表单、维护成绩信息表单和维护课程信息表单，这 3 个表单实现方法类似。下面介绍维护学生信息表单 edit_stu.scx 的实现，表单的运行结果如图 12-11 所示。

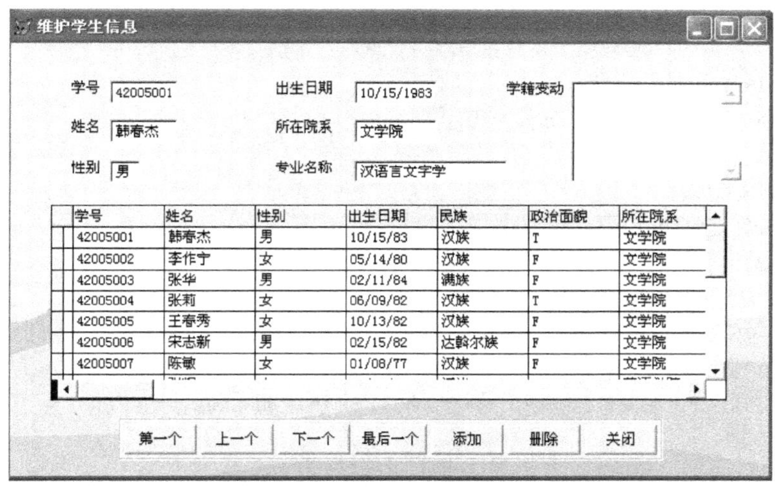

图 12-11　维护学生信息表单

（1）创建表单。新建表单，打开“表单设计器”窗口，设置表单的 Caption 属性为“维护学生信息”。

（2）设置数据环境。将“教务管理”数据库中的 student 表添加到“数据环境设计器”中。在“数据环境设计器”中选中 student 表，在“属性”窗口中设置 Exclusive 属性为.T.，设置 student 表以独占方式打开。

（3）将“数据环境设计器”中 student 表的各字段拖动到表单上，再把整个 student 表拖动到表单上，生成表格控件 grd student；设置表格控件 grd student 的 DeleteMark 属性为.F.；指定在表格控件中不显示删除标记列。

（4）添加控件和设置属性。在表单上添加一个命令按钮组控件 Commandgroup1，并设置其 ButtonCount 属性为 7，在该命令按钮组 Commandgroup1 上右击，在弹出的快捷菜单中选择“编辑”命令，此时可以逐个编辑 Commandgroup1 中的每个命令按钮并修改其属性。

（5）编写程序代码。

表单的 Load 事件代码：

```
SET DELETED ON
```

“第一个”按钮的 Click 事件代码：

```
GO TOP
ThisForm.Refresh
```

“上一个”按钮的 Click 事件代码：

```
SKIP-1
IF BOF()
GO TOP
MESSAGEBOX("已经是第一条记录",64,"提示")
ENDIF
ThisForm.Refresh
```

“下一个”按钮的 Click 事件代码：

```
SKIP 1
IF EOF()
GO BOTTOM
MESSAGEBOX("已经是最后一条记录",64,"提示")
ENDIF
ThisForm.Refresh
```

“最后一个”按钮的 Click 事件代码：

```
GO BOTTOM
ThisForm.Refresh
```

“添加”按钮的 Click 事件代码：

```
APPEND BLANK
ThisForm.txt 学号.SetFocus
ThisForm.Refresh
```

“删除”按钮的 Click 事件代码：

```
Yn=MESSAGEBOX（"确实要删除该记录？",4+32+256,"删除确认"）
IF yn=6
DELETE
SKIP
IF EOF()
GO BOTTOM
ENDIF
ENDIF
ThisForm.Refresh
```

在“删除”按钮的 Click 事件代码中，MESSAGEBOX 中第二个参数中的 4 代表信息提示框中包含两个按钮“是”和“否”，32 代表对话框图标为问号，256 表示光标将默认停留在第二个按钮上。

“关闭”按钮的 Click 事件代码：

```
PACK
ThisForm.Refresh
```

表格 grd socre 的 AfterRowColChange 事件代码，添加以下语句：

```
ThisForm.Refresh
```

表单的 Unload 事件代码，关闭数据库：

```
CLOSE DATABASE ALL
```

（6）保存表单 edit_stu.scx 并运行。

4. 数据浏览表单

实现数据浏览功能包括 4 个表单：浏览学生信息表单、浏览成绩信息表单、浏览课程信息表单和浏览教师信息表单。其中，浏览成绩信息表单为 browse_score.scx。

下面介绍浏览学生信息表单 browse_stu.scx 的实现，运行结果如图 12-12 所示。

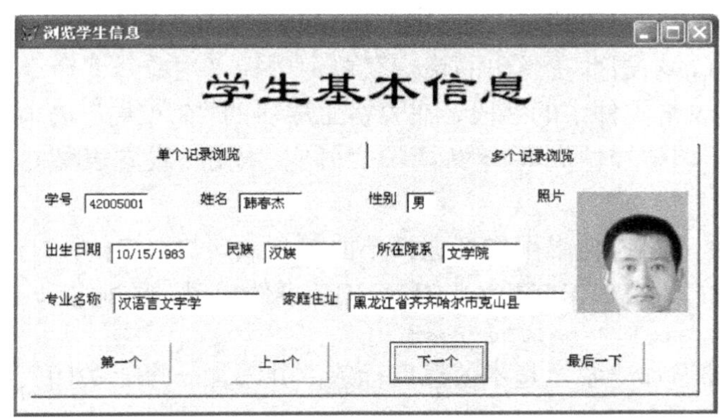

图 12-12 学生基本信息表单

（1）创建表单。新建表单，打开“表单设计器”窗口，设置表单的 Caption 属性为“浏览学生信息”。

（2）设置数据环境。将“成绩管理”数据库中的 student 表添加到“数据环境设计器”中。在“数据环境设计器”中选中 student 表，在“属性”窗口中设置 EXCLUSIVE 属性为.T.，设置 student 表以独占方式打开。

（3）在表单上添加一个页框控件 PAGEFRAME1，并设置其 PAGECOUNT 属性为 2，表示页框包含两个页 PAGE1 和 PAGE2。右击页框控件，在弹出的快捷菜单中选择“编辑”命令，页框的周围出现淡绿色边界，此时可以编辑页面 PAGE1 或 PAGE2。

（4）将 PAGE1 的 Caption 属性设置为“单记录浏览”。打开“数据环境设计器”窗口，将 student 表的各个字段拖到 PAGE1 上，并设置所有文本框及复选框的 READONLY 属性为.T.，然后再添加 4 个命令按钮，标题分别是“第一个”、“上一个”、“下一个”、“最后一个”。

（5）编写程序代码。

“第一个”按钮的 Click 事件代码：

```
GO TOP
ThisForm.Refresh
```

“上一个”按钮的 Click 事件代码：

```
SKIP-1
IF BOF()
GO TOP
MESSAGEBOX("已经是第一条记录",64,"提示")
ENDIF
This.parent.Refresh
```

“下一个”按钮的 Click 事件代码：

```
SKIP 1
IF EOF()
GO BOTTOM
MESSAGEBOX("已经是最后一条记录",64,"提示")
```

```
ENDIF
Thisform.pageframe1.Refresh
```

“最后一个”按钮的 Click 事件代码：

```
GO BOTTOM
This.parent.Refresh
```

（6）编辑页面 PAGE2，设置 PAGE2 的 Caption 属性为“多记录浏览”。在 PAGE2 上添加一个表格控件 GRID1，右击并在弹出的快捷菜单中选择“生成器”命令，在“表格生成器”中选择表和要添加到表格控件中的字段，在表格生成器的“3.布局”选项卡中设置表格中每一列的标题，调整列宽，调整控件类型，然后单击“确定”按钮。设置表格 GRID1 的 READONLY 属性为.T.。

（7）如果希望在表格控件中用鼠标选择不同的记录时 PAGE1 中的记录与 PAGE2 一致，则可以设置表格控件的 AFTERROWCOLCHANGE 事件代码，添加以下语句：

```
Thisform.Pageframe1.Page1.Refresh
```

（8）在表单上部添加“学生基本信息”标签，并添加一个“关闭”按钮，其 Click 事件代码为：

```
Thisform.release
```

（9）保存表单 browse_stu.scx，运行结果如图 12-13 所示。

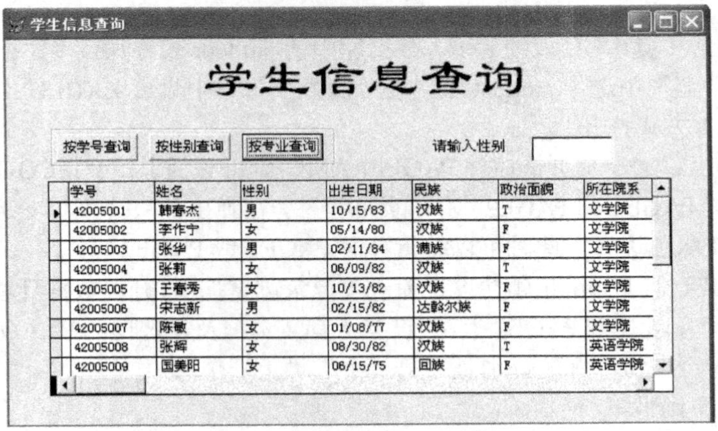
学生信息查询
学生信息查询
按学号查询
按性别查询
按专业查询
请输入性别
学号
姓名
性别
出生日期
民族
政治面貌
所在院系
42005001 韩春杰 男 10/15/83 汉族 T 文学院
42005002 李作宁 女 05/14/80 汉族 F 文学院
42005003 张华 男 02/11/84 满族 F 文学院
42005004 张莉 女 06/09/82 汉族 T 文学院
42005005 王春秀 女 10/13/82 汉族 F 文学院
42005006 宋志新 男 02/15/82 达斡尔族 F 文学院
42005007 陈敏 女 01/08/77 汉族 F 文学院
42005008 张辉 女 08/30/82 汉族 T 英语学院
42005009 国美阳 女 06/15/75 回族 F 英语学院

图 12-13　学生信息查询表单

5. 数据查询表单

下面介绍学生信息表单 search_stu.scx 的实现过程，运行结果如图 12-13 所示。

（1）创建表单。打开“表单设计器”窗口，设置表单的 Caption 属性为“学生信息查询”。

（2）设置数据环境。将 student 表添加到“数据环境设计器”中。

（3）将“数据环境设计器”中的 student 表拖动到表单上，生成表格控件 grd student，设置其 ReadOnly 属性为.T.。

（4）在表单上添加一个选项按钮组控件 OptionGroup1 并打开生成器，设置按钮数目为 3，按钮标题分别为“按学号查询”、“按性别查询”、“按专业查询”，设置按钮显示为“图形方式”，按钮布局为“水平”，单击“确定”按钮，则在表单上创建了选项按钮组。

（5）在表单上添加一个标签 Label1 和一个文本框 Text1.Label1，设置 Caption 属性为“请输入性别”，Text1 用于接收用户的收入。

（6）编写程序代码。选项按钮组 OptionGroup1 的 Click 事件代码（根据用户选择按钮的不同，在标签 Label2 上显示相应的信息提示用户输入查询条件）：

```
DO CASE
CASE Thisform.optiongroup1.value=1
 Thisfrom.label2.caption="请输入学号："
CASE Thisform.optiongroup1.value=2
Thisfrom.label2.caption="请输入性别："
CASE Thisform.optiongroup1.value=3
Thisfrom.label2.caption="请输入专业："
ENDCASE
Thisform.text1.value=""
Thisform.text1.setfocus
Thisform.refresh
```

文本框 Text1 的 InteractiveChange 事件代码（根据用户输入的查询条件查询记录并显示在表格中，当用户使用键盘或鼠标更改控件的值时发生该事件）：

```
DO CASE
CASE Thisform.optiongroup1.value=1
Set filter to 学号=alltrim(thisform.text1.value)
CASE Thisform.optiongroup1.value=2
Set filter to 性别=alltrim(thisform.text1.value)
CASE Thisform.optiongroup1.value=3
Set filter to 专业=alltrim(thisform.text1.value)
ENDCASE
Thisform.refresh
```

（7）在表单中部添加“学生信息查询”标签，并添加一个“关闭”按钮，其 Click 事件代码为：

```
Thisform.release
```

（8）保存表单，文件名为 search_stu.scx，运行表单。

6. 数据统计表单

实现数据统计功能包括两个表单：统计学生信息表单和统计成绩信息表单，这里不作详细介绍。

7. 主菜单

主菜单 main.mnx 利用菜单设计器实现，并向各子菜单添加调用模块程序，完成后重新生成菜单程序 main.mpr。

8. 报表

学生信息报表的实现。

9. 主程序

主程序文件 main.prg 是整个应用程序的入口，程序代码为：

```
DO SETUP.PRG
DO FORM start.scx
READ EVENTS
```

（1）主程序 main.prg 中调用的 setup.prg 程序文件用来初始化系统环境，程序代码为：

```
SET TALK OFF
SET SAFETY OFF
```

```
SET DEFAULT TO F:/XSGLXT
SET CENTURY ON
SET DATE TO YMD
CLEAR WINDOWS
CLEAR ALL
```

（2）表单 start.scx 是系统登录表单，在主程序 main.prg 中被调用，该表单为 main_form.scx。

（3）READ EVENTS 命令的功能是建立事件循环，该命令使 Visual FoxPro 开始处理鼠标单击、按键等用户事件。为了保证应用程序可以正确地连编成可执行文件，该命令是必需的，一般在一个初始化过程中 READ EVENTS 命令作为最后一条命令。

（4）通过 READ EVENTS 命令启动事件循环后，必须保证在系统界面上存放一个可以执行结束事件循环 CLEAR EVENTS 命令的机制，否则系统将无法退出。在本系统中，结束事件循环的机制在主菜单 main1.mnx 的“退出”菜单项中实现，该菜单的过程为：

```
DO CLEANUP.PRG
```

其中，cleanup.prg 程序文件用来恢复系统环境设置并且结束事件循环，程序代码为：

```
SET SYSMENU TO DEFAULT
SET TALK ON
SET SAFETY ON
CLOSE ALL
CLEAR ALL
CLEAR WINDOWS
CLEAR EVENTS
CANCEL
```

12.3.4 构造“教务管理系统”项目

完成系统各模块的设计后，可以使用项目管理器创建“教务管理系统”项目，构成一个完整的项目体系，最后连编成应用程序。

（1）建立“教务管理系统”项目。

（2）将数据添加到“教务管理系统”项目中。

（3）将表单文档添加到“教务管理系统”项目中。

（4）将报表和菜单添加到“教务管理系统”项目中。

（5）将程序添加到“教务管理系统”项目中，并设置主文件。

（6）设置项目信息。

（7）项目连编测试。

（8）连编应用程序。

12.4 应用系统的集成与发布

在前面我们已经学习了构造应用程序所需要的所有要素，利用这些要素条件就可以利用 Visual FoxPro 提供的强大的向导功能十分方便地建立应用程序的框架，并为这个框架创建需要的界面和数据，最后将整个应用程序编译和集成，从而形成最终的程序。在编译和创建过程中，用户的每一个组件都需要进行严格的测试和调试，从而保证程序运行的正确性。

12.4.1　主程序的设计

每一个应用程序都需要设置一个主文件作为应用程序的起始点，这个主文件可以是一个程序或一个表单等。最常见的是用一个主程序去调用程序框架的各部分组件，从而实现对整个应用程序的控制。

设计启动主程序的基本思想是将启动程序分成如下 4 块：

（1）初始化部分。

初始化部分可分为存储各种环境变量、设置当前应用系统的环境变量、声明所有的全局变量、设置登录部分以及安排口令等。

（2）显示初始的用户界面。

初始的用户界面可以是菜单或表单。在初始用户界面之前可以显示应用系统欢迎界面及系统信息等。通常是使用 DO 命令运行一个菜单程序，或使用 DO FORM 命令运行一个表单显示用户的初始界面。

（3）控制事件的循环。

命令：READ EVENTS

功能：开始事件循环，等待用户操作。

说明：该命令用来启动所有已定义的控件，并开始处理事件，以取代以前的命令@…GET。程序中使用 READ EVENTS 就像一个死循环，一直等待用户的操作，直到接到 CLEAR EVENTS 命令为止。

（4）现场恢复部分。

命令：CLEAR EVENTS

功能：恢复初始环境以前的环境。

说明：必须在应用系统中用 CLEAR EVENTS 命令来结束事件循环，使得 Visual FoxPro 能执行 READ EVENTS 后面的命令。

12.4.2　项目集成

Visual FoxPro 的应用向导为建立一个应用程序框架提供了强有力的工具，通过它可以方便地建立一个包括项目文件、数据库、报表和表单的应用程序。通过运行应用程序向导，可以建立一个完整的应用程序框架，然后做必要的修改进行客户化的工作。

完整的应用程序向导通常包括以下几部分：

- 选定项目位置。
- 选择数据库。
- 选择文档。
- 定制菜单。
- 完成。

用向导建立并编译应用程序的操作步骤如下：

（1）选择“工具”→“向导”→“全部”命令，弹出“向导选取”对话框，然后选择“应用程序向导”，单击“确定”按钮，如图 12-14 所示。

（2）确定项目位置和项目名称。在如图 12-15 所示的对话框中，为新项目文件起名，并可通过“浏览”按钮确定新项目文件的位置。

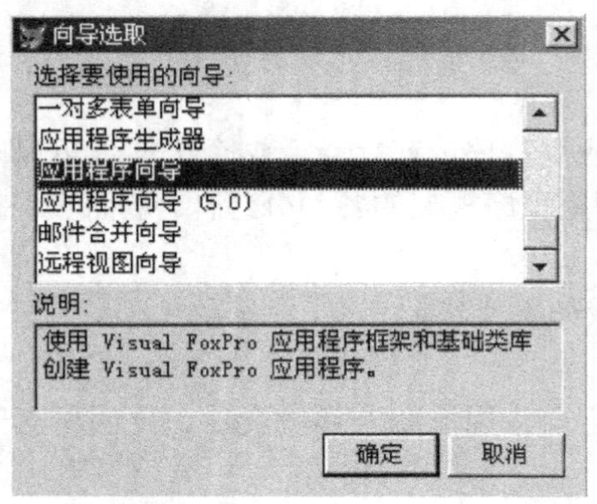

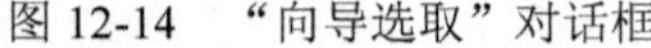
图 12-14 “向导选取”对话框

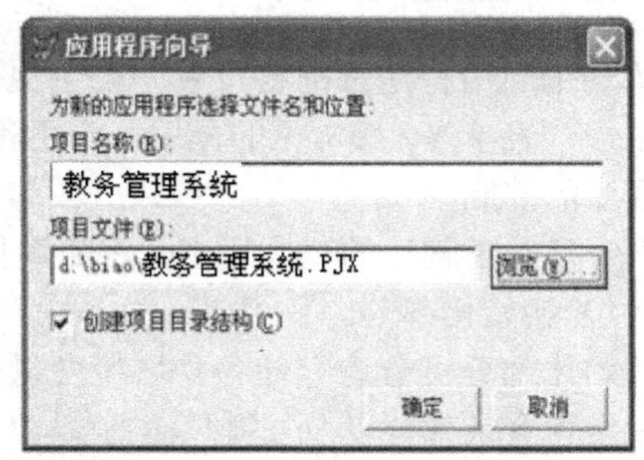

图 12-15 选择项目位置和项目名称

（3）在“数据”选项卡中添加数据库、自由表、查询等，在“文档”选项卡中添加表单，在“其他”选项卡中添加菜单。将本项目所需的所有文件分门别类地加入到项目管理器中。

（4）连编，即将应用系统制作成一种产品。单击“连编”按钮，出现如图 12-16 所示的“连编选项”对话框。

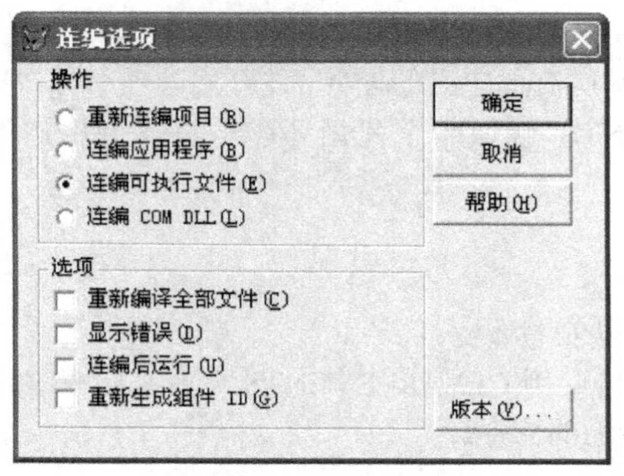

图 12-16 “连编选项”对话框

重新连编项目：该选项对应于 BUILD PROJECT 命令，重新编译整个项目。

连编应用程序：该选项对应于 BUILD APP 命令，建立一个.APP 的应用程序，这种程序的执行不能离开 Visual FoxPro 系统环境。

连编可执行文件：该选项对应于 BUILD EXE 命令建立一个.EXE 可执行文件。若选择“连编可执行文件”，系统将生成该应用程序的可执行文件，该程序可以离开 Visual FoxPro 系统环境执行。

连编 COM DLL：创建动态链接库。

“选项”区中的复选框可以根据实际情况进行选择。

（5）运行可执行文件：若开始时没有将所有文件加入项目，只要将主要文件加入，连编时就会把被调用的相关的表单、菜单、报表文件自动加入到项目中。

12.4.3 应用程序的发布

完成应用程序的开发之后，即可准备发布该应用程序。发布应用程序的方法是包含所有需要的文件并创建发布磁盘。利用 Visual FoxPro 提供的“安装向导”可以轻而易举地生成安装程序并发布磁盘。

在发布应用程序之前，需要将所有应用程序和支持文件复制到一个目录下面，这个目录就称为发布树。发布树用来存放用户运行时需要的全部文件，在创建发布磁盘之前，应将一些必要的系统支持文件拷贝到该目录中，包括：

- Visual FoxPro 运行时支持库 Vfp6r.dll。
- 特定地区资源文件：Vfp6rchs.dll（中文版）和 Vfp6renu.dll（英文版），这些文件都在 Windows 的系统目录下，需要拷贝到发布树中。

下面以学生学籍管理系统的发布为例介绍 Visual FoxPro 应用程序的发布。

例 12.1　“教务管理系统”的发布。

操作步骤：

（1）建立发布树（目录），发布树用来存放用户运行时需要的全部文件。这里建立一个发布目录 c:\jwfb，将一些必要的文件拷贝到该目录中。用户需要的文件包括：

- 项目连编以后的.exe 程序。
- 连编时未自动增入项目的文件，如表文件（.dbf 和.fpt）、数据库文件（.dbc 和.dct）及索引文件（.idx 和.cdx）都需要拷贝到发布树下。
- Visual FoxPro 支持库 Vfp6r.dll。
- 特定地区资源文件：Vfp6rchs.dll（中文版）和 Vfp6renu.dll（英文版），这些文件都在 Windows 的系统目录下，需要拷贝到发布树中。

（2）单击“工具”→“向导”→“安装”命令进入安装向导。

（3）安装向导步骤 1：定位文件。单击“发布树目录”文本框右侧的按钮，在弹出的“选择目录”对话框中选择 c:\jwfb 目录，单击“下一步”按钮，如图 12-17 所示。

（4）安装向导步骤 2：指定组件。要求指定必须包含的系统文件，这里选定“Visual FoxPro 运行时刻组件”复选框，单击“下一步”按钮，如图 12-18 所示。

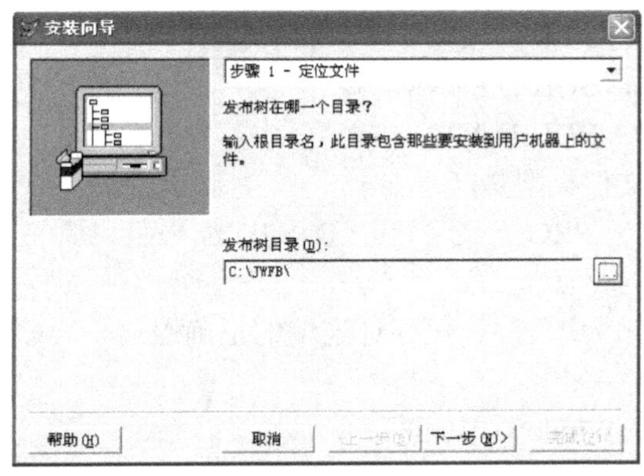

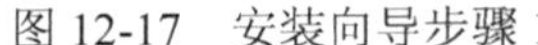
图 12-17　安装向导步骤 1

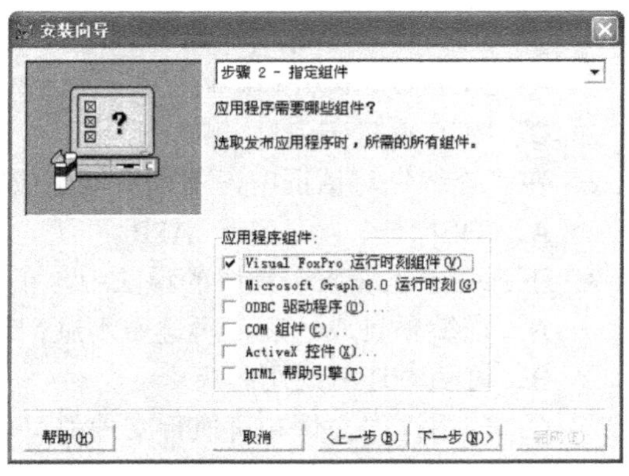

图 12-18　安装向导步骤 2

（5）安装向导步骤 3：磁盘映像。磁盘映像有两个含义：一是在软件发布整理过程中将结果存放在何处，需要给出一个目录的名称，在这里选择 d:\jwfb 文件夹；二是选择介质，完成选择后单击“下一步”按钮，如图 12-19 所示。

（6）安装向导步骤 4：安装选项。在“安装对话框标题”文本框中输入“工资管理系统”，执行程序“c:\jwfb\教务管理系统.exe”，如图 12-20 所示。

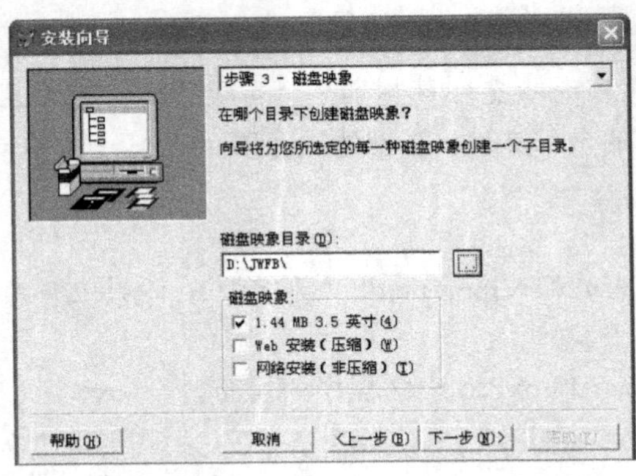

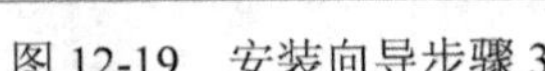
图 12-19　安装向导步骤 3

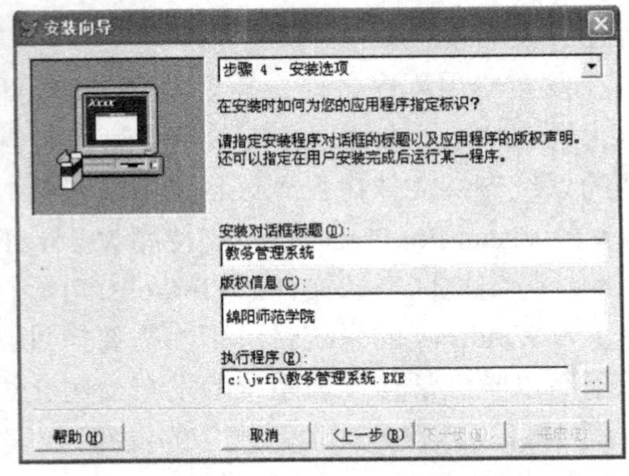

图 12-20　安装向导步骤 4

（7）上面是几个主要的安装步骤，下面的几个步骤是可选的，也可跳过，最后在“完成”对话框中单击“完成”按钮即可压缩整理程序。

（8）经过上面的步骤，磁盘映像即可复制到磁盘上，就在 D:\JWFB 目录中建立了磁盘映像，在其中的 DISK144 目录下还有 DISK1～DISK7 七个子目录，供用户复制 7 张软件发布盘，将每一个子目录的全部文件复制到一张磁盘中。

经过上述步骤建立的磁盘映像可以复制一套又一套的软件发布盘。在发布盘 DISK1 中有一个 SETUP.EXE，只要在 Windows 系统中运行该文件，就可以一步一步地进行应用程序的安装。

习题十二

一、选择题

1．下列命令中，不能用作连编命令的是（　　）。

A．BUILD PROJECT　　B．BUILD FORM

C．BUILD EXE　　D．BUILD APP

2．在“连编”对话框中，下列不能生成的文件类型是（　　）。

A．.DLL　　B．.APP　　C．.PRG　　D．.EXE

3．下列关于连编应用程序的说法中，正确的是（　　）。

A．连编项目成功后，再进一步进行连编应用程序，可保证连编的正确性

B．可随时连编应用程序

C．应用程序文件和可执行文件都可以在 Windows 中运行

D．应用程序文件和可执行文件都必须在 Visual FoxPro 中运行

二、填空题

1．要从项目“学生项目”连编得到一个名为“学生档案管理”的可执行文件，可以在命令窗口中输入命令 BUILD________FROM________。

2．连编应用程序时，如果选择连编生成可执行程序，则生成的文件扩展名是________。

第 13 章　软件技术基础

知识结构图

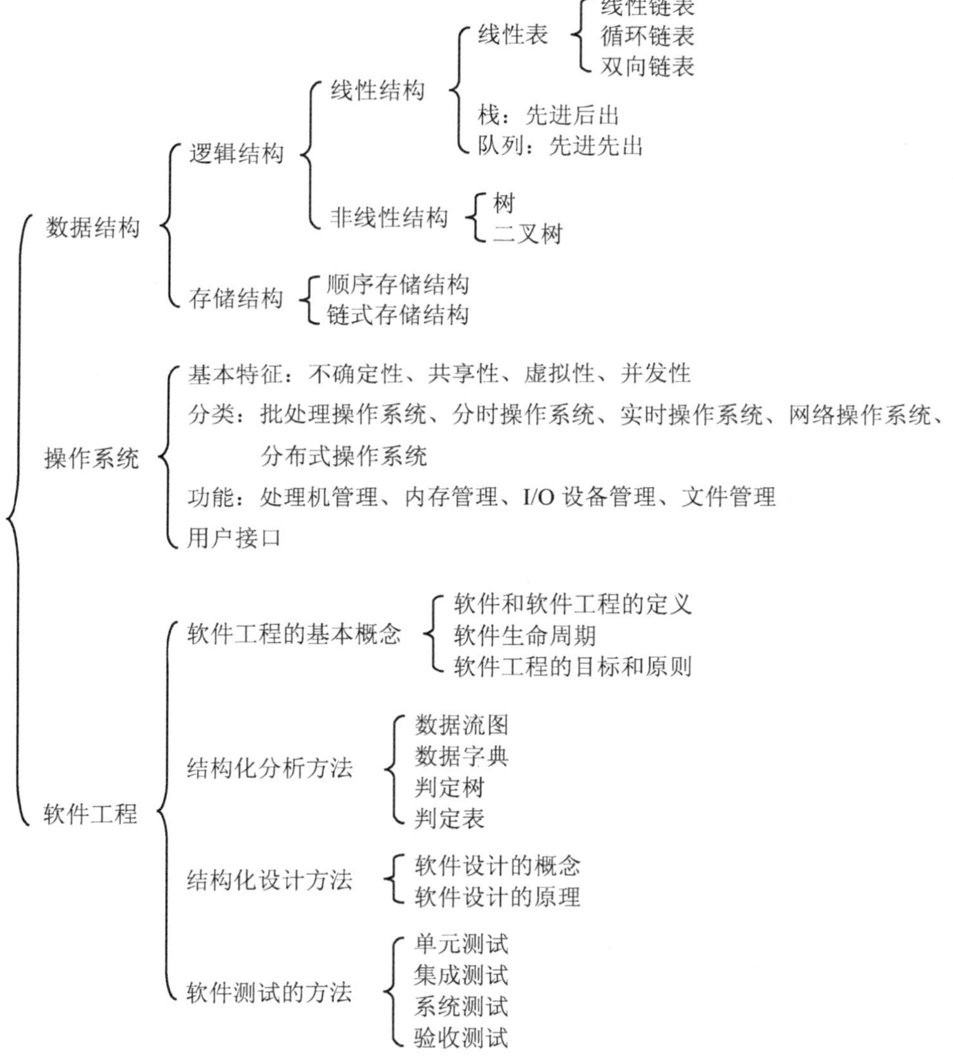

软件技术就是研究软件工程的技术实现问题，而软件的实现需要把软件设计的结果转换成用某种程序设计语言编写的源代码。由此可见，作为一个软件工程师，不仅要掌握编写软件源代码的程序设计语言，还要全面掌握软件技术知识。

本章将介绍软件技术的三大内容：数据结构、操作系统和软件工程。

13.1 数据结构

在计算机系统软件和应用软件中都要用到各种数据结构，因此要进行高质量的程序设计和软件开发，仅掌握几种计算机语言而缺乏数据结构方面的知识是不行的，难以应付各种复杂的问题。

现实世界的事物及其相互关系是十分复杂的，数据元素之间的相互关系往往无法用数学方程式来进行描述。因此，解决此类问题的关键已不再是数学分析和计算方法，更重要的是设计出合适的数据结构，才能有效地解决问题。为了能够用计算机分析、解决各种各样的问题，就必须研究客观事物以及它们的逻辑联系在计算机内的表达、存储的模型，研究建立在这个模型之上的相应运算、处理的实现。

13.1.1 数据结构概述

数据是描述客观事物并能为计算机加工处理的符号的集合。数据元素是数据的基本单位，即数据集合中的个体。有些情况下也把数据元素称为节点、记录等。一个数据元素可由一个或多个数据项组成。数据项是有独立含义的数据最小单位，有时也把数据项称为域、字段等。

数据结构是指数据元素的组织形式和相互关系。数据结构一般包括以下三方面内容：

（1）数据的逻辑结构。

数据的逻辑结构从逻辑上抽象地反映数据元素间的结构关系，它与数据在计算机中的存储表示方式无关。因此，数据的逻辑结构可以看做是从具体问题抽象出来的数学模型。

数据的逻辑结构有两大类：

- 线性结构：线性结构的逻辑特征是有且仅有一个始端节点和一个终端节点，并且除两个端点节点外的所有节点都有且仅有一个前趋节点和一个后继节点。线性表、堆栈、队列、数组、串等都是线性结构。
- 非线性结构：非线性结构的逻辑特征是一个节点可以有多个前趋节点和后继节点。如树形结构、图等是非线性结构。

（2）数据的物理结构。

数据的物理结构是逻辑结构在计算机存储器里的映像，也称为存储结构。

数据的存储结构可用以下 4 种基本存储方法体现：

- 顺序存储方法：把逻辑上相邻的节点存储在物理位置上相邻的存储单元里，节点之间的逻辑关系由存储单元的邻接关系来体现，由此得到的存储结构称为顺序存储结构。
- 链式存储方法：不要求逻辑上相邻的节点在物理位置上也相邻，节点之间的逻辑关系是由附加的指针字段表示的，由此得到的存储结构称为链式存储结构。
- 索引存储方法：在存储节点信息的同时，还建立附加的索引表。索引表中的每一项称为索引项。索引项由关键字和地址组成，关键字是能唯一标识一个节点的那些数据项，而地址一般是指示节点所在存储位置的记录号。
- 散列存储方法：根据节点的关键字直接计算出该节点的存储地址。

用不同的存储方法对同一种逻辑结构进行存储映像，可以得到不同的存储结构。4 种基本的存储方法也可以组合起来对数据逻辑结构进行存储映像。

（3）数据的运算。

数据的运算是指对数据施加的操作。虽然它是定义在数据的逻辑结构上的，但运算的具体实现要在物理结构上进行。数据的每种逻辑结构都有一个运算的集合，常用的运算有检索、插入、删除、更新、排序等。

下面着重介绍一下算法。

（1）算法的特点。

因为数据的运算是通过算法描述的，所以算法分析是数据结构中重要的内容之一。通俗地讲，一个算法就是一种解题的方法。算法具有以下特点：

- 有穷性：一个算法的执行步骤必须是有限的。
- 确定性：算法中的每一个操作步骤的含义必须明确。
- 可行性：算法中的每一个操作步骤都是可以执行的。
- 输入：一个算法一般都要求有一个或多个输入量（个别的算法不要求输入量），这些输入量是算法所需的初始数据。
- 输出：一个算法至少产生一个输出量，它是算法对输入量的执行结果。

（2）算法的描述。

算法可以用文字、符号或图形描述。常用的描述方法有：

- 自然语言：用人的语言描述，该方法易于理解，但容易出现歧义。
- 流程图：用一组特定的几何图形来表示算法，这是最早的算法描述工具。
- N-S 图：用矩形框描述算法，一个算法就是一个矩形框。
- 伪代码：用介于高级语言和人的自然语言之间的文字、符号来描述算法，可以十分容易地转化为高级语言程序。
- PAD 图：全称为问题分析图，使用树形结构描述算法。

（3）算法性能分析。

求解同一个问题，可以有多种不同的算法，那么如何衡量一个算法的好坏呢？首先，算法应该是正确可行的；其次，通常还要考虑如下三方面的问题：

- 执行算法所耗费的时间。
- 执行算法所占用的存储空间。
- 算法是否易于理解、易于编码、易于调试。

在研究算法时，主要考虑算法的时间特性。

一般将语句的重复执行次数作为算法的时间变量。设算法解决的问题的规模为 n，例如学生总数、被分析数据的个数、矩阵的规模等。将一条语句重复执行的次数称为该语句的执行频度，一个算法中所有语句执行频度之和就称为该算法的运行时间。很多情况下无法准确也没必要精确计算出运行时间，而只需求出它关于问题规模 n 的一个相对的数量级即可，该数量级就称为该算法的时间复杂度，记为 O(1)、O(n)、$O(n^2)$等，例如：

```
for i = 1 to n
  y= y + 1;               && 语句频度：n
    for  j=0  to  2*n-1
  x= x + 1                && 语句频度：n*(2*n+1)
    endfor
endfor
```

本程序段的时间复杂度是 $O(n^2)$。

一般地，常用的时间复杂度有如下关系：

$$O(1)\leqslant O(\log_2 n)\leqslant O(n)\leqslant O(n\log_2 n)\leqslant O(n^2)\leqslant O(a^n)\quad (a>1)$$

13.1.2 线性结构

线性表是数据结构中最简单且最常用的一种数据结构，其基本特点是数据元素有序并有限。线性结构的数据元素可排成一个线性队列：

$$a_1,\ a_2,\ a_3,\ a_4,\ \ldots,\ a_n$$

其中，a_1 为起始元素，a_n 为终点元素，a_i 为索引号为 i 的数据元素。要注意，a_i 只是一个抽象的符号，其具体含义要视具体情况而定。n 定义为表的长度，当 n=0 时称为空表。除首元素外，每个元素有且仅有一个前趋；除尾元素外，每个元素有且仅有一个后继。

线性表的主要基本操作有以下几种：

- Setnull：初始化（置空表）。
- Length：求表长。
- Locate：查找具有特定字段值的节点。
- Insert：将新节点插入到某个指定的位置。
- Delete：删除某个指定位置上的节点。

1. 顺序表

当线性表采用顺序存储结构时称为顺序表。在顺序表中，数据元素按逻辑次序依次放在一组地址连续的存储单元里。由于逻辑上相邻的元素存放在内存的相邻单元里，所以顺序表的逻辑关系蕴含在存储单元的邻接关系中。在高级语言中，可以直接用数组实现。

设顺序表中的每个元素占用 k 个存储单元，索引号为 1 的数据元素 a_l 的内存地址为 $loc(a_l)$，则索引号为 i 的数据元素 a_i 的内存地址为：

$$loc(a_i)=loc(a_l)+(i-l)\times k$$

显然，顺序表中每个元素的存储地址是该元素在表中索引号的线性函数。只要知道某元素在顺序表中的索引号，就可以确定其在内存中的存储位置。所以说，顺序表的存储结构是一种随机存取结构。

顺序表的特点如下：

- 物理上相邻的元素在逻辑上也相邻。
- 可随机存取。
- 存储密度大，空间利用率高。

对顺序表可进行插入、删除等操作，但运算效率低，需要大量的数据元素移位。

（1）插入运算。

顺序表的插入运算是指在表的第 i 个（1≤i≤n+1）位置上插入一个新节点 y。若插入位置 i=n+1，即插入到表的末尾，那么只要在表的末尾增加一个节点即可；但是若 1≤i≤n，则必须将表中第 i 个到第 n 个节点向后移动一个位置，共需移动 n-i+1 个节点。插入过程需要的顺序表 a (n) 说明如下：

```
maxsize = <常数>            && 该常数应大于 n
dimension list(maxsize)
alenth = n                  && 表长
```

在 a (n) 中第 i 位插入新元素 y 的过程如下：

```
if i>=1 and i<=alenth+1
   for k = n to i step-1
     a(k+1) = a(k)
   endfor
   alenth = alenth + 1
endif
```

在有 n 个元素的顺序表的第 i 个位置上插入一个元素需要移动 n-i+1 个元素。如果在第 i 个位置上插入一个元素的概率是 P_i，且在每个位置上插入概率相等，都是 1/(n+1)，则插入时的平均移动次数为：

$$M = \frac{1}{n+1}\sum_{i=1}^{n}(n\text{-}i+1) = \frac{n}{2}$$

因此，顺序表上插入运算的平均时间复杂度是 O(n)。

（2）删除运算。

顺序表的删除运算是指将表的第 i 个（1≤i≤n）节点删去。当 i=n 时，即删除表尾节点时，操作较为简单；但 1<i≤n-l 时，则必须将表中第 i+1 个到第 n 个共 n-i 个节点向前移动一个位置。在 a(n)中删除第 i 个元素的过程说明如下：

```
if i>=1 and i<=alenth
   for k = i to n
     a (k+1) = a (k)
   endfor
   alenth = alenth-1
endif
```

在有 n 个元素的顺序表的第 i 个位置删除一个元素需要移动 n-i 个元素。如果在第 i 个位置上删除一个元素的概率是 P_i，且在每个位置上删除的概率相等，都是 1/n，则删除时的平均移动次数为：

$$M = \frac{1}{n}\sum_{i=1}^{n}(n-i) = \frac{n-1}{2}$$

因此，顺序表上删除运算的平均时间复杂度也是 O(n)。

2. 单链表

采用顺序表的运算效率较低，需要移动大量的数据元素。而采用链式存储结构的链表是用一组任意的存储单元来存放线性表的数据元素。这组存储单元既可以是连续的，也可以是不连续的，甚至可以是零星分布在内存中的任何位置上，从而可以大大提高存储器的使用效率。

在线性链表中，每个元素节点除存储自身的信息外，还要用指针域额外存储一个指向其直接后继的信息（即后继的存储位置：地址）。对链表的访问总是从链表的头部开始，是根据每个节点中存储的后继节点的地址信息顺链进行的。当每个节点只有一个指针域时，称为单链表，如图 13-1 所示。

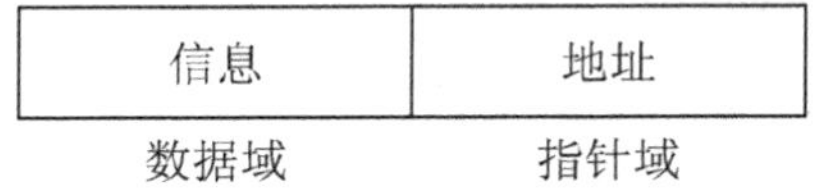

图 13-1　单链表的数据节点

一个以 L 为头指针的单链表如图 13-2 所示。

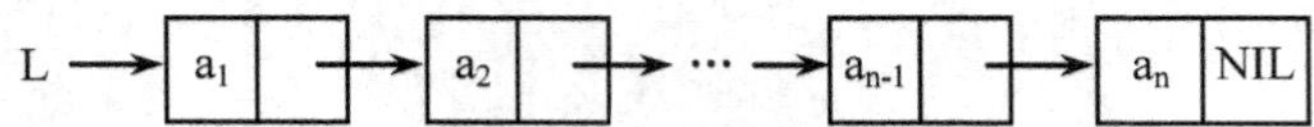

图 13-2 头指针为 L 的单链表

单链表中，插入、删除一个数据元素，仅仅需要修改该节点的前一个和后一个节点的指针域，非常简便，但要访问表中的任一元素，都必须从头指针开始，顺链查找，无法随机访问。

优点：插入、删除操作时移动的元素少。

缺点：所有的操作都必须顺链操作，访问不方便。

将顺序表与链表进行比较，可以看出：

- 顺序存储的访问是随机访问，而链式存储的访问是顺链进行的顺序访问。
- 顺序存储插入、删除平均移动一半元素，效率不高，而链式存储插入、删除效率高。
- 顺序存储空间利用率高，链式存储需要额外增加地址指针的存储，增加空间耗费。

3. 栈与队列

栈与队列是两种特殊的线性表。即它们的逻辑结构与线性表相同，只是其插入、删除运算仅限制在线性表的一端或两端进行。

（1）栈。

栈是仅限于在表的一端进行插入和删除运算的线性表，通常称插入、删除的这一端为栈顶，另一端称为栈底。当表中没有元素时称为空栈。一摞盘子的情形就是栈的生动形态。

特点：后进先出（LIFO——Last In，First Out）。

例如，入栈顺序为 1，2，3，4，5，则出栈顺序为 5，4，3，2，1。

栈的基本运算有以下 5 种：

- setnnll(s)：置空栈，将栈 s 置成空栈。
- empty(s)：判空栈，这是一个布尔函数，若栈 s 为空栈，返回值为“真”；否则，返回值为“假”。
- push(s,x)：进栈，又称压栈，在栈 s 的顶部插入（亦称压入）元素 x。
- pop(s)：出栈，若栈 s 不空，则删除（亦称弹出）顶部元素 x。
- top(s)：取栈顶，取栈顶元素，并不改变栈中的内容。
- 由于栈是运算受限的线性表，因此线性表的存储结构对栈也适用。所以，栈也可以分成采用顺序结构的顺序栈和采用链结构的链栈。
- 顺序存储的顺序栈：利用一组地址连续的存储单元依次存放从栈底到栈顶的若干数据元素。
- 链式存储的链栈：链栈是运算受限的单链表，其插入和删除操作仅限制在表头位置上进行。链栈中每个数据元素用一个节点表示，栈顶指针作为链栈的头指针。

（2）队列。

队列是一种操作受限的线性表，它只允许在线性表的一端进行数据元素的插入操作，而在另一端才能进行数据元素的删除操作。其允许插入的一端称为队尾，允许删除的另一端称为队头。日常生活中的排队就是队列的实例。

特点：先进先出（FIFO——First In，First Out）。

同栈的操作类似，队列的基本操作也有 5 种：

- SETNULL(q)：置空队列，将队列 q 初置为空。
- EMPTY(q)：判队列空，若队列 q 为空队列，返回“真”；否则，返回“假”。
- ENTER(q,x)：入队列，若队列 q 未满，在原队尾后加入数据元素 x，使 x 成为新的队尾元素。
- DELETE(q)：出队列，若队列 q 不空，则将队列的队头元素删除。
- GETHEAD(q)：取队头元素，若队列 q 不空，则返回队头数据元素，但不改变队列中的内容。

队列也可以分成采用顺序结构的顺序队列和采用链结构的链队列。

队列的顺序存储结构同栈一样，可以用一组地址连续的空间存放队列中的元素。

1）顺序队列的实现。

queuesize：顺序队列最大元素个数。

qu(queuesize)：顺序队列。

Front：顺序队列首指针，初值为 0。

Rear：顺序队列尾指针，初值为 0。

顺序队列队空条件为：front=rear。

顺序队列队满条件为：rear=queuesize。

规定 front 始终指向队首元素的前一个单元，rear 始终指向队尾元素。考察经过若干次出队、入队后，front = i，rear = queuesize，此时按队满条件 rear = queuesize，队列已满，但实际上仍有 i 个空间可用，这种现象称为假溢出。

为了克服“假溢出”现象，从逻辑上将顺序队列设想为一个环，将 qu(1)紧接在 qu(queuesize)后面，这样，当 front 或 rear 增加到 queuesize+1 时，就变成了 1，因而只要有空间，就不会溢出。可以用求余运算实现这种转换。

入队时 rear 指针的变化：

rear = rear % queuesize + 1

出队时 front 指针的变化：

front = front % queuesize + 1

此时队空条件仍为：rear=queuesize。

队满条件变成了：rear = queuesize。

为了区分队空与队满，特规定队满条件为：front = (rear + 1) % queuesize。

这样，在 queuesize 个单元中，将只有 queuesize-1 个单元可用，但由此克服了假溢出，方便了编程。

2）队列的链式存储结构：带头节点的单链表可以用作队列的链式存储结构。此时，一个队列需要指向队头和队尾的两个指针才能唯一确定。

13.1.3　树

1．树结构

树是一个或多个节点元素组成的有限集合 T，且满足条件：

- 有且仅有一个节点没有前趋节点，称为根节点。
- 除根节点外，其余所有节点有且只有一个直接前趋节点。
- 包括根节点在内，每个节点可以有多个直接后继节点。

图 13-3 所示是一个树结构的示例。

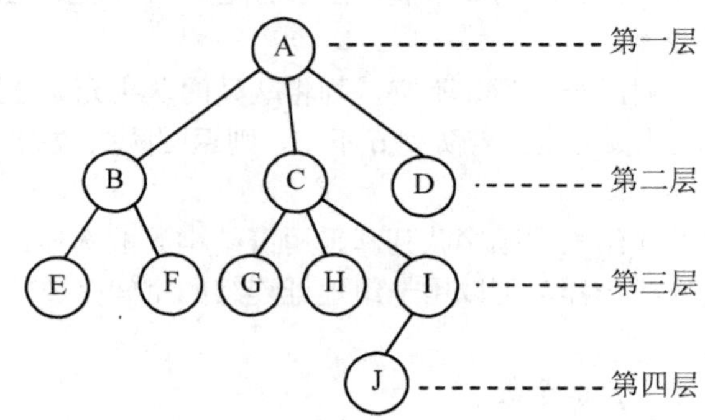

图 13-3　树结构示意图

下面是树结构的重要术语与概念。

叶子：没有后继节点的节点称为叶子（或终端节点），如图中的 D、E、F、G、H、J。

分支节点：非叶子节点称为分支节点。

节点的度：一个节点的子树数目就称为该节点的度。如图中的节点 B 的度为 2，节点 C 的度为 3；节点 D 和 J 的度为 0。

树的度：树中各节点的度的最大值称为该树的度，如图所示树的度为 3。

子节点：某节点子树的根称为该节点的子节点。

父节点：相对于某节点的子树的根，称为该节点的子树的父节点。

兄弟：具有同一父节点的子节点称为兄弟。

如图 13-3 中，节点 C 是节点 G、H、I 的父节点，节点 G、H、I 是节点 C 的子节点，节点 J 是节点 I 的子节点，节点 G、H、I 互为兄弟。

节点的层数：根节点的层数是 1，其他任何节点的层数等于它的父节点的层数加 1。

树的深度：一棵树中，节点的最大层数就是树的深度。图 13-3 所示的树的深度为 4。

有序树和无序树：如果一棵树中节点的各子树从左到右是有序的，即若交换了某节点各子树的相对位置，则构成了不同的树，就称这棵树为有序树；反之，则称为无序树。

森林：森林是 n 棵树的集合（n≥0），任何一棵树，删去根节点，就变成了森林。对树中的每个节点来说，其子树的集合就是一个森林。

2. 二叉树

二叉树结构也是非线性结构中重要的一类，它是有序树，不是树的特殊结构。在二叉树中，每个节点最多只有两棵子树，一个是左子树，一个是右子树。二叉树有 5 种基本形态：它可以是空二叉树，根可以有空的左子树或空的右子树，或左右子树皆为空，如图 13-4 所示。必须注意一般树与二叉树的概念不同。树至少有一个节点，而二叉树可以是空；二叉树是有序树，其节点的子树要区分为左子树和右子树，即使某节点只有一棵子树的情况下，也要明确指出该子树是左子树还是右子树，而树则无此区分。

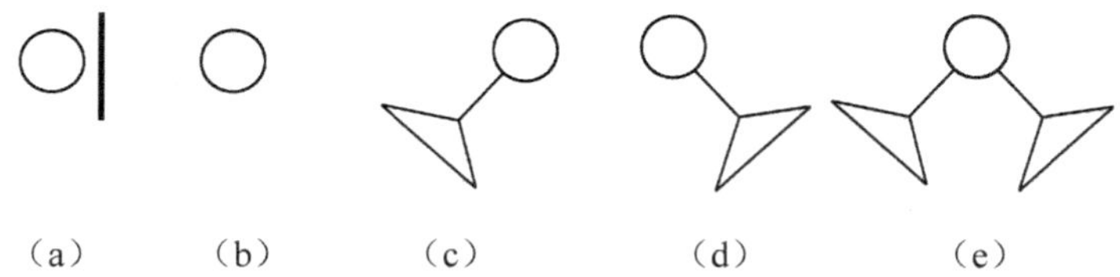

图 13-4　二叉树的 5 种基本形态

图 13-4 中，图（a）为空二叉树；图（b）为仅有一个根节点的二叉树；图（c）为根的左子树非空，根的右子树为空的二叉树；图（d）为根的右子树非空，根的左子树为空的二叉树；图（e）为根的左右子树皆为非空的二叉树。

二叉树有很多重要性质：

性质 1：在二叉树的第 i 层上至多有 2^{i-1} 个节点（i>0）。

性质 2：深度为 k 的二叉树至多有 2^k-1 个节点（k>0）。

满二叉树和完全二叉树是两种特殊形式的二叉树。一棵深度为 k 且有 2^k-1 个节点的二叉树称为满二叉树。满二叉树的特点是每一层上的节点数都达到最大值，$2^{(k)}-1$ 个节点是深度为 k 的二叉树所能具有的最大节点个数。

若一棵二叉树至多只有最下面两层上的节点的度数可以小于 2，并且最下一层上的节点都集中在该层最左边的若干位置上，则此二叉树称为完全二叉树。显然，满二叉树是完全二叉树，但完全二叉树不一定是满二叉树，如图 13-5 所示。

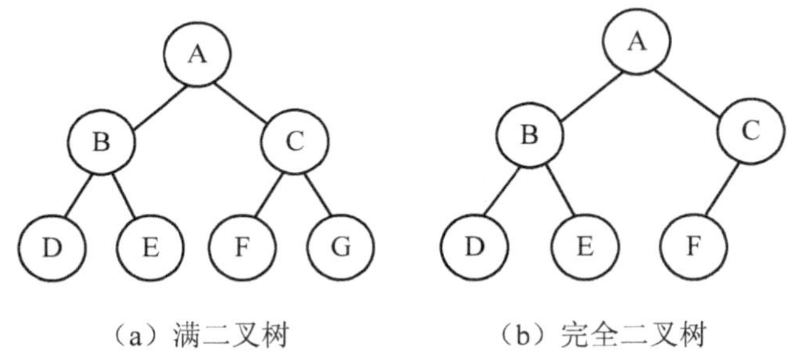

（a）满二叉树　　（b）完全二叉树

图 13-5　满二叉树与完全二叉树

3．二叉树的存储结构

（1）顺序存储。

对完全二叉树而言，可以用顺序存储结构实现其存储，该方法是把完全二叉树的所有节点按照自上而下，自左向右的次序连续编号，并顺序存储到一片连续的存储单元中，在存储结构中的相互位置关系即反映出节点之间的逻辑关系。如用一维数组 Tree 来表示完全二叉树，则数组元素 Tree(i)对应编号为 i 的节点。

对于一般二叉树，可以增加虚拟节点以构造完全二叉树，同样可以顺序存储。

例如，图 13-6 中的二叉树在一维数组中保存为：

A	B	C	@	E	F

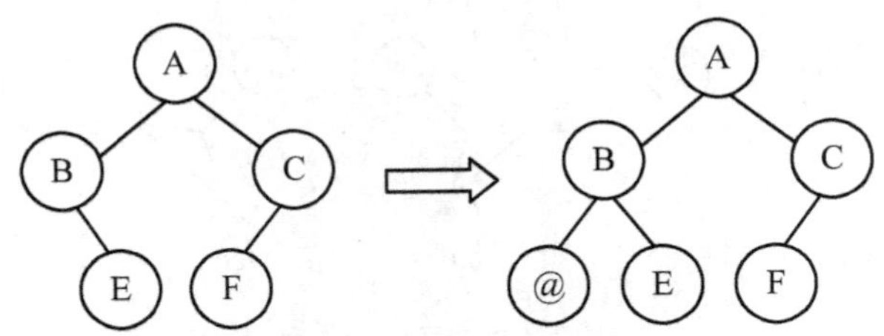

图 13-6　一般二叉树的存储

（2）链式存储。

顺序存储容易造成空间浪费，并具有顺序存储结构固有的缺点：添加、删除伴随着大量节点的移动。对于一般二叉树，较好的方法是用二叉链表来表示。表中每个节点都具有三个域：左指针域 Lchild、数据域 Data、右指针域 Rchild。其中，指针 Lchild 和 Rchild 分别指向当前节点的左孩子和右孩子。节点的形态如下：

Lchild	Data	Rchild

对图 13-7 所示的二叉树，其二叉链表如图 13-8 所示。

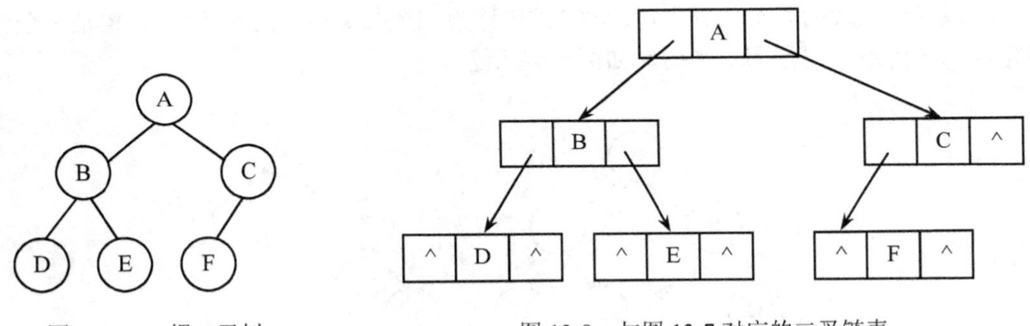

图 13-7　一棵二叉树　　　　图 13-8　与图 13-7 对应的二叉链表

4. 二叉树的遍历

所谓遍历，是指按某种次序依次对某结构中的所有数据元素访问且仅访问一次。

由于二叉树结构的非线性特点，它的遍历远比线性结构复杂，其算法都是递归的。有 3 种遍历方式：

- 先序遍历：访问根节点，先序遍历左子树，先序遍历右子树。对图 13-7 所示的二叉树，先序遍历序列为：A B D E C F。
- 中序遍历：中序遍历左子树，访问根节点，中序遍历右子树。对图 13-7 所示的二叉树，中序遍历序列为：D B E A F C。
- 后序遍历：后序遍历左子树，后序遍历右子树，访问根节点。对图 13-7 所示的二叉树，后序遍历序列为：D E B F C A。

13.1.4　图结构

1. 图的概念

图是一种重要的、比树更复杂的非线性数据结构。在树结构中，某节点只能与其上层的一个节点（父节点）相联系，并且根节点还没有父节点，每个节点与同一层节点间没有任何横向联系；而在图结构中，数据元素之间的联系是任意的，每个元素可以和其他元素相联系，从这个意义上来讲，树是一种特殊形式的图。

图包括一些点和边，故一个图 G 由点 V(G)和边 E(G)这两个集合组成。

（1）无向图 G_1。

图 13-9（a）所示为无向图 G_1：

$G_1=(V_1,E_1)$

$V_1=\{1,2,3,4,5\}$

$E_1=\{(1,2),(1,3),(3,4),(4,5)\}$

在无向图中，边没有方向，(1,3)也可写成(3,1)。

（2）有向图 G_2。

图 13-9（b）所示为有向图 G_2：

$G_2=(V_2,E_2)$

$V_2=\{1,2,3,4,5,6\}$

$E_2=\{<1,2>,<2,1>,<2,3>,<2,4>,<3,5>,<5,6>,<6,3>\}$

在有向图中，边有方向，$<2,4>$不能写成$<4,2>$。

（3）与图相关的一些术语和概念。

邻接点：有边相连的点。

在无向图中，互邻的边两侧互为邻接点，若有(V_2,V_3)，则 V_3 和 V_2 互为邻接点；在有向图中，若有$<V_2,V_3>$，则 V_3 为 V_2 的邻接点，但 V_2 不一定是 V_3 的邻接点，除非也存在$<V_3,V_2>$。

顶点的度：与每个顶点相连的边数。

在无向图中，是以该顶点为一个端点的边的条数。

在有向图中，有入度（进的边数）和出度（出的边数）之分。在图 13-9（b）中，顶点 2 的入度为 1，出度为 3。

路径：某一顶点到达另一顶点所经过的顶点序列。两个顶点之间可以有多条路径。

路径上的边的数目称为路径的长度。如图 13-9（a）中，顶点 1 到顶点 5 的路径为(1,3,4,5)，长度为 3。

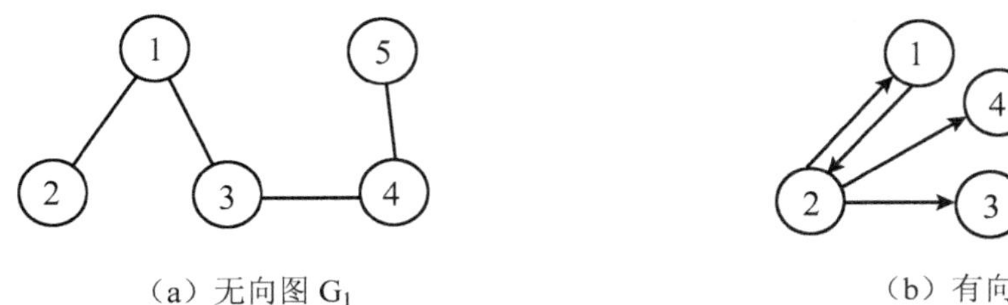

（a）无向图 G_1　　　　（b）有向图 G_2

图 13-9　图的表示形式

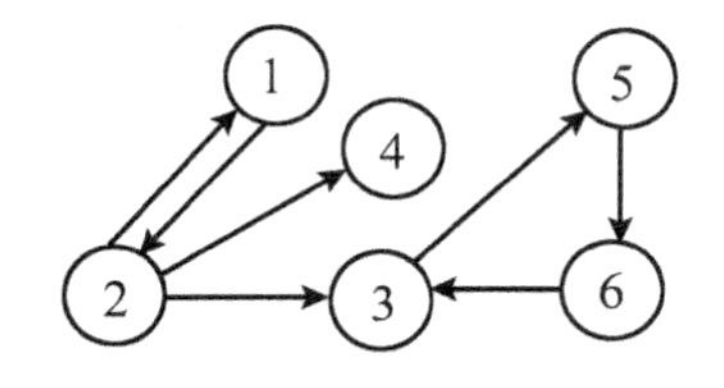

网络：如果图 G(V,E)中每一条边都赋有反映这条边的某种特性的数值，则称此图为一个网络（如图 13-10 所示），称与边相关的数值为该边的权。

2. 图的存储结构

这里仅介绍两种图的存储结构：邻接矩阵和邻接表。

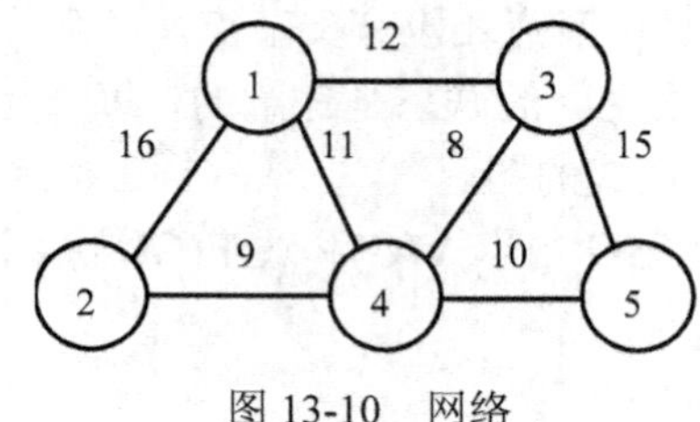

图 13-10 网络

（1）邻接矩阵。

基本思想：一个图由顶点集合、边集合（顶点偶对集合，反映顶点间关系）组成，因此图的计算机存储只要解决该两集合的表示即可。

设 G=(V,E)是有 n（n≥1）个顶点的无向图，则：

① 一维数组 V[n] ={顶点集合}。

② G 的邻接矩阵是一个二维数组 A[n][n]：

$$A[i,j]=\begin{cases}1 & \text{当 } (V_i,V_j)\in E \text{ 时} \\ 0 & \text{当 } (V_i,V_j)\notin E \text{ 时}\end{cases}$$

例 13.1 一个无向图如图 13-11 所示，则：

$$V=\{V_1,V_2,V_3,V_4,V_5\}$$

$$A[i,j]=\begin{pmatrix}0&1&1&0&0\\1&0&0&0&0\\1&0&0&1&0\\0&0&1&0&1\\0&0&0&1&0\end{pmatrix}$$

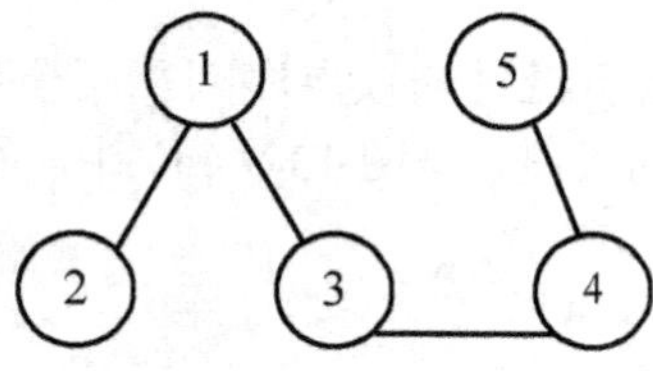

图 13-11 一个无向图

特点：

- 邻接矩阵是一种静态存储结构。
- 当图动态改变时，需要改变邻接矩阵的大小，效率低。
- 矩阵大小与顶点个数相符，与边（弧）数目无关，易产生稀疏矩阵，造成空间浪费。

（2）邻接表。

为了克服邻接矩阵的不足，可以采用动态的链式存储结构来保存图信息，这就是邻接表。其基本思想是：

① 对每一个顶点建立一个单链表。

② 第 i 个单链表中存放顶点 i 的所有邻接顶点。

③ 第 i 个单链表的头节点中存放顶点 i 的信息 V_i。

邻接表中每个节点的定义如图 13-12 所示，如图 13-13 所示是一个有向图及邻接表的关系图。

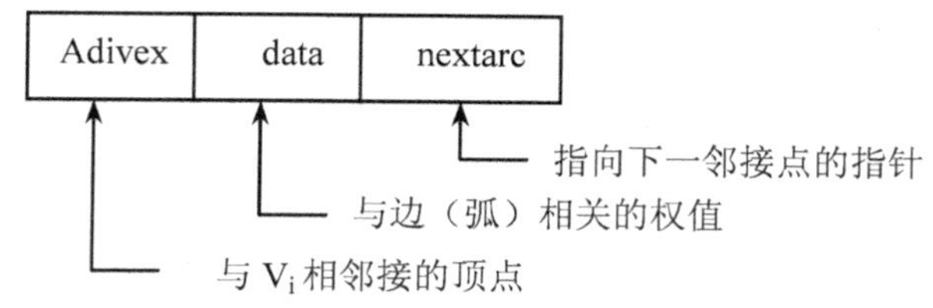

图 13-12　邻接表中节点的定义

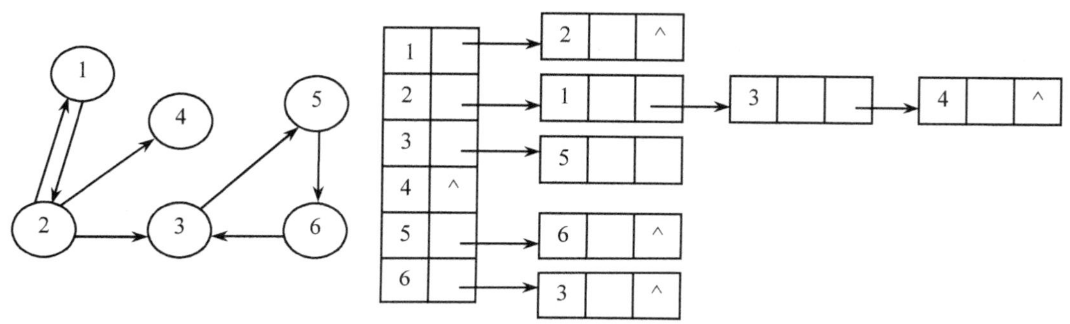

图 13-13　一个有向图及其邻接表

13.1.5　线性表的查找

在数据结构中，数据的基本单位是数据元素，数据元素通常表现为记录、节点、顶点等。一个数据元素由若干个数据项（或称为域）组成，用以区别数据元素集合中各个数据元素的数据项称为关键字。

所谓查找，又称检索，就是在一个含有 n 个数据元素的集合中，根据一个给定的值 k，找出其关键字值等于给定值 k 的数据元素。若找到，则查找成功，输出该元素或该元素在集合中的位置；否则查找失败，此时或者输出查找失败信息，或者将给定值作为数据元素插入到集合中适当的位置。

线性表查找的常用方法有 3 种：顺序查找、二分法查找、分块查找。

1. 顺序查找

从第一个数据元素开始，逐个把数据元素的关键字值与给定值比较，若找到某数据元素的关键字值与给定值相等，则查找成功；若遍历整个线性表都未找到，则查找失败。

例 13.2　在所给的线性表中查找。

23	78	16	34	54	12	98	64	30

① 找：54？成功，查找长度为 5。

② 找：19？失败，查找长度为 9。

容易推导出，在长度为 n 的线性表中进行查找的平均查找长度为：(n+1)/2。

2. 二分法查找

当顺序存储的线性表已经按关键字有序时，可以使用二分法查找。二分法查找的基本思路是：由于查找表中的数据元素按关键字有序（假设为增序），则查找时不必逐个顺序比较，而先与中间数据元素的关键字比较。若相等，则查找成功；若不等，即把给定值与中间数据元素的关键字值比较，若给定值小于中间数据元素的关键字值，则在前半部分进行二分查找，否则在后半部分进行二分查找。这样，每进行一次比较，就将查找区间缩短为原来的一半。

容易证明，在长度为 n 的有序顺序表中进行二分查找的查找次数不超过 [log2n+1] 次（其中[ ]代表取整）。因此，二分法查找具有效率高的特点。

例 13.3 对下面顺序存储的线性表进行二分查找（线性表长度 n = 7）：

序号：	1	2	3	4	5	6	7
线性表：	3	7	15	27	54	98	124

若找 27：	次数	查找区域	中间节点序号	对应的元素值	状态
	1	[1,7]	(1+7)/ 2=4	27	查找成功
若找 98：	次数	查找区域	中间节点序号	对应的元素值	状态
	1	[1,7]	(1+7)/ 2=4	27	小于 98
	2	[5,7]	(5+7)/ 2=6	98	查找成功

3. 分块查找

分块查找是介于顺序查找与二分法查找之间的一种查找方法，又称索引顺序查找。它的基本思想是：

分块：将数据划分为若干数据块，数据在块内无序，但块间有序。也就是说，第一块内的最大数据比后继所有块内的所有数据都小（假设按数据递增有序），后面的每一块内的所有数据都大于它前面的所有块的最大数据，同时又小于后继所有块内的所有数据。

查找：分两步进行。

① 块间：建立一个各块最大关键字值表，将待查数据在该表中按二分法或顺序查找进行，通过块间查找确定数据所在块。用二分法可以提高块间查找的效率。

② 块内：在块内按顺序查找方式直接查找元素。

由于块间查找用了二分法，所以整个算法的效率要比顺序查找高，但事先要将数据进行分块，这在一定程度上增加了额外的时间开销。

例 13.4 分块查找。待查序列为：22 13 30 54 65 50 73 69 86，查找关键字值为 50 的元素。

（1）将该序列等分为三块：

{ 22 13 30 }　{ 54 65 50 }　{ 73 69 86 }

（2）建立一个顺序的各块最大关键字值表：

30　65　86

（3）根据待查的关键字在各块最大关键字值表中进行查找，确定数据可能在的块。

在[30 65 86]中查找 50，由于 30<50<65，确定数据在第二块中。

（4）在第二块中顺序查找关键字为 50 的元素，找到。

13.1.6 内排序

排序又称为分类，它是数据处理中经常使用的一种运算，是将一组数据元素（记录）按其排序码进行递增或递减的运算操作。排序分内排序和外排序。

内排序：整个排序运算在内存中进行。

外排序：对外存储器中的数据进行排序操作。

1. 插入法排序

把 n 个数据元素的序列分成两部分，一个是已排好序的有序部分，另一个是未排好序的未排序部分；把未排好序的元素逐个与已排好序的元素比较，并插入到有序部分的合适位置，最后得到一个新的有序序列。

例 13.5 插入法排序（线性表长度 n = 8）。

初始序列：	[49]	38	65	97	76	13	27	49
（1）	[38	49]	65	97	76	13	27	49
（2）	[38	49	65]	97	76	13	27	49
（3）	[38	49	65	97]	76	13	27	49
（4）	[38	49	65	79	97]	13	27	49
（5）	[13	38	49	65	76	97]	27	49
（6）	[13	27	38	49	65	76	97]	49
（7）	[1	27	38	49	49	65	76	97]

2. 选择排序

每一轮排序中，将第 i 个元素与从序列第 i+1 到 n 的 n-i+1（i=1,2,3,⋯,n-1）个元素中选出的、值最小的一个元素进行比较，若该最小元素比第 i 个元素小，则将两者交换。i 从 1 开始，重复此过程，直到 i=n-1。

简单地说，通过交换位置，选最小的放在第一，次小的放在第二，依此类推，直到元素序列的最后为止。

例 13.6 选择排序（线性表长度 n=8）。

初始序列：	49	{38	65	97	76	13	27	**49**}
（1）	13	38	{65	97	76	49	27	**49**}
（2）	13	27	65	{97	76	49	38	**49**}
（3）	13	27	38	97	{76	49	65	**49**}
（4）	13	27	38	49	76	{97	65	**49**}
（5）	13	27	38	49	**49**	97	{65	76}
（6）	13	27	38	49	**49**	65	97	{76}
（7）	13	27	38	49	**49**	65	76	97

以第一、二步为例：49 与 13 比较后互换，38 与 27 比较后互换……以后各步依此类推。

注意： 上述序列中有两个元素具有相同关键字值 49，经过排序，原来排在后面的一个 49 仍然排在后面。当相同关键字值经过排序仍保持原来先后位置时，称所用的排序方法是稳定的；反之，若相同关键字值经排序后发生位置交换，则所用的排序方法是不稳定的。选择排序是一种稳定的排序方法。

3. 冒泡排序

冒泡法排序需要进行 n-1 轮的排序过程。

第一轮：从 a_1 开始，两两比较 a_i、a_{i+1}（i=1，2，…，n-1）的大小，若 $a_i>a_{i+1}$，则交换 a_i 与 a_{i+1}。当第一轮完成时，最大元素将被交换到最后一位（第 n 位）。

第二轮：仍然从 a_1 开始，两两比较 a_i、a_{i+1}（i=1，2，…，n-2）的大小，注意此时的处理范围从第一轮的整个序列 n 个数据元素比较 n–1 次（i=1，2，…，n-1）变成了 n-1 个数据元素比较 n-2 次（i=1，2，…，n-2）。当第二轮完成时，最大元素将被交换到次后一位（第 n-1 位）。

第 n-1 轮：只需比较最初两个元素，就完成了整个线性表的排序。

例 13.7 冒泡排序过程（线性表长度 n = 7）。

初始状态：	[65	97	76	13	27	49	58]
第一轮（i=1…6）	[65	76	13	27	49	58]	97
第二轮（i=1…5）	[65	13	27	49	58]	76	97
第三轮（i=1…4）	[13	27	49	58]	65	76	97
第四轮（i=1…3）	[13	27	49]	58	65	76	97
第五轮（i=1…2）	[13	27]	49	58	65	76	97
第六轮（i=1）	[13]	27	49	58	65	76	97

4. 归并排序

将两个或两个以上的有序表组合成一个新的有序表。

将每个元素看成一个长度为 1 的子序列，把相邻子序列两两合并，得到一个新的子序列，如此重复，最后得到长度为 n 的一个新的有序序列。

例 13.8 归并排序过程（线性表长度 n = 7）。

初始序列：	[25]	[57]	[48]	[37]	[12]	[92]	[86]	
（1）	[25	57]	[37	48]	[12	92]	[86]	（两两合并）
（2）	[25	37	48	57]	[12	86	92]	（两两合并）
（3）	[12	25	37	48	57	86	92]	（两两合并）

5. 快速排序——分区交换排序

快速排序是冒泡法排序的改进，平均速度较快。基本思想如下：

（1）任选一个元素 R_i（一般为第一个）作标准。

（2）调整各元素位置，使排在 R_i 前的元素的排序码都小于 R_i，而排在 R_i 后的元素的排序码都大于 R_i。

本过程称为一次快速排序，由此确定了 R_i 在有序序列中的最后位置，同时将剩余元素分为两个子序列。

（3）对两个子序列分别进行快速排序，又确定了两个元素在有序序列中的位置，并将剩余元素分为四个子序列。

（4）重复此过程，直到各子序列的长度都为 1，排序结束。

例 13.9 快速排序。

初始序列：{ $\underline{58}$ 49_1 60 90 70 15 30 49_2 } 由 R_j 从右向左扫描到 R_i（←）
i j（选定元素 58 作标准，比较 R_i 和 R_j）

{49_2 49_1 60 90 70 15 30 $\underline{58}$ } 由 R_i 从左向右扫描到 R_j（→）
i j（R_i 和 R_j 有交换，则右移 i+1 再比较 R_i 和 R_j）

{49_2 49_1 60 90 70 15 30 $\underline{58}$ } 由 R_i 从左向右扫描到 R_j（→）
i j（R_i 和 R_j 无交换，则再右移 i+2 比较 R_i 和 R_j）

{49_2 49_1 $\underline{58}$ 90 70 15 30 60 } 由 R_j 从右向左扫描到 R_i（←）
i j（R_i 和 R_j 有交换，则左移 j-1 比较 R_i 和 R_j）

{49_2 49_1 30 90 70 15 <u>58</u> 60 }　由 R_i 从左向右扫描到 R_j（→）
i　　j　（R_i 和 R_j 有交换，则右移 i+3 比较 R_i 和 R_j）
{49_2 49_1 30 <u>58</u> 70 15 90 60 }　由 R_j 从右向左扫描到 R_i（←）
i　　j　（R_i 和 R_j 有交换，则左移 j-2 比较 R_i 和 R_j）
{49_2 49_1 30 15 70 <u>58</u> 90 60 }　由 R_i 从左向右扫描到 R_j（→）
i　j　（R_i 和 R_j 有交换，则右移 i+4 比较 R_i 和 R_j）
{49_2 49_1 30 15 <u>58</u> 70 90 60 }　由 R_j 从右向左扫描到 R_i（←）
i j　（R_i 和 R_j 有交换，则左移 j-3 比较 R_i 和 R_j）
{49_2 49_1 30 15}58{70 90 60 } R_i=R_j 时结束一轮快排

这时得到{49_2　49_1　30　15}和{ 70　90　60 }两个子序列，下一轮再分别对这两个子序列进行快速排序。

注意：排序序列中有两个相同元素 49_1 和 49_2，可见，快速排序是一种不稳定的排序方法。

6. 排序方法的比较和选用

几种排序的比较：

- 稳定性比较：稳定的排序方法有：插入排序、选择排序、归并排序、冒泡排序；快速排序是不稳定的排序方法。
- 平均综合情况：归并排序、快速排序速度较快，插入排序、冒泡排序速度较慢。

总之，各种排序法各有其优缺点，其选用依据是：

- 其数据规模 n 大，内存允许，要求稳定，则选归并排序。
- 其数据规模 n 较小，有稳定要求，则选插入排序。
- 其数据规模 n 大，内存允许，对稳定性不要求，则选快速排序。

13.2　操作系统

13.2.1　操作系统的概念和类型

操作系统是计算机系统中最重要的系统软件，协调管理计算机的软硬件资源，以提高硬件的利用率；是用户与计算机之间的接口，为用户使用计算机提供操作的平台和环境，以使用户无需了解计算机硬件或系统软件的有关细节就能方便地使用计算机。

1. 操作系统的基本特征

现代操作系统普遍采用多道程序设计技术，所谓多道程序设计技术是为了提高计算机软硬件资源的利用率，允许在内存中同时安排多个作业（用户软件程序），各个作业共享系统资源，以并发的方式各自向前推进。由于多道程序共存于内存且交替执行，有的程序正在计算，有的程序正在输入输出，于是 CPU 利用率、I/O 设备利用率、内存利用率都大大提高。

多道程序设计技术的引入，使得操作系统具有如下基本特征：

（1）并发性。

并发是指在宏观上各作业是并行的（用户观点），而在微观上是串行的（CPU 观点）。各作业之间的微观切换只有几十到几百毫秒。多个进程可以并发执行和交换信息，操作系统必须具备控制和管理各种并发活动的能力。

（2）共享性。

多道程序或多个用户共同使用有限的资源，根据资源的属性不同，共享分为：

- 互斥共享：一段时间只允许一个用户使用的资源，如打印机。
- 并发访问：一段时间内可有多个进程同时使用某个资源。

并发与共享是操作系统最基本的两个特征，互为存在条件。

（3）虚拟性。

把一个物理设备变为逻辑上的多个。例如，CPU 分时系统的时间片、一个物理硬盘通过分区划分为多个逻辑硬盘等。操作系统的作用就是对用户屏蔽物理细节，而提供给用户一个简洁、易用的逻辑接口。

（4）不确定性。

在多道程序设计环境下，由于各用户程序（进程）各自独立地向前推进，而对系统软硬件资源的争夺、对 CPU 的争用导致各程序的执行顺序和每个程序的执行时间都是不确定的。

2. 操作系统的分类

（1）批处理操作系统。

基本特点：多道，即允许外存中的多个作业队列进入内存，由 CPU 调度各作业交替运行；成批，即作业的装入、运行及结果输出等都由系统自动实现，不允许用户干预。

（2）分时操作系统。

多个用户对系统的资源进行时间上的分享，具体实现是将 CPU 的时间划分成一个一个的时间片，按某种策略分配给各个用户的进程使用，每个用户都似乎独占了 CPU 一样。分时操作系统的特点是：

- 多路性：同时响应多个终端用户的服务请求。
- 交互性：各终端用户可以通过终端、键盘、鼠标等输入输出设备与系统交互，控制作业的运行，得到系统的服务。
- 独立性：用户各自独立地使用计算机。

（3）实时操作系统。

系统能及时响应随机发生的外部事件，并能在最短的时间内完成对事件的处理。实时操作系统的特点是：

- 及时响应：实时任务必须在指定的时限内响应或完成。
- 交互功能：实时系统仍然要求满足用户的实时交互要求。
- 高可靠性：实时系统往往用于工业、国防等对实时性要求高的场合，如温度控制、卫星发射等。因此，系统的高可靠性远比系统性能更重要。

（4）网络操作系统。

计算机网络是将地理上分布的各数据处理系统或计算机系统互联，实现资源共享、信息交换和协作完成任务。网络操作系统是管理计算机网络，为用户提供网络资源共享、系统安全及多种网络应用服务的操作系统。网络操作系统的基本特点是处理上的分布，也就是功能和任务上的分布以及系统管理的分布。网络对用户是不透明的，用户能感知并选择访问其中某节点上的资源。

（5）分布式操作系统。

分布式系统是将地理上分布的各数据处理系统或计算机系统互联，实现资源共享、信息交换和协作完成任务。分布式系统要求一个统一的操作系统，以实现系统操作的统一性，其基本特点是处理上的分布，也就是功能和任务上的分布及系统管理的统一。分布式系统对用户是透明的，用户面对的是一个统一的操作系统，他无法也不必知道系统的内部实现。

3. 操作系统的功能

由于多道程序设计技术的引入，各并发进程相互合作及相互竞争资源，为了保证系统高效、有序地运行，从资源管理和用户接口的角度，操作系统的主要功能包括以下几个方面：

（1）处理机管理。

对被多道程序所共享的 CPU 进行分配与回收（实质上就是如何对进程进行合理调度），以提高 CPU 的利用率。

（2）内存管理。

一方面，对多个程序进行合理分配与回收内存空间，使内存利用率尽可能高；另一方面，必须对各程序所占的内存空间进行必要的存储保护，以防止作业信息被窃取或混淆。同时，又要满足合理的共享，必要时还要利用外存空间进行内存扩充。

（3）I/O 设备管理。

对各种外部设备进行分配、回收和共享，以提高设备利用率。

（4）文件管理。

随着磁介质存储技术的进步，磁带、磁鼓、磁盘等大容量辅助存储设备普及使用，大量用户程序、数据的存储组织、存储保护、共享等一系列问题构成了操作系统中文件管理的主要内容。

4. 操作系统的用户接口

用户可以通过以下两种接口获得操作系统服务：

（1）命令接口。

通过命令解释程序提供的一组联机操作命令从键盘直接操纵计算机。

（2）系统调用接口。

用户在程序中使用系统提供的一组系统调用来使用计算机。

13.2.2 处理机管理

为了描述和管理多道程序设计环境下的各并发程序，引入了进程的概念。进程，是操作系统中资源分配的基本单位，也是系统调度的基本单位。进程与程序相比，有建立、调度、撤消的过程，称为进程生命期，是一个动态的概念。

1. 进程的概念

进程是可并发执行的程序在给定数据集合上的一次执行过程，是系统进行资源分配和调度的一个独立的基本单位和实体，是指执行一个映像程序的总环境。

2. 进程的特征

（1）动态性。

进程是程序执行的一次动态过程，具有生命期。一个进程要经历创建→调度→撤消三个过程。

（2）并发性。

使程序能与其他程序并发执行，这是引入进程的目的。

（3）独立性。

进程是系统分配资源、独立运行的基本单位，各进程间相互独立。

（4）异步性。

各进程各自独立地、按不可预知的速度向前推进。

3. 进程结构

进程由进程控制块（PCB）、程序、数据集合三部分组成。进程控制块是系统感知、管理和调度进程的唯一依据。

4. 进程的三种基本状态及相互转换

由于各进程轮流占用 CPU 运行，且运行过程中由于对资源的争夺、等待外部 I/O 操作的完成等，使得进程在不同的时刻可能处于不同的状态。

所谓基本状态，是指进程的当前行为。进程具有三种基本状态，并可以在一定的条件下相互转换。如图 13-14 所示是三种基本状态的转换示意图。

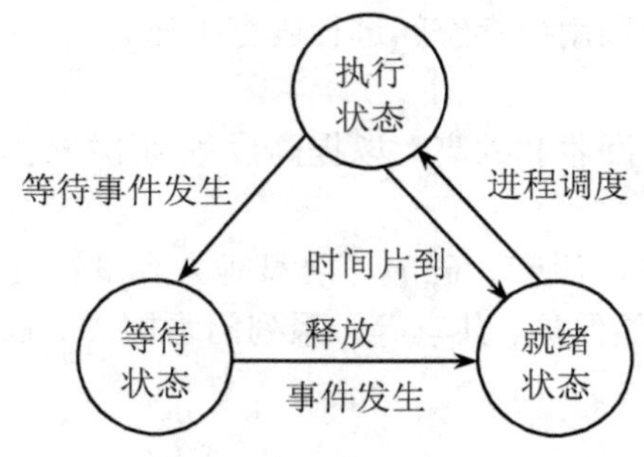

图 13-14　进程状态转换图

就绪状态：进程已获得除 CPU 以外的所有资源。系统中处于就绪状态的进程可以有多个，往往以链表形式构成就绪队列，等待 CPU 调度。

执行状态：正在执行，即当前进程独占 CPU，正执行其所属程序。

阻塞状态：又称为等待状态，指进程等待某个事件的发生而暂时不能运行的状态。例如，两个进程同时申请某个资源，则未占用该资源的进程处于等待状态，必须待该资源被释放后才可使用，或者某进程等待 I/O 外部设备读入数据等。

设计算机系统中有 N 个进程，则在就绪队列中进程的个数至多为 N-1 个。

当一个进程已具备运行条件时，就进入就绪队列中等待系统调度；一旦被处理机调度就进入执行状态；一个正在执行的进程可能因分配给它的时间片用完，或者需要申请新的系统资源（如需要等待用户击键），而被剥夺对 CPU 的占用，就会由执行状态转为阻塞状态。三种基本状态的转换由操作系统的进程调度完成。

5. 进程调度

进程调度又称为处理机调度。在多道程序系统中，有多个进程争夺处理机。进程调度的任务是协调和控制各进程对 CPU 的使用，它直接影响 CPU 利用率及系统性能。

在下列情况下会出现进程调度：

- 正在执行的进程已运行完毕。
- 正在进行的进程由于等待某种条件的发生（如 I/O 请求）。
- 分时系统执行进程的时间片已用完。
- 就绪队列中出现高优先级的进程申请使用 CPU 等。

（1）进程调度的方式。

- 剥夺方式：有高优先级的进程出现立即剥夺正在执行的进程，将 CPU 转让给高优先级的进程。
- 非剥夺方式：即一旦把 CPU 分配给某个进程，该进程将一直占有 CPU，直到时间片到或进程进入等待状态时才让出 CPU。

（2）进程调度的算法。

进程调度算法主要考虑两个重点指标：一是周转时间，即进程第一次进入就绪队列到进程执行完毕的时间；二是响应时间，也就是从提交请求到计算机做出响应的时间间隔。

- 先来先服务（FCFS）调度算法：就绪进程按先后次序排成队列，按先来先服务的方式调度，是一种非剥夺式调度算法，容易实现，但是服务质量差、等待时间长、周转时间长。
- 最短 CPU 运算期优先算法（SCBF）：最先调度 CPU 处理时间短的进程。
- 时间片轮转算法（RR）：主要用于分时系统，按公平服务原则将 CPU 时间划分为一个个时间片，一个进程被调度后执行一个时间片，当时间片用完后，强迫让出 CPU 而排到就绪队列的末尾，等待下一次调度。
- 最高优先级算法（HPF）：该算法的核心是确定进程的优先级，即进程调度每次都将 CPU 分配给就绪队列中具有最高优先级的进程，这在多道程序系统中广泛采用。
- 多级队列反馈法：是一种综合的调度算法，基本做法是：

① 先按优先级分别设置 N 个就绪队列。高优先级队列时间片短，低优先级队列时间片长，以满足不同类型的作业（如终端交互命令需要高响应度、长时间运算需要长时间片）的需要。

② 各个进程的优先级按进程动态特性进行动态调整，并调整所在优先级队列。

③ 系统总是先调度优先级高的队列。

④ 同一优先级队列中的进程按先后次序排列，一般以时间片或先来先服务算法进行调度。

6. 进程通信机制

并发执行的进程需要进行信息交换，以便协调一致地完成指定的任务，这种联系是通过交换一定数量的信息来实现的。

- 低级通信方式：传递控制信息（如进程同步、互斥）。
- 高级通信方式：大批量数据的交换。

（1）临界资源。

系统中有些资源可以供多个进程同时使用，而有些资源则一次只允许一个进程使用，我们把一次只允许一个进程使用的资源称为临界资源。很多物理设备如打印机、磁带机等都属于临界资源。

并不只是硬件资源才可以成为临界资源。多个协作进程之间共享的栈、数据区、公共变量等同样可以成为互斥访问的临界资源。

（2）同步。

若干进程为完成一个共同任务而相互合作，一个进程会由于等待另一个进程的某个事件而阻塞自己，直到其他协调进程给出协调信号后方被唤醒而继续执行。在同步方式下，进程间交换的是少量的控制信息。

（3）互斥。

指进程间争夺独占资源。当一个进程获得某独占资源（如 CPU、I/O 设备等）后，其他申请该资源的进程必须等待，直到独占该资源的进程释放该资源为止。

实现上述同步、互斥、通信关系的机制就叫做进程通信机制。

（4）同步机制应遵循的准则。

为了能既避免竞争，又保证并发进程执行的正确有效，同步机制应遵循以下 4 个原则：

- 空闲让进：临界区中没有进程时，应允许申请进入临界区的进程进入。
- 忙则等待：临界区中只能有一个进程，只要临界区中有进程，其他进程不能进入。
- 有限等待：申请进入临界区的进程经过有限时间的等待总能进入临界区。
- 让权等待：临界区外的进程不得阻塞其他进程进入临界区。

（5）常用的同步互斥方式。

- 信号量机制：这是第一个成功的进程同步与互斥机制。信号量是表示资源的物理量，其值只能由 P、V 操作（增加、减少操作）改变；根据用途的不同，又分为公用信号量和私有信号量。公用信号量一般用于互斥，私有信号量一般用于同步。按值的不同，又分为整型信号量和信号量集。整型信号量的值可以为 0，表示已无可用资源；可以为正值，表示可以使用的资源数量；也可以为负值，表示有一个或多个因等待该资源而被阻塞的进程。
- 管程：系统中的资源被用数据抽象地表示出来，代表共享资源的数据及在其上操作的一组过程就构成了管程。管程机制将用户从复杂的 P、V 操作中解放出来，而交由高级语言编译程序完成，实现了临界区互斥的自动化。但支持管程的高级语言不多，限制了它的使用。

（6）高级通信。

常用的通信方式有以下几种：

- 消息缓冲区通信：又称为直接通信，是利用内存公共信息缓冲区实现信息网信息交换，它每次传递的信息有限。
- 管道通信：利用管道文件进行数据通信，管道的读写操作必须同步和互斥，以保证通信的正确性，具有传输数据量大、通信速度慢等特点。
- 信箱通信：以传递、接收、回答信件为通信的基本方式。即发送进程中建立一个与接收进程相连接的邮箱。发送进程把消息送进邮箱，接收进程从邮箱中取出消息，从而完成进程间信息交换。发送和接收没有处理时间上的限制。

7. 死锁

死锁的定义：若干进程彼此互相等待对方所拥有且不放弃的资源，结果谁也无法控制继续进行下去所需要的全部资源而永远等待下去的现象。死锁对计算机正常运行的危害极大，但死锁是随机的、不可避免的现象。对付死锁的方法有：死锁预防、死锁避免、死锁的检测解除 3 种。

（1）产生死锁的原因。

- 争夺共享资源。
- 进程推进顺序不当。

（2）产生死锁的必要条件。

死锁产生的根本原因是共享资源。死锁的产生有 4 个必要条件：

- 互斥条件（即独占）：进程对资源的占用是独占方式的，其他进程若想申请被其他进程占用的资源，必须等待占用者自行释放资源。

- 不剥夺条件：在进程未使用完之前，始终不放弃对资源的占有。
- 环路条件：进程 A 等待进程 B 释放资源 X←→进程 B 等待进程 C 释放资源 Y←→进程 C 等待进程 A 释放资源 Z。三个进程相互等待，形成环路，谁都无法获得资源并运行。
- 部分分配条件：进程申请新资源的同时仍然继续占有已分配给它的资源。

（3）死锁的预防。

只要破坏了死锁的 4 个必要条件之一，就可以有效地预防死锁。例如，采用资源的静态预分配策略，破坏部分分配条件；允许进程剥夺使用其他进程占有的资源，破坏不剥夺条件；采用资源顺序（线性）使用法，破坏环路条件等。

（4）死锁的避免。

在进程申请系统资源时，系统按某种算法判断分配后，系统是否安全，也就是保证是否存在一个资源分配序列，当按此序列分配时，各进程能依次执行完毕并释放资源。若安全则分配，否则不予分配。一种避免死锁的典型算法是银行家算法。

（5）死锁的检测和解除。

系统定时运行死锁的检测程序，判断系统是否已出现死锁，称为死锁检测。

解除死锁的方法有撤消进程法和资源剥夺法。即强行将死锁的进程撤消，或强行剥夺死锁进程的资源，以打破僵持，使系统能够继续运转下去。

13.2.3　存储器管理

存储器管理主要是对主存储空间的管理。

内存分配：为实现多道程序共享内存而进行的内存的动态分配、动态回收，包含管理内存分配表、制定分配策略、确定内存区域的划分方式等。

内存空间共享：包括共享内存资源和内存区域信息共享。

存储保护：为了避免内存中多道程序之间的相互干扰，必须对内存中的程序、数据和信息进行保护。

地址映射：在多道程序系统中程序装入内存前通常为逻辑地址，编址从 0 开始，为保证程序的执行，操作系统需要为它分配一个合适的存储空间，并将程序执行时要访问的地址空间中的逻辑地址变换成内存空间中对应的实际物理地址。这种地址的转换过程称为地址映射或重定位。

内存扩充：利用外存空间来逻辑扩充内存，也就是把暂时不用的程序、数据调至外存的某特定区域。这个区域被作为系统的逻辑内存使用。

内存管理技术有两个重要因素，一个是进程是否在内存中连续装入，另一个是是否必须将整个进程完整装入。由此形成了不同的存储管理技术。

（1）要求进程完整装入内存的情况。

内存连续分配下的管理技术有：固定分区管理、可变分区管理。

内存不连续分配下的管理技术有：分页管理、分段管理、段页式管理等。

（2）进程可以不完整装入内存的虚拟存储器技术：虚拟页式（请求页式）、虚拟段式（请求段式）、虚拟段页式。

在虚拟存储技术下，由于是部分不连续装入内存，所以进程地址空间可以远远大于实际的物理地址空间，每个进程只需要很少的页面（或段）就可以正常执行了。

13.2.4 设备管理

计算机系统中，除中央处理机和主存外的设备统称为外部设备，外部设备的多样性导致了设备管理的复杂性。

1. 设备分类

按照工作特性，设备可分为输入输出设备和存储设备两类。

从资源分配的角度可将设备分为：

- 独占设备：如打印机、终端等。一个作业用完后，另一个才可以使用。
- 共享设备：允许多个作业同时使用的设备，如磁盘等。
- 虚拟设备：用虚拟设备管理技术，如 SPOOLing（Simultaneous Periphery Operations On Line，外围设备同时联机操作），把独占设备变为逻辑上的共享设备，以提高设备利用率。

2. 设备组成

设备包括机械部分的设备本身和设备控制器。计算机通过设备控制器控制设备完成输入输出操作。

3. 设备管理的任务

- 向用户提供使用外设的方便接口。
- 充分发挥设备的效率，提高 CPU 与设备之间、设备与设备之间的并行工作程度。

4. 数据传送控制方式

设备与 CPU 间数据传送的常用方式有中断控制方式、DMA 方式和通道方式 3 种。

5. 缓冲技术

为了解决外设与 CPU 速度匹配的问题，减少中断次数和 CPU 的中断处理时间，引入了暂存数据的缓冲技术。其基本思想是：在内存中开辟一个或多个专用的区域，作为 CPU 与 I/O 设备之间信息传输的集散地。

按划分数量的多少，缓冲区可以分为单缓冲区、双缓冲区、多缓冲区及缓冲池几种。

6. SPOOLing 技术

SPOOLing 技术是一个资源转换技术，将独占设备改造成共享设备。方法是：在磁盘中设置输入输出缓冲区（分别称为输入井、输出井），用一个系统进程模拟输入管理机，一个系统进程模拟输出管理机。例如，进程打印数据是将进程输出的数据快速放入输出井中，然后进程可以去做其他事情；当输出管理进程等打印设备空闲时，再从输出井慢速传送到打印机中。由此实现了高速 CPU 与低速打印机之间的并行工作，提高了 I/O 系统效能。

7. 设备分配的方式

设备分配方式有：

- 静态分配：就是在进程执行之初就分配，一直不变，直到进程结束才归还。此种方案简单、安全，但低效。
- 动态分配：在进程执行中，根据进程需要动态申请和分配资源，动态归还。这种方案，设备利用率高，但如果分配不当，可能导致死锁。

8. 设备独立性

用户在使用设备时，使用的是一个简洁、方便的逻辑设备接口，而不涉及物理设备细节。操作系统的设备管理功能提供从逻辑设备到具体物理设备的映射，这就是设备独立性。

设备独立性使得设备管理具有更好的适应性，用户程序的升级、扩充等不受影响。

9. 设备管理的相关软件

设备管理软件按层次划分如下：

（1）设备无关层。

- 用户 I/O 程序：一般体现为库函数、库例程。
- 设备无关软件：如缓冲区管理、逻辑设备到物理设备的映射等。

（2）设备相关层

- 设备驱动程序：主要负责接收和分析从设备分配转来的信息，并根据设备分配的结果结合具体物理设备特性启动设备，完成具体的输入输出工作。
- I/O 中断处理程序：当设备完成输入输出任务后，一般通过中断通知操作系统，I/O 中断处理程序就是处理来自设备的中断，启动相关的设备驱动程序。

13.2.5 文件管理

1. 文件系统

文件系统是指操作系统中负责管理和存放文件信息的软件机构，它向用户提供了一种简便、统一的存取和管理信息的方法。文件系统的功能包括：

- 文件存储空间（外存）的管理。
- 文件名到文件存储空间的映射，实现文件“按名存取”。
- 实现对文件的各种操作。
- 支持文件的共享。
- 提供文件的保护与保密措施。

可以从两个角度看待文件组织：从用户角度看文件的逻辑结构，可分成无结构的流式文件和有结构的记录式文件，对文件的存取分为顺序存取和随机存取；从实现的角度看，文件的物理结构可分为连续文件、链接文件和索引文件，后二者都可非连续存放。

2. 文件目录

文件目录是文件系统的关键数据结构，是由文件说明索引组成的用于文件检索的特殊文件。每个项目是一个文件控制块（FCB），它记录了文件说明和控制信息。文件目录分为：

- 一级目录：整个目录组织是一个线性结构，系统中的所有文件都建立在一张目录表中。它主要用于单用户操作系统。
- 二级目录：在根目录下，每个用户对应一个目录（第二级目录）；在用户目录下是该用户的文件，而不再有下级目录。它适用于多用户系统，各用户可有自己的专用目录。
- 多级目录：或称为树状目录（Tree-like）。在文件数目较多时，便于系统和用户将文件分散管理，适用于较大的文件系统管理。目录级别太多时会增加路径检索时间。

文件存储空间的管理是实现连续空间或非连续空间的分配，常用的管理方法有：位示图、空闲文件目录表及空闲块链接法。

3. 文件共享与保护

文件访问权限按访问类型可以分为：读（Read）、写（Write）、执行（Execute）和删除（Delete）等。文件的共享与文件的保护保密是同一个问题的两个方面，实质是有条件地共享。

13.3　软件工程

13.3.1　软件工程概述

软件工程的概念起源于 20 世纪 60 年代末期出现的“软件危机”。软件危机提高了人们对软件开发重要性的认识。随着社会对软件需求的增长，计算机软件专家加强了对软件开发和维护的规律性、理论、方法和技术的研究，从而形成了一门介于软件科学、系统工程和工程管理学之间的边缘性学科，称之为软件工程学。软件的工程化生产也逐步形成软件产业。

1. 软件

软件是程序的完善和发展，是经过严格的正确性检验和实际试用，并具有相对稳定的文本和完整的文档资料的程序。这些文档资料包括功能说明、算法说明、结构说明、使用说明和维护说明等。

2. 软件开发经历的三个阶段

（1）程序设计时期（1946 年至 20 世纪 60 年代中期）。

这个时期的程序设计被视为个人的神秘技巧，程序员个人以个体手工方式，凭个人经验和编程技术独立进行软件设计。在这个阶段中，只有程序，没有软件的概念。这个时期称为程序设计时期。

（2）软件时期（20 世纪 60 年代中期至 20 世纪 70 年代中期）。

随着计算机技术的发展，需要多人分工合作来开发软件，出现了“软件作坊”，产生了“软件”概念。由于软件生产在质量和数量上的高要求，软件的日趋庞大、日趋复杂，与软件工作者手工作坊式的生产方式之间产生了深刻的矛盾，使得许多软件产品不可维护，最终导致出现了严重的“软件危机”。这个时期也称为程序系统时期。

（3）软件工程时期（1970 年至今）。

从 20 世纪 70 年代中期至今，是计算机软件发展的第三个时期。这个时期软件产业已经兴起，软件作坊已经发展为软件公司，甚至是跨国公司。软件的开发不再是“个体化”或“手工作坊”式的开发方式，而是以工程化的思想作指导，用工程化的原则、方法和标准来开发和维护软件，使得软件开发的成功率大大提高，其质量也有了很大保证，实现了软件的产品化、系列化、标准化、工程化。这个时期称为软件工程时期。

3. 软件危机

由于软件本身是一个逻辑实体，而非一个物理实体，因此软件是非实物性与不可见的。而软件开发本身又是一个“思考”的过程，很难进行管理。开发人员以“手工作坊”的开发方式来开发软件，完全是按各自的爱好和习惯进行的，没有统一的标准和规范可以遵循。因而，在软件开发过程中，人们遇到了许多困难。有的软件开发彻底失败了；有的软件虽然开发出来了，但运行结果极不理想，如程序中包含着许多错误，每次错误修改之后又会出现一批新的错误，这些软件有的因无法维护而不能满足用户的新要求，最终失败了；有的虽然完成了，但比原计划推迟了好几年，而且成本大大超出了预算。

软件开发的高成本与软件产品的低质量之间的尖锐矛盾终于导致了软件危机的发生。具体来说，软件危机主要有以下几方面的表现：

- 软件的复杂性越来越高，“手工作坊”式的软件开发方式已无法满足要求。

- 对软件开发的成本和进度统计不准，实际费用超过预算。
- 开发周期过长。
- 软件质量难以保证，常被怀疑。
- 缺乏良好的软件文档。
- 软件维护难度极大。
- 软件开发效率远远跟不上计算机发展的需求。
- 用户往往对软件不满意。

为摆脱软件危机，北大西洋公约组织成员国在 1968 年和 1969 年两度召开会议，商讨解决“软件危机”的对策。会议总结了软件开发中失败的经验与教训，吸收了机械工程和土木工程设计中成熟而严密的工程设计思想，首次提出了“软件工程”的概念，认为计算机软件的开发也应像工程设计一样，进行规范性的开发，走“工程化”的道路，以按照预期进度和经费完成软件生产计划，提高软件生产效率和可靠性。“软件工程”出现以后，人们围绕着实现软件优质高产的目标进行了大量的理论研究和实践，逐渐形成了“软件工程学”这一新型学科。

4. 软件工程学概述

（1）软件工程学的研究对象。

软件工程学研究如何应用一些科学理论和工程技术来指导软件系统的开发与维护，使其成为一门严格的工程学科。

（2）软件工程学的基本目标。

软件工程学的基本目标在于研究一套科学的工程方法，设计一套方便实用的工具系统，以达到在软件研制生产中投资少、效率高、质量优的目的。

（3）软件工程学的三要素。

软件工程学的三个基本要素是方法、工具和管理。

（4）软件生命周期。

一个软件项目从问题提出、定义、开发、使用、维护，直至被废弃，要经历一个漫长的时期，通常把这个时期称为软件生命周期。

软件工程学是研究软件的研制和维护的规律、方法和技术的学科。贯穿于这一学科的基本线索是软件生命周期学说（也叫软件生存周期），它将告诉软件研制者与维护者“什么时候做什么、怎样做”。

13.3.2　软件生存周期

软件工程学将软件的生命周期分解为几个阶段，每个阶段的任务都相对独立、简单，便于不同的人员分工协作，每个阶段都有明确的要求、严格的标准与规范，以及与开发软件完全一致的高质量的文档资料，从而保证软件开发工程结束时有一个完整准确的软件配置交付使用。目前划分软件生命周期的方法有很多，软件规模、种类、开发方式、开发环境及开发方法都影响软件生命周期阶段的划分。划分软件生命周期阶段应遵循的一条基本原则是各阶段的任务应尽可能相对独立，以降低每个阶段的复杂程度，简化不同阶段之间的联系，利于软件开发工程管理。

一般情况下，软件生命周期由软件定义、软件开发、软件维护三个时期组成。每个时期又分为若干阶段。软件生存周期的模型有：瀑布模型和快速原型。

1. 瀑布模型（1976 年由 B.W.Boehm 提出）

软件生存周期分为计划、开发、运行三个时期，每个时期又分为若干阶段。各阶段的工作顺序展开后，就像自上而下的瀑布，故称为瀑布模型。

按照瀑布模型，一个完整的软件开发过程分为如下几个阶段：

（1）计划：分析用户需求，分析软件系统追求的目标，分析开发系统的可行性等。

（2）开发：包括设计和实现两个任务，其中设计包括需求分析和设计两个阶段，实现包括编程和测试两个阶段。

（3）运行：主要任务是为了软件维护和修改问题。

2. 快速原型

在瀑布模型中，由于系统分析人员和用户在专业上的差异，计划时期可能会造成不完全和不正确的情况发生。为解决此矛盾，提出了使用快速原型模型。其基本思想是：首先建立一个能反映用户主要需求的原型，用户通过使用该原型来提出对原型的修改意见，再按用户意见对原型进行改进。经过多次反复后，最后建立起符合用户需求的新系统。

13.3.3 软件需求分析

软件定义，又称为系统分析。这个时期的任务是，确定软件开发的总目标，确定软件开发工程的可行性，确定实现工程目标应该采用的策略和必须完成的功能，估计完成该项工程需要的资源和成本，制定出工程进度表。

软件定义，可进一步划分为三个阶段，即问题定义、可行性研究和需求分析。

1. 问题定义

问题定义阶段必须考虑的问题是“做什么”。

正确理解用户的真正需求是系统开发成功的必要条件。软件开发人员与用户之间的沟通必须通过系统分析员对用户进行访问调查，扼要地写出对问题的理解，并在有用户参加的会议上认真讨论，澄清含糊不清的地方，改正理解不正确的地方，最后得到一份双方都认可的文档。在文档中，系统分析员要写明问题的性质、工程的预期目标以及工程的规模。问题定义阶段是软件生命周期中最短的阶段。

2. 可行性研究

可行性研究要研究问题的范围，并探索这个问题是否值得去解决，以及是否有可行的解决办法。可行性研究的结果是部门负责人做出是否继续这项工程决定的重要依据。可行性论证的内容包括：

- 技术可行性。
- 经济可行性。
- 操作可行性。

可行性论证是分析员在收集资料的基础上，经过分析，明确工程软件项目的目标、问题域、主要功能和性能要求，确定应用软件的支撑环境以及费用、制作和时间限制等方面的约束条件，并用高层逻辑模型（通常用数据流图）对各种可能方案进行可行性分析及成本/效益分析。如果该项目在技术和经济上均可行，可明确地写出开发任务的全面要求和细节，形成软件计划任务书，作为本阶段的工作总结。

软件计划任务书包括：

- 软件项目目标。
- 主要功能、性能。
- 系统的高层逻辑模型（数据流图）。
- 系统界面。
- 可供使用的资源。
- 进度安排和成本预算。

3. 需求分析

需求分析即系统分析，通常采用系统模型定义系统。在可行性分析的基础上，需求分析的主要任务是：明确用户要求软件系统必须满足的所有功能、性能和限制，也就是解决软件“做什么”的问题。

系统分析员和用户密切配合，充分交流信息，得出经过用户确认的系统逻辑模型。系统的逻辑模型通常是用数据流图、数据字典和简要的描述表示系统的逻辑关系。

需求分析只是原理性方案的设计。在这一阶段的工作中，为了清晰地揭示问题的本质，往往略去具体问题中的一些次要因素，只将功能关系抽象为反映该问题的系统模型。

系统逻辑模型是以后设计和实现目标系统的基础，必须准确而完整地体现用户的要求。

（1）需求说明书。

需求分析阶段应提交的文档是需求说明书。需求说明书的主要内容包括：

- 概述。
- 需求说明：功能说明、性能说明。
- 数据描述：数据流图、数据字典、接口说明。
- 运行环境：设备要求、支持的软件等。

（2）结构化分析方法。

结构化分析方法是需求分析的最常用方法，简称 SA 方法，它与设计阶段的结构化设计方法（SD）一起联合使用，能够较好地实现一个软件系统的研制。

SA 方法的基本手段是通过分解与抽象建立三个模型：数据模型、功能模型、行为模型，以说明软件需求，并得到准确的软件需求规格说明。

SA 方法采用的基本方法为图形法，使用以下一些分析工具：

- 数据流图（DFD）：描述系统中数据流程的图形工具。
- 数据字典（DD）：放置数据流图中包含的所有元素的定义。
- 结构化语言：结构化语言是介于自然语言和形式化语言之间的一种类自然语言，它吸收了形式化语言的精确严格与自然语言的简单易懂的特点，通常由顺序、选择和重复三种控制结构构成，适用于简单逻辑加工关系的描述。
- 判定表：判定表用于简洁而无歧义地描述加工逻辑规则。一张判定表通常由 4 个部分组成：左上部列出所有的条件，左下部为所有可能的操作，右上部是各种条件组合的一个矩阵，右下部是对应于每种条件组合应用的操作。

（3）SA 方法中导出的分析模型。

- 数据字典：核心，是对系统所有数据对象的描述。
- 实体－关系图：数据对象间的关系，是系统的数据模型。
- 数据流图：数据的流动和处理，是功能建模基础。
- 状态转换图：系统各种行为模式（状态）及其转换，是行为建模的基础。

13.3.4 软件设计

软件开发是实现前一个时期定义的软件，它包含总体设计、详细设计、编码、测试 4 个阶段。

1. 总体设计

总体设计，也叫概要设计或初步设计。这个阶段必须回答的是“概括地说，应该如何解决这个问题”。最后得到软件设计说明书。

总体设计的目标是采用结构化分析的成果，由数据模型、功能模型、行为模型描述软件需求，按照一定的设计方法完成数据设计、体系结构设计、接口设计和过程设计。

总体设计应遵循的一条主要原则就是程序模块化的原则。总体设计的结果通常以层次图或结构图来表示。

采用传统软件工程学中的结构化设计技术或面向数据流的系统化设计方法来完成。总体设计阶段的表示工具有层次图、HIPO 图等。

2. 详细设计

总体设计阶段以比较抽象、概括的方式提出了问题的解决方法。详细设计阶段的任务是把解法具体化，也就是回答“应该怎样具体地实现这个系统”。

详细设计亦即模块设计。它是在算法设计和结构设计的基础上，针对每个模块的功能、接口和算法定义设计模块内部的算法过程及程序的逻辑结构，并编写模块设计说明。

详细设计阶段的方法有：

- 结构化程序设计技术。如果一个程序的代码仅仅通过顺序、选择和循环这三种控制结构进行连接，并且每个代码块只有一个入口和出口，则称此程序为结构化的。主要工具有：程序流程图（程序框图）、方框图（N-S 图）、问题分析图（PAD 图）、伪码语言（PDL 语言）等。
- 面向数据结构的设计方法，适用于信息具有清楚的层次结构的应用系统开发。
- 面向对象的程序设计方法 OOP，是 20 世纪 80 年代以来广泛采用的程序设计方法，以对象、类描述客观事物，以事件驱动。近年来又逐步融入了可视化、所见即所得的新风格。

3. 编码设计与单元测试

这个阶段的任务是，根据详细设计的结果选择一种适合的程序设计语言，把详细设计的结果翻译成程序的源代码。

每编写完一个模块，都要对模块进行测试，即单元测试，以便尽早发现程序中的错误和缺陷。

4. 综合测试

模块编码及测试完成后，需要根据软件结构进行组装，并进行各种综合测试。软件测试中，测试计划、测试方案、测试用例报告及测试结果是软件配置的一部分，应以正式的文档形式保存下来。

综合测试的目标是产生一个可用的软件文本，修订和确认软件的使用手册。

13.3.5 软件集成与复用

1. 软件集成

软件集成是三种较实用的快速原型技术（动态高级语言开发、数据库编程、组件和应用集成）中的一种。快速原型技术强调的是交付的速度，而非系统的性能、可维护性和可靠性。

如果系统中许多部分都可以复用而且不需要重新进行设计和实现，那么系统开发的时间就会缩短。利用可复用组件在系统描述中说明哪些可复用组件是可再利用的。许多原型中的功能模块可以以极低的成本来实现，如果原型用户对这些较熟悉，就不需要花费额外的时间去学习这些功能。

2. 软件复用

可复用的软件与快速构造原型关系很密切。一堆可复用的模块单独看可能是无用的，但快速构造的原型系统就是靠它们连接起来而得到的。

对建立软件目标系统而言，复用就是利用早先开发的对建立新系统有用的信息来生产新系统。它是一项活动，而不是一个对象。

（1）软件复用的条件。

- 必须有简单而清晰的界面。
- 它们应当有高自包含性，即尽量不依赖其他模块或数据结构。
- 它们应具有一些通用的功能。当然，还应有好的文档，所有模块的接口、功能和错误条件描述应遵守一定的规范。

（2）软件复用的范围。

- 复用数据：指程序不做任何修改，甚至输入输出数据的格式也无需改动，就可以从一个环境移到另一个环境中使用。
- 复用模块：可复用模块的概念是指单个函数，它们不需要逐行编码就可以连接到一个程序中去。
- 复用结构：有效的复用应有一个结构上的考虑，而不仅仅是将模块连接在一起。
- 复用设计：软件设计与实现是两个不同的阶段。若对于同一个设计，可以采用不同的实现方法，则这样的设计就是可复用的。
- 复用规格说明：在基本需求不改变或某一新问题与过去的某一软件在某个抽象层次上属于同一类的情况下，原规格说明仍可使用或参照使用。

（3）软件复用技术。

软件复用技术可分为两大类：合成技术和生成技术。

- 合成技术：在合成技术中，构件是复用的基石。构件方法以抽象数据类型为理论基础，借用了硬件中集成电路芯片的思想，即将功能细节与数据结构隐藏封装在构件内部，有着精心设计的接口。构件在开发中像芯片那样使用，它们可以组装成更大的构件。构件可以是某一函数、过程、子程序、数据类型、算法等可复用软件成分的抽象，利用构件来构造软件系统有较高的生产率和较短的开发周期。
- 生成技术：生成技术利用可复用的模式，通过生成程序产生一个新的程序或程序段，产生的程序可以看成是模式的实例。可复用的模式有两种不同的形式：代码模式和规则模式。前者的例子是应用生成器，可复用的代码模式就存在于生成器自身，通过特定的参数替换生成抽象软件模块的具体实体。后者的例子是变换系统，它利用变换规则集合。其变换方法中通常采用超高级的规格说明语言，形式化地给出软件的需求规格说明，利用程序变换系统（有时要经过一系列变换）把用超高级规格说明语言编写的程序转化成某种可执行语言的程序。这种超高级语言抽象能力高、逻辑性强、形式化好，便于软件使用者维护。

13.3.6 软件测试与维护

1. 软件测试的定义

软件测试是为了发现程序中的错误而执行程序的过程。

2. 软件测试的目的

软件测试的目的是尽可能揭露和发现程序中隐藏的错误。好的测试方案是尽可能发现尚未发现的错误的测试方案；成功的测试是发现了至今为止尚未发现的错误的测试。因此，一般不由软件编写者测试程序，而是由其他人组成的一个测试小组来进行。而且，就算是经过了最严密的测试，仍可能存在未发现的错误。总之，测试只能发现错误，不能证明程序中没有错误。

3. 基本测试方法

- 黑盒测试（功能测试）：是在程序接口进行的测试，根据规格说明书检查程序接口，而不考虑程序的内部结构和实现过程。
- 白盒测试（结构测试）：是按照程序的内部逻辑实现来测试程序，了解程序的每条通路是否都按照预定要求正确实现。

4. 测试策略

测试过程必须分步进行。

- 单元测试：着重测试每个单独模块，以确保其作为一个单元功能是正确的。单元测试大量使用白盒测试，检查模块的控制结构。
- 集成测试：把模块装配（集成）为一个完整的软件包，在装配的同时进行测试。集成测试主要使用黑盒测试技术，要同时解决程序验证和程序构造两个问题。

5. 软件维护

软件维护的任务是使软件能够持久地满足用户的需求。具体地说，当软件在使用过程中发现错误时，能及时地改正；当用户在使用过程中提出新要求时，能按要求进行更新；当系统环境改变时，能对软件进行修正，以适应新的环境。

维护可分为 4 类：纠错性维护、适应性维护、完善性维护和预防性维护。

纠错性维护是对软件在使用过程中发现的错误进行诊断和改正；适应性维护是为了让软件适应新的环境（如操作系统的改变、支撑环境的改变等）而进行的修改；完善性维护是为了改进和扩充软件的功能而进行的修改；预防性维护是为将来的维护活动所做的准备。每一项维护都要以正式文档的形式记录下来，作为软件配置的一部分。

习题十三

一、选择题

1．算法的有穷性是指（　　）。

A．算法程序的运行时间是有限的　　B．算法程序所处理的数据量是有限的

C．算法程序的长度是有限的　　D．算法只能被有限的用户使用

2．下列叙述中正确的是（　　）。

A．一个算法的空间复杂度大，则其时间复杂度也必定大

B．一个算法的空间复杂度大，则其时间复杂度必定小

C．一个算法的时间复杂度大，则其空间复杂度必定小

D．上述三种说法都不对

3．数据的存储结构是指（　　）。

A．存储在外存中的数据　　B．数据所占的存储空间量

C．数据在计算机中的顺序存储方式　　D．数据的逻辑结构在计算机中的表示

4．下列叙述中正确的是（　　）。

A．线性链表是线性表的链式存储结构

B．栈与队列是非线性结构

C．双向链表是非线性结构

D．只有根节点的二叉树是线性结构

5．下列对于线性链表的描述中正确的是（　　）。

A．存储空间不一定是连续的，且各元素的存储顺序是任意的

B．存储空间不一定是连续的，且前件元素一定存储在后件元素的前面

C．存储空间必须是连续的，且前件元素一定存储在后件元素的前面

D．存储空间必须是连续的，且各元素的存储顺序是任意的

6．一个栈的初始状态为空。现将元素 1、2、3、4、5、A、B、C、D、E 依次入栈，然后再依次出栈，则元素出栈的顺序是（　　）。

A．12345ABCDE　　B．EDCBA54321

C．ABCDE 12345　　D．EDCBA54321

7．按照“后进先出”原则组织数据的数据结构是（　　）。

A．队列　　B．栈　　C．双向链表　　D．二叉树

8．算法一般都有（　　）这几种控制结构。

A．循环、分支、递归　　B．顺序、循环、嵌套

C．循环、递归、选择　　D．顺序、选择、循环

9．在下列选项中，（　　）不是一个算法一般应具有的基本特征。

A．确定性　　B．可行性

C．无穷性　　D．拥有足够的情报

10．栈和队列的共同点是（　　）。

A．都是先进先出　　B．都是先进后出

C．只允许在端点处插入和删除元素　　D．没有共同点

11．软件是指（　　）。

A．程序　　B．程序和文档

C．算法加数据结构　　D．程序、数据与相关文档的完整集合

12．下列描述中正确的是（　　）。

A．软件工程只是解决软件项目的管理问题

B．软件工程主要解决软件产品的生产率问题

C．软件工程的主要思想是强调在软件开发过程中需要应用工程化原则

D．软件工程只是解决软件开发中的技术问题

13．下列选项中不属于软件生命周期开发阶段任务的是（　　）。

A．软件测试　　B．概要设计　　C．软件维护　　D．详细设计

14．数据流图中带有箭头的线段表示的是（　　）。

A．控制流　　B．事件驱动　　C．模块调用　　D．数据流

15．从工程管理角度，软件设计一般分为两步完成，它们是（　　）。

A．概要设计与详细设计　　B．数据设计与接口设计

C．软件结构设计与数据设计　　D．过程设计与数据设计

16．在软件设计中，不属于过程设计工具的是（　　）。

A．PDL（过程设计语言）　　B．PAD 图

C．N-S 图　　D．DFD 图

二、填空题

1．数据结构分为逻辑结构和存储结构，循环队列属于________结构。

2．深度为 5 的满二叉树有________个叶子节点。

3．某二叉树中度为 2 的节点有 18 个，则该二叉树中有________个叶子节点。

4．对长度为 10 的线性表进行冒泡排序，最坏情况下需要比较的次数为________。

5．算法的复杂度主要包括________复杂度和空间复杂度。

6．软件是程序、数据和________的集合。

7．软件的分类包括________、________和________3 种。

8．结构化分析的常用工具是________、________、________和________。

9．数据字典是各类数据描述的集合，它通常包括 5 个部分：________、________、________、________和________。